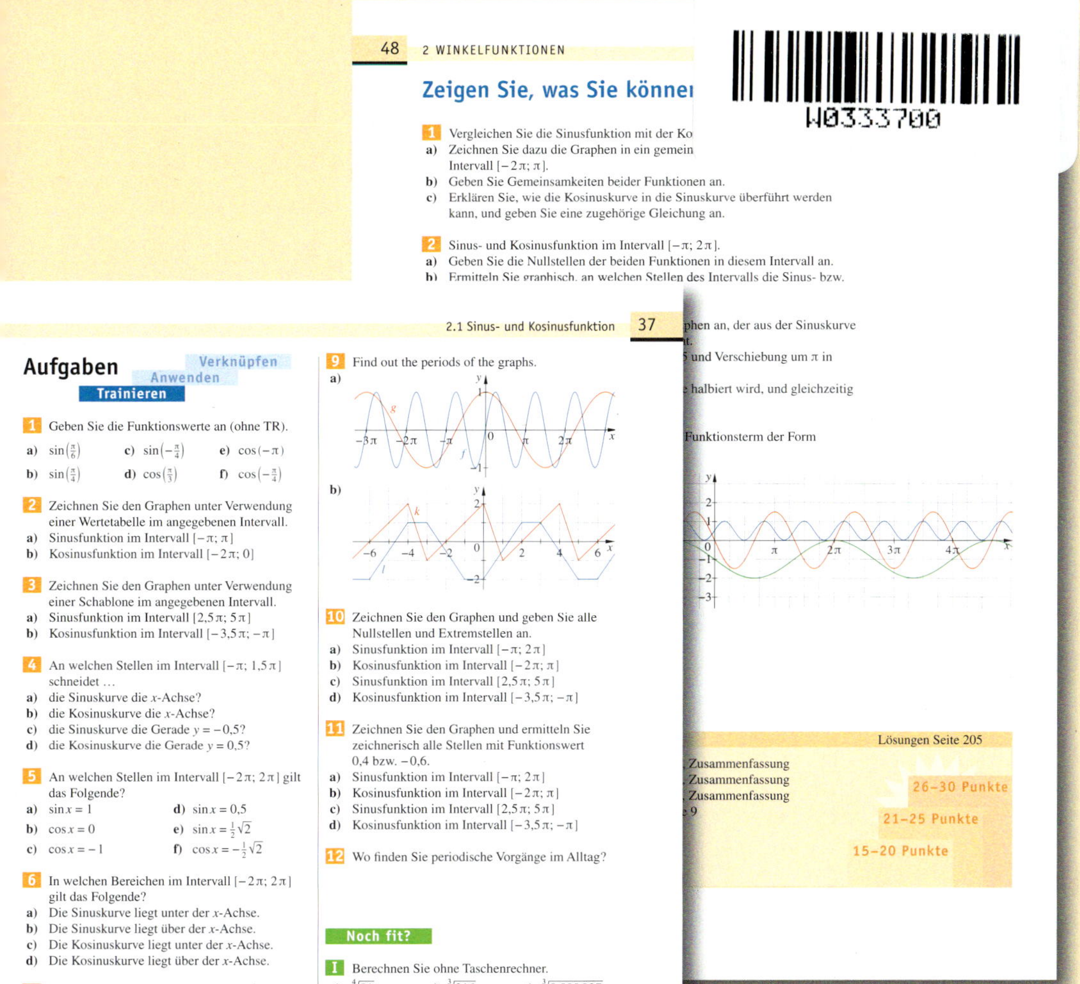

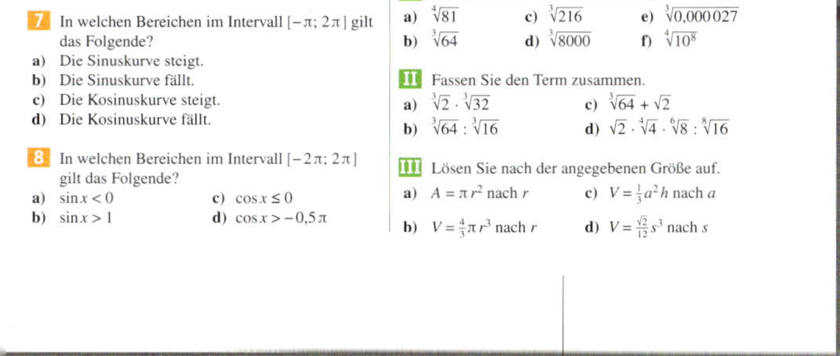

Am Ende jedes Kapitels finden Sie unter **Zeigen Sie, was Sie können**, einen Test. Im Anhang des Buches sind die Lösungen mit der Punktverteilung angegeben, damit Sie selbst feststellen können, ob Ihre Lösungen richtig sind und Sie das Wichtigste gut verstanden haben. Für eine Eins in der Schulaufgabe müssen Sie aber noch mehr können, das macht jeder Lehrer etwas anders.

Die **Aufgabe der Woche** gibt Ihnen Gelegenheit, sich mit einem Problem etwas länger zu beschäftigen und eigene Lösungswege zu finden.

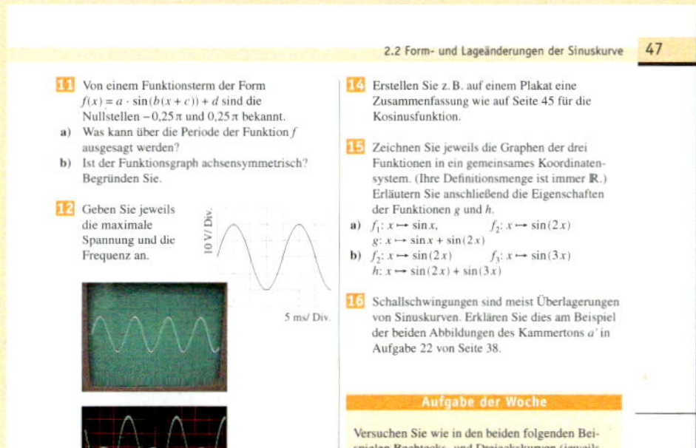

In jedem Abschnitt gibt es natürlich viele **Aufgaben**, damit Sie Ihr neues Wissen einüben können und erfahren, wo es Ihnen überall nützt. Es gibt einfache Aufgaben zum Einüben der Zeichen- oder Rechentechniken (**Trainieren**), Anwendungsaufgaben, in denen Ihnen Fragen begegnen, die Sie nun gut beantworten können (**Anwenden**), und neue Situationen, in denen Sie das Erlernte brauchen, und dazu manches, was Sie schon länger wissen (**Verknüpfen**). Manchmal finden Sie Aufgaben mit Lösungswörtern: Jede Lösung ergibt einen Buchstaben, zusammen entsteht in dieser Reihenfolge ein Wort.

Die **Noch fit?**-Aufgaben können Ihnen helfen zu erkennen, was Sie unbedingt wiederholen und üben sollten.

Multimediales Zusatzangebot über Webcode im Internet:
1. Webseite **www.conelsen.de/fokus-mathematik** aufrufen
2. Buchkennung eingeben: MFK54020
3. Mediencode eingeben: z. B. 047-1

Fokus *Mathematik*

Jahrgangsstufe

10

Gymnasium

Bayern

Erarbeitet von:
Carina Freytag, Ingolstadt
Andreas Herz, Kempten
Fritz Kammermeyer, Nürnberg
Kristina Kurz, Würzburg
Manfred Peteranderl, Immenstadt
Dr. Reiner Schmähling, Samerberg
Brigitte Schmitt, Lindau a. B.
Dr. Michael Sinzinger, Ihrlerstein
Emmeram Zebhauser, Neubeuern
Monika Zebhauser, Neubeuern

unter Mitarbeit der Verlagsredaktion
und Beratung von
Eva Focht-Schmidt, Augsburg
Klaus Schuster, Würzburg
Irmgard Wagner, Mühldorf

Cornelsen

Redaktion: Dr. Peter Birnbaum, Alexander Grobe

Illustrationen: Peter Menne, Potsdam

Grafik: Christian Görke, Berlin; Ulrich Sengebusch, Geseke

Zwischentitel und Ecken-Seiten: Susanne Niklaus, Berlin

Umschlaggestaltung: Knut Waisznor

Layoutkonzept: Jürgen Brinckmann, Wolfgang Lorenz

Bildrecherche: Peter Hartmann

Herstellung: Regine Schmidt

Technische Umsetzung: CMS – Cross Media Solutions GmbH, Würzburg

www.cornelsen.de

Unter der folgenden Adresse befinden sich multimediale Zusatzangebote
für die Arbeit mit dem Schulbuch.
www.cornelsen.de/fokus-mathematik
Die Buchkennung ist **MFK54020**

Die Internetadressen und -dateien, die in diesem Lehrwerk angegeben sind, wurden vor Drucklegung geprüft. Der Verlag übernimmt keine Gewähr für die Aktualität und den Inhalt dieser Adressen und Dateien oder solcher, die mit ihnen verlinkt sind.

1. Auflage, 1. Druck 2008

Alle Drucke dieser Auflage sind inhaltlich unverändert
und können im Unterricht nebeneinander verwendet werden.

Druck: CS-Druck CornelsenStürtz, Berlin

ISBN: 978-3-464-54020-6

Inhalt gedruckt auf säurefreiem Papier aus nachhaltiger Forstwirtschaft.

Inhalt

1 Berechnungen an Kreisen und Dreiecken

Die Höhe einer Gondel am London Eye hängt offensichtlich von den Maßen des Riesenrads und vom zugehörigen Drehwinkel ab.

Um die Höhe der Gondel berechnen zu können, müssen Sie wissen, wie man die Werte von Sinus und Kosinus für beliebige Winkel ermittelt. Sie werden aber auch lernen, die Größe von Kreisteilen für beliebige Winkel zu berechnen.

Vermessung

Die Aufgabe der Vermessung und die Grundidee zu ihrer Lösung
Die Lage von Punkten im Gelände ist mit höchster Genauigkeit zu ermitteln. Man denkt sich dazu über das Gelände ein Koordinatensystem gelegt. Sind von einigen Punkten im Gelände die Koordinaten bereits bekannt, dann lassen sich die Koordinaten weiterer Punkte aus sehr präzisen Winkel- und Entfernungsmessungen berechnen.

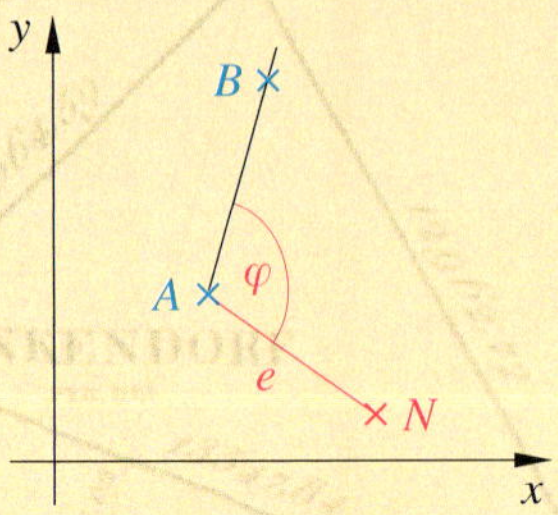

Beispielsweise könnte man zu zwei bekannten Punkten A, B für einen zu vermessenden Neupunkt N die Entfernung $e = \overline{AN}$ und den Winkel $\varphi = \sphericalangle NAB$ ermitteln.

Umgekehrt können auf diese Weise auch Punkte mit vorgegebenen Koordinaten im Gelände sehr genau abgesteckt werden, wenn man aus den Koordinaten die entsprechenden Winkel und Entfernungen berechnet.

Für die Vermessung mit höchster Genauigkeit benötigt man demnach:
- ein einheitliches Koordinatensystem, das alle Vermesser ihren Messungen und Berechnungen zugrunde legen,
- ein Netz von bekannten Punkten, also von Punkten, deren präzise Koordinaten bereits bekannt sind,
- hoch präzise Längen- und Winkelmessgeräte, Vermessungsverfahren, die die Fehler bei der Ermittlung der Koordinaten neuer Punkte möglichst gering halten.

Koordinatensystem und bekannte Punkte
Bei dem in Deutschland verwendeten Gauß-Krüger-Koordinatensystem dienen der Äquator als y-Achse und ein Längengrad (in weiten Teilen Bayerns 12° östlicher Länge) als x-Achse.

Einzelheiten finden Sie unter www 006 – 1.

Es gibt verschiedene Klassen bekannter Punkte:
Das übergeordnete Feld von Festpunkten sind die **trigonometrischen Punkte erster Ordnung**. Sie sind äußerst zuverlässig vermessen und besonders sicher markiert. Dazu zählen an weit sichtbaren Orten Kirchturmspitzen oder tief im Boden auf Platten verankerte Pfeiler. Die Abstände zwischen solchen Punkten liegen zwischen 20 und 50 Kilometer. Der historische Ausgangspunkt dieses Netzes ist für Bayern die „altbayerische Basislinie“, die 1801 vermessen wurde. Sie liegt auf der Strecke vom nördlichen Turm der Frauenkirche in München zur Spitze des Kirchturms in Aufkirchen. Nur bei der Berechnung der Koordinaten der Punkte dieses Netzes wird die Kugelgestalt der Erde berücksichtigt, für alle weiteren Punkte wird die Erdoberfläche als eben betrachtet. Der Fehler, den man dadurch erhält, beträgt weniger als ein Zentimeter.

An diese Punkte schließt sich ein dichteres Netz ebenfalls sorgfältig gesicherter trigonometrischer Punkte an, etwa einer pro zwei Quadratkilometer Fläche. Diese sind der Ausgangspunkt für alle weiteren Vermessungspunkte.
Zur Markierung der Vermessungspunkte werden Grenzsteine verwendet, aber auch z. B. Grenznägel oder Markierungen im Straßenbelag.

Tripelspiegel

Längen- und Winkelmessung; Koordinatenberechnung

Heute brauchen die Vermesser nicht mehr Horizontal- und Höhenwinkel sowie die Entfernung zum Neupunkt einzeln zu messen. Es reicht, mit einem Tachymeter den zu vermessenden Punkt, in dem ein **Tripelspiegel** gehalten wird, anzuvisieren. Das Tachymeter ermittelt nicht nur die Winkel, sondern auch mithilfe eines vom Tripelspiegel reflektierten Infrarot- oder Laserstrahls aus Laufzeit und Phasenverschiebung die Entfernung. Werden die Messwerte vom Tachymeter auf einen Computer weitergeleitet, so können mithilfe eines entsprechenden Programms die Daten sofort ausgewertet werden. Umgekehrt kann der Computer auch das Tachymeter steuern.

Vermesser mit Tachymeter und angeschlossenem Laptop

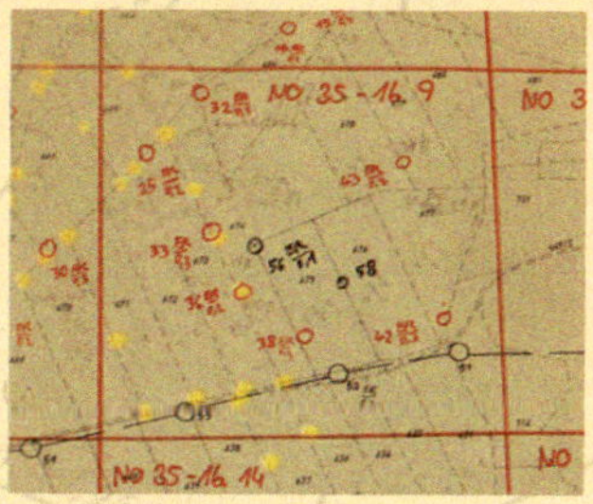

Planung von Messpunkten

Genaues Messen; Fehler gering halten

Bevor mit der Vermessung neuer Punkte begonnen werden kann, muss erst einmal der exakte Standort des aufgebauten Tachymeters aus der Lage zu mehreren schon bekannten Punkten bestimmt werden. Eigentlich würde schon ein einziger genügen, um den Standort des Tachymeters zu kennen. In der Praxis wird – wenn die Sichtbedingungen in der Umgebung das zulassen – zu fünf oder mehr bekannten Punkten gemessen. Die Messungen werden verglichen und auftretende Fehler gleichmäßig verteilt. So lassen sich die Fehler der Messung in der Regel auf weniger als 3 cm reduzieren. Von dieser nun präzise bekannten Position des Tachymeters aus wird durch jeweils eine Messung die Position der gewünschten Punkte bestimmt. Genauso verfährt man auch, wenn die Lage eines Punktes im Gelände rekonstruiert werden soll, dessen Koordinaten schon bekannt sind.

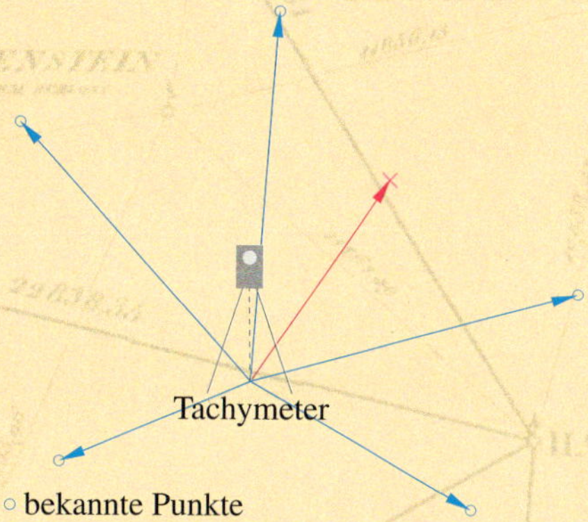

Wenn an einem Ort nicht genügend Bezugspunkte zu sehen sind, z. B. in dichten Waldgebieten, muss anders vorgegangen werden. Die Vermesser starten dann an einem bekannten Punkt und messen einen längeren Streckenzug aus, bis sie an einem anderen bekannten Punkt angekommen sind. Die Abweichung, mit der dieser Punkt erreicht wird, wird schließlich rechnerisch auf alle Zwischenpunkte verteilt. Die Abbildung zeigt die Planung solcher Messungen (rote Kreise).

Anregungen für Referate

- Historische Vermessungstechniken und Vermessungsinstrumente
- Die Geschichte der Landvermessung in Bayern
- Aufgaben und Geschichte der Feldgeschworenen
- Die altbayerische Basislinie
- Die Hierarchie der Vermessungspunkte

Hauptdreyecknetz
zum topographischen Atlas des
KÖNIGREICHS BAYERN
mit Angabe
der ersten mathematischen Grundlage
zur Construction desselben.
Herausgegeben
von dem topographischen Bureau des Königl. Bayer.
Generalquartiermeister-Stabs im Jahre 1831.

TIPP

Weitere Informationen und hilfreiche Links finden Sie unter 007 – 1.

1.1 Elementare Kreisteile

Auftrag 1 Big Ben

Der Minutenzeiger der Turmuhr des Big Ben in London ist 4,27 m, der Stundenzeiger 2,75 m lang. Welchen Weg b legen die Zeigerspitzen in einer Stunde, einer Viertelstunde, einer Minute zurück? Welchen Flächeninhalt A_S überstreichen die Zeiger dabei jeweils?
Stellen Sie allgemein einen Zusammenhang zwischen zurückgelegtem Weg und überstrichenem Winkel φ sowie zwischen überstrichenem Flächeninhalt und überstrichenem Winkel φ auf.

Berechnen Sie entsprechende Werte für eine weitere Uhr Ihrer Wahl.
Bestimmen Sie außerdem jeweils das Verhältnis aus zurückgelegtem Weg b und Zeigerlänge. Was fällt hierbei auf?
Welche Zeiger bewegen sich schneller, die der Turmuhr des Big Ben oder die Ihrer Uhr?

Auftrag 2 Kegel

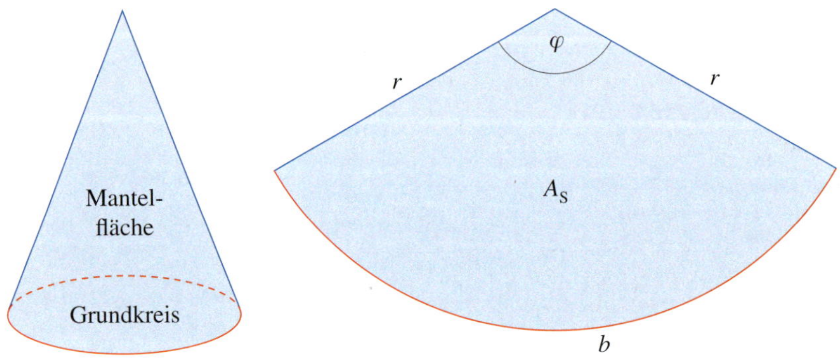

Zur Herstellung eines Kegelmantels zeichnet man auf ein Papier einen Kreissektor mit Mittelpunktswinkel φ und Radius r.

Bestimmen Sie für verschiedene Mittelpunktswinkel φ den Umfang des Grundkreises und den Mantelflächeninhalt des Kegels ($r = 20\,\text{cm}$).

Finden Sie allgemeine Formeln, mit deren Hilfe man die Bogenlänge b und den Inhalt der Sektorfläche A_S aus gegebenem Radius r und Mittelpunktswinkel φ berechnen kann.
Berechnen Sie für den Radius $r = 1$ LE die Bogenlängen für die Mittelpunktswinkel 180°, 90° und 60° und 30°.

Maßwerke

Auftrag 3

Fenster am Regensburger Dom

Fenster von Notre Dame

Bei den abgebildeten Maßwerken finden Sie immer wieder den Pass – in der Ausprägung als Dreipass, Vierpass usw. Nebenstehende Abbildung zeigt das Konstruktionsprinzip eines Vierpasses.

In Maßwerken finden sich aufgrund der Konstruktionsprinzipien vielfältige Kreisbögen und Kreissektoren (im folgenden Bild rot und blau markiert). Diese können durch den Radius r, den Mittelpunktswinkel φ, die Bogenlänge b und Flächeninhalt A_S des Kreissektors beschrieben werden.

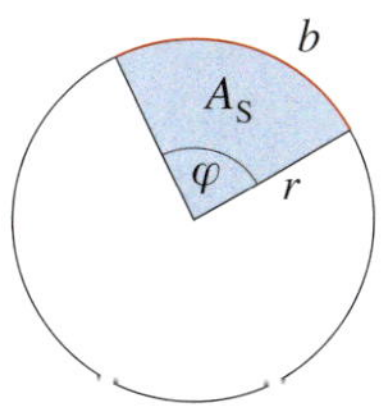

Suchen Sie in den abgebildeten Maßwerken nach Kreissektoren und berechnen Sie deren Bogenlänge b und Flächeninhalt A_S in Abhängigkeit vom jeweiligen Radius r. Geben Sie allgemein Formeln zur Berechnung der Bogenlänge und des Inhalts der Sektorfläche in Abhängigkeit vom Mittelpunktswinkel φ und Radius r des Kreissektors an.

Berechnen Sie das Verhältnis $\frac{b}{r}$ für die verschiedenen Kreissektoren. Was fällt dabei auf?

Berechnen Sie nun Umfang und Flächeninhalt ausgewählter Flächen in den Fenstern. Mit Ihrer Auswahl können Sie den Schwierigkeitsgrad selbst bestimmen. Konstruieren Sie selbst Maßwerke.

Kennen Sie in Ihrer Umgebung Bauwerke mit gotischen Maßwerken?

Info

Maßwerk ist ein aus Kreisen und Kreisbögen konstruiertes Bauelement. Diese findet man vor allem an Fenstern und Portalen gotischer Bauten. Typische Formen sind:

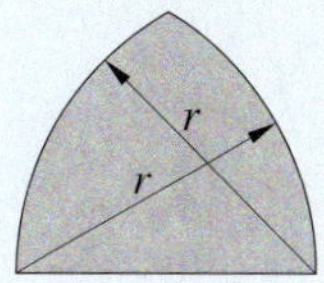

Spitzbogen

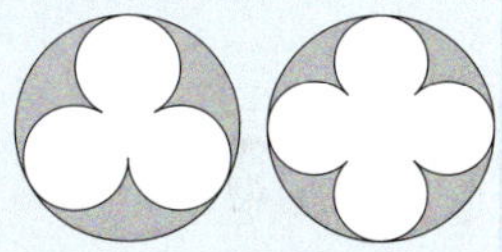

Pass

An den abgebildeten Maßwerken ist zu erkennen, dass der 20-Euro-Schein die Gotik repräsentiert. Wissen Sie auch, welche Kunstepochen die anderen Euro-Scheine repräsentieren und woran man das erkennt?

Bearbeitung

Auftrag 3 Maßwerke

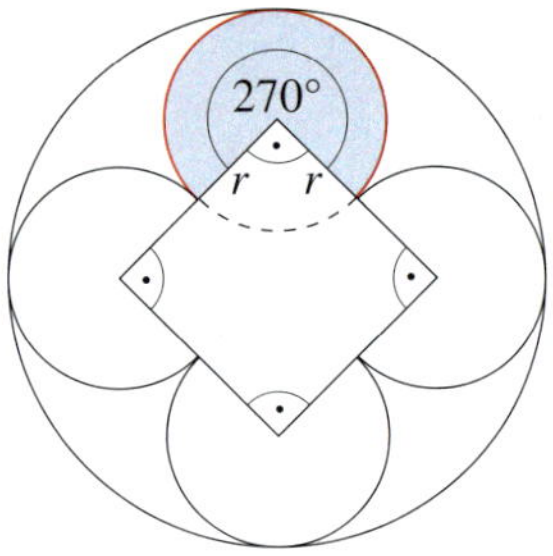

In den abgebildeten Maßwerken erkennt man Vollkreise. Ein Vollkreis mit dem Radius r hat als Bogenlänge den Kreisumfang $2r\pi$ und als Inhalt der Sektorfläche den Flächeninhalt des Kreises $r^2\pi$.

Halbkreise sind in Maßwerken nur zu erahnen. Bei einem Radius r haben sie als Bogenlänge einen halben Kreisumfang $\frac{1}{2} \cdot 2r\pi$ und als Inhalt der Sektorfläche den halben Kreisflächeninhalt $\frac{1}{2}r^2\pi$.

Des Weiteren kann man verschiedene Vierpässe erkennen. Ein Vierpass besteht aus vier „Dreiviertel-Kreisen" ($\varphi = 270°$, vgl. nebenstehende Skizze). Die zugehörige Bogenlänge und der Sektorflächeninhalt betragen daher auch $\frac{3}{4}$ der entsprechenden Größen am Vollkreis.

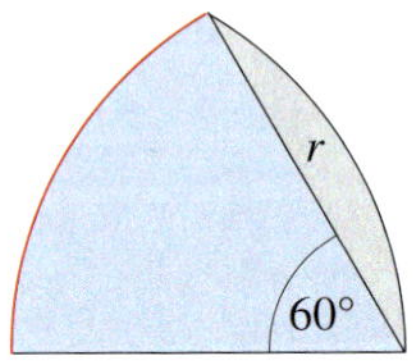

Die Spitzbögen in den Maßwerken entstehen aus Kreissektoren mit Mittelpunktswinkel $\varphi = 60°$ (vgl. Skizze). Damit ist der Anteil am Vollkreis $\frac{60°}{360°} = \frac{1}{6}$ und Bogenlänge und Sektorflächeninhalt betragen jeweils $\frac{1}{6}$ der Größen am Vollkreis.

Die Beispiele machen deutlich, dass Bogenlänge und Inhalt der Sektorfläche proportional zum Mittelpunktswinkel φ sind.

Bogenlänge und Inhalt der Sektorfläche eines Kreissektors mit $\varphi = 1°$ betragen daher analog $\frac{1}{360}$ des Umfangs bzw. des Flächeninhalts des Vollkreises.

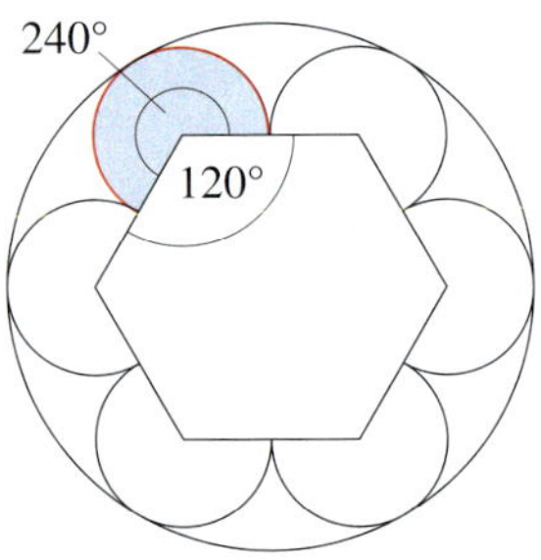

Ein Sektor mit Mittelpunktswinkel φ hat die φ-fache Bogenlänge sowie den φ-fachen Flächeninhalt eines Sektors mit einem Mittelpunktswinkel von 1°, also das $\frac{\varphi}{360°}$-fache des Umfangs bzw. des Flächeninhalt des Vollkreises.

Der im Fenster von Notre Dame zu findende Sechspass besteht aus sechs Kreissektoren mit Mittelpunktswinkel $\varphi = 240°$. Damit ergibt sich $b = \frac{240°}{360°} \cdot 2r\pi$ und $A_S = \frac{240°}{360°} \cdot r^2\pi$.

Die bisherigen Ergebnisse sind in folgender Tabelle zusammengestellt.

$\cdot \frac{1}{2}$ $\cdot \frac{1}{6}$

φ	360°	180°	270°	60°	1°	φ	240°
b	$1 \cdot 2r\pi$	$\frac{1}{2} \cdot 2r\pi$	$\frac{3}{4} \cdot 2r\pi$	$\frac{1}{6} \cdot 2r\pi$	$\frac{1}{360} \cdot 2r\pi$	$\frac{\varphi}{360} \cdot 2r\pi$	$\frac{240°}{360°} \cdot 2r\pi$
A_S	$1 \cdot r^2\pi$	$\frac{1}{2} \cdot r^2\pi$	$\frac{3}{4} \cdot r^2\pi$	$\frac{1}{6} \cdot r^2\pi$	$\frac{1}{360} \cdot r^2\pi$	$\frac{\varphi}{360} \cdot r^2\pi$	$\frac{240°}{360°} \cdot r^2\pi$

$\cdot \frac{1}{2}$ $\cdot \frac{1}{6}$

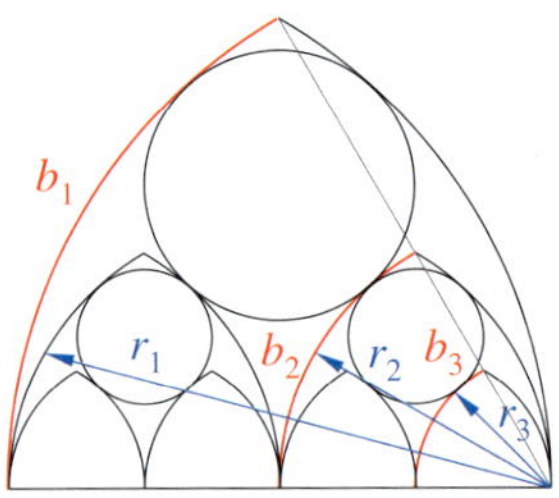

φ	b	r	$\frac{b}{r}$
60°	$b_1 = \frac{2r_1\pi}{6}$	r_1	$\frac{\pi}{3}$
60°	$b_2 = \frac{2r_2\pi}{6}$	r_2	$\frac{\pi}{3}$
60°	$b_3 = \frac{2r_3\pi}{6}$	r_3	$\frac{\pi}{3}$

An den Fenstern des Regensburger Doms und von Notre Dame treten verschieden große Spitzbögen auf (Radien r_1, r_2 und r_3). Bildet man jeweils das Verhältnis $\frac{b}{r}$ aus Bogenlänge und Radius, so erhält man unabhängig vom Radius das Ergebnis $\frac{b}{r} = \frac{\pi}{3}$ (siehe Tabelle unter der Skizze). Dies liegt daran, dass zwei Kreissektoren mit gleichem Mittelpunktswinkel φ (hier 60°) ähnlich zueinander sind. Entsprechende Längenverhältnisse sind daher gleich.

Auch für andere Mittelpunktswinkel φ ist dieser Wert unabhängig vom Radius r:

$\varphi = (\varphi_{DEG})$	360°	180°	270°	60°	1°	φ	240°
$\frac{b}{r} = (\varphi_{RAD})$	2π	π	$\frac{3}{2}\pi$	$\frac{\pi}{3}$	$\frac{1}{180}\pi$	$\frac{\varphi}{180°}\pi$	$\frac{4}{3}\pi$

Das Verhältnis $\frac{b}{r}$ ist daher auch ein Maß für die Größe des Mittelpunktswinkel φ. Dieses neue „Winkelmaß" wird als das **Bogenmaß φ_{RAD}** eines Winkels bezeichnet. Winkel im Gradmaß werden im Unterschied dazu mit **φ_{DEG}** bezeichnet.

Das Bogenmaß $\frac{b}{r}$ hat keine Einheit, ist also eine reelle Zahl. Wählt man als Radius 1 LE (**Einheitskreis**), so entspricht das Bogenmaß der Maßzahl der Bogenlänge.

Einige wichtige Umrechnungen zwischen Gradmaß und Bogenmaß kann man der Tabelle von Seite 10 unten entnehmen. Das Bogenmaß wird üblicherweise in Vielfachen von π angegeben. So entspricht z. B. 180° im Gradmaß π im Bogenmaß. Auch eine Umrechnungsformel kann man sofort der Tabelle entnehmen:

$$\varphi_{RAD} = \frac{\varphi_{DEG}}{180°} \cdot \pi$$

Mithilfe der Formeln für Bogenlänge und Inhalt der Sektorfläche kann man auch Flächeninhalte und Umfänge zusammengesetzter Figuren berechnen. Als Beispiel sollen der Inhalt A und der Umfang u der Innenfläche im Vierpass berechnet werden.

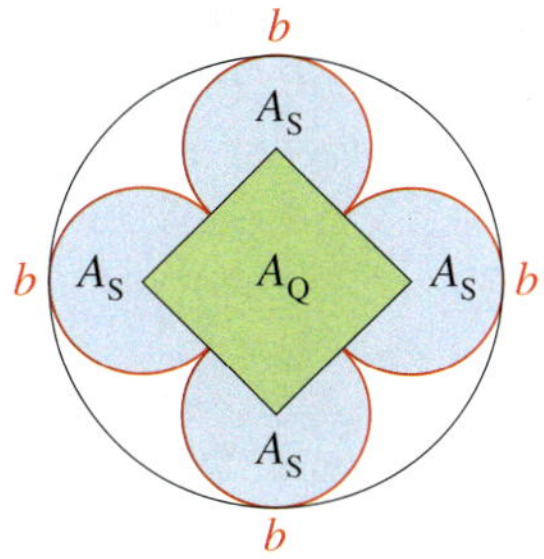

Diese Fläche setzt sich aus vier Dreiviertelkreisen und einem in deren Mitte liegenden Quadrat zusammen. Die Seitenlänge des Quadrats ist gleich der doppelten Radiuslänge des Dreiviertelkreises ($2r$).

Für A gilt daher:

$A = 4 \cdot A_S + A_Q = 4 \cdot \frac{3}{4}r^2\pi + (2r)^2 = 3r^2\pi + 4r^2$

Der Umfang u des Vierpasses setzt sich aus den vier Bogenlängen b der Dreiviertelkreise zusammen. Mit $b = \frac{3}{4} \cdot 2r\pi = \frac{3}{2}r\pi$ erhält man: $u = 4b = 6r\pi$.

Info

DEG steht für *degree* (engl.), Grad bzw. Gradmaß. RAD steht für *Radiant* und kennzeichnet, dass ein Winkel im Bogenmaß angegeben ist. Diese beiden Abkürzungen (bzw. nur D und R) werden auch auf Taschenrechnern verwendet.

Der Taschenrechner gibt das Ergebnis der Umrechnung von Gradmaß in Bogenmaß als Zahl an, nicht in Vielfachen von π, z. B. $\frac{\pi}{3} \approx 1{,}0472$.

Zusammenfassung

Elementare Kreisteile

Jeder Mittelpunktswinkel φ eines Kreises mit Radius r bestimmt einen **Kreisbogen** der Länge b sowie einen **Kreissektor** mit dem Flächeninhalt A_S.

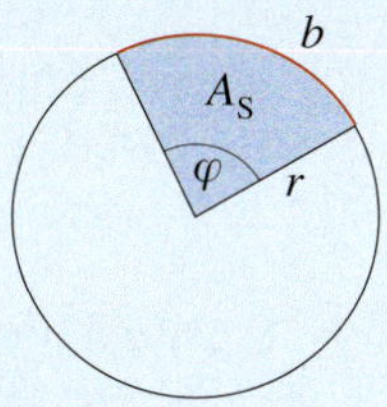

Die Länge b des Kreisbogens und der Flächeninhalt A_S sind proportional zum Mittelpunktswinkel φ, daher gilt:

$$\frac{b}{2r\pi} = \frac{\varphi}{360°} \quad \text{bzw.} \quad b = \frac{\varphi}{360°} \cdot 2r\pi = \frac{\varphi}{180°} \cdot r\pi$$

$$\frac{A_S}{r^2\pi} = \frac{\varphi}{360°} \quad \text{bzw.} \quad A_S = \frac{\varphi}{360°} \cdot r^2\pi$$

Umfang und Inhalt von Flächen, die aus Kreisteilen zusammengesetzt sind, lassen sich durch Ergänzen oder Zerlegen ermitteln.

Bestimmen Sie Umfang u und Flächeninhalt A eines Spitzbogens mit $r = 1{,}5$ m.

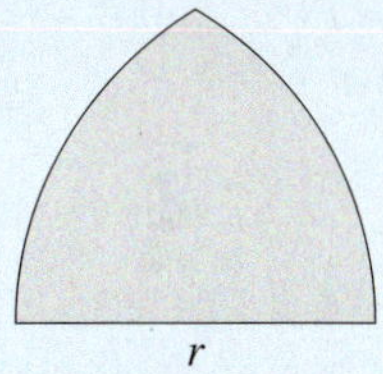

Mit b als Länge der Kreisbögen gilt $u = 2b + r$.

$b = \frac{60°}{360°} \cdot 2 \cdot 1{,}5\,\text{m} \cdot \pi = 0{,}5\pi\,\text{m}$

$u = \pi\,\text{m} + 1{,}5\,\text{m} \approx 4{,}6\,\text{m}$

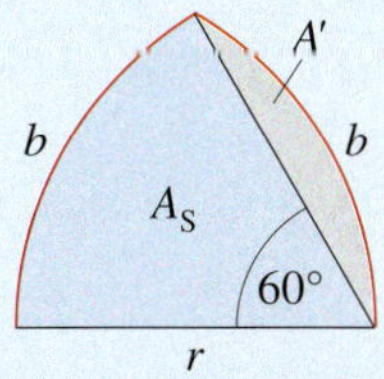

Mit A_S als Inhalt der (blauen) Sektorfläche und A' als Inhalt des (grauen) **Kreissegments** und A_D als Inhalt des gleichseitigen Dreiecks mit der Seitenlänge r gilt:

$A = A_S + A'$ und $A' = A_S - A_D$,

also $A = 2A_S - A_D$

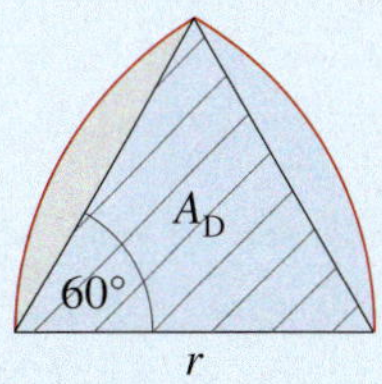

$A_S = \frac{60°}{360°} \cdot (1{,}5\,\text{m})^2 \cdot \pi = \frac{3}{8}\pi\,\text{m}^2$

$A_D = \frac{1}{4}\sqrt{3} \cdot (1{,}5\,\text{m})^2 = \frac{9}{16}\sqrt{3}\,\text{m}^2$

$A = \frac{3}{4}\pi\,\text{m}^2 - \frac{9}{16}\sqrt{3}\,\text{m}^2 \approx 1{,}4\,\text{m}^2$

Das Verhältnis $\frac{b}{r}$ aus Bogenlänge b und Radius r ist für einen festen Mittelpunktswinkel φ konstant. Daher eignet sich dieses Verhältnis auch als Winkelmaß. Es wird als **Bogenmaß φ_{RAD}** des Winkels φ bezeichnet: $\varphi_{RAD} = \frac{b}{r}$

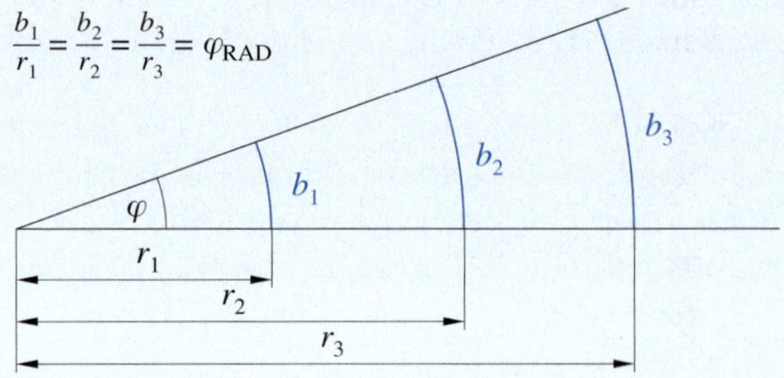

Zur Unterscheidung davon wird das Gradmaß des Winkels φ mit φ_{DEG} bezeichnet.

Es gilt der Zusammenhang: $\varphi_{RAD} = \frac{\varphi_{DEG}}{180°} \cdot \pi$

Wichtige Umrechnungen:

φ_{DEG}	360°	270°	180°	90°	60°	45°	30°
φ_{RAD}	2π	$\frac{3}{2}\pi$	π	$\frac{\pi}{2}$	$\frac{\pi}{3}$	$\frac{\pi}{4}$	$\frac{\pi}{6}$

Mit dem Bogenmaß ist jedem Winkel eine reelle Zahl zugeordnet.

Aufgaben

Verknüpfen
Anwenden
Trainieren

1 Berechnen Sie jeweils die Bogenlänge b und den Flächeninhalt A_S des Kreissektors.

a) $r = 10\,\text{cm}$ $\varphi = 90°$
b) $r = 4\,\text{m}$ $\varphi = 60°$
c) $r = 3{,}2\,\text{mm}$ $\varphi = 5°$
d) $r = 3{,}2\,\text{m}$ $\varphi = 125°$
e) $r = 12\,\text{km}$ $\varphi = 16°$
f) $r = 8{,}7\,\text{cm}$ $\varphi = 135°$
g) $r = 5{,}7\,\text{mm}$ $\varphi = 108°$
h) $r = 0{,}4\,\text{m}$ $\varphi = 167°$

2 Berechnen Sie die fehlenden Größen.

	φ	r	b	A_S
a)	50°	2,3 dm	×××	×××
b)	×××	4,5 cm	20 cm	×××
c)	45°	×××	12 m	×××
d)	×××	7,3 km	×××	$100\,\text{km}^2$
e)	130°	×××	×××	$75\,\text{mm}^2$
f)	×××	4,8 m	10 m	×××

3 Bestimmen Sie das Bogenmaß des gegebenen Winkels.

a) 75° **b)** 315° **c)** 20°
d) 225° **e)** 345° **f)** 15°
g) 112° **h)** 54° **i)** 89°
j) 25° **k)** 36° **l)** 100°

Lösungswort: $\frac{5}{9}\pi$ (s); $\frac{89}{180}\pi$ (m); $1\frac{11}{12}\pi$ (u); $\frac{1}{5}\pi$ (n); $\frac{28}{45}\pi$ (e); $1\frac{3}{4}\pi$ (o); $\frac{1}{12}\pi$ (t); $\frac{5}{12}\pi$ (c); $1\frac{1}{4}\pi$ (p); $\frac{1}{9}\pi$ (m); $\frac{3}{10}\pi$ (r); $\frac{5}{36}\pi$ (a)

4 Bestimmen Sie das Gradmaß des gegebenen Winkels.

a) $\frac{\pi}{3}$ **b)** $\frac{\pi}{10}$ **c)** $\frac{\pi}{4}$ **d)** $\frac{\pi}{8}$
e) $\frac{1}{6}\pi$ **f)** $\frac{3}{4}\pi$ **g)** $\frac{7}{5}\pi$ **h)** $\frac{4}{3}\pi$
i) $\frac{3}{2}\pi$ **j)** $\frac{2}{5}\pi$ **k)** $\frac{3}{10}\pi$ **l)** $\frac{7}{4}\pi$
m) 1,00 **n)** 3,50 **o)** 0,80 **p)** 4,21

Lösungswort: ≈ 45,84° (i); 30° (l); 18° (c); 315° (g); ≈ 241,22° (n); 54° (n); 72° (e); ≈ 57,30° (e); 240° (f); 60° (s); 135° (a); 270° (a); 22,5° (u); 45° (h); 252° (n); ≈ 200,54° (r)

5 Ergänzen Sie die Tabelle.

Winkel im Gradmaß	30°	45°	×××	180°	×××	×××
Winkel im Bogenmaß	×××	×××	$\frac{\pi}{2}$	×××	$\frac{\pi}{3}$	$\frac{\pi}{5}$

Winkel im Gradmaß	120°	210°	×××	315°	×××	×××
Winkel im Bogenmaß	×××	×××	$\frac{3}{4}\pi$	×××	$\frac{5}{6}\pi$	$\frac{5}{3}\pi$

6 Welcher Mittelpunktswinkel gehört zu einem Kreisbogen, der **a)** genau so lang, **b)** doppelt so lang bzw. **c)** halb so lang ist wie der Durchmesser des Kreises?

7 Bestimmen Sie Umfang und Flächeninhalt der gefärbten Figuren.

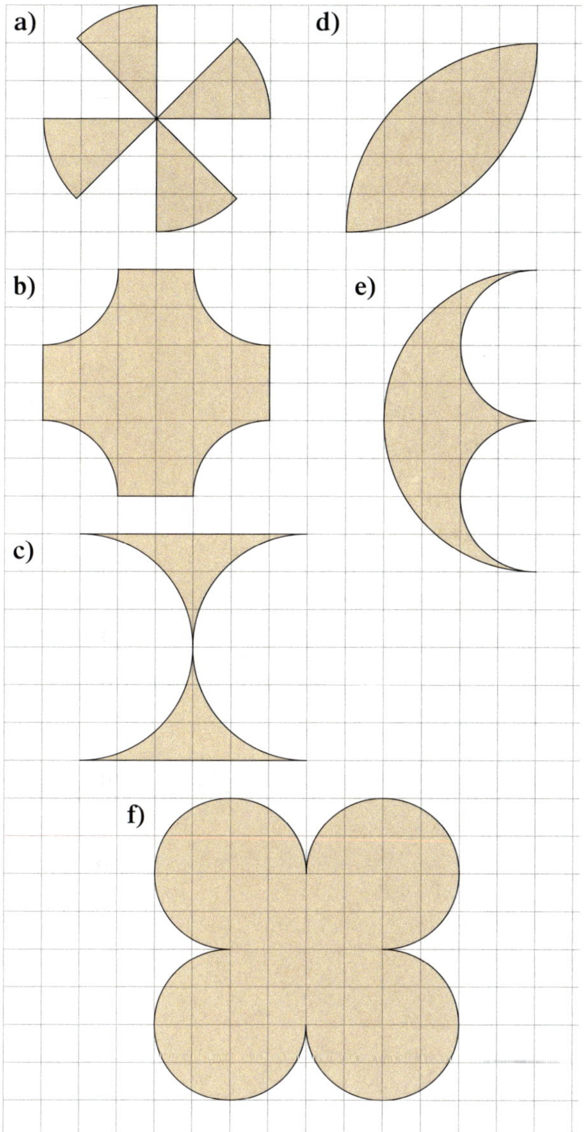

Noch fit?

I Von einem rechtwinkligen Dreieck ABC mit dem rechten Winkel bei B sind jeweils zwei Stücke gegeben. Berechnen Sie die fehlenden Winkel und Seitenlängen.

a) $c = 6{,}2\,\text{cm}$ $\quad \gamma = 35°$
b) $b = 2{,}5\,\text{m}$ $\quad \alpha = 74°$
c) $c = 3{,}6\,\text{dm}$ $\quad \alpha = 23°$
d) $a = 12{,}3\,\text{mm}$ $\quad \gamma = 63°$
e) $a = 5{,}2\,\text{cm}$ $\quad c = 8{,}4\,\text{cm}$

Aufgaben

Verknüpfen
Anwenden
Trainieren

8 Vergleichen Sie die Größen eines Winkels von 1° und eines Winkels mit dem Bogenmaß 1.

9 Das Rad eines Fahrrades benötigt für eine Umdrehung 1 s. Um welchen Winkel dreht sich das Ventil in der angegebenen Zeit weiter? Geben Sie den Winkel jeweils im Grad- und im Bogenmaß an.

a) 0,5 s **c)** 0,375 s **e)** 0,3 s
b) $\frac{1}{3}$ s **d)** 0,8 s **f)** 0,78 s

10 Wie groß ist der Flächeninhalt der Iris eines Auges, wenn die Iris einen Durchmesser von 1 cm, die Pupille einen Durchmesser von 2 mm besitzt?
Um wie viel verkleinert sich die Irisfläche, wenn sich die Pupille auf einen Durchmesser von 4 mm erweitert?

11 Auf einer Wanduhr sind die Stundenmarkierungen auf einem Kreis mit dem Durchmesser 30 cm angebracht. Wie lang sind Kreisbögen zwischen zwei Markierungen?

12 Eine Seemeile ist festgelegt als Bogenlänge einer Meridianminute. Wie viele Kilometer entspricht demnach eine Seemeile?
Vergleichen Sie mit dem Wert, den Sie in der Literatur oder im Internet finden.

13 Die Entfernung Sonne – Erde beträgt ca. 150 Millionen Kilometer. Welchen Weg legt die Erde in 1 Jahr, 1 Monat, 1 Tag bzw. 1 h auf ihrer Bahn um die Sonne zurück?

14 Ein geostationärer Satellit befindet sich ca. 36 000 km über dem Äquator.
Was bedeutet „geostationär"?
Welchen Weg legt er in 1 h zurück?

15 Recherchieren Sie die Koordinaten der Städte Berlin, Paris, New York und Kapstadt. Wie viel Kilometer südlich von Berlin liegen Paris, New York bzw. Kapstadt?

16 Stellen Sie die Größe der verschiedenen Erdteile in einem Kreisdiagramm dar.

17 Im abgebildeten Fenster ist eine Scheibe defekt und muss ersetzt werden. Nehmen Sie realistische Maße für das Fenster an und ermitteln Sie damit die Größe der zu ersetzenden Glasfläche.

18 Bestimmen Sie Umfang und Flächeninhalt der gefärbten Figuren in Abhängigkeit von der Gitterkonstanten a.

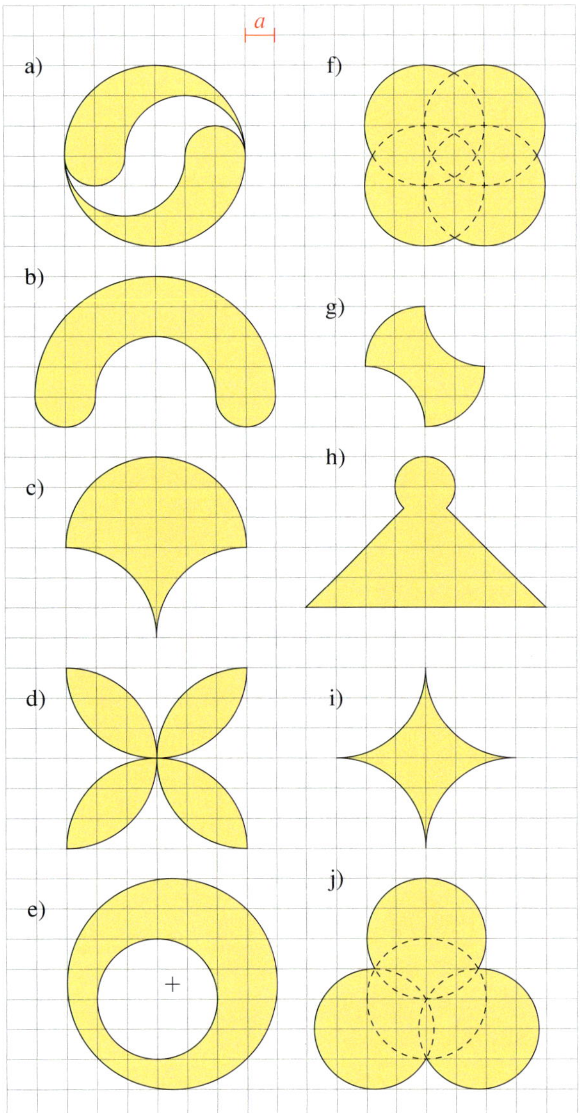

19 Erfinden Sie selbst Figuren wie in den Aufgaben 7 und 18 und stellen Sie diese Aufgaben Ihrer Nachbarin bzw. Ihrem Nachbarn.

20 Der Heckscheibenwischer eines Autos ist 50 cm lang, das Gummiblatt jedoch nur 40 cm. Welche Fensterfläche überstreicht der Scheibenwischer, wenn der Ausschlag 175° beträgt? Wie lang sind die Bögen, die die Enden des Gummiblatts beschreiben?

21 Ein Kreissektor mit Radius a hat denselben Flächeninhalt wie ein Quadrat der Seitenlänge a. Wie groß ist der Mittelpunktswinkel φ des Kreissektors?

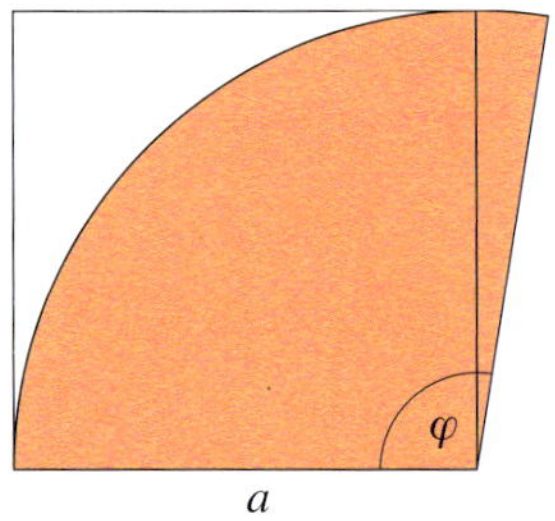

22 Eine 1-Euro-Münze wird einmal um eine weitere 1-Euro-Münze gedreht.

a) Auf welcher Bahn bewegt sich dabei der Mittelpunkt der Münze?

b) Wie lang ist die Bahn des Mittelpunkts, und welche Fläche überstreicht die Münze?

c) Wie viele Umdrehungen macht die Münze? Schätzen Sie zuerst.

d) Wie ändern sich die Ergebnisse, wenn man eine 20-Cent-Münze um eine 1-Euro-Münze dreht?

e) Ändern sich die Ergebnisse, wenn man eine 1-Euro-Münze um eine 20-Cent-Münze dreht?

23 Bestimmen Sie Umfang und Flächeninhalt der farbigen Figuren in Abhängigkeit von der Seitenlänge a des gleichseitigen Dreiecks.

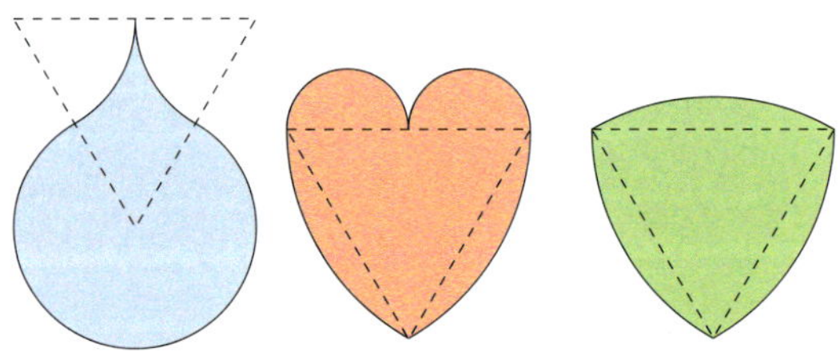

Tropfen Herz Bogendreieck

Aufgaben

Verknüpfen
Anwenden
Trainieren

24 **Kreisringe**

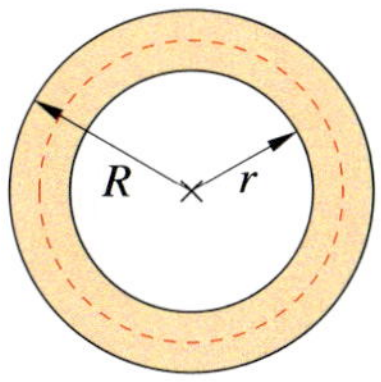

a) Zeigen Sie, dass für den Flächeninhalt A eines Kreisringes, der von konzentrischen Kreisen gebildet wird (s. Bild), gilt: $A = (R^2 - r^2)\pi$.

b) Wie groß ist der Flächeninhalt eines Kreisringes, wenn die Kreise nicht konzentrisch sind?

c) Man kann die Fläche eines Kreisringes ebenso dadurch berechnen, dass man die Breite des Ringes mit dem Umfang des Mittenkreises (im Bild rot gestrichelt) multipliziert. Begründen Sie dies.

25 Der Flächeninhalt eines Kreissektors lässt sich auch mithilfe der Formel $A_S = \frac{1}{2} b\, r$ berechnen. Begründen Sie die Formel, und vergleichen Sie diese mit der Flächenformel für ein Dreieck.

26

a) Beim Darts haben die Ringe mit den doppelt und mit den dreifach zählenden Feldern dieselbe Breite. Begründen Sie, dass die unterschiedliche Bewertung dennoch gerecht ist.

b) Beim Darts ist der höchste mit einem Wurf zu erzielende Wert 60. Wo muss man die Scheibe treffen, um 60 Punkte zu erzielen?
Die innere Kreisfläche, die 50 Punkte zählt, hat einen Durchmesser von 12 mm. Ist es wahrscheinlicher, dass ein untrainierter Spieler zufällig 50 oder zufällig 60 Punkte erzielt?

27 Die farbige Fläche im Bild nennt man „Sichel des Archimedes".

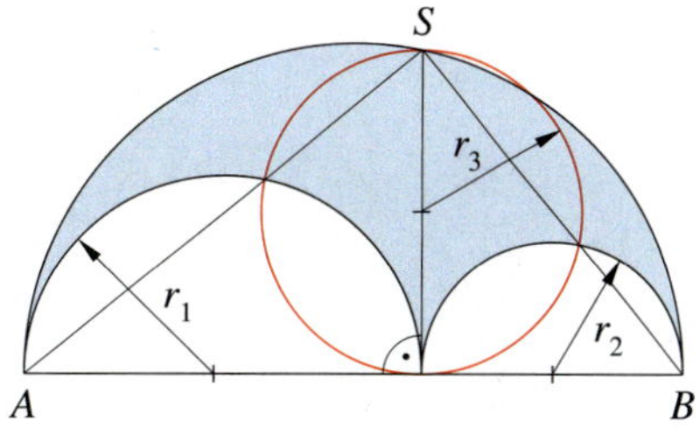

a) Konstruieren Sie eine Sichel des Archimedes. Wählen Sie dabei für die Halbkreise ganzzahlige Radien.

b) Zeigen Sie, dass der Flächeninhalt Ihrer Sichel mit dem Flächeninhalt des eingezeichneten roten Kreises übereinstimmt.
(Tipp: Verwenden Sie den Höhensatz für das Dreieck ABS.)

c) Zeigen Sie allgemein die Flächengleichheit der Sichel und des zugehörigen Kreises.

28 Eine Pizza mit knusprigem äußeren Rand wird in acht Stücke geteilt.
Wie ändert sich die Größe eines Pizzastücks, also dessen Flächeninhalt, wenn man den Radius der Pizza verdoppelt, verdreifacht bzw. vervierfacht? Wie ändert sich dabei die Länge des knusprigen Randes des Pizzastücks?
Zeichnen Sie die Abhängigkeit des Flächeninhalts des Pizzastücks vom Radius der Pizza in ein Diagramm. Zeichnen Sie ebenso ein Diagramm für die Abhängigkeit der Länge des knusprigen Randes vom Radius.
Erklären Sie die Unterschiede.

Aufgabe der Woche

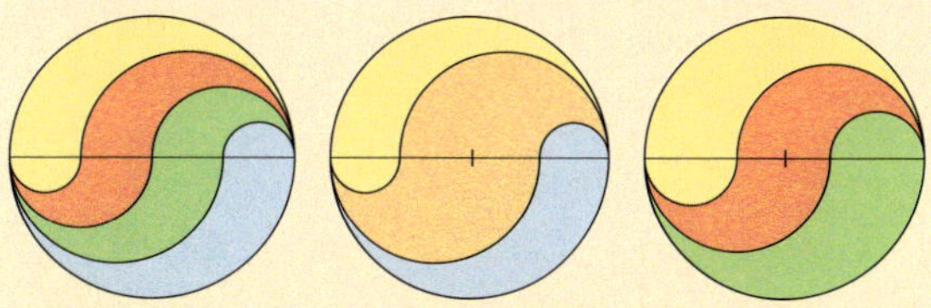

Vergleichen Sie jeweils die Flächeninhalte der verschieden gefärbten Flächen. Teilen Sie den Kreis auf ähnliche Art und Weise in 5, 6, 7 … Teilflächen auf.
Welche Aussagen kann man jeweils über den Umfang der farbigen Flächen machen?

1.2 Sinus und Kosinus am Einheitskreis

Auftrag 1 Radaranlage

Mithilfe einer Radaranlage kann man z. B. Flugzeuge und Schiffe orten. Auf dem Radarschirm können die Entfernung r des Objekts zum Standpunkt der Radarantenne und die Richtung (Winkel α), in der sich das Objekt befindet, abgelesen werden.
Auf dem Radarschirm ist ein Punkt P durch seine sogenannten **Polarkoordinaten $P(r;\ \alpha)$** gegeben.
Berechnen Sie die kartesischen Koordinaten des Punktes $P(5;\ 50°)$ und geben Sie die benützten Umrechnungsformeln an.

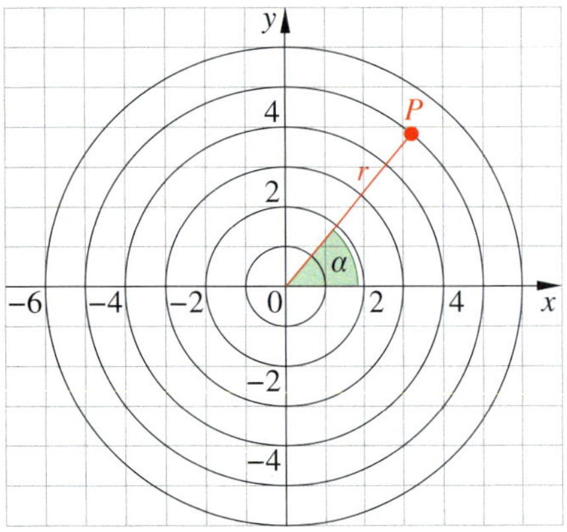

Bisher waren Sinus und Kosinus nur für spitze Winkel am rechtwinkligen Dreieck definiert. Lässt man bei den Umrechnungsformeln für Polar- in kartesische Koordinaten als Argument für Sinus und Kosinus beliebige Winkel α zu, so kann damit die Definition auf beliebige Winkel erweitert werden.
Berechnen Sie ausgehend davon mit dem Taschenrechner sowie mithilfe geometrischer Überlegungen die kartesischen Koordinaten der Punkte $A(5;\ 130°)$, $B(5;\ 310°)$, $C(5;\ 230°)$, $D(5;\ 410°)$ und $E(5;\ -50°)$.
Suchen Sie Zusammenhänge zwischen den Werten für Sinus und Kosinus der angegebenen Winkel mit den Werten für spitze Winkel.

Welche Polarkoordinaten besitzen Punkte, die 6 vom Ursprung entfernt sind und die x-Koordinate 4 besitzen?

Auftrag 2 Dynamische Geometriesoftware

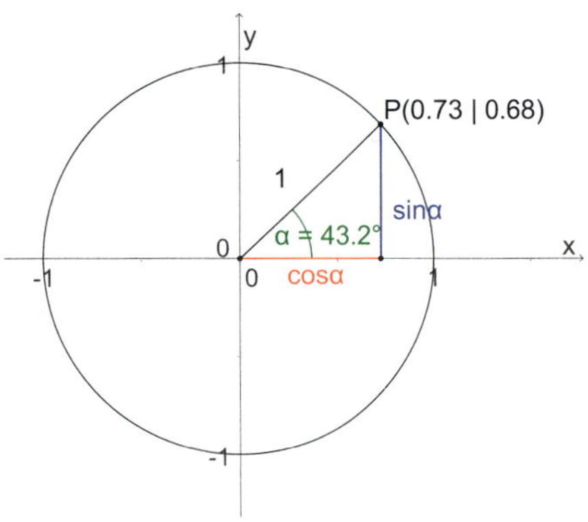

Mithilfe des unter www 016 – 1 zu erreichenden Applets (siehe nebenstehendes Bild) können Sie die Werte von Sinus und Kosinus für beliebige Winkel ablesen. Den gewünschten Winkel α können Sie durch Bewegen des Punkts P entlang des Einheitskreises einstellen. Die x-Koordinate des Punktes P entspricht dann dem Kosinus und seine y-Koordinate dem Sinus des Winkels α.
Bisher waren Sinus und Kosinus nur für spitze Winkel am rechtwinkligen Dreieck definiert. Erklären Sie damit die Funktionsweise des Applets im ersten Quadranten.

Übertragen Sie die Tabelle ins Heft, und füllen Sie sie ausgehend von den bekannten Werten für spitze Winkel aus.

α	120°	135°	150°	180°	210°	225°	240°	270°	300°	315°	330°	360°	−30°	1200°	−405°
$\sin\alpha$	$\frac{1}{2}$														
$\cos\alpha$	$-\frac{1}{2}\sqrt{3}$														

Überprüfen Sie die Werte der Tabelle mithilfe des Applets.
Geben Sie alle Winkel an, für die gilt: $\sin\alpha = -\frac{1}{2}\sqrt{2}$.

Taschenrechner

Auftrag 3

Sinus und Kosinus wurden bisher nur für spitze Winkel am rechtwinkligen Dreieck definiert. Der Taschenrechner liefert aber Werte für beliebige Winkel. Übertragen Sie die folgende Tabelle ins Heft, und füllen Sie sie mithilfe des Taschenrechners aus.

α	20°	160°	200°	340°	380°	380°	–20°	–560°
$\sin\alpha$								
$\cos\alpha$								
$\tan\alpha$								

Wählt man einen Punkt auf dem Einheitskreis mit den Koordinaten $P(x|y)$ im ersten Quadranten, so ist $x = \cos\alpha$ und $y = \sin\alpha$. Machen Sie sich diesen Zusammenhang zunächst klar.
Wie könnten Sinus und Kosinus für beliebige Winkel am Einheitskreis definiert werden?
Welche Einschränkungen sind notwendig, will man die bisherige Definition des Tangens auf beliebige Winkel erweitern?
Offensichtlich hängen in der ausgefüllten Tabelle die Werte für Sinus und Kosinus der betrachteten Winkel mit den Werten für den spitzen Winkel 20° zusammen. Versuchen Sie, diese Zusammenhänge zu erklären.
Geben Sie alle Winkel an, für die gilt: $\cos\alpha = 0{,}5$.

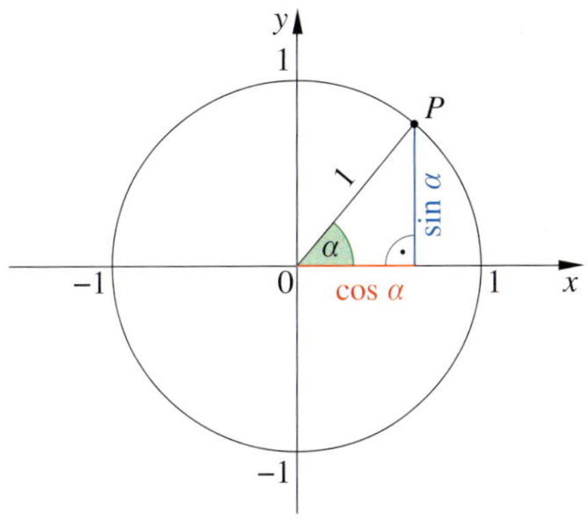

Radaranlage

Auftrag 1

Bearbeitung

Dreieck OQP ist rechtwinklig bei Q, und es sind $\alpha = 50°$ sowie $\overline{OP} = r = 5$.

Es gilt: $\cos\alpha = \frac{\overline{OQ}}{r} = \frac{x_P}{r}$ und $\sin\alpha = \frac{\overline{QP}}{r} = \frac{y_P}{r}$.

Damit ist $x_P = r\cos\alpha$ und $y_P = r\sin\alpha$, und man erhält für den Punkt P die kartesische Koordinaten $P(3{,}2|3{,}8)$.

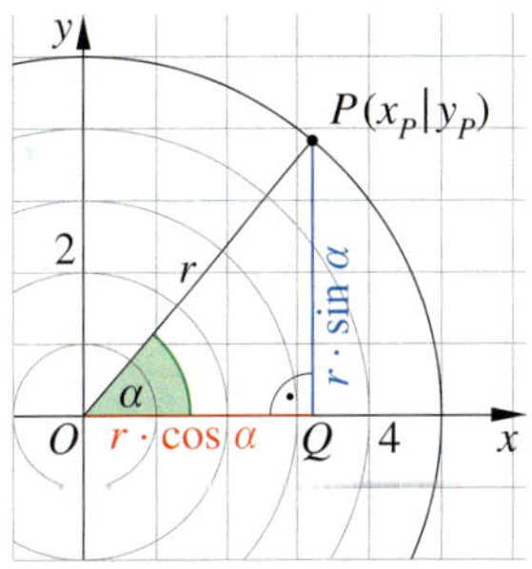

Bei der Definition von Sinus und Kosinus im rechtwinkligen Dreieck wurden nur spitze Winkel betrachtet. Die Definition kann nun auf beliebige Winkel erweitert werden, indem man zur Definition die Umrechnung zwischen Polarkoordinaten und kartesischen Koordinaten heranzieht.
Das heißt, nicht nur für spitze, sondern für beliebige Winkel α soll gelten:

$\sin\alpha = \frac{y_P}{r}$ und $\cos\alpha = \frac{x_P}{r}$ bzw. $x_P = r\cos\alpha$ und $y_P = r\sin\alpha$.

Ein Punkt P auf dem **Einheitskreis** ($r = 1$) hat demnach die kartesischen Koordinaten $P(\cos\alpha|\sin\alpha)$.

Die Punkte A, B, C und P liegen alle auf einem Kreis mit dem Radius $r = 5$. Die Punkte A, B und C gehen aus P durch Spiegelungen hervor. Die sich daraus ergebenden Beziehungen zwischen den Koordinaten der Punkte sowie zwischen den Sinus- und Kosinuswerten der zugehörigen Winkel sind in der Tabelle auf Seite 18 dargestellt. Dabei ist ersichtlich, dass Sinus und Kosinus eines Winkels sowohl positive, als auch negative Werte annehmen können.

Zur Erinnerung

Im rechtwinkligen Dreieck gilt für spitze Winkel α:

$\sin\alpha = \frac{\text{Gegenkathete von } \alpha}{\text{Hypotenuse}}$

$\cos\alpha = \frac{\text{Ankathete von } \alpha}{\text{Hypotenuse}}$

Grafik	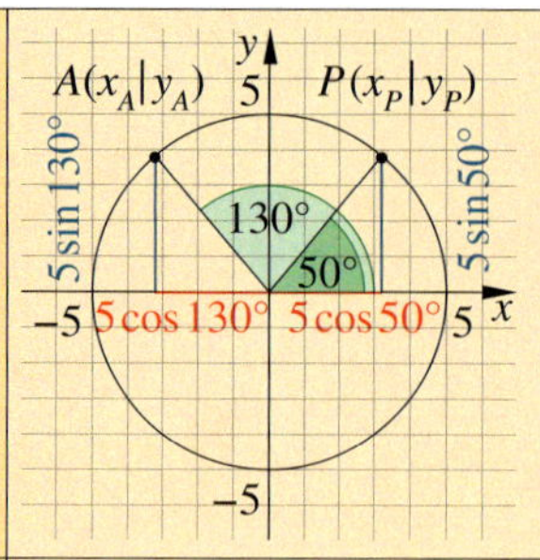	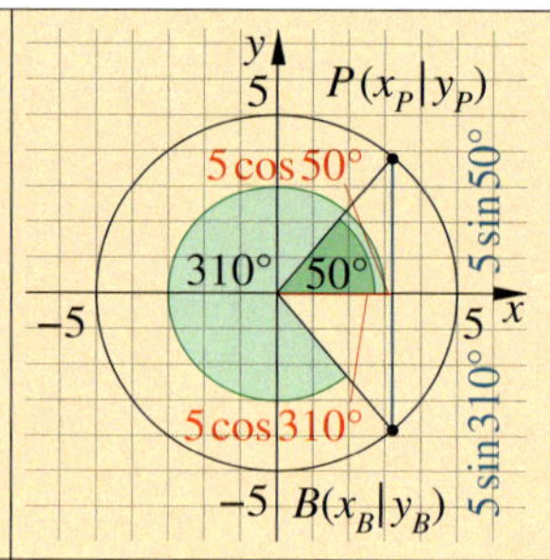	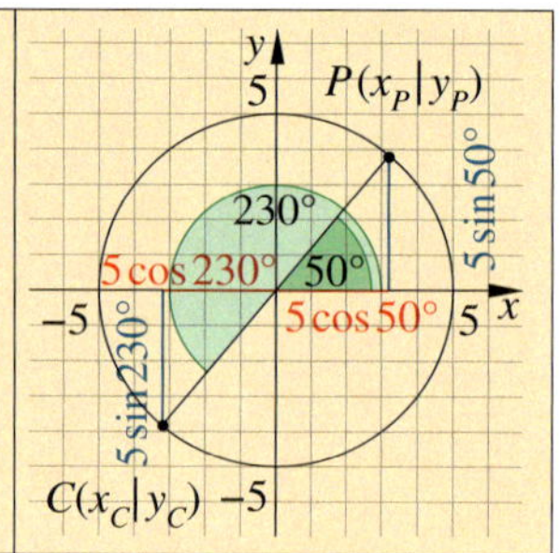
Punkt entsteht durch Spiegelung von P …	an der y-Achse	an der x-Achse	am Ursprung
Koordinaten-Zusammenhänge	$x_A = -x_P$ $y_A = y_P$	$x_B = x_P$ $y_B = -y_P$	$x_C = -x_P$ $y_C = -y_P$
Berechnete Koordinaten	$A(-3{,}2 \mid +3{,}8)$	$B(3{,}2 \mid -3{,}8)$	$C(-3{,}2 \mid -3{,}8)$
Zusammenhänge zwischen Kosinus- und Sinuswerten	$\cos 130° = -\cos 50°$ $\sin 130° = \sin 50°$	$\cos 310° = \cos 50°$ $\sin 310° = -\sin 50°$	$\cos 230° = -\cos 50°$ $\sin 230° = -\sin 50°$
Vorzeichen Kosinus	negativ	positiv	negativ
Vorzeichen Sinus	positiv	negativ	negativ

Dreht sich die Radarantenne um mehr als eine Umdrehung, entspricht dies einem Winkel von mehr als 360°. Diese Bedeutung kann dem Punkt $D(5;\,410°)$ zugesprochen werden. Wegen $410° = 360° + 50°$ liegt D im Koordinatensystem genau auf P. Entsprechend sind die x-und y-Koordinaten von D und P identisch, und damit sind auch Sinus- und Kosinuswert der Winkel 410° und 50° gleich.
Dreht sich die Radarantenne im Uhrzeigersinn, so kennzeichnet man dies durch negative Drehwinkel. Daher ist $E(5;\,-50°)$ im Koordinatensystem identisch mit dem Punkt B und es gilt:
$\sin(-50°) = \sin 310° = -\sin 50°$ und $\cos(-50°) = \cos 310° = \cos 50°$

Zu beachten

Der Taschenrechner muss hierbei auf Gradmaß (z. B. Anzeige DEG oder D) eingestellt sein. Rechnet man mit Winkeln im Bogenmaß verwendet man die Einstellung RAD bzw. R.

Für Punkte, die $r = 6$ vom Ursprung entfernt sind und die x-Koordinate 4 besitzen, gilt $\cos\alpha = \frac{x}{r} = \frac{4}{6} = \frac{2}{3}$.
Sucht man den zugehörigen Winkel mit dem Taschenrechner, so erhält man:
$\alpha_1 = \cos^{-1}\left(\frac{2}{3}\right) = 48{,}189685° \approx 48°$.

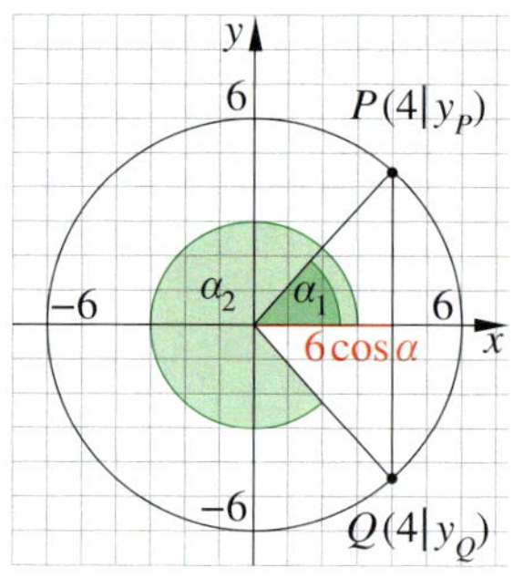

Der Punkt $P(6;\,48°)$ erfüllt also die Anforderungen. Diese Antwort ist aber nicht ausreichend, denn ebenso hätte der an der x-Achse gespiegelte Punkt $Q(6;\,\alpha_2 = 360° - \alpha_1) = Q(6;\,312°)$ dieselbe x-Koordinate.
Des Weiteren besitzen Punkte, die zum Winkel $360° + 48°$ oder $360° + 312°$ gehören, dieselbe x-Koordinate, genauso wie $720° + 48°$, $-48°$, $-312°$ usw.

Der Taschenrechner liefert nur eine Lösung und nicht alle Lösungen. Man muss sich anhand der Situation in der Aufgabenstellung die richtige bzw. weitere richtige Lösungen durch Überlegen erschließen.

Einen Schritt weitergedacht: Auch die Definition des Tangens kann auf beliebige Winkel erweitert werden, indem man festlegt:

$\tan\alpha = \frac{\sin\alpha}{\cos\alpha}$ für Winkel α mit $\cos\alpha \neq 0$

Zusammenfassung

Sinus und Kosinus am Einheitskreis

D Ein Punkt $P(x|y)$ auf dem Einheitskreis hat die Koordinaten $x = \cos\alpha$; $y = \sin\alpha$.
Für Winkel α mit $\cos\alpha \neq 0$ gilt: $\tan\alpha = \frac{\sin\alpha}{\cos\alpha}$
α ist dabei der Winkel zwischen der positiven x-Achse und der Halbgeraden vom Ursprung durch P.

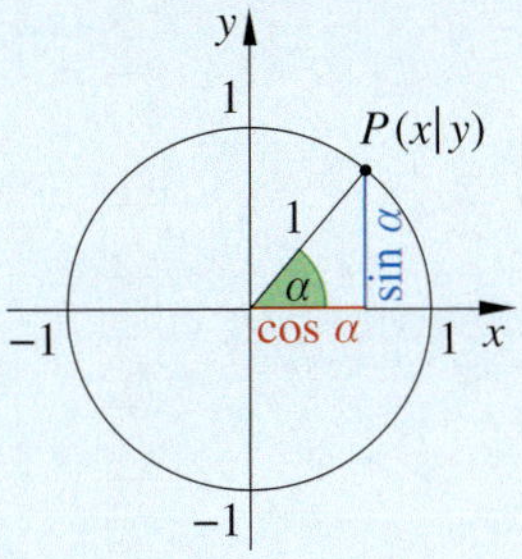

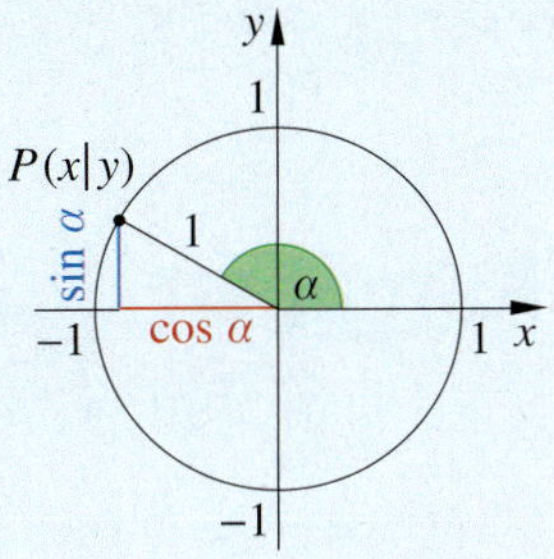

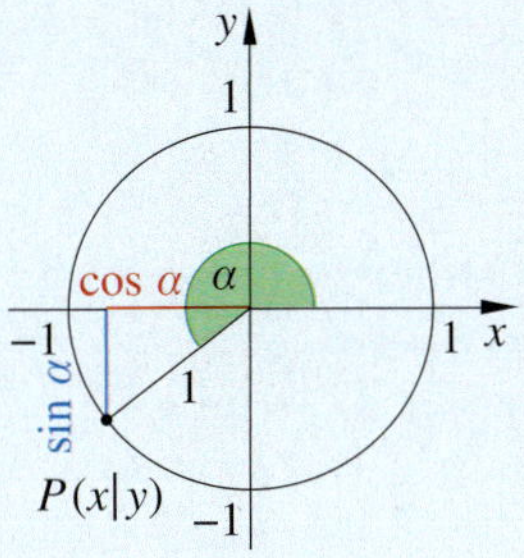

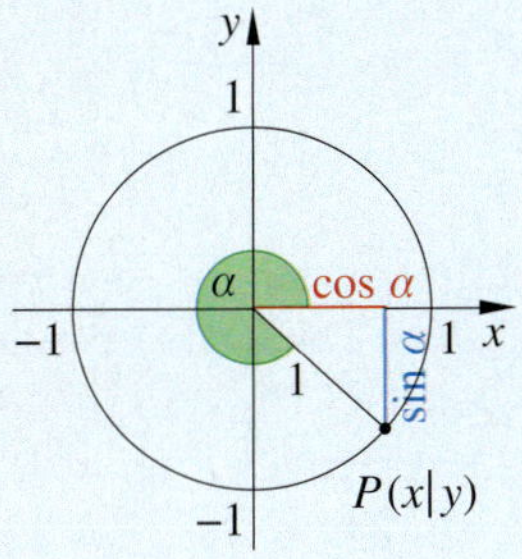

Die Werte von Sinus und Kosinus für beliebige Winkel lassen sich aus den entsprechenden Werten für spitze Winkel ermitteln. Dazu ist die Veranschaulichung der Definition am Einheitskreis hilfreich.
(Auf diese Weise lässt sich die bekannte Tabelle für spezielle Winkelwerte nun auch für Winkel $\alpha > 90°$ und $\alpha < 0°$ fortsetzen.)

$90° < \alpha < 180°$
Aus der 2. Figur ist zu ersehen:
$\sin\alpha = y = y'$
$= \sin(180° - \alpha)$
$\cos\alpha = x = -x'$
$= -\cos(180° - \alpha)$

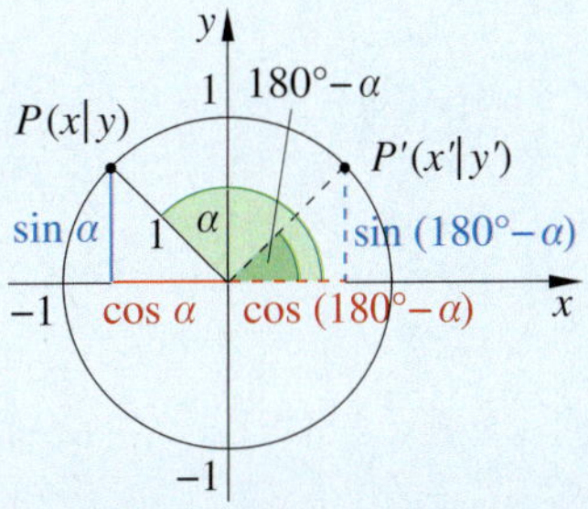

Das Vorzeichen von Sinus und Kosinus in den verschiedenen Quadranten kann man ebenfalls an den vier Figuren ablesen.

Sinus: 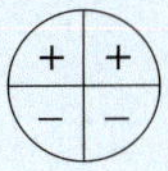

Kosinus: 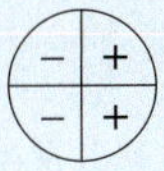

Für Winkel, die größer als 360° sind (Drehung weiter als eine Volldrehung) **und für negative Winkel** (Drehung im Uhrzeigersinn) gilt obige Definition auch.

$\alpha > 360°$

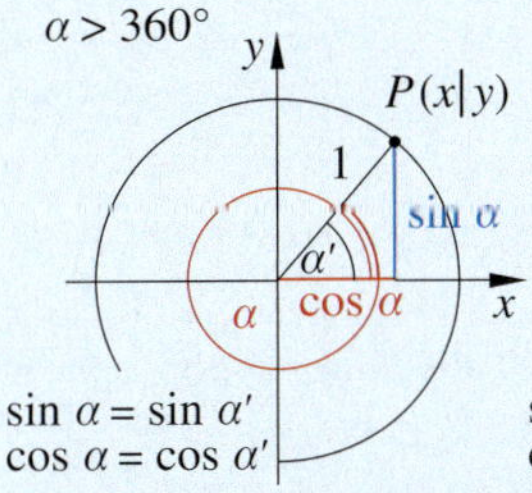

$\alpha < 0°$

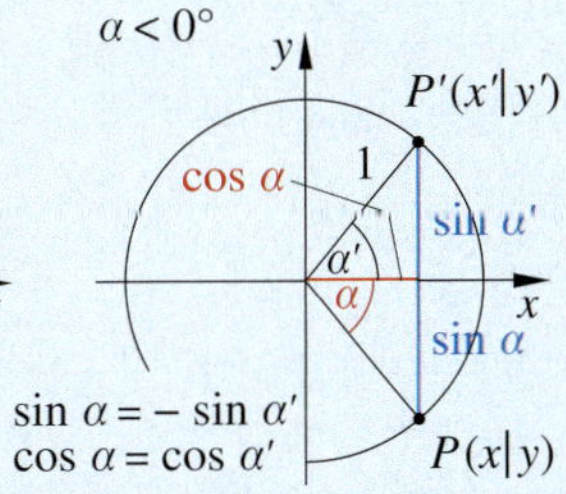

Werden Winkel mithilfe des Taschenrechners ermittelt, bietet der Taschenrechner jeweils nur eine der möglichen Lösungen an. Die zur Situation passende Lösung muss dann noch erschlossen werden.
Achten Sie immer auf die richtige Einstellung des Winkelmaßes auf dem Taschenrechner: Gradmaß (meistens mit DEG oder D angezeigt) oder Bogenmaß (meistens mit RAD oder R angezeigt)!

Ges.: Winkel α mit $\sin\alpha = 0{,}7$
TR (eingestellt auf Gradmaß) liefert: $\alpha_1 \approx 44°$.
Ebenso gilt $\sin(180° - 44°) = \sin 136° = 0{,}7$
$\alpha_2 = 136°$ ist somit ebenfalls Lösung.
Außerdem sind alle Winkel Lösungen, die sich von α_1 und α_2 um ganzzahlige Vielfache von 360° unterscheiden, wie z. B.
$\alpha_3 = 136° + 360° = 496°$
$\alpha_4 = 44° - 2 \cdot 360° = -676°$

Aufgaben

Verknüpfen
Anwenden
Trainieren

Achten Sie jeweils auf die richtige Einstellung des Winkelmaßes auf dem Taschenrechner.

1 Berechnen Sie mit dem Taschenrechner (auf zwei Dezimalen gerundet).

a) $\cos 140°$ **e)** $\sin 284°$ **i)** $\tan 342°$
b) $\cos 263°$ **f)** $\sin 35°$ **j)** $\tan 148°$
c) $\cos 324°$ **g)** $\sin(-137°)$ **k)** $\tan(-165°)$
d) $\cos(-76°)$ **h)** $\sin 1900°$ **l)** $\tan 437°$

2 Berechnen Sie mit dem Taschenrechner (auf zwei Dezimalen gerundet).

a) $\sin \frac{1}{3}\pi$ **e)** $\cos 2{,}1\pi$ **i)** $\tan \frac{\pi}{5}$
b) $\sin 1{,}2\pi$ **f)** $\cos(-0{,}9\pi)$ **j)** $\tan 1{,}9\pi$
c) $\sin 5\pi$ **g)** $\cos 1{,}7\pi$ **k)** $\tan(-7{,}8\pi)$
d) $\sin(-3{,}2\pi)$ **h)** $\cos(-7{,}3\pi)$ **l)** $\tan 5{,}6\pi$

3 Bestimmen Sie die Sinus- und Kosinuswerte grafisch möglichst genau am Einheitskreis (1 Längeneinheit = 5 cm).

a) $\cos 60°$ **d)** $\cos(-300°)$ **g)** $\sin(-160°)$
b) $\cos 220°$ **e)** $\sin 20°$ **h)** $\sin 1050°$
c) $\cos 310°$ **f)** $\sin 110°$ **i)** $\cos(-770°)$

4 Berechnen Sie die Werte ohne Taschenrechner durch Zurückführen auf spitze Winkel.

a) $\cos 210°$ **d)** $\cos 405°$ **g)** $\cos(-135°)$
b) $\sin 150°$ **e)** $\sin 120°$ **h)** $\sin 1020°$
c) $\sin 330°$ **f)** $\sin 225°$ **i)** $\cos(-600°)$

Lösungswort: $-\frac{1}{2}\sqrt{2}$ (o); $-\frac{1}{2}\sqrt{2}$ (o); $\frac{1}{2}\sqrt{3}$ (b); $-\frac{1}{2}\sqrt{3}$ (t); $-\frac{1}{2}\sqrt{3}$ (t); $\frac{1}{2}\sqrt{2}$ (t); $-0{,}5$ (e); $-0{,}5$ (e); $0{,}5$ (r)

5 Welche Winkel zwischen 0° und 360° erfüllen die Gleichung?

a) $\sin\alpha = \sin 40°$ **d)** $\cos\alpha = \cos 50°$
b) $\sin\alpha = \sin(-75°)$ **e)** $\cos\alpha = \cos 170°$
c) $\sin\alpha = \sin 230°$ **f)** $\cos\alpha = \cos 320°$

6 Geben Sie fünf Winkel an, für die gilt:

a) $\sin\alpha = 0{,}4$ **d)** $\cos\alpha = -0{,}2$
b) $\sin\alpha = -0{,}8$ **e)** $\cos\alpha = 0{,}9$
c) $\sin\alpha = 0{,}1$ **f)** $\cos\alpha = -0{,}3$

7 Without using a calculator find all angles between 0° and 360° by using:

a) $\sin\alpha = -0.5$ **c)** $\cos\alpha = \frac{1}{2}\sqrt{2}$
b) $\sin\alpha = -\frac{1}{2}\sqrt{3}$ **d)** $\cos\alpha = -\frac{1}{2}\sqrt{3}$

Noch fit?

I Skizzieren Sie die Graphen der Funktionen mit dem gegegebenen Funktionsterm ohne Wertetabelle in ein Koordinatensystem.
Begründen Sie Ihre Vorgehensweise.

a) $f(x) = (x-3)^2 + 5$
b) $g(x) = -(x+2)^2 + 2{,}5$
c) $h(x) = 2(x-4)^2$
d) $i(x) = 0{,}25x^2 - 6$
e) $j(x) = -0{,}5(1-x)^2 - 3$

Aufgaben

Verknüpfen
Anwenden
Trainieren

8 Bestimmen Sie die Werte durch Überlegen.

a) $\sin 0°$, $\sin 90°$, $\sin 180°$, $\sin 270°$
b) $\cos 0°$, $\cos 90°$, $\cos 180°$, $\cos 270°$
c) $\tan 0°$, $\tan 180°$

9 Bestimmen Sie fünf verschiedene Winkel α mit:

a) $\sin\alpha = 0{,}3754$ und $\cos\alpha < 0$
b) $\cos\alpha = -0{,}6432$ und $\sin\alpha < 0$
c) $\sin\alpha = -0{,}1345$ und $\cos\alpha > 0$
d) $\cos\alpha = 0{,}8763$ und $\sin\alpha > 0$

10 Welche der angegebenen Winkel besitzen den gleichen Kosinuswert (Sinuswert)?

20° 160° 200° 340° −380° 740°
−20° 1280° 700° −560° 70°

11 Für welche Winkel α ist …

a) $\sin\alpha$ positiv; **d)** $\cos\alpha$ negativ;
b) $\sin\alpha$ negativ; **e)** $\tan\alpha$ positiv;
c) $\cos\alpha$ positiv; **f)** $\tan\alpha$ negativ?

12 Anna sagt, zwei Winkel, die den gleichen Kosinuswert besitzen, haben auch den gleichen Sinuswert. Was meinen Sie dazu?

13 Das größte Riesenrad der Welt ist das „London Eye" (siehe Seite 5). Es hat einen Raddurchmesser von 120 m, eine Masse von 1600 t und 32 Kabinen mit je 25 Sitzplätzen. Eine Umdrehung dauert 30 Minuten.
Wie hoch über dem Ausgangspunkt befindet man sich 5 min, 10 min, 15 min, 20 min bzw. 25 min nach dem Einsteigen in die Kabine?

Aufgaben

Verknüpfen **Anwenden** **Trainieren**

14 Der Zielort Ihrer Wanderung liegt Luftlinie 7 km entfernt in Richtung WSW. Wie lang ist der Wanderweg, wenn dieser zuerst in West/Ost- und anschließend in Nord/Südrichtung verläuft?

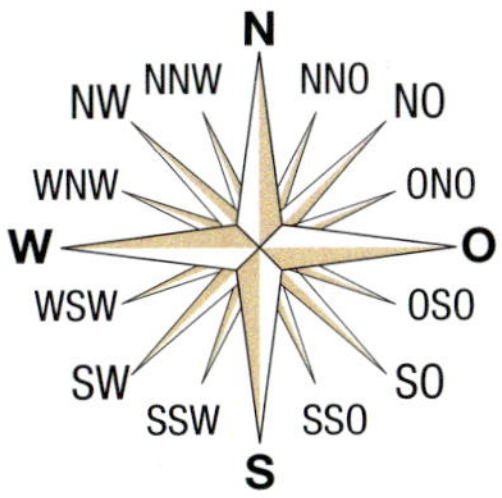

Welches Ergebnis erhalten Sie bei einer Entfernung von 5 km in Richtung SSO?

15 Berechnen Sie mit dem Taschenrechner und vergleichen Sie die Ergebnisse.

a) $\cos 120$ und $\cos 120°$ **c)** $\tan \pi$ und $\tan \pi°$
b) $\sin 45$ und $\sin 45°$ **d)** $\sin\frac{\pi}{6}$ und $\sin\left(\frac{\pi}{6}\right)°$

16 Berechnen Sie ohne Taschenrechner durch Zurückführung auf spitze Winkel.

a) $\sin\frac{5}{4}\pi$ **d)** $\cos\frac{5}{6}\pi$
b) $\sin\frac{11}{3}\pi$ **e)** $\cos\frac{4}{3}\pi$
c) $\sin\left(2\frac{1}{6}\pi\right)$ **f)** $\cos(-4{,}25\pi)$

17 Bestimmen Sie alle Winkel zwischen 0 und 2π, für die gilt:

a) $\sin\alpha = 0{,}35$ **c)** $\cos\alpha = -0{,}23$
b) $\sin\alpha = -0{,}71$ **d)** $\cos\alpha = 0{,}56$

18 Für einen spitzen Winkel α gilt:
$\cos(180° - \alpha) = -\cos\alpha$
$\sin(180° - \alpha) = \sin\alpha$
$\tan(180° - \alpha) = -\tan\alpha$
Begründen Sie diese Beziehungen und finden Sie ähnliche Beziehungen für die Winkel $180° + \alpha$ und $360° - \alpha$.

19 Finden Sie alle Lösungen der Gleichung.

a) $\sin\alpha = \cos\alpha$ **b)** $\sin\alpha = -\cos\alpha$

20 α, β, γ und δ sind die Innenwinkel einer Raute. Vereinfachen Sie.

a) $\sin\alpha + \sin\beta + \sin\gamma + \sin\delta$
b) $\cos\alpha + \cos\beta + \cos\gamma + \cos\delta$

21 Begründen Sie anhand des Einheitskreises, dass für alle Winkel α gilt:
$-1 \leq \sin\alpha \leq 1$ und $-1 \leq \cos\alpha \leq 1$

22 Auch der Tangens eines Winkels α lässt sich am Einheitskreis veranschaulichen. Dazu zeichnet man die Tangente an den Einheitskreis im Punkt $P(1|0)$ und bestimmt den Schnittpunkt Q der Tangente mit dem (evtl. zur Geraden verlängerten) 2. Schenkel des Winkels α. Die Maßzahl der Streckenlänge $\overline{PQ}$ entspricht dann dem Tangens des Winkels. (Aus dieser Konstruktion leitet sich der Name „Tangens" ab.)

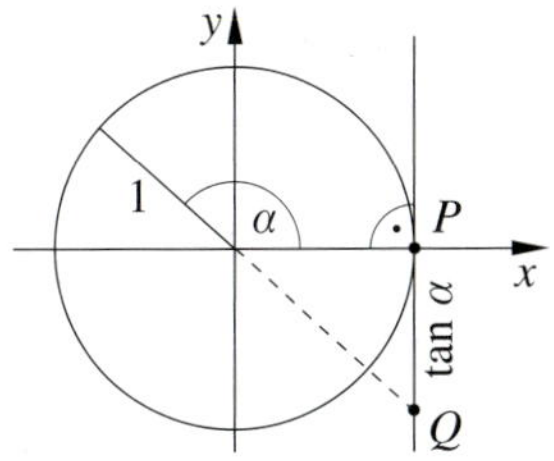

a) Bestimmen Sie grafisch $\tan 70°$, $\tan 130°$, $\tan 220°$ und $\tan 330°$.
b) Begründen Sie dieses Verfahren.

23 Überlegen Sie, für welche Winkelbereiche gilt:

a) $\tan\alpha > 0$ **b)** $\tan\alpha < 0$ **c)** $\tan\alpha = 0$
d) Für welche Winkel kann $\tan\alpha$ nicht definiert werden?

24 Geben Sie jeweils drei verschiedene Winkel an, für die gilt:

a) $\tan\alpha = 3{,}2709$ **c)** $\tan\alpha = 0{,}2679$
b) $\tan\alpha = -1{,}9626$ **d)** $\tan\alpha = 0{,}7265$

25 In Auftrag 1 wurden die Polarkoordinaten $P(r;\ \alpha)$ erklärt.

a) Begründen Sie, dass für die Umrechnung von kartesischen in Polarkoordinaten gilt:
$\tan\alpha = \frac{y}{x}$ und $r = \sqrt{x^2 + y^2}$.
b) Berechnen Sie die Polarkoordinaten der durch ihre kartesischen Koordinaten gegebenen Punkte $R(7{,}5|3{,}5)$, $S(-3{,}4|5{,}9)$, $T(-2{,}3|-8{,}2)$ und $U(6{,}8|-1{,}9)$.

Aufgabe der Woche

Die archimedische Spirale ist mathematisch durch die Gleichung $r = a\,\alpha\ (a > 0,\ \alpha > 0)$ festgelegt. α wird dabei im Bogenmaß angegeben, und a ist konstant.

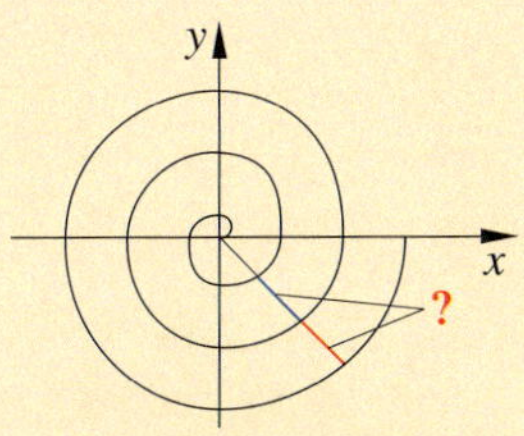

Skizzieren Sie archimedische Spiralen für verschiedenen Werte von a. Welche Beobachtungen machen Sie?

1.3 Berechnungen an beliebigen Dreiecken*

Auftrag 1 Vermesser müssen rechnen

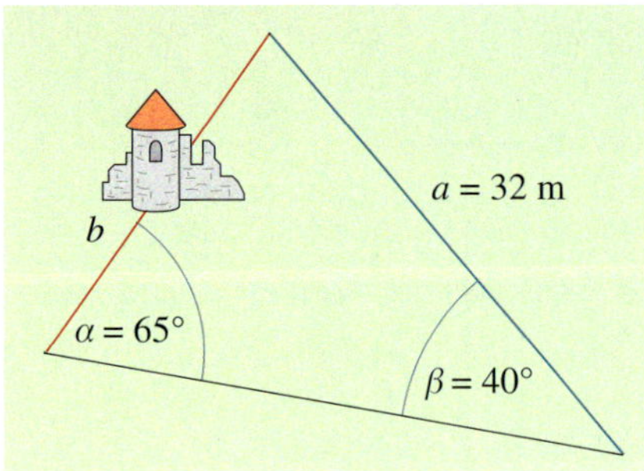

Die Länge der Strecke b kann wegen eines Hindernisses nicht direkt gemessen werden. Um sie zu ermitteln, werden stattdessen im Gelände die Länge der Strecke a und die Winkel α und β gemessen. Begründen Sie, wieso das sicher ausreichend ist, um die gesuchte Länge zu bestimmen.

Mithilfe geeigneter rechtwinkliger Hilfsdreiecke können Sie aus den bekannten Größen diese Länge bestimmen. Überprüfen Sie anschließend das Ergebnis Ihrer Rechnung durch eine maßstabsgetreue Konstruktion.

Leiten Sie aus Ihrer Lösung eine möglichst einfache allgemeine Formel ab, mithilfe derer die Länge b aus den Angaben a, α und β berechnet werden kann.

Suchen Sie ähnliche Aufgabenbeispiele in allgemeinen Dreiecken und prüfen Sie, ob sie mit der gefundenen Formel gelöst werden können.

Auftrag 2 Beweis-Puzzle

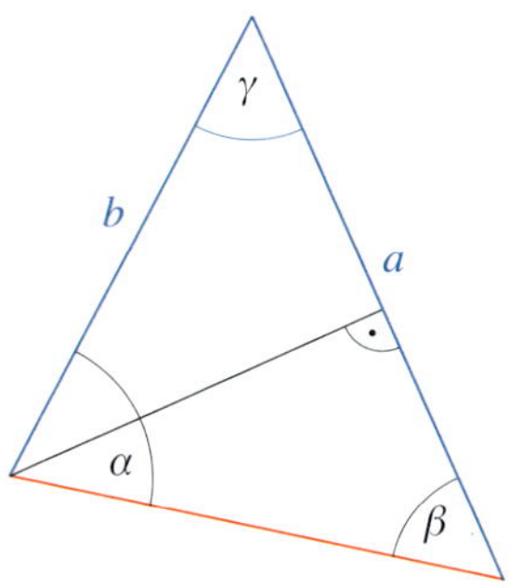

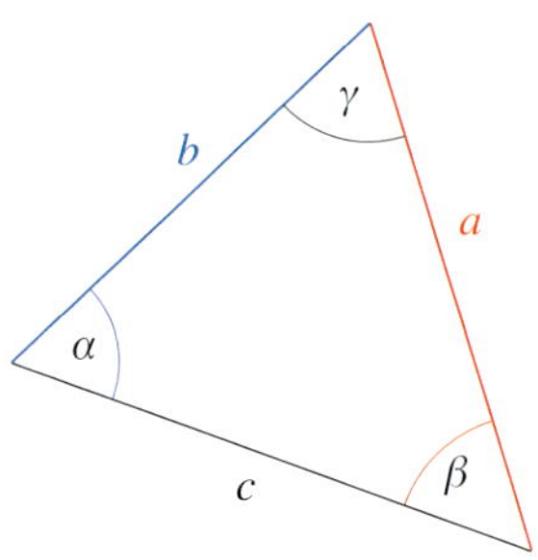

Die folgenden zwölf „Puzzlestücke" sind die Teile der Beweise der beiden Formeln auf den braun gefärbten Stücken, die Zusammenhänge zwischen Winkeln und Seitenlängen in beliebigen Dreiecken beschreiben. Setzen Sie die beiden Beweise wieder richtig zusammen und erklären Sie diese dann einem Mitschüler oder einer Mitschülerin.
Welche Anwendungen dieser Formeln können Sie sich vorstellen?

$a_1 = b\cos\gamma$

$\Rightarrow\ b\sin\alpha = a\sin\beta$

$c^2 = a^2 + b^2 - 2ab\cos\gamma$

$h_a^2 + a_2^2 = c^2$

$\sin\alpha = \frac{h_c}{b}\ \Rightarrow\ h_c = b\sin\alpha$

$a = a_1 + a_2$

$c^2 = (b\sin\gamma)^2 + (a - b\cos\gamma)^2$

$\Rightarrow\ \frac{\sin\alpha}{\sin\beta} = \frac{a}{b}$

$h_a = b\sin\gamma$

$\Rightarrow\ a_2 = a - b\cos\gamma$

$\sin\beta = \frac{h_c}{a}\ \Rightarrow\ h_c = a\sin\beta$

$c^2 = b^2(\sin\gamma)^2 + b^2(\cos\gamma)^2 + a^2 - 2ab\cos\gamma$

---
* fakultativ

Beweise in Bildern

Auftrag 3

Ähnlich wie in rechtwinkligen Dreiecken lassen sich auch in beliebigen Dreiecken Zusammenhänge zwischen Winkeln und Seitenlängen finden, die bei der Berechnung von Größen in Dreiecken helfen.
Die Beweise für zwei davon werden durch die folgenden Bilderserien beschrieben: $\frac{\sin\alpha}{\sin\beta} = \frac{a}{b}$ und $c^2 = a^2 + b^2 - 2\,a\,b\cos\gamma$.

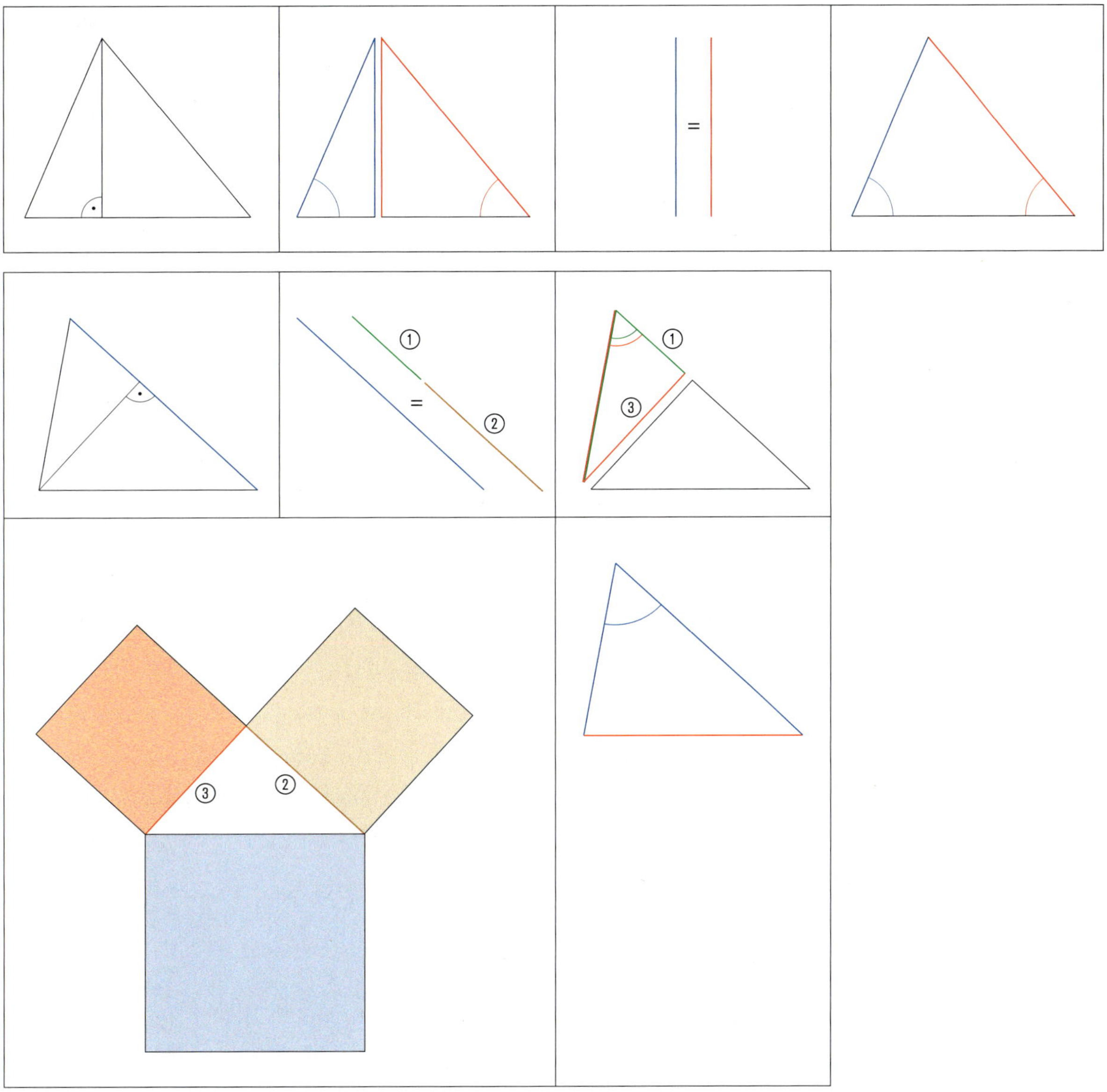

Entschlüsseln Sie die Bilder und schreiben Sie die Beweise mathematisch formuliert auf. Vereinfachen Sie die Resultate jeweils so weit wie möglich.

Welche Anwendungen dieser Formeln können Sie sich vorstellen?

Die Beweise lassen sich leicht zu vier weiteren Zusammenhängen verallgemeinern. Geben Sie auch diese Formeln an.

Bearbeitung

Auftrag 1 Vermesser müssen rechnen

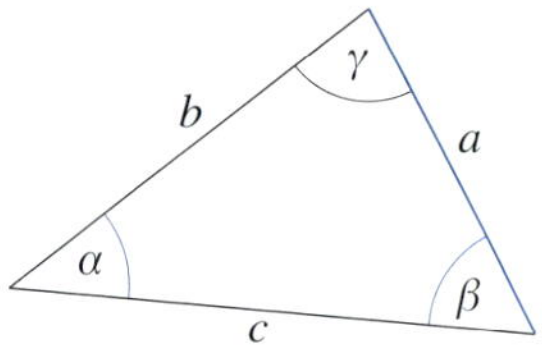

Aus den gegebenen Stücken a, α und β kann nach dem Kongruenzsatz SWW ein Dreieck eindeutig konstruiert werden. Also ist auch die Länge b dadurch festgelegt. Die Suche nach einer rechnerischen Möglichkeit, b zu bestimmen, ist deshalb sinnvoll.

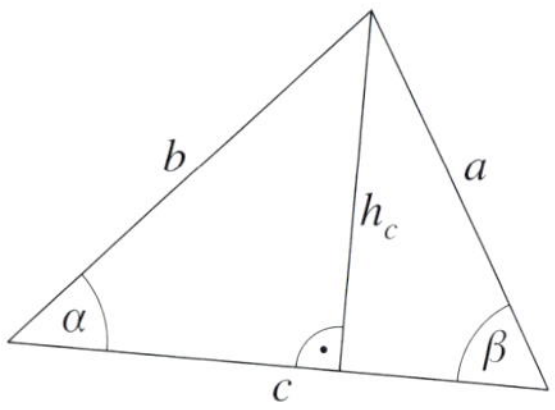

Die Idee, Figuren in Hilfsdreiecke zu zerlegen, hat sich bei Konstruktionsaufgaben bewährt. Um hier zur Berechnung bekannte Zusammenhänge nutzen zu können, braucht man rechtwinklige Hilfsdreiecke. Dazu bieten sich die Höhen des Dreiecks an, insbesondere h_c, weil durch sie die bekannten Winkel nicht zerlegt werden.

Wegen $\sin\beta = \frac{h_c}{a}$ kann zunächst h_c berechnet werden: $h_c = a\sin\beta \approx 20{,}57\,\text{m}$.

Dann ist mit $\sin\alpha = \frac{h_c}{b}$ die gesuchte Länge $b = \frac{h_c}{\sin\alpha} \approx 22{,}70\,\text{m}$.

Eine Konstruktion, hier mithilfe einer DGS im Maßstab 1 : 500, bestätigt diese Ergebnisse.

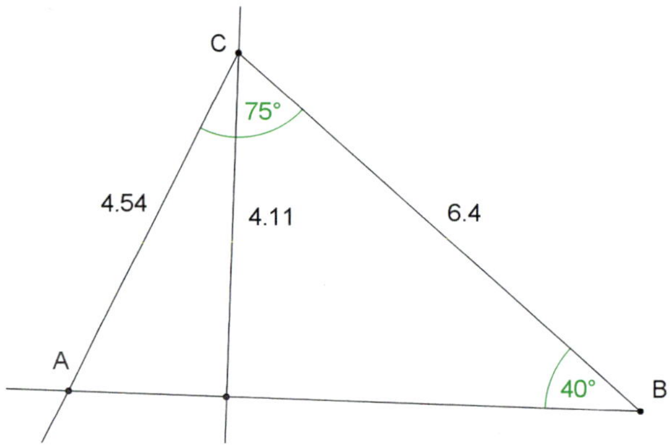

Durch Zusammenfügen der beiden Teilschritte der Rechnung erhält man die Formel $b = \frac{a\sin\beta}{\sin\alpha}$. Besser zu merken ist sie in der Form $\boldsymbol{\frac{\sin\alpha}{\sin\beta} = \frac{a}{b}}$.

Die Verallgemeinerung auf beliebige Paare von Winkeln und die entsprechenden Seiten eines Dreiecks nennt man den **Sinussatz** (siehe Zusammenfassung).

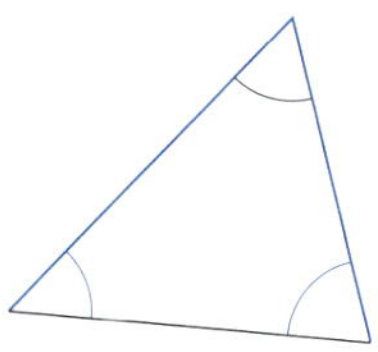

Mithilfe des Sinussatzes lassen sich alle Aufgaben lösen, bei denen in der am Rand dargestellten Figur drei der vier blau dargestellten Teile bekannt sind und der vierte zu bestimmen ist. Das entspricht Konstruktionen nach den Kongruenzsätzen SWW, WSW bzw. SsW.

Aufgaben, deren Angaben den Kongruenzsätzen SSS oder SWS entsprechen, lassen sich dagegen nicht so lösen.

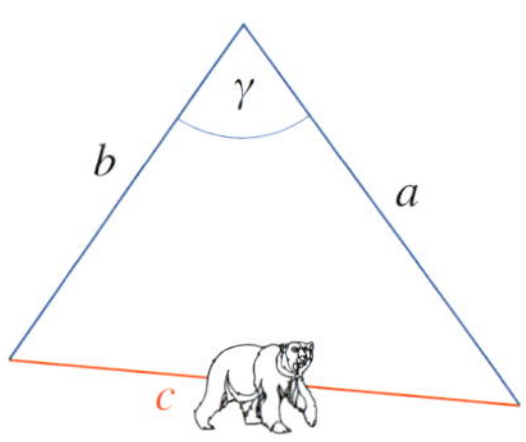

Einen Schritt weitergedacht: Auch wenn zwei Seiten und der von ihnen eingeschlossene Winkel bekannt sind, ist ein Dreieck eindeutig festgelegt. Um hier mithilfe rechtwinkliger Dreiecke die dritte Seitenlänge zu berechnen, benutzt man als Hilfslinie wieder eine der beiden Höhen, die den bekannten Winkel nicht zerlegen, z. B. h_a (siehe Bild auf der nächsten Seite). Dann ist $c^2 = h_a^2 + a_2^2$.

Im oberen Teildreieck sind $\sin\gamma = \frac{h_a}{b}$ und $\cos\gamma = \frac{a_1}{b}$, also $h_a = b\sin\gamma$ und $a_2 = a - b\cos\gamma$.

Nun sind alle Stücke bekannt, die nötig sind, um c zu berechnen:
$c^2 = (b\sin\gamma)^2 + (a - b\cos\gamma)^2 = b^2(\sin\gamma)^2 + b^2(\cos\gamma)^2 + a^2 - 2ab\cos\gamma$.
Dieses Ergebnis lässt sich schließlich vereinfachen zu $\mathbf{c^2 = a^2 + b^2 - 2ab\cos\gamma}$.
Dies ist die Aussage des **Kosinussatzes** (siehe Zusammenfassung) für den Fall, dass γ der von den zwei Seiten eingeschlossene Winkel ist.

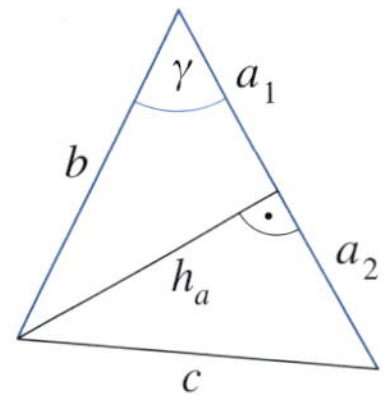

Für stumpfwinklige Dreiecke müssen die Beweise des Sinus- und des Kosinussatzes nur geringfügig abgeändert werden (siehe Aufgabe 15 auf Seite 28).

Mit den beiden Sätzen ist es möglich, für jede der Situationen der Kongruenzsätze die restlichen Stücke eines Dreiecks zu berechnen.
Ist es im Verlauf der Rechnung nötig, einen Winkel zu bestimmen, dessen Sinuswert bekannt ist, sind immer zwei Lösungen möglich: Die Winkel α_1 und $\alpha_2 = 180° - \alpha_1$ haben stets den gleichen Sinuswert. Hier können die Dreiecksungleichung und die Seiten-Winkel-Beziehung („Der größeren Seite liegt der größere Winkel gegenüber") helfen, eine der beiden Möglichkeiten auszuschließen.
Beim Kosinus tritt für Winkel zwischen 0° und 180° dieses Problem nicht auf.

Info

Im Fall „Seite-Seite-Winkel gegenüber kürzerer Seite (sSW)" liefert auch die Rechnung kein eindeutiges Ergebnis (siehe Aufgabe 14 auf Seite 28).

Zusammenfassung

Berechnungen an beliebigen Dreiecken

S **Sinussatz:**
In jedem Dreieck verhalten sich die Längen zweier Seiten wie die Sinuswerte der den Seiten gegenüberliegenden Winkel.

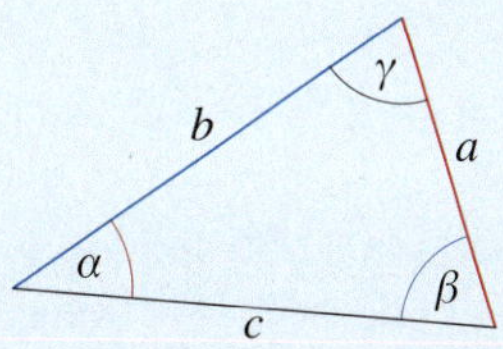

$$\frac{\sin\alpha}{\sin\beta} = \frac{a}{b}$$
$$\frac{\sin\alpha}{\sin\gamma} = \frac{a}{c}$$
$$\frac{\sin\beta}{\sin\gamma} = \frac{b}{c}$$

S **Kosinussatz:**
In jedem Dreieck ist das Quadrat einer Seitenlänge gleich der Summe der Quadrate der beiden anderen Seitenlängen vermindert um das Doppelte des Produkts aus diesen beiden Seitenlängen und dem Kosinus des von ihnen eingeschlossenen Winkels.

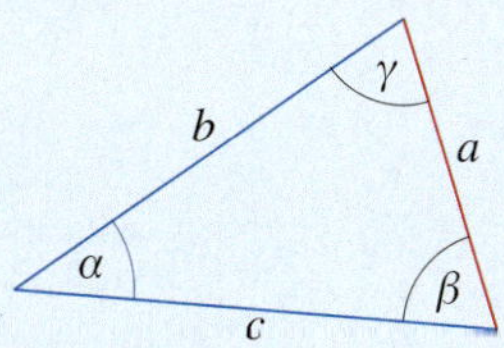

$$a^2 = b^2 + c^2 - 2bc\cos\alpha$$
$$b^2 = a^2 + c^2 - 2ac\cos\beta$$
$$c^2 = a^2 + b^2 - 2ab\cos\gamma$$

Ist ein Dreieck durch die gegebenen Stücke entsprechend einem Kongruenzsatz eindeutig festgelegt, dann lassen sich mithilfe dieser beiden Sätze die restlichen Stücke des Dreiecks eindeutig berechnen.

Bekannt: $a = 7{,}3$ cm; $b = 5{,}4$ cm; $c = 4{,}2$ cm
Das Dreieck ist nach Kongruenzsatz SSS eindeutig bestimmt.
Berechnung des größten Winkels mithilfe des Kosinussatzes:
$a^2 = b^2 + c^2 - 2bc\cos\alpha \Rightarrow \cos\alpha = \frac{b^2 + c^2 - a^2}{2bc}$
Man erhält $\cos\alpha \approx -0{,}1431$ und damit $\alpha \approx 98{,}2°$.
β und γ können in gleicher Weise unmittelbar aus den gegebenen Stücken berechnet werden. Bei anderen Wegen zur Berechnung von β und γ müssen berechnete Zwischenergebnisse verwendet werden.

Aufgaben

Verknüpfen
Anwenden
Trainieren

1 Berechnen Sie in den dargestellten Dreiecken die fehlenden Größen.

a)

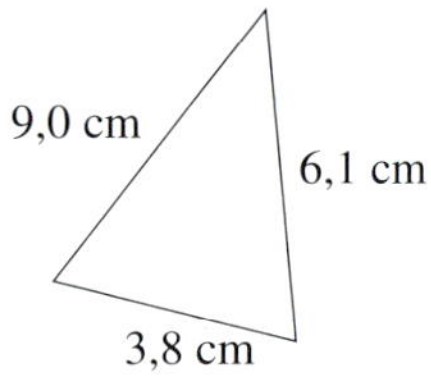

d)

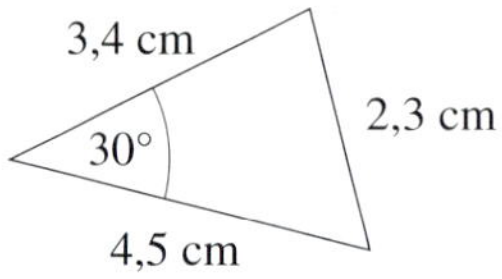

b)

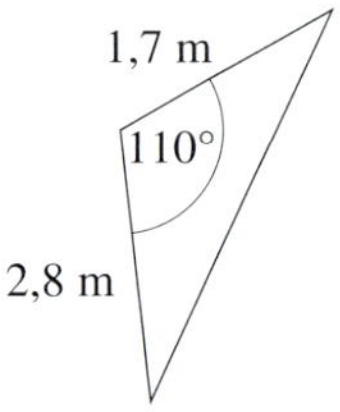

e)

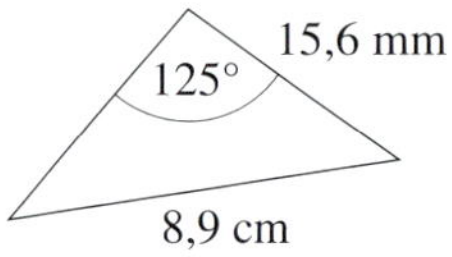

c)

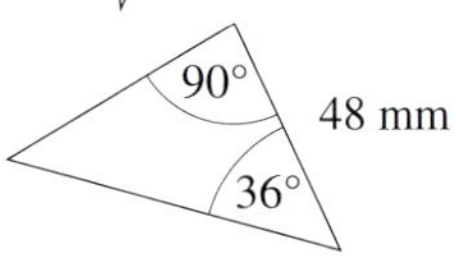

f)

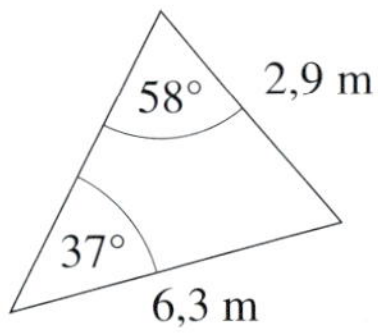

Lösungswort: 8° (e); 77° (e); 85° (l); 35 (m); 103° (m); 3,7 (o); nicht möglich (r); 19° (s)

2 You are given three measurements of triangles ABC. Calculate the missing parts whereever this is possible. Check your result by constructing the triangle.

a)	$b = 4.2\,\text{cm}$;	$\alpha = 38°$;	$\gamma = 84°$
b)	$a = 8.1\,\text{mm}$;	$b = 5.9\,\text{mm}$;	$\alpha = 76°$
c)	$a = 5.7\,\text{m}$;	$\beta = 47°$;	$\gamma = 138°$
d)	$a = 2.3\,\text{m}$;	$b = 4.5\,\text{m}$;	$c = 6.7\,\text{m}$
e)	$a = 3.3\,\text{cm}$;	$c = 4.2\,\text{cm}$;	$\alpha = 110°$
f)	$b = 12.4\,\text{m}$;	$c = 18.3\,\text{m}$;	$\alpha = 77°$
g)	$a = 3.1\,\text{cm}$;	$b = 4.2\,\text{cm}$	$c = 7.9\,\text{cm}$
h)	$b = 76\,\text{mm}$;	$\beta = 69°$;	$\gamma = 36°$

3 In den beschriebenen Dreiecken ABC ist die Länge von besonderen Linien zu berechnen.

a) $a = 4{,}3\,\text{cm}$; $b = 2{,}9\,\text{cm}$; $c = 5{,}1\,\text{cm}$. Berechnen Sie die Länge der Winkelhalbierenden w_α.

b) $a = 8{,}8\,\text{m}$; $b = 6{,}9\,\text{m}$; $\gamma = 73°$. Berechnen Sie die Länge der Strecke vom Punkt C zum Mittelpunkt der Seite c.

c) $a = 59\,\text{mm}$; $\beta = 32°$; $\gamma = 67°$. Berechnen Sie die Länge der Höhe h_b.

d) $a = 24\,\text{m}$; $b = 39\,\text{m}$; $\beta = 57°$. Berechnen Sie die Länge der Winkelhalbierenden w_β.

4 In den beschriebenen Vierecken $ABCD$ ist $e = \overline{AC}, f = \overline{BD}$ und z. B. $a = \overline{AB}$. Berechnen Sie aus den Angaben die in eckigen Klammern angegebenen Größen. Schreiben Sie für mindestens drei der Vierecke Konstruktionspläne.

a) $a = 6{,}5\,\text{cm}$; $b = 5{,}1\,\text{cm}$; $d = 3{,}7\,\text{cm}$; $\beta = 63°$; $\sphericalangle CAD = 42°$ $[c]$

b) $a = 92\,\text{m}$; $b = 71\,\text{m}$; $c = 49\,\text{m}$; $d = 58\,\text{m}$; $\delta = 108°$ $[\beta]$

c) $a = 2{,}9\,\text{km}$; $d = 3{,}7\,\text{km}$; $\alpha = 36°$; $\sphericalangle CBD = 115°$; $\sphericalangle BDC = 26°$ $[c]$

d) $a = 8{,}2\,\text{cm}$; $d = 9{,}2\,\text{cm}$; $f = 17{,}1\,\text{cm}$; $\beta = 113°$; $\delta = 95°$ $[b]$

e) $a = 12{,}3\,\text{m}$; $c = 5{,}5\,\text{m}$; $d = 7{,}2\,\text{m}$; $\gamma = 106°$ $\delta = 113°$ $[\beta]$

f) $d = 14{,}7\,\text{m}$; $\alpha = 37°$; $\gamma = 42°$; $\sphericalangle DBA = 53°$; $b = c$ $[\delta]$

5 Berechnen Sie für die folgenden besonderen Vierecke $ABCD$ die unbekannten Größen und ihren Flächeninhalt ($e = \overline{AC}, f = \overline{BD}$).

a) Parallelogramm: $b = 4{,}9\,\text{cm}$; $f = 6{,}7\,\text{cm}$; $\alpha = 71°$

b) Raute: $e = 9{,}7\,\text{cm}$; $\alpha = 37°$

c) Rechteck: $d = 3{,}2\,\text{cm}$; $e = 8{,}3\,\text{cm}$

d) Trapez mit $AB \parallel CD$: $a = 13{,}9\,\text{cm}$; $c = 5{,}8\,\text{cm}$; $d = 6{,}8\,\text{cm}$; $f = 9{,}7\,\text{cm}$

e) Drachenviereck mit Symmetrieachse AC: $b = 6{,}6\,\text{cm}$; $f = 3{,}4\,\text{cm}$; $\beta = 123°$

Lösungswort: $39\,\text{cm}^2$ (d); $14\,\text{cm}^2$ (e); $25\,\text{cm}^2$ (n); $43\,\text{cm}^2$ (n); $16\,\text{cm}^2$ (o); $30\,\text{cm}^2$ (s); $34\,\text{cm}^2$ (w)

6 By doing the calculations check whether the described object can exist. Correct the data where necessary.

a) Triangle ABC with $a = 9.6\,\text{cm}$; $b = 4.1\,\text{cm}$; $\alpha = 61°$; $\gamma = 97°$

b) Triangle ABC with $a = 31.2\,\text{m}$; $b = 24.5\,\text{m}$; $c = 25.6\,\text{m}$; $\alpha = 77°$; $\gamma = 56°$

c) Triangle ABC with $a = 3.6\,\text{cm}$; $b = 5.2\,\text{cm}$; $c = 22\,\text{mm}$; $\alpha = 34°$; $\beta = 54°$

d) Quadrangle $ABCD$ with $b = 3.9\,\text{cm}$; $c = 4.7\,\text{cm}$; $d = 2.5\,\text{cm}$; $e = 7.7\,\text{cm}$; $\beta = 29°$; $\sphericalangle BAC = 12°$

e) Quadrangle $ABCD$ with $a = 17.5\,\text{m}$; $c = 13.1\,\text{m}$; $d = 12.1\,\text{m}$; $\gamma = 72°$; $\delta = 130°$; $\sphericalangle CBD = 39°$

f) Trapezoid $ABCD$ with $BC \parallel AD$, $a = 6.2\,\text{cm}$; $b = 3.9\,\text{cm}$; $d = 8.0\,\text{cm}$; $f = \overline{BD} = 4.9\,\text{cm}$, $\sphericalangle CBD = 46°$

7 Entwerfen Sie drei Aufgaben für Figuren aus vier oder mehr Punkten: eine eindeutig, eine nicht und eine nicht eindeutig lösbar.

Noch fit?

I Fassen Sie die folgenden Terme so weit wie möglich zusammen. Stellen Sie die Rechenregeln für Potenzen, die Sie dabei verwenden, übersichtlich zusammen und entwerfen Sie jeweils ein Beispiel für einen typischen Fehler.

a) $(-3)^{-3}$

b) $2^5 \cdot \left(\frac{3}{4}\right)^5$

c) $x^2 \cdot \left(\frac{x}{2y}\right)^{-3}$

d) $2(2x^{-2})^3$

e) $x^3 + y^3$

f) $s^2(s^{-3}t + st^3)$

g) $\frac{(u^2w^{-2})^3 w^4}{u^3(u^{-2}w^3)^{-1}}$

h) $\left(\frac{1}{3}\right)^{-2} a^3 b^3 + \left(\frac{2}{ab}\right)^{-3}$

II Fill out the gaps in the following calculations.

a) $6a^3 \cdot (\ldots)^2 = 24a$

b) $x^4 : \ldots = \frac{1}{2}x^6$

c) $\left(\frac{s}{t^2}\right)^{\cdots} \cdot s^{\cdots} = st^2$

d) $3x^2 + \ldots \cdot \left(\frac{2}{x}\right)^{\cdots} = 4x^2$

Aufgaben

Verknüpfen
Anwenden
Trainieren

8 **Vermessungsaufgaben**

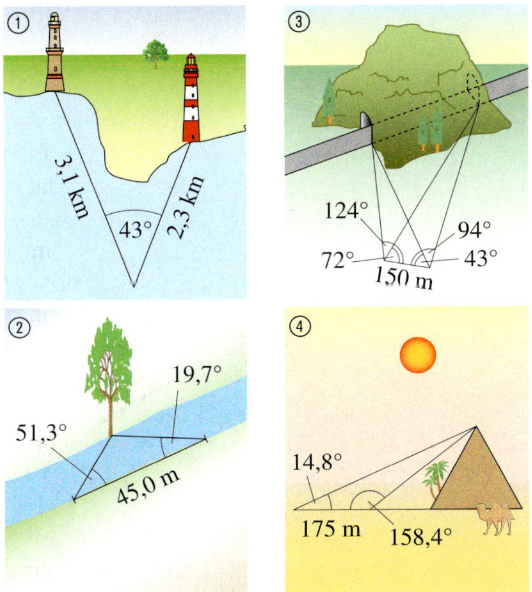

a) Wie weit sind die beiden Leuchttürme voneinander entfernt (Bild 1)?

b) Wie breit ist der Fluss (Bild 2)?

c) Wie lang wird der Tunnel (Bild 3)?

d) Wie hoch ist die Pyramide (Bild 4)?

9 Ein Radargerät zur Flugsicherung kann Horizontalwinkel und die Laufzeit von Radarsignalen (Ausbreitungsgeschwindigkeit: $3{,}00 \cdot 10^8 \frac{\text{m}}{\text{s}}$) messen. Nehmen Sie vereinfachend an, dass sich das Radargerät und die Flugzeuge in einer Ebene befinden.

a) Der Reflex von Flugzeug 1 (bei N18°W) ist 0,26 ms unterwegs, der von Flugzeug 2 (bei N62°O) 0,18 ms. Berechnen Sie den Abstand der beiden Flugzeuge.

b) Flugzeug 1 fliegt mit einer Geschwindigkeit von $680 \frac{\text{km}}{\text{h}}$ in Richtung N85°O, Flugzeug 2 mit $560 \frac{\text{km}}{\text{h}}$ in Richtung N22°O. Überprüfen Sie rechnerisch, ob die beiden Flugzeuge bei Beibehalten ihrer Kurse kollidieren würden.

10 Die Vermessung eines Grundstücks ergab:
$\overline{AE_1} = 47{,}4\,\text{m}$
$\sphericalangle BAE_1 = 30{,}8°$
$\overline{AE_2} = 33{,}6\,\text{m}$
$\sphericalangle E_2AB = 34{,}1°$
$\overline{AE_3} = 58{,}5\,\text{m}$
$\sphericalangle E_3AB = 18{,}3°$
$\overline{AE_4} = 60{,}9\,\text{m}$
$\sphericalangle BAE_4 = 12{,}7°$

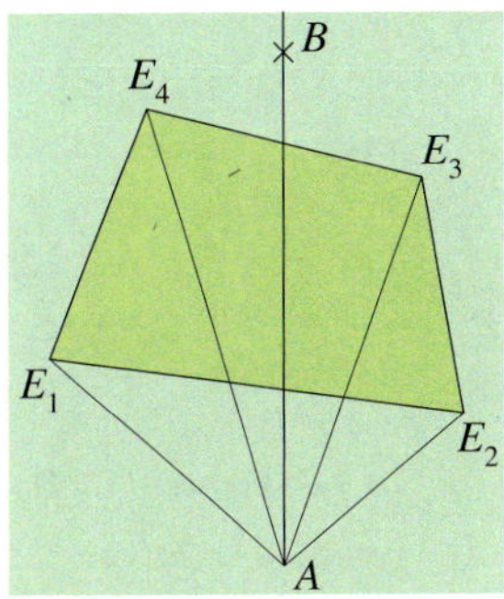

Berechnen Sie die Längen der Grundstücksgrenzen und den Flächeninhalt des Grundstücks.

11 Im Gelände, das mit einem ebenen Koordinatensystem versehen ist, sind die Koordinaten der Punkte $A\,(1{,}29|0{,}72)$ und $B\,(2{,}34|4{,}17)$ bekannt. Vom Punkt A aus misst man zu einem unbekannten Punkt C den Winkel $\sphericalangle CAB = 57{,}2°$, von B aus $\sphericalangle ABC = 75{,}8°$.
Bestimmen Sie die Entfernungen $\overline{AC}$ und $\overline{BC}$ und damit die Koordinaten vom C.
Tipp: Parallele zur x-Achse durch B, Lote von A und C auf die Parallele, …

12 Bei einem Orientierungswettbewerb muss durch Anpeilen der Kirchtürme zweier Orte A und B, die 19,6 km voneinander entfernt sind, die Position bestimmt werden. Der Kirchturm A steht von B aus gesehen bei N72°W.

a) Team C sieht A bei N25°W und B bei N23°O. Berechnen Sie die Entfernungen $\overline{CA}$ und $\overline{CB}$.

b) Team D sieht A bei N61°W und B bei N24°W. Berechnen Sie die Entfernungen $\overline{DA}$ und $\overline{DB}$.

13 Die geographischen Koordinaten von Stockholm lauten 59° 19' N, 18° 4' O, Kapstadt liegt bei 33° 55' S, 18° 29' O. Gehen Sie näherungsweise davon aus, dass beide Städte auf dem gleichen Längengrad liegen.
Zu einem bestimmten Zeitpunkt sieht man in Stockholm den Mond unter einem Winkel von 31° 7' über dem Horizont, in Kapstadt unter 54° 16'. Der Erdradius beträgt 6370 km. Berechnen Sie aus diesen Informationen den Abstand zwischen Erde und Mond.

14 Die Situation „sSW"
Von einem Dreieck ABC sind die Größen $a = 6{,}8\,\text{cm}$, $b = 4{,}8\,\text{cm}$ und $\beta = 37°$ bekannt.

a) Konstruieren Sie dieses Dreieck.

b) Berechnen Sie die restlichen Größen dieses Dreiecks und vergleichen Sie die Ergebnisse mit Ihrer Konstruktion.

c) Verfahren Sie genauso mit folgenden Angaben:
$a = 5{,}8\,\text{cm}$; $c = 3{,}2\,\text{cm}$; $\gamma = 41°$
$a = 5{,}9\,\text{km}$; $b = 3{,}1\,\text{km}$; $\alpha = 66°$
$a = 5{,}1\,\text{cm}$; $c = 7{,}4\,\text{cm}$; $\gamma = 90°$
$b = 17\,\text{m}$; $c = 38\,\text{m}$; $\beta = 29°$

15 Stumpfwinklige Dreiecke

a) Beweisen Sie den Sinussatz für den Fall, dass einer der beteiligten Winkel stumpf ist.

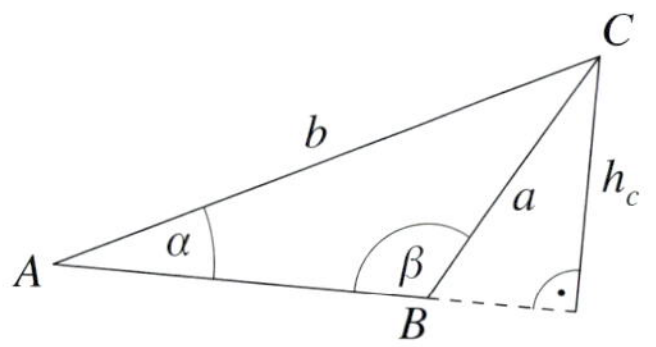

b) Beweisen Sie den Kosinussatz für den Fall, dass der beteiligte Winkel stumpf ist.

16 In einem Dreieck gilt für die Seitenlängen $a = 2c$, $b = 5c$. Berechnen Sie die Größe der Winkel in diesem Dreieck.
Begründen Sie ohne Zuhilfenahme der Rechnung, dass durch die Angaben die gesuchten Winkel eindeutig festgelegt sind.

17 Angles in 3D

a) The side lengths of a cuboid are 12", 19" and 37". Calculate the measures of the angles between the diagonals of its lateral faces.

b) The side length of a cube is 22.7". Calculate the measures of the angles between the diagonals of its lateral faces.

18 Weitenmessung im Sport
Zur Bestimmung der Wurfweite, z. B. beim Diskuswurf, wird am Punkt G ein Messgerät aufgebaut, das Entfernungen und Horizontalwinkel messen kann. Der Durchmesser des Wurfkreises beträgt 2,500 m, das Messgerät ist 45,000 m von dessen Mittelpunkt entfernt.

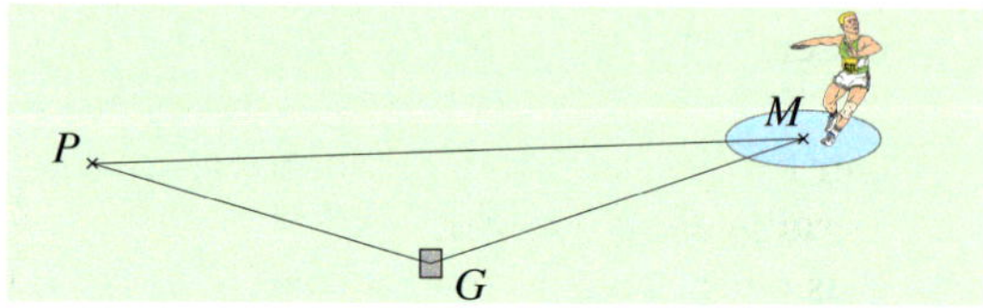

a) Für einen Wurf wurde $\overline{GP} = 34{,}721\,\text{m}$ und $\sphericalangle MGP = 126{,}40°$ gemessen. Um wie viel wurde der aktuelle Weltrekord verfehlt?

b) Bei der Weitenmessung wird immer der um den Wurfkreisradius verringerte Abstand vom Wurfkreismittelpunkt gewertet. Optimal ist deswegen ein Wurf genau in Richtung von MP. Bei einem Wurf, für den die Weite 65,44 m gewertet wurde, betrug die Abweichung von dieser Idealrichtung 5,00°. Wie viel Weite wurde so verschenkt?

c) Für eine präzise Messung muss berücksichtigt werden, dass das Messgerät (Punkt G) in 1,60 m Höhe montiert ist. Um wie viel unterscheidet sich das Ergebnis von Teilaufgabe a), wenn man dies berücksichtigt?

19

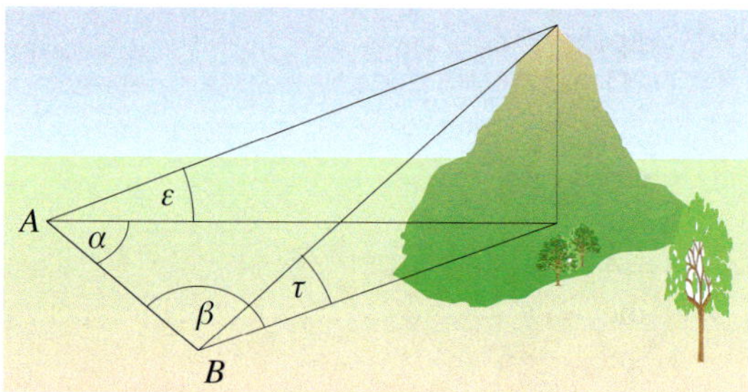

a) Um die Höhe eines Berges zu bestimmen, wurden in den Punkten A und B, die auf gleicher Höhe im Abstand 1950 m liegen, die Horizontalwinkel und die Höhenwinkel zum Gipfel gemessen: $\alpha = 38{,}0°$; $\beta = 106{,}5°$; $\varepsilon = 14{,}9°$; $\tau = 22{,}5°$.
Ermitteln Sie daraus die Höhe des Berges. Falls zu viele Werte gemessen wurden, überprüfen Sie, ob die Angaben stimmig sind.

b) Beschreiben Sie, wie zu verfahren wäre, wenn A und B nicht auf gleicher Höhe liegen und wieder nur Höhen- und Horizontalwinkel gemessen werden könnten.

Aufgaben

Verknüpfen
Anwenden
Trainieren

20 Stellen Sie zu den verschiedenen Kongruenzsätzen für Dreiecke übersichtlich die Lösungswege zusammen, nach denen sich jeweils die unbekannten Größen eindeutig bestimmen lassen.

21 Der Sinussatz und der Kosinussatz als Verallgemeinerungen

a) Was ergibt sich aus dem Sinussatz, wenn einer der Winkel eines Dreiecks ein rechter Winkel ist?

b) „Der Kosinussatz ist eine Verallgemeinerung des Satzes von Pythagoras.“
Rechtfertigen Sie diese Aussage. Erläutern Sie, dass der „Korrekturterm“ hinsichtlich seines Vorzeichens und seiner Größe sinnvoll ist.

22 Die Punkte der folgenden Figuren sind in einem Koordinatensystem angegeben. Berechnen Sie jeweils die unbekannten Größen.

a) Dreieck ABC mit $A(-2|3)$; $B(3|7)$; $C(5|-4)$

b) gleichschenkliges Dreieck ABC mit der Basis $[AC]$; $A(-1|-3)$; $B(-1|4)$; $\gamma = 64°$
Berechnen Sie auch die Koordinaten von C.

c) Parallelogramm $ABCD$ mit $A(2|1)$; $D(3|5)$; $c = 5{,}1$; $\gamma = 65°$.

d) Trapez $ABCD$ mit $BC \| AD$; $B(4|1)$; $C(4|3)$; $D(1|?)$; $c = 3{,}6$; $\beta = 100°$

23 Drumherum

a) Vom Dreieck ABC sind die Größen $a = 4{,}0\,\text{cm}$, $b = 4{,}7\,\text{cm}$ und $\gamma = 72°$ bekannt. Berechnen Sie seinen Umkreisradius und überprüfen Sie Ihr Ergebnis mithilfe einer Konstruktion.

b) Von einem Viereck $ABCD$ sind die Größen $c = 8{,}4\,\text{cm}$, $d = 5{,}8\,\text{cm}$, $f = \overline{BD} = 10{,}1\,\text{cm}$, $\alpha = 94°$ und $\delta = 73°$ bekannt.
Überprüfen Sie durch Rechnung, ob dieses Viereck einen Umkreis hat.

24 Ein Beobachtungssatellit umkreist die Erde (Radius: 6370 km) in einer Höhe von 910 km. Für eine Umrundung benötigt er 103 min. Seine Kamera, die einen Blickwinkel von 35° hat, ist genau senkrecht auf die Erde gerichtet.
Wie lange ist ein Ort, der von diesem Satelliten überflogen wird, in seinem Blickfeld?

25 Etwas Physik

a) Die Geschwindigkeit, die ein Sportflugzeug relativ zur umgebenden Luft erreicht, beträgt $315\,\frac{\text{km}}{\text{h}}$. Bei einem Wind, der mit der Geschwindigkeit $43\,\frac{\text{km}}{\text{h}}$ in Richtung N36°O weht, soll es sich genau nach Norden bewegen. Welchen Kurs muss der Pilot steuern? Welche Gesamtgeschwindigkeit ergibt sich dabei?

b) Wie groß ist die Kraft, die Herrchen insgesamt kompensieren muss?

26 Runde Sache

Zeichnen Sie ein Dreieck auf einen aufgeblasenen Luftballon und messen Sie, z. B. mithilfe einer Schnur, die Seitenlängen dieses Dreiecks. Berechnen Sie die Größen der Winkel dieses Dreiecks, wenn es ein ebenes wäre, und vergleichen Sie die Ergebnisse mit den Winkeln, die Sie (wie?) in ihrem „Luftballondreieck“ messen.

Aufgabe der Woche

Es war lange Zeit eine offene Frage, ob man eine Konstruktion zur Dreiteilung eines Winkels finden kann. Testen Sie die folgende Konstruktionsbeschreibung anhand eines 15°-, eines 30°- und eines 45°-Winkels.

Ziehe einen beliebigen Kreisbogen um den Scheitel des Winkels. Seine Schnittpunkte mit den Schenkeln sind A und B.
Errichte in A das Lot auf AB.
Trage darauf, von A ausgehend, den doppelten Kreisradius ab. Das ergibt den Punkt C.
Verbinde den Scheitel mit C: Diese Gerade drittelt den ursprünglichen Winkel.

Überprüfen Sie die Konstruktion anschließend durch eine Rechnung.

Zeigen Sie, was Sie können!

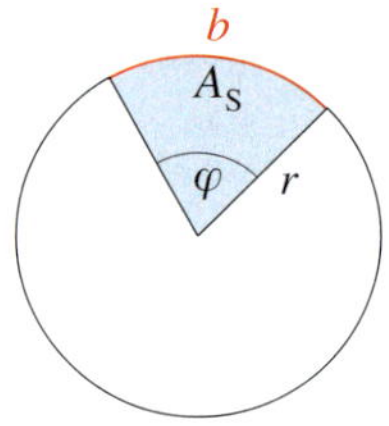

Bild 1

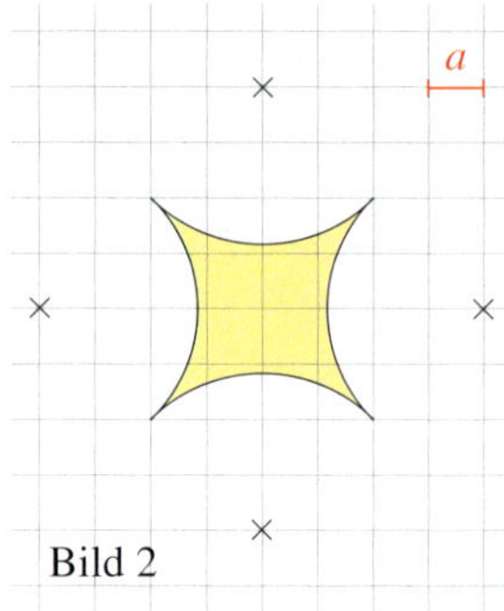

Bild 2

1 Wandeln Sie ins Bogenmaß bzw. Gradmaß um.
a) $\alpha = 80°$ **b)** $\beta = \frac{11}{12}\pi$

2 Berechnen Sie die restlichen Größen (siehe Bild 1).
a) $\varphi = 37°$; $r = 2{,}3\,\text{dm}$ **b)** $A_S = 5{,}3\,\text{cm}^2$; $r = 17\,\text{mm}$

3 Bestimmen Sie Umfang und Flächeninhalt der Figur aus Bild 2 in Abhängigkeit von der Gitterkonstanten a.

4 Bestimmen Sie die Werte ohne Taschenrechner durch Zurückführung auf spitze Winkel.
a) $\sin 240°$ **c)** $\tan 330°$
b) $\cos(-225°)$ **d)** $\cos\left(\frac{7}{6}\pi\right)$

5 Bestimmen Sie alle Winkel α zwischen $-360°$ und $720°$, für die gilt (Angabe auf Grad genau).
a) $\sin\alpha = 0{,}42$ **b)** $\cos\alpha = -0{,}86$

6 *Berechnen Sie die fehlenden Stücke und den Flächeninhalt der folgenden Figuren.
a) Dreieck ABC mit $b = 12{,}4\,\text{cm}$; $\beta = 39{,}4°$; $\gamma = 67{,}8°$
b) Viereck $ABCD$ mit $a = 6{,}3\,\text{cm}$; $d = 9{,}1\,\text{cm}$; $f = \overline{BD} = 12{,}5\,\text{cm}$; $\beta = 121{,}2°$; $\gamma = 34{,}1°$

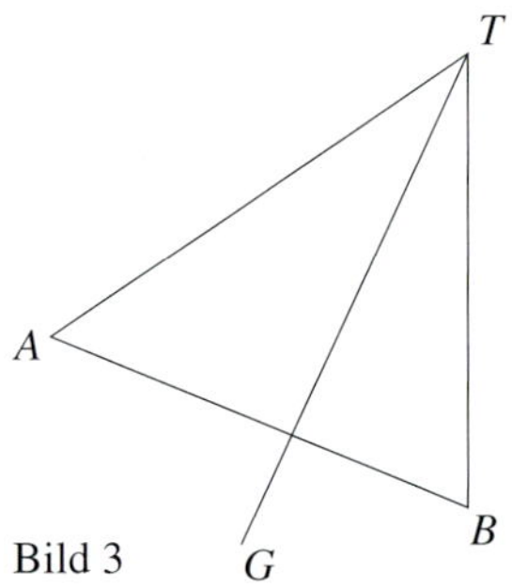

Bild 3

7 *Ein Flugzeug fliegt vom Ort A zum Ort B. Nehmen Sie zur Vereinfachung an, dass der Flug in der Ebene des Towers T stattfindet. Durch Radarmessungen sind die Entfernungen $\overline{TA} = 64\,\text{km}$, $\overline{TB} = 71\,\text{km}$ und $\overline{TG} = 74\,\text{km}$ bekannt sowie die Winkel $\sphericalangle ATB = 81°$ und $\sphericalangle GTB = 22°$ (siehe Bild 3). In welcher Entfernung passiert das Flugzeug den Gipfel G?

8 *Erstellen Sie Aufgaben des folgenden Typs, die entweder nicht oder nicht eindeutig lösbar sind:
a) Dreieck mit drei gegebenen Stücken.
b) Viereck mit sechs gegebenen Stücken.

* fakultativ

Aufg.-Nr.	Punkte	Lösungshinweis
1	2P	Beachten Sie Seite 12, Zusammenfassung
2	4P	Beachten Sie Seite 11, Zusammenfassung
3	4P	Vgl. Seite 14, Aufgabe 18
4	4P	Beachten Sie Seite 19, Zusammenfassung
5	4P	Beachten Sie Seite 19, Zusammenfassung
6	14P	Vgl. Seite 26, Aufgaben 1, 2, 4, 5
7	8P	Vgl. Seite 27, Aufgaben 9–12
8	4P	Vgl. Seite 26, Aufgaben 6, 7; Seite 28, Aufgabe 14

Lösungen Seite 204

38–44 Punkte
31–37 Punkte
22–30 Punkte

2 Winkelfunktionen

Hier lernen Sie als weitere Funktionen die Sinus- und die Kosinusfunktion sowie deren Eigenschaften kennen.
Diese Funktionen finden wegen ihrer Eigenschaften in der Technik vielfältige Anwendungen. Beispielsweise dienen in Keyboards u. a. Oszillatoren, die sinusförmige Wechselspannungen verschiedener Frequenzen erzeugen, als Tonquellen.

Durch die Überlagerung unterschiedlicher sinusförmiger Wechselspannungen lassen sich raffinierteste Toneffekte erzeugen.

Physik-Ecke

Periodische Vorgänge

In der Mechanik und in der Elektrik werden u. a. auch Schwingungsvorgänge untersucht. Schwingungen sind periodische Vorgänge: Jeweils nach einer bestimmten Zeit wiederholt sich der Vorgang in gleicher Weise. Bei elektrischen Schwingungen kann der zeitliche Verlauf (z. B. der Spannung) mithilfe eines Oszilloskops aufgezeichnet werden, bei mechanischen Schwingungen geht das i. Allg. nicht ganz so einfach. In einem der Bilder wird gezeigt, wie der Bewegungsablauf bei einem Pendel mithilfe von Sand auf ein Förderband gezeichnet werden kann.

Aufzeichnung der Pendelschwingung mithilfe von Sand

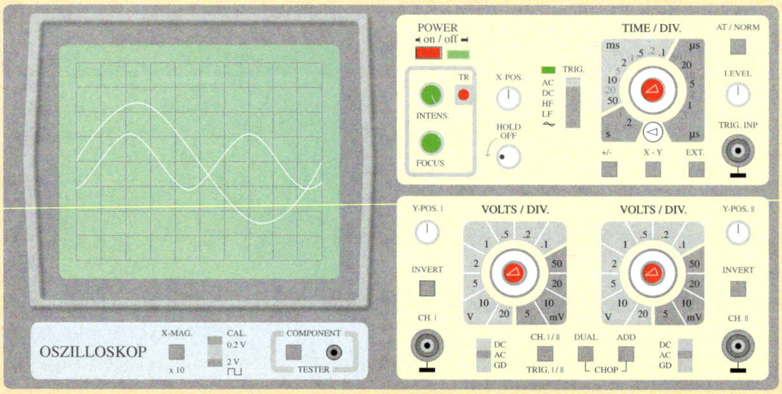

Aufgabe:
Ermitteln Sie maximale Spannung und Frequenz der beiden angezeigten Wechselspannungen. Beachten Sie dazu die Einstellungen am Oszilloskop.

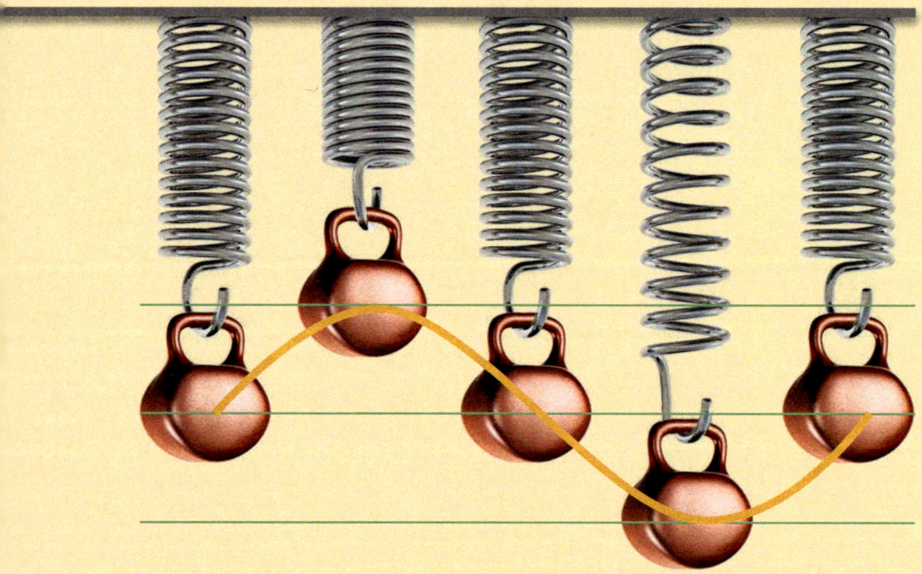

Aufgabe:
Beschreiben Sie die Bewegungsabläufe beim Federschwinger und beim Pendel. Gehen Sie auch auf die Energieumwandlungen ein.

2.1 Sinus- und Kosinusfunktion

Mit Tabellenkalkulation zur Funktion — Auftrag 1

Ergänzen Sie mit einem Tabellenkalkulationsprogramm die Tabelle für den Bereich von -3π bis 3π, und lassen Sie die zugehörigen Graphen zeichnen. In der Tabelle wird statt α_{RAD} die für Funktionen übliche Variable x gewählt, also $x = \alpha_{RAD}$. Die Werte in den Zellen sind teilweise auf zwei Dezimalen gerundet.

α	…	$-75°$	$-60°$	$-45°$	$-30°$	$-15°$	$0°$	$15°$	$30°$	$45°$	$60°$	$75°$	…
x				$-\frac{\pi}{4}$	$-\frac{\pi}{6}$	$-\frac{\pi}{12}$	0	$\frac{\pi}{12}$	$\frac{\pi}{6}$	$\frac{\pi}{4}$			
$\sin x$					$-0{,}50$	$-0{,}26$	0	0,26					
$\cos x$							1	0,97					

Die Sinus- und Kosinusfunktion lassen sich auf ganz $\mathbb{R}$ definieren. Sie haben nur einen Ausschnitt der Sinus- und Kosinuskurve erhalten.
Beschreiben Sie die Funktionsgraphen und geben Sie Eigenschaften der Sinus- bzw. Kosinusfunktion an.

Von der Kreisbewegung zur Schwingung — Auftrag 2

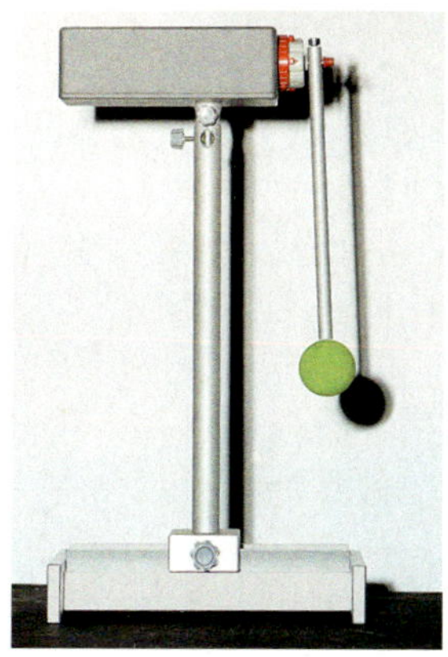

Eine Kugel ist an einer Stange eines langsam laufenden Elektromotors befestigt und wird auf einer vertikalen Kreisbahn gleichmäßig gegen den Uhrzeigersinn bewegt.
Die Kugel wird parallel zur Kreisebene beleuchtet, und die Bewegung ihres Schattens wird beobachtet.
Führen Sie die zeitliche Auslenkung y aus der Ausgangslage der Kugel auf den Radius und den Drehwinkel α zurück, und stellen Sie den Verlauf in Abhängigkeit vom Drehwinkel α graphisch dar.
Wählen Sie dazu für den Radius den Wert 1 und für die Startposition den Wert $\alpha = 0°$ (gemessen gegen die Beleuchtungsrichtung; siehe unten).

Wird auf der x-Achse das Bogenmaß des Winkels α abgetragen ($x = \alpha_{RAD}$), dann ist die graphische Darstellung des zeitlichen Verlaufs der Auslenkung y ein Stück einer Sinuskurve.

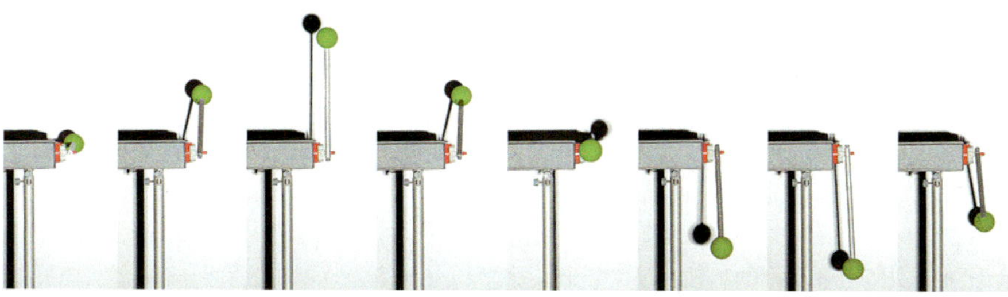

Die zugehörige Sinusfunktion lässt sich auf ganz $\mathbb{R}$ definieren: $x \mapsto \sin x;\ x \in \mathbb{R}$.
Entsprechend definiert man die Kosinusfunktion: $x \mapsto \cos x;\ x \in \mathbb{R}$.
Zeichnen Sie beide Funktionsgraphen im Bereich $-3\pi \leq x \leq 3\pi$.

Beschreiben Sie die Funktionsgraphen und geben Sie Eigenschaften der Sinus- bzw. Kosinusfunktion an.

Auftrag 3 Vom Kreis zum Graphen mit DGS

Im abgebildeten Applet wird der Punkt P auf der Kreislinie mit dem Radius 1 gegen den Uhrzeigersinn bewegt. Die Sinus- und Kosinuswerte zum Winkel α werden über dem Bogenmaß x von α angetragen und ergeben die Sinus- bzw. Kosinuskurve.

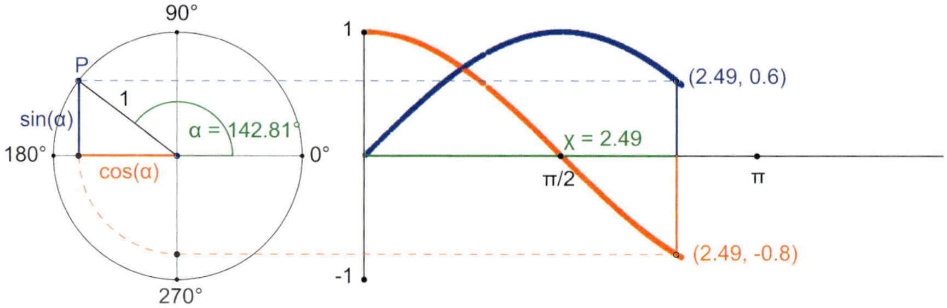

Hinweis

Das Applet finden Sie unter 034 – 1.

Vervollständigen Sie die Funktionsgraphen, indem Sie α und damit x immer größer wählen. Verwenden Sie auch Werte größer als 360°.
Überlegen Sie dann, wie die Kurven für negative Winkel verlaufen (Bewegung von P vom Startpunkt aus im Uhrzeigersinn).
Beide Funktionen lassen sich somit auf ganz $\mathbb{R}$ definieren.
Beschreiben Sie die Funktionsgraphen und geben Sie Eigenschaften der Sinus- bzw. Kosinusfunktion an.

Bearbeitung

Auftrag 2 Von der Kreisbewegung zur Schwingung

Der Schatten der Kugel bewegt sich zunächst nach oben, kehrt nach einer viertel Umdrehung um und bewegt sich nach unten, bis er nach einer dreiviertel Umdrehung in gleicher Entfernung wie der obere Umkehrpunkt von der Ausgangslage abermals seine Bewegungsrichtung ändert und nach einer vollen Umdrehung, d. h. nach der Umlaufdauer T, an den Ausgangspunkt zurück gelangt.

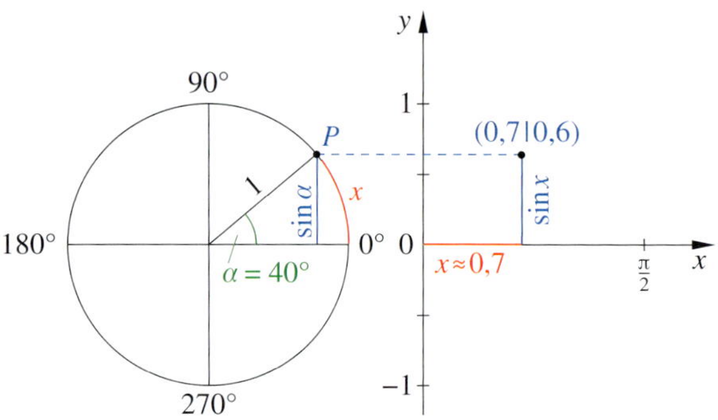

Den zeitlichen Verlauf der Auslenkung y aus der Ausgangslage der Kugel erhält man, wenn man die direkte Proportionalität zwischen der Zeit t und dem Drehwinkel α beachtet. Der Umlaufsdauer T entspricht der Winkel 2π. Im Weiteren wird jedoch nur der Drehwinkel betrachtet.
Man erhält die Punkte des Graphen, indem man den Winkel α im Bogenmaß $\alpha_{\text{RAD}} = x$, d. h. bei Radius 1 die Bogenlänge (in der Abbildung rot), als x-Koordinate und $\sin \alpha_{\text{RAD}} = \sin x$ (in der Abbildung blau) als y-Koordinate verwendet.

Wählt man nun verschiedene Winkel im Bereich von 0° bis 360° (eine Umdrehung) und zeichnet die zugehörigen Punkte, so liegen diese auf einer Kurve, die **Sinuskurve** heißt.

x	0	$\frac{1}{6}\pi$	$\frac{1}{3}\pi$	$\frac{1}{2}\pi$	$\frac{2}{3}\pi$	$\frac{5}{6}\pi$	π	$\frac{7}{6}\pi$	$\frac{4}{3}\pi$	$\frac{3}{2}\pi$	$\frac{5}{3}\pi$	$\frac{11}{6}\pi$	2π
$\sin x$	0	0,50	0,87	1	0,87	0,50	0	−0,50	−0,87	−1	−0,87	−0,50	0

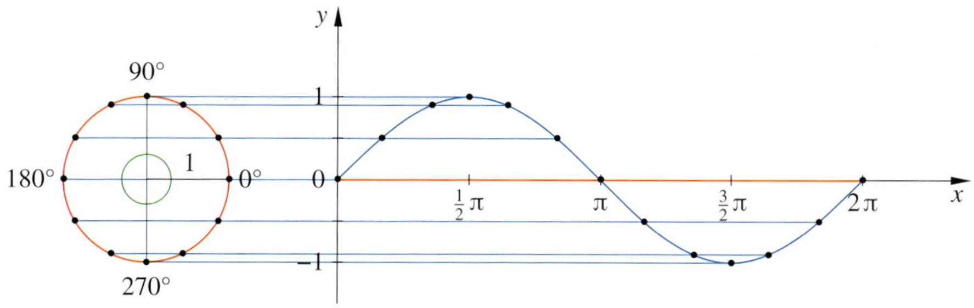

Dreht man weiter, so wiederholen sich die Funktionswerte und der Kurvenverlauf bei jeder weiteren Umdrehung. Dreht man im Uhrzeigersinn und zählt den Winkel, wie in der Mathematik üblich, negativ, so erhält man eine Fortsetzung des Kurvenverlaufs für negative x-Werte.

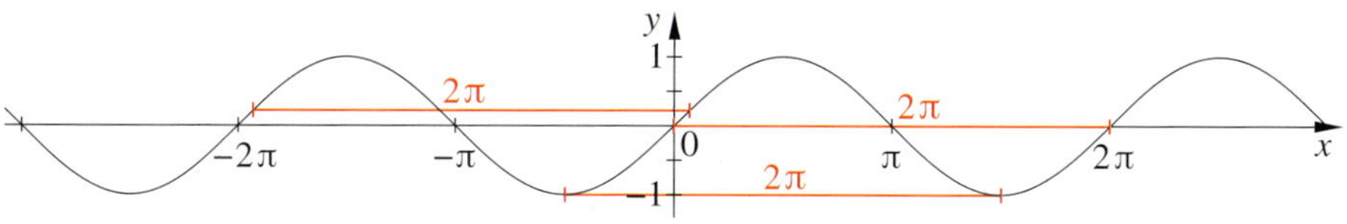

Info

Man nennt eine Funktion, deren Funktionswerte sich in gleichen Abständen regelmäßig wiederholen, deren Graph also aus einem sich ständig wiederholenden Kurvenstück besteht, eine **periodische Funktion**. Die Länge des kürzesten Intervalls, nach dem sich die Funktionswerte wiederholen, heißt **Periode**.

Die zu diesem Graphen gehörige **Sinusfunktion** lässt sich auf ganz $\mathbb{R}$ definieren: $x \mapsto \sin x$; $x \in \mathbb{R}$. Die Sinusfunktion ist eine periodische Funktion mit der Periode 2π (siehe Info). Verschiebt man die Kurve in x-Richtung um ein ganzzahliges Vielfaches der Periode, so kommt sie mit sich selbst zur Deckung.

Analog zur Sinusfunktion wird die **Kosinusfunktion** definiert: $x \mapsto \cos x$; $x \in \mathbb{R}$. Ihr Graph, die **Kosinuskurve**, wird unter Verwendung einer Wertetabelle gezeichnet. Da $\cos(-\alpha_{RAD}) = \cos(\alpha_{RAD})$, genügt es, in der Tabelle nur positive x-Werte zu betrachten (Werte teilweise auf zwei Dezimalen gerundet).

x	0	$\frac{1}{6}\pi$	$\frac{1}{4}\pi$	$\frac{1}{3}\pi$	$\frac{1}{2}\pi$	$\frac{2}{3}\pi$	$\frac{3}{4}\pi$	$\frac{5}{6}\pi$	π	$\frac{7}{6}\pi$	$\frac{5}{4}\pi$	$\frac{4}{3}\pi$	$\frac{3}{2}\pi$	$\frac{5}{3}\pi$	$\frac{7}{4}\pi$
$\cos x$	1	0,87	0,71	0,5	0	−0,5	−0,71	−0,87	−1	−0,87	−0,71	−0,5	0	0,5	0,71
x	$\frac{11}{6}\pi$	2π	$\frac{13}{6}\pi$	$\frac{9}{4}\pi$	$\frac{7}{3}\pi$	$\frac{5}{2}\pi$	$\frac{8}{3}\pi$	$\frac{11}{4}\pi$	$\frac{17}{6}\pi$	3π	$\frac{19}{6}\pi$	$\frac{13}{4}\pi$	$\frac{10}{3}\pi$	$\frac{7}{2}\pi$	$\frac{11}{3}\pi$
$\cos x$	0,87	1	0,87	0,71	0,5	0	−0,5	−0,71	−0,87	−1	−0,87	−0,71	−0,5	0	0,5

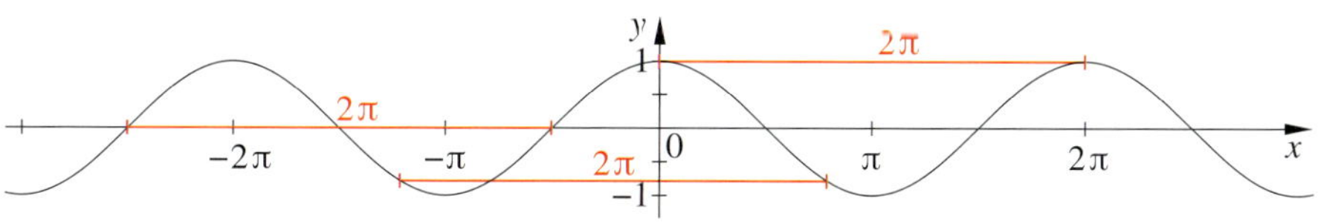

Beschreibung der beiden Graphen und Eigenschaften der Funktionen:
Beide Funktionsgraphen ändern sich durch eine Verschiebung in x-Richtung um ein ganzzahliges Vielfaches von 2π nicht. Beide Funktionen sind also periodisch, die Periode ist 2π, und für die Funktion gilt:
$\sin(x + k \cdot 2\pi) = \sin x$; $x \in \mathbb{R}$, $k \in \mathbb{Z}$ bzw. $\cos(x + k \cdot 2\pi) = \cos x$; $x \in \mathbb{R}$, $k \in \mathbb{Z}$.
Die Sinuskurve ist punktsymmetrisch zum Ursprung. Für die Sinusfunktion gilt: $\sin(-x) = -\sin x$; $x \in \mathbb{R}$. Die Kosinuskurve ist achsensymmetrisch zur y-Achse. Für die Kosinusfunktion gilt: $\cos(-x) = \cos x$; $x \in \mathbb{R}$.
Verschiebt man die Kosinuskurve um $\frac{\pi}{2}$ in x-Richtung, so erhält man die Sinuskurve.

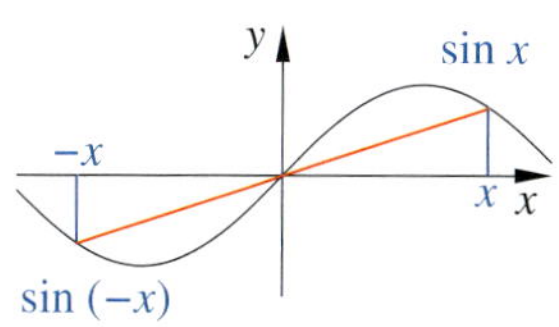

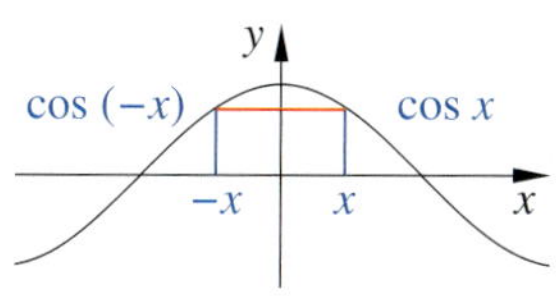

Zusammenfassung

Sinus- und Kosinusfunktion

D Die Funktion $x \mapsto \sin x$; $x \in \mathbb{R}$ heißt **Sinusfunktion** und ihr Graph **Sinuskurve**.

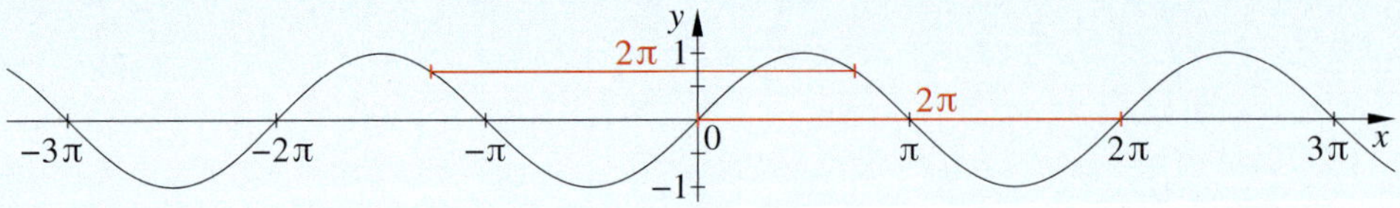

D Die Funktion $x \mapsto \cos x$; $x \in \mathbb{R}$ heißt **Kosinusfunktion** und ihr Graph **Kosinuskurve**.

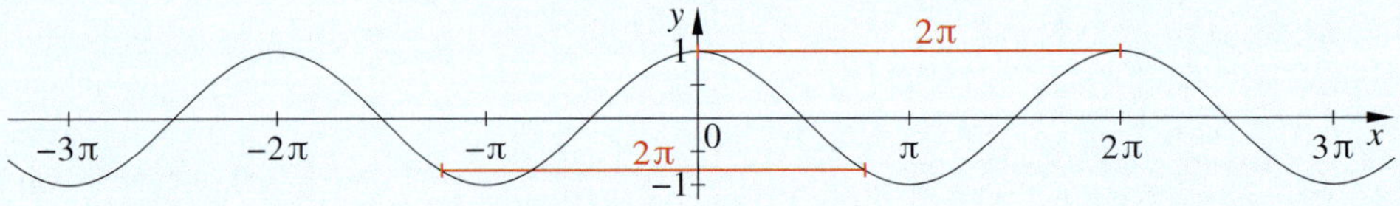

D Eine Funktion f, deren Funktionswerte sich in gleichen Abständen p regelmäßig wiederholen, deren Graph also nach einer Verschiebung um p in x-Richtung mit sich selbst zur Deckung kommt, heißt **periodisch**. $f(x) = f(x + p)$; $x, p \in \mathbb{R}$.
Die kleinste positive Zahl p mit dieser Eigenschaft heißt **Periode**.

S Die Sinusfunktion und die Kosinusfunktion sind periodisch mit Periode 2π. Das heißt, auch nach einer Verschiebung der Sinus- oder Kosinuskurve um ein ganzzahliges Vielfaches von 2π in x-Richtung erhält man wieder die Sinus- bzw. die Kosinuskurve.
$\sin(x + k \cdot 2\pi) = \sin x$; $x \in \mathbb{R}$, $k \in \mathbb{Z}$ bzw. $\cos(x + k \cdot 2\pi) = \cos x$; $x \in \mathbb{R}$, $k \in \mathbb{Z}$.

S Die Sinusfunktion und die Kosinusfunktion haben die Wertemenge $[-1; 1]$.
$-1 \le \sin x \le 1$; $x \in \mathbb{R}$ bzw. $-1 \le \cos x \le 1$; $x \in \mathbb{R}$.

S Die Sinuskurve ist punktsymmetrisch zum Ursprung.
$\sin(-x) = -\sin x$; $x \in \mathbb{R}$.

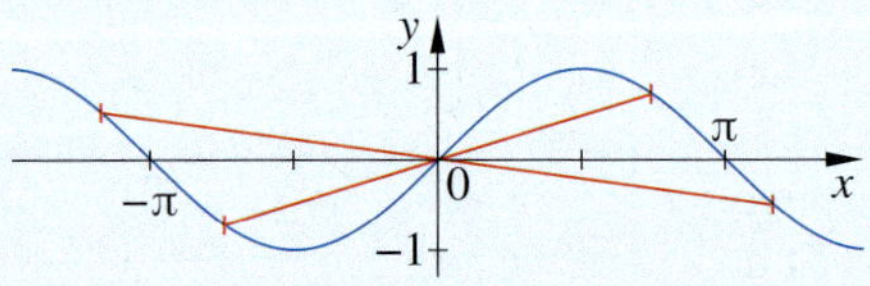

S Die Kosinuskurve ist achsensymmetrisch zur y-Achse.
$\cos(-x) = -\cos x$; $x \in \mathbb{R}$.

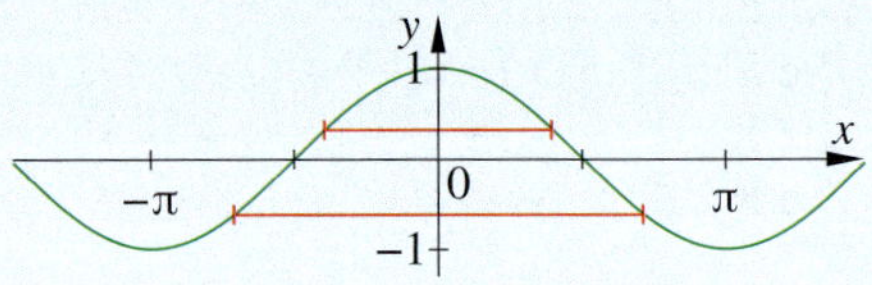

S Die Sinuskurve und die Kosinuskurve lassen sich jeweils durch eine Verschiebung in x-Richtung um $\frac{\pi}{2}$ bzw. $-\frac{\pi}{2}$ ineinander überführen.

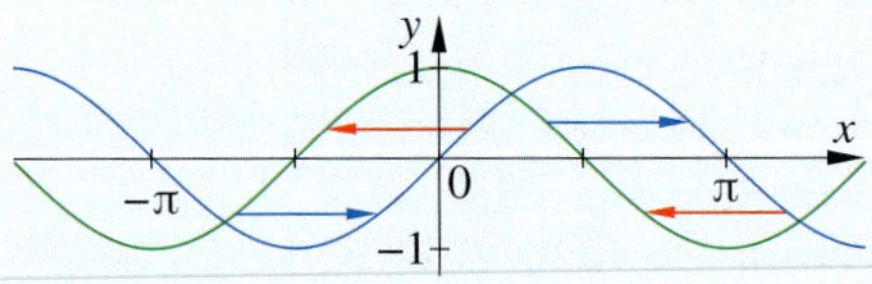

Alle Nullstellen und Extremstellen, an denen die Funktionen ihren größten oder kleinsten Wert annehmen, erhält man aus den entsprechenden Stellen im Intervall $[0; 2\pi]$ aufgrund der Periodizität.

	Nullstellen in $[0; 2\pi]$	Stellen kleinster Werte in $[0; 2\pi]$	Stellen größter Werte in $[0; 2\pi]$
$x \mapsto \sin x$	$0; \pi; 2\pi$	$\frac{3}{2}\pi$	$\frac{1}{2}\pi$
$x \mapsto \cos x$	$\frac{1}{2}\pi; \frac{3}{2}\pi$	π	$0; 2\pi$

Aufgaben

Verknüpfen
Anwenden
Trainieren

1 Geben Sie die Funktionswerte an (ohne TR).

a) $\sin\left(\frac{\pi}{6}\right)$ **c)** $\sin\left(-\frac{\pi}{4}\right)$ **e)** $\cos(-\pi)$

b) $\sin\left(\frac{\pi}{4}\right)$ **d)** $\cos\left(\frac{\pi}{3}\right)$ **f)** $\cos\left(-\frac{\pi}{4}\right)$

2 Zeichnen Sie den Graphen unter Verwendung einer Wertetabelle im angegebenen Intervall.

a) Sinusfunktion im Intervall $[-\pi; \pi]$

b) Kosinusfunktion im Intervall $[-2\pi; 0]$

3 Zeichnen Sie den Graphen unter Verwendung einer Schablone im angegebenen Intervall.

a) Sinusfunktion im Intervall $[2{,}5\pi; 5\pi]$

b) Kosinusfunktion im Intervall $[-3{,}5\pi; -\pi]$

4 An welchen Stellen im Intervall $[-\pi; 1{,}5\pi]$ schneidet …

a) die Sinuskurve die x-Achse?

b) die Kosinuskurve die x-Achse?

c) die Sinuskurve die Gerade $y = -0{,}5$?

d) die Kosinuskurve die Gerade $y = 0{,}5$?

5 An welchen Stellen im Intervall $[-2\pi; 2\pi]$ gilt das Folgende?

a) $\sin x = 1$ **d)** $\sin x = 0{,}5$

b) $\cos x = 0$ **e)** $\sin x = \frac{1}{2}\sqrt{2}$

c) $\cos x = -1$ **f)** $\cos x = -\frac{1}{2}\sqrt{2}$

6 In welchen Bereichen im Intervall $[-2\pi; 2\pi]$ gilt das Folgende?

a) Die Sinuskurve liegt unter der x-Achse.

b) Die Sinuskurve liegt über der x-Achse.

c) Die Kosinuskurve liegt unter der x-Achse.

d) Die Kosinuskurve liegt über der x-Achse.

7 In welchen Bereichen im Intervall $[-\pi; 2\pi]$ gilt das Folgende?

a) Die Sinuskurve steigt.

b) Die Sinuskurve fällt.

c) Die Kosinuskurve steigt.

d) Die Kosinuskurve fällt.

8 In welchen Bereichen im Intervall $[-2\pi; 2\pi]$ gilt das Folgende?

a) $\sin x < 0$ **c)** $\cos x \leq 0$

b) $\sin x > 1$ **d)** $\cos x > -0{,}5\pi$

9 Find out the periods of the graphs.

a)

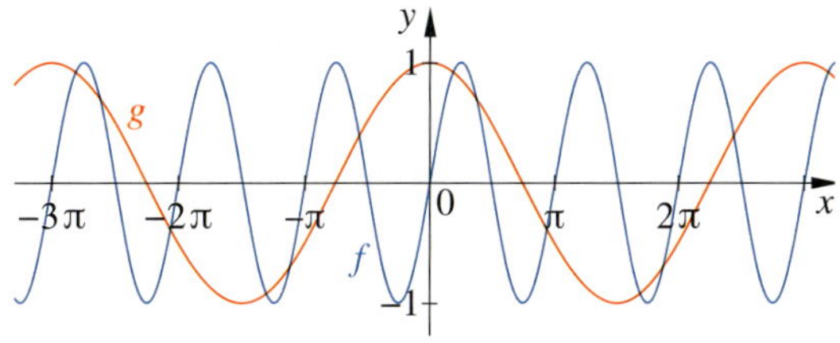

b)

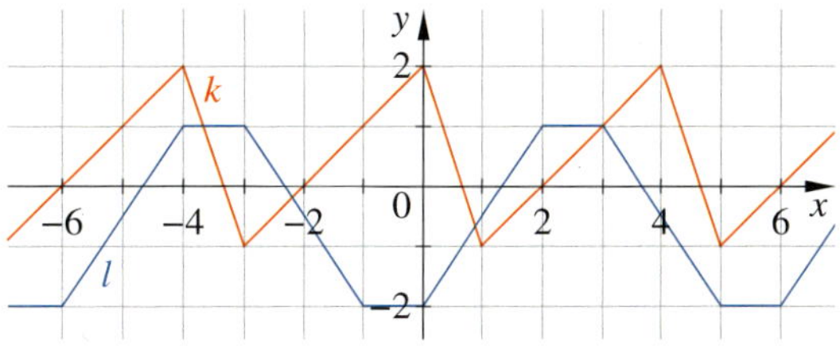

10 Zeichnen Sie den Graphen und geben Sie alle Nullstellen und Extremstellen an.

a) Sinusfunktion im Intervall $[-\pi; 2\pi]$

b) Kosinusfunktion im Intervall $[-2\pi; \pi]$

c) Sinusfunktion im Intervall $[2{,}5\pi; 5\pi]$

d) Kosinusfunktion im Intervall $[-3{,}5\pi; -\pi]$

11 Zeichnen Sie den Graphen und ermitteln Sie zeichnerisch alle Stellen mit Funktionswert 0,4 bzw. −0,6.

a) Sinusfunktion im Intervall $[-\pi; 2\pi]$

b) Kosinusfunktion im Intervall $[-2\pi; \pi]$

c) Sinusfunktion im Intervall $[2{,}5\pi; 5\pi]$

d) Kosinusfunktion im Intervall $[-3{,}5\pi; -\pi]$

12 Wo finden Sie periodische Vorgänge im Alltag?

Noch fit?

I Berechnen Sie ohne Taschenrechner.

a) $\sqrt[4]{81}$ **c)** $\sqrt[3]{216}$ **e)** $\sqrt[3]{0{,}000027}$

b) $\sqrt[3]{64}$ **d)** $\sqrt[3]{8000}$ **f)** $\sqrt[4]{10^8}$

II Fassen Sie den Term zusammen.

a) $\sqrt[3]{2} \cdot \sqrt[3]{32}$ **c)** $\sqrt[3]{64} + \sqrt{2}$

b) $\sqrt[3]{64} : \sqrt[3]{16}$ **d)** $\sqrt{2} \cdot \sqrt[4]{4} \cdot \sqrt[6]{8} : \sqrt[8]{16}$

III Lösen Sie nach der angegebenen Größe auf.

a) $A = \pi r^2$ nach r **c)** $V = \frac{1}{3}a^2 h$ nach a

b) $V = \frac{4}{3}\pi r^3$ nach r **d)** $V = \frac{\sqrt{2}}{12}s^3$ nach s

Aufgaben

Verknüpfen
Anwenden
Trainieren

13 Vergleichen Sie die beiden EKG-Aufnahmen.

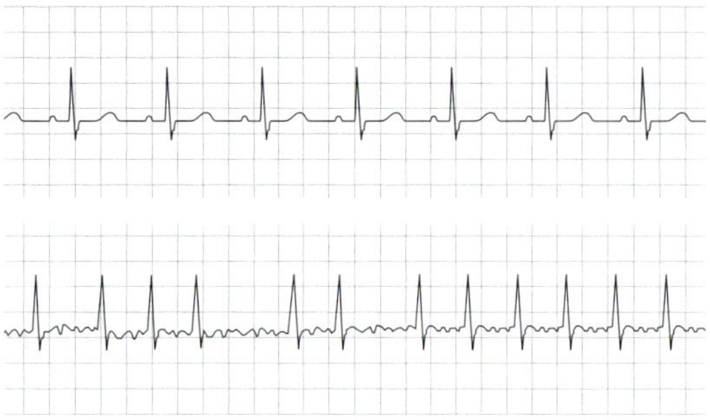

14 Geben Sie für die Sinuskurve und die Kosinuskurve …

a) weitere Symmetriezentren und Symmetrieachsen an.

b) weitere Verschiebungen an, die die Kurven ineinander überführen.

15 Die Tangensfunktion

$x \mapsto \tan x = \frac{\sin x}{\cos x};\ x \in D$

ist auch eine periodische Funktion.

a) Bestimmen Sie die maximale Definitionsmenge der Tangensfunktion.

b) Erstellen Sie eine Wertetabelle und zeichnen Sie den Graphen der Tangensfunktion.

c) Geben Sie die Periode und die Wertemenge an.

d) Welche Symmetrie zeigt der Graph der Tangensfunktion? Begründen Sie Ihre Aussage.

e) Geben Sie Gleichungen der Asymptoten der Tangenskurve an.

16 Welche Aussagen sind über die Funktion, deren Graph in der Zeichnung dargestellt ist, möglich?

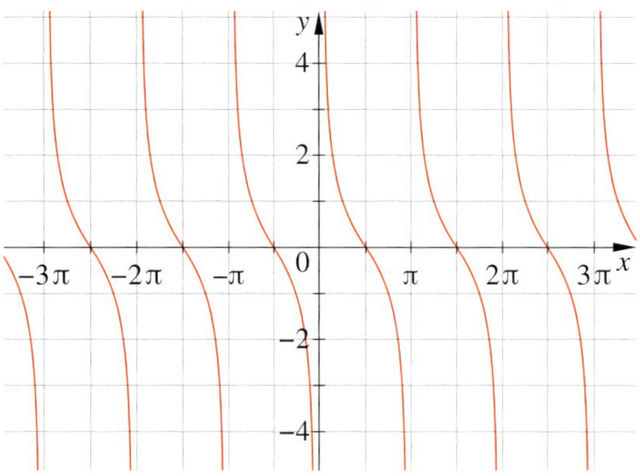

17 Die so genannte „Kleinwinkelnäherung“ lautet: $\sin x \approx x \approx \tan x$.
Untersuchen Sie anhand einer Zeichnung die Beziehung der drei Terme in der Umgebung von 0.

18 $f(x) = (\sin x)^2;\ x \in \mathbb{R}$ und
$g(x) = (\cos x)^2;\ x \in \mathbb{R}$

a) Erstellen Sie eine Wertetabelle und zeichnen Sie die Graphen der Funktionen f und g in ein gemeinsames Koordinatensystem.

b) Geben Sie jeweils die Periode und die Wertemenge von f und g an.

c) Welche Symmetrie zeigen die Graphen der Funktionen f und g?

d) Es ist $f + g\colon x \mapsto f(x) + g(x)$. Was kann man über die Funktion $f + g$ aussagen?

19 $f(x) = \sin x + \cos x;\ x \in \mathbb{R}$

a) Erstellen Sie eine Wertetabelle und zeichnen Sie den Graphen der Funktion f.

b) Geben Sie die Periode und die Wertemenge von f an.

c) Welche Symmetrien zeigt der Graph der Funktion f?

20 Zeigen Sie, dass alle Punkte $P(p_1|p_2)$ mit $p_1 = 5\cos t$ und $p_2 = 5\sin t$; $t \in [0;\ 2\pi[$ auf einem Kreis liegen. Ermitteln Sie zunächst Mittelpunkt und Radius des Kreises.

21 Zeichnen Sie den Graphen der Funktion f, g und h unter Verwendung einer Wertetabelle im Intervall $[-\pi;\ 2\pi]$.
$f(x) = \sin(\pi - x);\ x \in \mathbb{R}$
$g(x) = \sin\left(x - \frac{\pi}{2}\right);\ x \in \mathbb{R}$
$h(x) = \cos(\pi - x);\ x \in \mathbb{R}$
Erklären Sie die Ergebnisse.

22 Vergleichen Sie die beiden Schwingungsbilder des Kammertons a'. Wodurch ist der Kammerton festgelegt? Warum sind die Schwingungsbilder unterschiedlich?

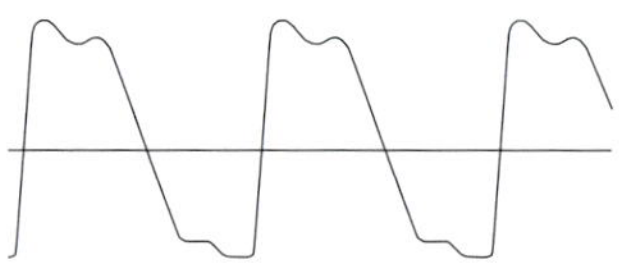

Kammerton auf dem Klavier

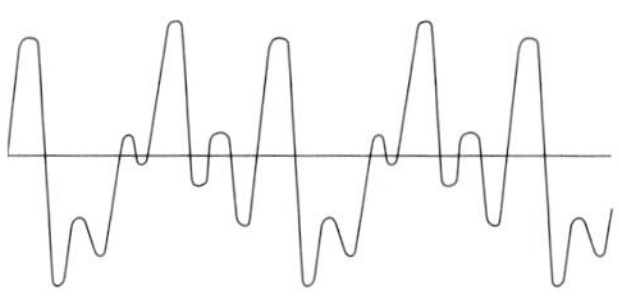

Kammerton auf der Violine

Aufgaben

Verknüpfen
Anwenden
Trainieren

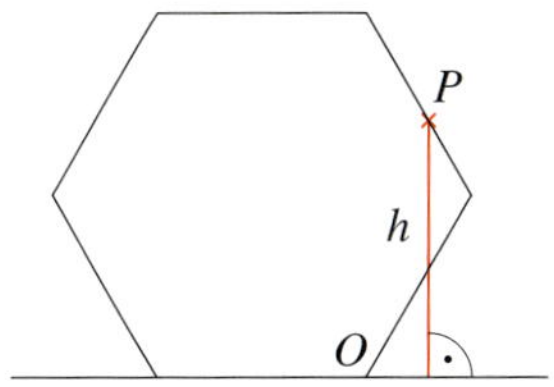

23 Ein Punkt P bewegt sich mit der Geschwindigkeit $1\,\frac{\text{cm}}{\text{s}}$ entgegen dem Uhrzeigersinn auf einem regelmäßigen n-Eck ($n = 3;\,4;\,6$) mit einer Seitenlänge von 2 cm (siehe nebenstehende Skizze).

a) Ermitteln Sie die Höhe h des Punktes P über der Grundlinie in Abhängigkeit der Zeit t, wenn die rechte untere Ecke O der Ausgangspunkt ist.

b) Geben Sie eine Periode der Funktion h an.

c) Wie ändert sich die Periode, wenn die Geschwindigkeit halbiert bzw. verdreifacht wird?

24 Einweg- und Zweiweg-Gleichrichtung von sinusförmigem Wechselstrom

a) Informieren Sie sich über den Aufbau der Schaltungen zur Einweg- und Zweiweg-Gleichrichtung.

b) Bei der Einweg-Gleichrichtung wird der negative Anteil des sinusförmigen Wechselstroms unterdrückt. Wie ändert sich dadurch der zugehörige Graph?

c) Bei der Zweiweg-Gleichrichtung hat der Graph das folgende Aussehen. Wie wird dies erreicht?

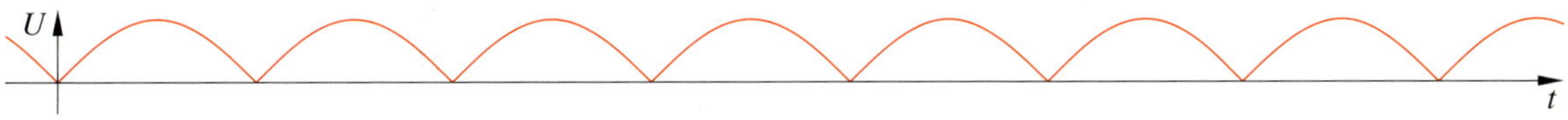

25 Approximieren Sie das Kurvenstück durch ein Stück einer Parabel. Beschreiben Sie Ihr Vorgehen und geben Sie den Funktionsterm der zugehörigen quadratischen Funktion an.

a) Kosinuskurve im Intervall $\left[-\frac{\pi}{2};\,\frac{\pi}{2}\right]$ **b)** Sinuskurve im Intervall $[0;\,\pi]$

26 Untersuchen Sie die Funktionen in der Umgebung der 0 mit einem Funktionsplotter und der Zoom-Funktion und beschreiben Sie das Verhalten der Funktion bzw. des Funktionsgraphen.

a) $f(x) = x \cdot \sin x;\ x \in \mathbb{R}$ **b)** $g(x) = x^2 \cdot \sin x;\ x \in \mathbb{R}$

c) $h(x) = \sin\left(\frac{1}{x}\right);\ x \in \mathbb{R}\setminus\{0\}$

Aufgabe der Woche

Ein gerader Kreiszylinder wird schräg zu seiner Achse von einer Ebene in einer Ellipse geschnitten.

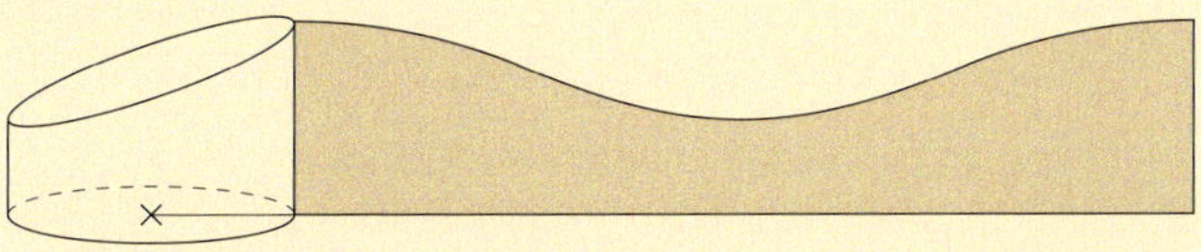

Der Mantel des abgeschnittenen geraden Kreiszylinders ergibt in der Abwicklung ein Band, dessen eine Seite einen sinusförmigen Verlauf hat. Überprüfen Sie diese Aussage.
Zeichnen Sie nun die abgewickelte Haut einer 5 mm dicken Scheibe Wurst, die unter 45° von einer 10 cm dicken Wurst abgeschnitten wurde.

2.2 Form- und Lageänderungen der Sinuskurve

Auftrag 1 Graphen zuordnen

Mit einem Funktionsplotter werden die Graphen von neun Funktionen gezeichnet, deren Terme teilweise in der folgenden Liste aufgeführt sind.

$f_1(x) = \sin x + 0{,}5;\ x \in \mathbb{R}$

$f_2(x) = -2 \cdot \sin x;\ x \in \mathbb{R}$

$f_3(x) = \sin(x - 0{,}5\pi);\ x \in \mathbb{R}$

$f_4(x) = \sin(0{,}5x);\ x \in \mathbb{R}$

$f_5(x) = 0{,}5 \sin(2x) + 1;\ x \in \mathbb{R}$

Ordnen Sie den Funktionstermen die zugehörigen Graphen zu.

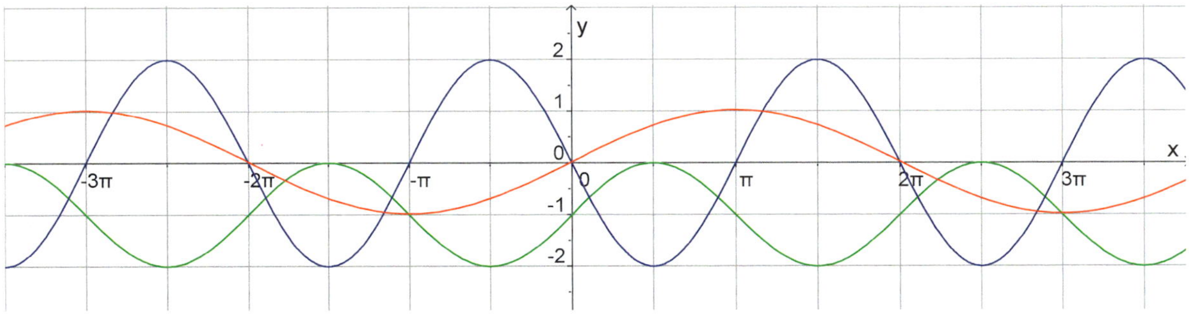

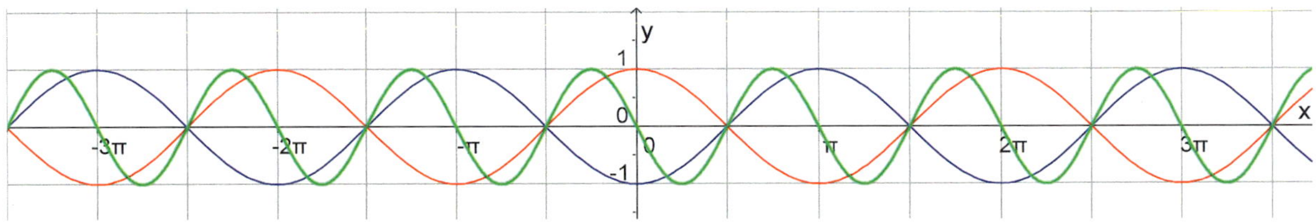

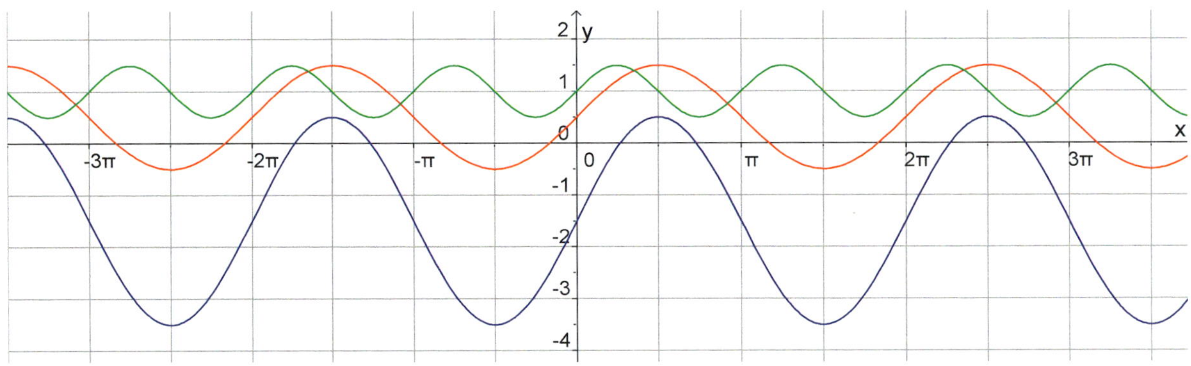

Bestimmen Sie Funktionsterme zu den Graphen, die noch keiner Funktion zugeordnet sind.

Die gezeichneten Graphen sind Funktionsgraphen der allgemeinen Sinusfunktion mit dem Funktionsterm $f(x) = a \cdot \sin(b(x + c)) + d;\ x \in \mathbb{R}$.
Finden Sie allgemeine Regeln, inwiefern die Koeffizienten a, b, c und d die Form und die Lage der Sinuskurve verändern.

Messkurve anpassen

Auftrag 2

Hier sind die Sinuskurve und der Graph einer Schwingung dargestellt. Beide Kurven sehen ähnlich aus.

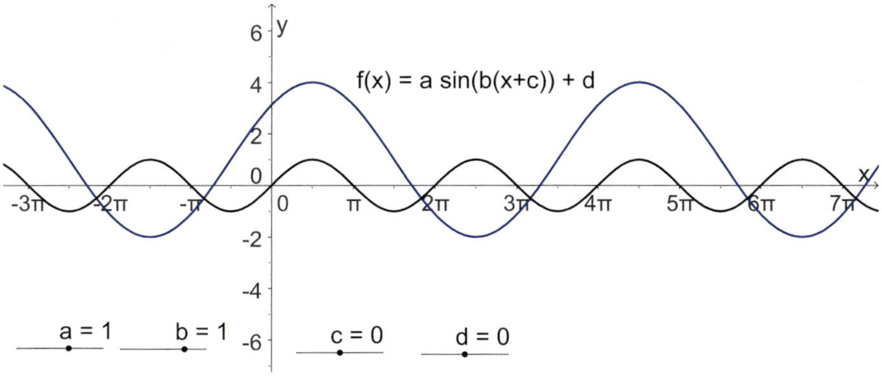

Untersuchen Sie, wie sich Form und Lage der Sinuskurve ändern, wenn die Parameter a, b, c und d im allgemeinen Funktionsterm $f(x) = a \cdot \sin(b(x + c)) + d$ verändert werden.
Dazu benötigen Sie ein Tabellenkalkulationsprogramm oder ein geeignetes dynamisches Geometrieprogramm.
Das abgebildete Applet finden Sie unter www 041 – 1.
Gehen Sie systematisch vor und variieren Sie zunächst nur einen Parameter.
Bestimmen Sie dann die Parameter so, dass die Funktion die zur Schwingung passende Kurve beschreibt.

Gruppenpuzzle

Auftrag 3

Führen Sie in der Klasse ein Gruppenpuzzle zu den Form- und Lageänderungen der Sinuskurve durch.
Gruppe A: Untersuchen Sie, wie der Graph der Funktion f_a: $x \mapsto a \cdot \sin x$; $x \in \mathbb{R}$, $a \in \mathbb{R} \setminus \{0\}$ aus der Sinuskurve entsteht.
Gruppe B: Untersuchen Sie, wie der Graph der Funktion f_b: $x \mapsto \sin(b \cdot x)$; $x \in \mathbb{R}$, $b \in \mathbb{R} \setminus \{0\}$ aus der Sinuskurve entsteht.
Gruppe C: Untersuchen Sie, wie der Graph der Funktion f_c: $x \mapsto \sin(x + c)$; $x \in \mathbb{R}$, $c \in \mathbb{R}$ aus der Sinuskurve entsteht.
Gruppe D: Untersuchen Sie, wie der Graph der Funktion f_d: $x \mapsto \sin x + d$; $x \in \mathbb{R}$, $d \in \mathbb{R}$ aus der Sinuskurve entsteht.

Expertenrunde:
Gruppe 1: Wie entsteht der Graph der Funktion g_a: $x \mapsto 2 \cdot \sin\left(0{,}5\left(x + \frac{\pi}{4}\right)\right)$; $x \in \mathbb{R}$ aus der Sinuskurve?
Gruppe 2: Wie entsteht der Graph der Funktion g_b: $x \mapsto -0{,}5 \cdot \sin(2 \cdot (x + \pi))$; $x \in \mathbb{R}$ aus der Sinuskurve?
Gruppe 3: Wie entsteht der Graph der Funktion g_c: $x \mapsto -2 \cdot \sin\left(0{,}5\left(x - \frac{\pi}{4}\right)\right)$; $x \in \mathbb{R}$ aus der Sinuskurve?
Gruppe 4: Wie entsteht der Graph der Funktion g_d: $x \mapsto 0{,}5 \cdot \sin(2 \cdot (x - \pi))$; $x \in \mathbb{R}$ aus der Sinuskurve?

Bearbeitung

Auftrag 1 Graphen zuordnen

Zur Erinnerung

Die Gleichung $y = ax^2$ ($a \in \mathbb{R}$; $a \neq 0$) beschreibt eine Parabel, bei der die y-Werte aller Punkte der Normalparabel ($y = x^2$; $x \in \mathbb{R}$) mit dem Faktor a multipliziert werden.
Die Gleichung $y = a(x-d)^2 + e$ ($a, d, e \in \mathbb{R}$; $a \neq 0$) beschreibt eine Parabel, die aus der Parabel zu $y = ax^2$ durch Verschiebung um d in x-Richtung und um e in y-Richtung entsteht.

Natürlich kann mithilfe einer Wertetabelle zu den jeweiligen Funktionstermen der zugehörige Funktionsgraph gefunden werden. Für Graphen quadratischer Funktionen sind schon Form- und Lageänderungen bekannt. Diese Kenntnisse führen hier schnell zum Ziel.
Zunächst werden den fünf Funktionstermen die zugehörigen Graphen zugeordnet, anschließend zu den verbleibenden Graphen Terme gesucht. In den folgenden Abbildungen ist jeweils zum Vergleich die Sinuskurve schwarz eingezeichnet.

Bei der Funktion $\boldsymbol{f_1}$ **mit** $\boldsymbol{f_1(x) = \sin x + 0{,}5;\ x \in \mathbb{R}}$, werden die Funktionswerte um 0,5 gegenüber denen der Sinusfunktion vergrößert. Dadurch wird die Sinuskurve um 0,5 in y-Richtung verschoben, und der Graph schneidet deshalb die y-Achse im Punkt $(0|0{,}5)$. Der zugehörige Funktionsgraph ist also der rote Graph in der dritten Abbildung.

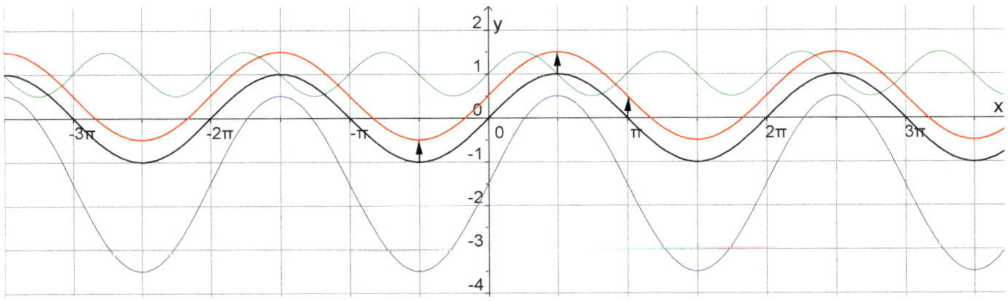

Bei der Funktion $\boldsymbol{f_2}$ **mit** $\boldsymbol{f_2(x) = -2 \cdot \sin x;\ x \in \mathbb{R}}$, werden die Funktionswerte mit -2 multipliziert und liegen damit im Intervall $[-2;\ 2]$. Die Schwingungsweite, die **Amplitude**, wird dadurch verdoppelt, Nullstellen und Periode werden nicht geändert.
$f_2(0) = 0$, also geht der Graph von f_2 durch den Ursprung.
Da im Funktionsterm vor der Sinusfunktion ein negativer Faktor steht, sind die Funktionswerte für kleine positive Werte von x zunächst negativ, d. h. der Graph verläuft vom Ursprung aus im vierten Quadranten.
Der zugehörige Funktionsgraph ist der blaue Graph in der ersten Abbildung.

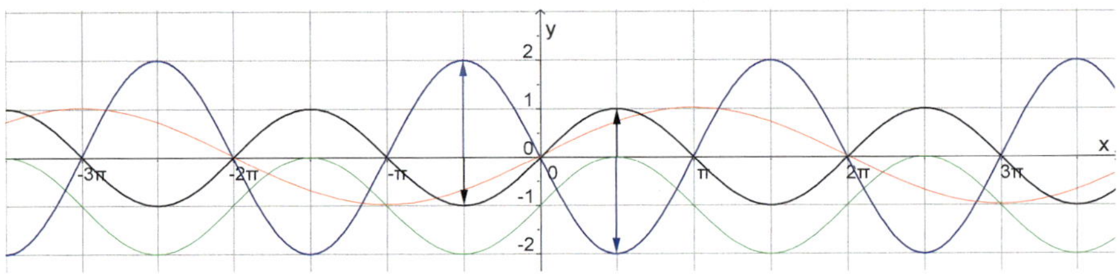

Bei der Funktion $\boldsymbol{f_3}$ **mit** $\boldsymbol{f_3(x) = \sin(x - 0{,}5\pi);\ x \in \mathbb{R}}$, wird in der Sinusfunktion die Variable x durch $x - 0{,}5\pi$ ersetzt. Dadurch wird – wie bei den Parabeln – die Sinuskurve um $0{,}5\pi$ in x-Richtung verschoben.
Der zugehörige Funktionsgraph ist der blaue Graph in der zweiten Abbildung.

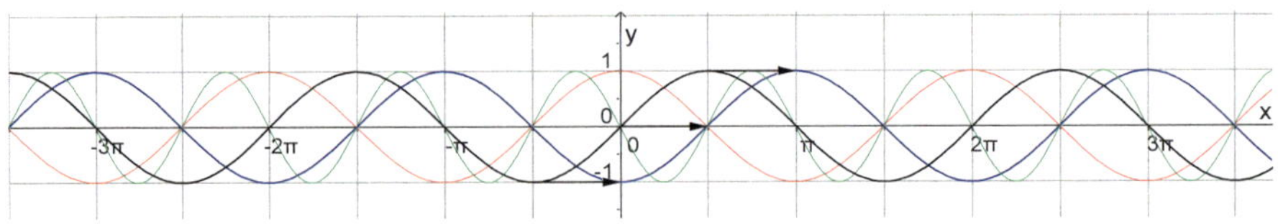

Zur Funktion $\boldsymbol{f_4}$ **mit** $\boldsymbol{f_4(x) = \sin(0{,}5x);\ x \in \mathbb{R}}$, gibt es keinen entsprechenden Fall bei Parabeln. Hier helfen Betrachtungen am Funktionsterm und Berechnungen von Punkten des Graphen weiter: Die Funktionswerte liegen im Intervall $[-1;\ 1]$ und $f_4(0) = 0$, also geht der Graph von f_4 durch den Ursprung.
Die nächste positive Nullstelle ist bei der Sinusfunktion π. Für die nächste positive Nullstelle der Funktion f_4 muss demnach $\pi = 0{,}5x$ gelten, also $x = \frac{\pi}{0{,}5} = 2\pi$. Somit ist der zugehörige Funktionsgraph der rote Graph in der ersten Abbildung.

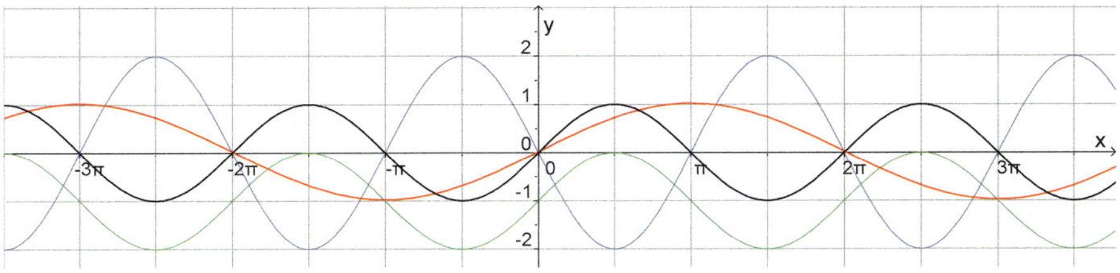

Eine Halbierung des Arguments bedingt eine Verdopplung der Periode.

Bei der Funktion $\boldsymbol{f_5}$ **mit** $\boldsymbol{f_5(x) = 0{,}5\sin(2x) + 1;\ x \in \mathbb{R}}$, wird durch den Faktor 0,5 die Amplitude auf die Hälfte gestaucht. Wie bei Funktion f_4 bedingt die Änderung des Arguments eine Veränderung der Periode. Durch die Verdopplung des Arguments wird die Periode auf π halbiert. Schließlich werden die Funktionswerte noch um 1 vergrößert, sie liegen somit im Intervall $[0{,}5;\ 1{,}5]$. Damit ist der zugehörige Funktionsgraph der grüne Graph in der dritten Abbildung.

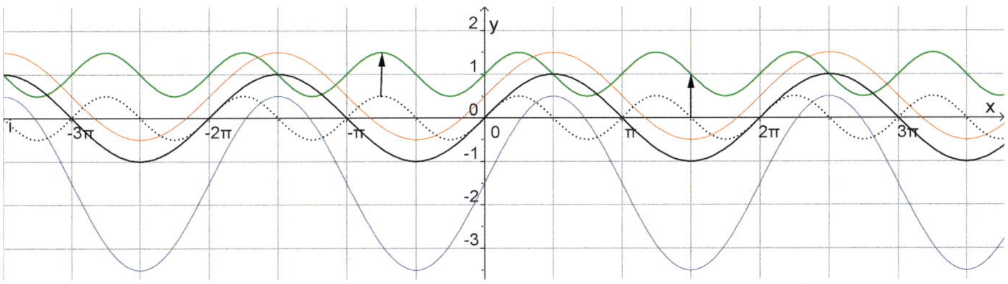

Der grüne Graph der ersten Abbildung entsteht aus der Sinuskurve z. B. durch eine Verschiebung um 1 in negative y-Richtung.

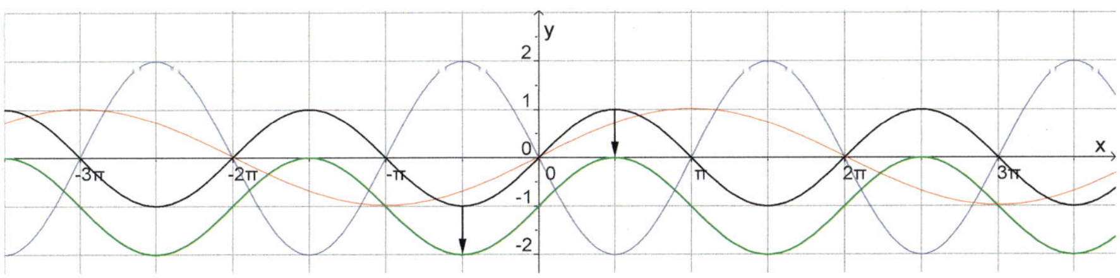

Die Nullstellen und die Wertemenge der zugehörigen Funktion werden dabei verändert, die Periode bleibt erhalten.
So erhält man als zugehörigen Funktionsterm: $f_6(x) = \sin x - 1;\ x \in \mathbb{R}$.

Der rote Graph der zweiten Abbildung entsteht aus der Sinuskurve z. B. durch eine Verschiebung um $0{,}5\pi$ in negative x-Richtung. Im Funktionsterm wird deshalb die Variable x durch $x + 0{,}5\pi$ ersetzt. Die Nullstellen werden dabei verändert, Periode und Wertemenge bleiben erhalten.
So erhält man als zugehörigen Funktionsterm $f_7(x) = \sin(x + 0{,}5\pi);\ x \in \mathbb{R}$.

Zu beachten

$\boldsymbol{\sin x}$ und $\boldsymbol{\sin(x)}$, aber auch z. B $\boldsymbol{\sin 0{,}5x}$ und $\boldsymbol{\sin(0{,}5x)}$, sind jeweils zwei gebräuchliche Schreibweisen für denselben Term.
$\boldsymbol{\sin x + 0{,}5}$ und $\boldsymbol{\sin(x + 0{,}5)}$ sind dagegen zwei verschiedene Terme.
Wenn Sie Unklarheiten vermeiden wollen, wählen Sie die Schreibweise mit Klammern!
$\sin 0{,}5x$ könnte etwa mit dem Term $(\sin 0{,}5) \cdot x$ verwechselt werden.

Zu beachten

Zu einem Graphen lassen sich manchmal verschiedene Funktionsterme angeben. Das wird nebenstehend am Beispiel des roten und des grünen Graphen in der zweiten Abbildung gezeigt.

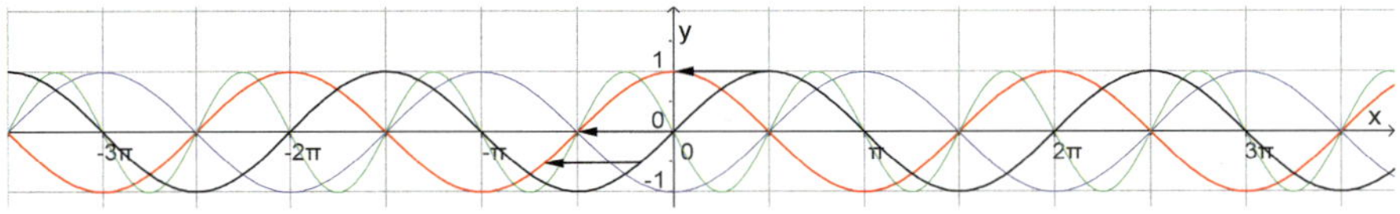

Dieser Funktionsgraph kann aber auch aus dem Funktionsgraphen von f_3 durch Spiegelung an der x-Achse erhalten werden. Der zugehörige Funktionsterm lautet dann $f_7(x) = -f_3(x) = -\sin(x - 0{,}5\pi)$; $x \in \mathbb{R}$.

Der grüne Graph der zweiten Abbildung gehört zu einer Funktion, die – wie f_5 – die Periode π hat. Die Amplitude ist 1. Der Graph verläuft vom Ursprung aus im vierten Quadranten, d. h. die Funktionswerte für kleine positive Werte von x sind zunächst negativ. Im Funktionsterm kann dies dadurch berücksichtigt werden, dass vor der Sinusfunktion der Faktor -1 auftritt.

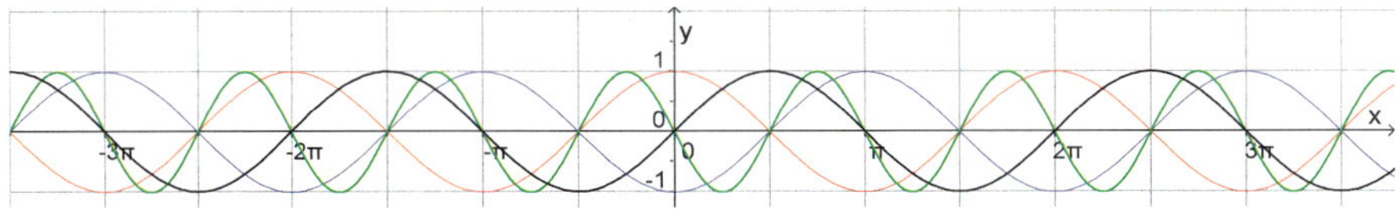

So erhält man als zugehörigen Funktionsterm $f_8(x) = -\sin(2x)$; $x \in \mathbb{R}$.
Auch hier gibt es weitere Funktionsterme wie z. B. $f_8(x) = \sin(2x + \pi)$; $x \in \mathbb{R}$.

Der blaue Graph der dritten Abbildung gehört zu einer Funktion, die die Amplitude 2 hat. Der Graph ist außerdem um 1,5 in negative y-Richtung verschoben.

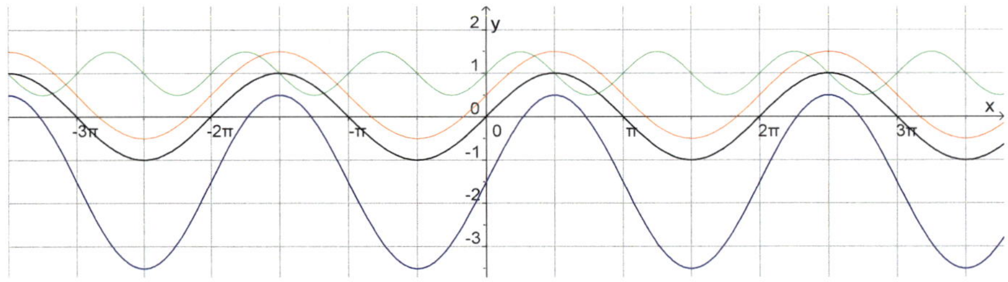

Nullstellen und Wertemenge werden dabei verändert, die Periode bleibt erhalten.
So erhält man als zugehörigen Funktionsterm $f_9(x) = 2\sin x - 1{,}5$; $x \in \mathbb{R}$.

In der allgemeinen Sinusfunktion $f\colon x \mapsto a \cdot \sin(b(x + c)) + d$; $x \in \mathbb{R}$ haben die Koeffizienten a, b, c und d folgenden Einfluss auf Form und Lage der Sinuskurve:
Der **Koeffizient *a*** streckt ($|a| > 1$) oder staucht ($|a| < 1$) die Sinuskurve in y-Richtung mit dem Faktor $|a|$ und spiegelt zusätzlich an der x-Achse, falls $a < 0$ ist. Nullstellen und Extremstellen und damit die Periode bleiben unverändert, der Wertebereich ist $[-a; a]$.
Der **Koeffizient *b*** streckt ($|b| < 1$) oder staucht ($|b| > 1$) die Sinuskurve in x-Richtung mit dem Faktor $\left|\frac{1}{b}\right|$ und spiegelt zusätzlich an der y-Achse, falls $b < 0$ ist. Die Wertemenge bleibt unverändert und für $|b| \neq 1$ ist die Periode $\frac{2\pi}{|b|}$, die Lage von Nullstellen und Extremstellen ändert sich.
Der **Koeffizient *c*** verschiebt die Sinuskurve in x-Richtung um $-c$. Wertemenge und Periode bleiben unverändert, die Lage von Nullstellen und Extremstellen ändert sich.
Der **Koeffizient *d*** verschiebt die Sinuskurve in y-Richtung um d. Die Periode und die Lage der Extremstellen bleiben unverändert, Wertemenge und Lage der Nullstellen ändern sich im Vergleich zur Sinusfunktion.

Zusammenfassung

Form und Lageänderung der Sinuskurve

f_a: $x \mapsto a \cdot \sin x$; $x \in \mathbb{R}$, $a \in \mathbb{R}\setminus\{0\}$

Der Graph der Funktion f_a entsteht aus der Sinuskurve durch eine Streckung oder Stauchung der Sinuskurve in y-Richtung mit Faktor $|a|$. Für $a < 0$ wird der Graph zusätzlich an der x-Achse gespiegelt. Dabei bleiben die Schnittpunkte mit der x-Achse erhalten. Die Amplitude ist $|a|$.

f: $x \mapsto -2 \cdot \sin x$; $x \in \mathbb{R}$

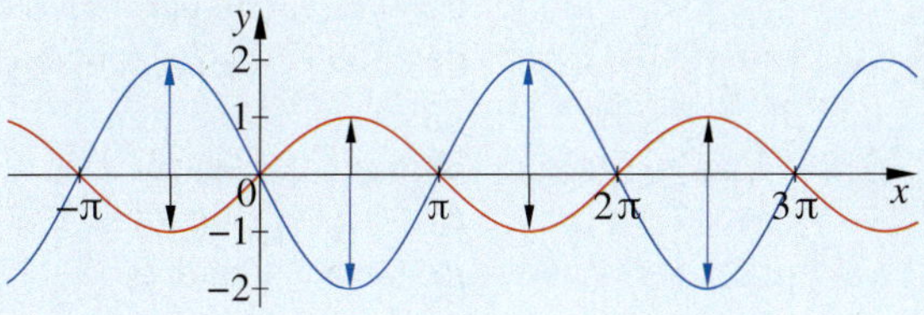

f_b: $x \mapsto \sin(b \cdot x)$; $x \in \mathbb{R}$, $b \in \mathbb{R}\setminus\{0\}$

Der Graph der Funktion f_b entsteht aus der Sinuskurve durch eine Streckung oder Stauchung der Sinuskurve in x-Richtung mit Faktor $\left|\frac{1}{b}\right|$. Dabei bleibt der Schnittpunkt mit der y-Achse erhalten. Für $b < 0$ wird der Graph zusätzlich an der y-Achse gespiegelt. Die Periode ist $\frac{2\pi}{|b|}$.

f: $x \mapsto \sin(2x)$; $x \in \mathbb{R}$

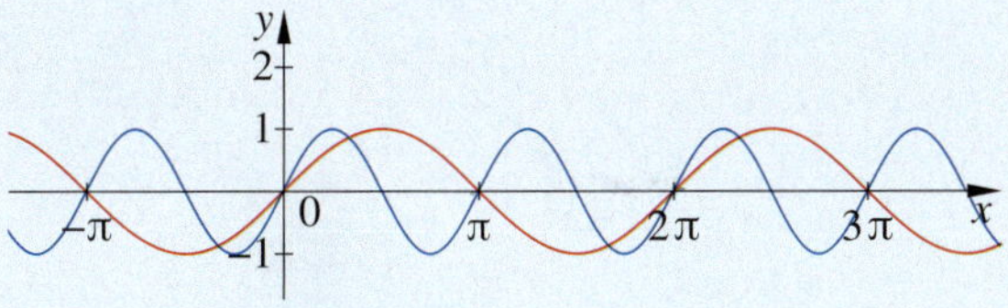

f_c: $x \mapsto \sin(x + c)$; $x \in \mathbb{R}$, $c \in \mathbb{R}\setminus\{0\}$

Der Graph der Funktion f_c entsteht aus der Sinuskurve durch Verschiebung der Sinuskurve um $-c$ in x-Richtung. Amplitude und Periode sind dieselben wie bei der Sinuskurve.

f: $x \mapsto \sin(x + 1{,}5)$; $x \in \mathbb{R}$

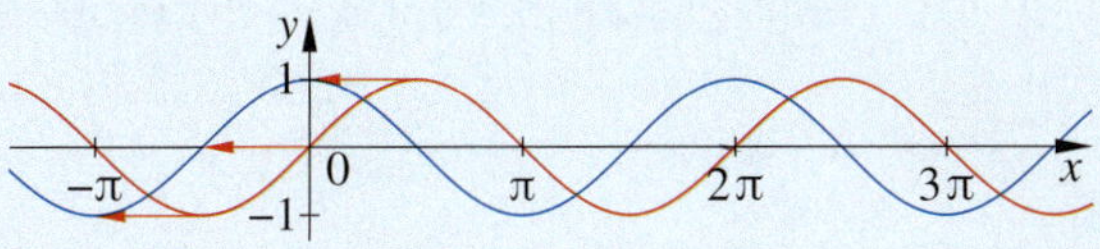

f_d: $x \mapsto \sin x + d$; $x \in \mathbb{R}$, $d \in \mathbb{R}\setminus\{0\}$

Der Graph der Funktion f_d entsteht aus der Sinuskurve durch Verschiebung um d in y-Richtung. Amplitude und Periode sind dieselben wie bei der Sinuskurve.

f: $x \mapsto \sin x + 1{,}5$; $x \in \mathbb{R}$

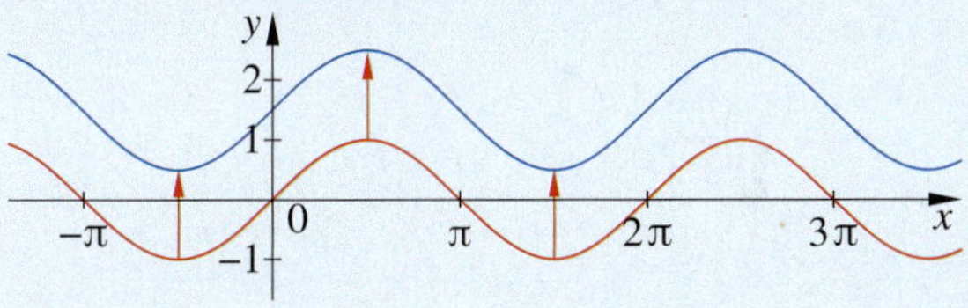

Diese vier Änderungen können auch in Kombination auftreten.

Die Kosinuskurve kann ebenso geändert werden.

Aufgaben

Verknüpfen
Anwenden
Trainieren

1 Zeichnen Sie den Graphen im angegebenen Intervall, und geben Sie an, wie der Graph aus der Sinuskurve bzw. aus der Kosinuskurve entsteht.

a)	$x \mapsto \cos x + 2$;	$[-\pi; 2\pi]$
b)	$x \mapsto \cos(x + \pi)$;	$[2{,}5\pi; 5\pi]$
c)	$x \mapsto \sin(x - 0{,}5\pi)$;	$[-3{,}5\pi; -\pi]$
d)	$x \mapsto 2 \cdot \cos x$;	$[-1{,}5\pi; \pi]$
e)	$x \mapsto -3 \cdot \sin x$;	$[-2\pi; 2\pi]$

2 Geben Sie den Funktionsterm zu dem Graphen an, der aus der Sinuskurve durch die folgenden Veränderungen entsteht.

a) Verschiebung um -2 in y-Richtung
b) Verschiebung um π in x-Richtung
c) Verschiebung um -2π in x-Richtung
d) Streckung in y-Richtung mit dem Faktor 1,5
e) Stauchung in x-Richtung mit dem Faktor 0,5
f) Stauchung in y-Richtung mit dem Faktor $\frac{2}{3}$
g) Streckung in x-Richtung mit dem Faktor 4
h) Spiegelung an der x-Achse und Streckung in y-Richtung mit dem Faktor 2.

3 Wie ändern im Vergleich zur Sinusfunktion Nullstellen und Extremstellen bei den folgenden Funktionen (jeweils $x \in \mathbb{R}$) ihre Lage?

a) $x \mapsto \sin x + 2{,}7$
b) $x \mapsto \sin x - 1{,}8$
c) $x \mapsto \sin(x + 2)$
d) $x \mapsto \sin(x - 0{,}5)$
e) $x \mapsto 2{,}5 \cdot \sin x$
f) $x \mapsto -3{,}5 \cdot \sin x$

4 Wie ändert sich im Vergleich zur Kosinusfunktion die Periode? Geben Sie den Schnittpunkt des Funktionsgraphen mit der y-Achse an?

a) $x \mapsto \cos(x + 2)$
b) $x \mapsto \cos(x - 1{,}5)$
c) $x \mapsto \cos(2x)$
d) $x \mapsto \cos(-0{,}5x)$
e) $x \mapsto 2{,}5 \cdot \cos(x - \pi)$
f) $x \mapsto -3{,}5 \cdot \cos(\pi x)$

5 Geben Sie wesentliche Eigenschaften der Funktionen an.

a) $x \mapsto \sin x + 2;\ x \in \mathbb{R}$
b) $x \mapsto \cos x - 1{,}5;\ x \in \mathbb{R}$
c) $x \mapsto \sin(x + \pi);\ x \in \mathbb{R}$
d) $x \mapsto \cos(x - 0{,}5\pi);\ x \in \mathbb{R}$
e) $x \mapsto 4 \cdot \sin x;\ x \in \mathbb{R}$
f) $x \mapsto -3 \cdot \cos x;\ x \in \mathbb{R}$

6 Welche Einfluss haben die Parameter der Funktion $f\colon x \mapsto a \cdot \sin(b(x + c)) + d;\ x \in \mathbb{R}$ auf …

a) … die Nullstellen?
b) … die Periode?
c) … die Amplitude?
d) … den maximalen Funktionswert?
e) … den minimalen Funktionswert?

7 Der Graph der Funktion $x \mapsto 2 \cdot \cos(x + \pi)$; $x \in \mathbb{R}$ wird an der x-Achse bzw. an der y-Achse gespiegelt.
Geben Sie für die entstehenden Graphen jeweils einen Funktionsterm an.

Noch fit?

I Berechnen Sie mit einem Taschenrechner.

a) $8^{\frac{4}{3}}$
b) $8^{-\frac{3}{4}}$
c) $9^{0,75}$
d) $9^{-0,25}$
e) $0{,}2^{\frac{3}{4}}$
f) $0{,}5^{-0,5}$

II Wandeln Sie den Term in eine Wurzel um.

a) $V^{\frac{2}{3}}$
b) $A^{\frac{3}{2}}$
c) $r^{-\frac{1}{3}}$
d) $O^{-\frac{3}{2}}$
e) $\left(\frac{2}{3}\right)^{0,25}$
f) $0{,}25^{-\frac{2}{3}}$

Aufgaben

Verknüpfen
Anwenden
Trainieren

8 Stellen Sie die Kosinusfunktion durch verschiedene Funktionsterme der Form $f(x) = a \cdot \sin(b(x + c)) + d$ dar.

9 Give the function term in the form $f(x) = a \cdot \sin(b(x + c)) + d$ for the graphs shown below.

a)

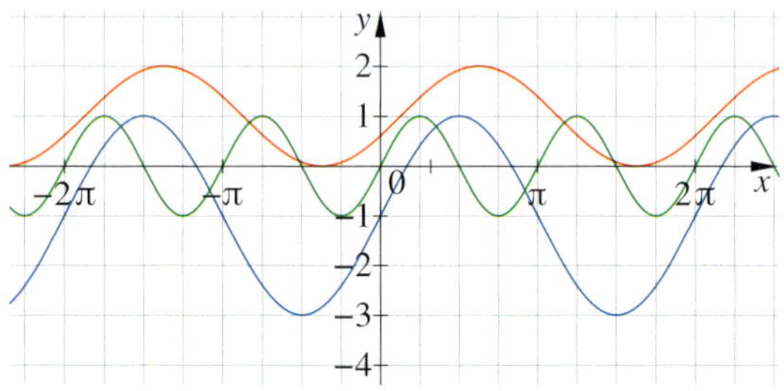

b)

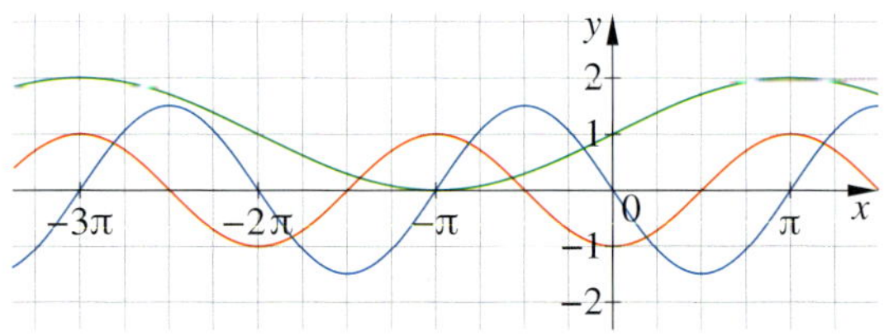

c)

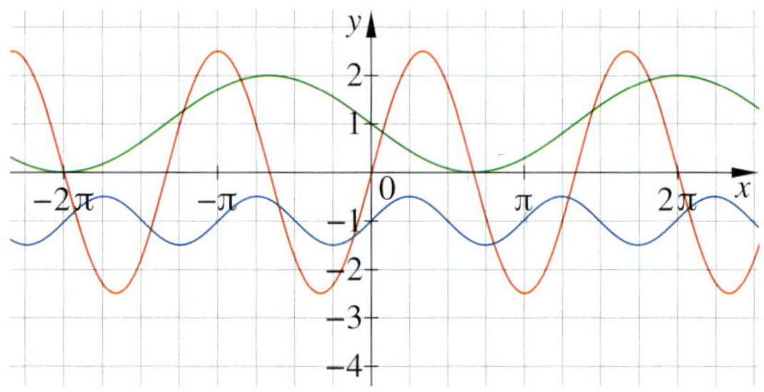

10 Geben Sie einen Funktionsterm der Form $f(x) = a \cdot \sin(b(x + c)) + d$ an, der jeweils die genannten Bedingungen erfüllt.

a) Die Wertemenge ist $[-1{,}5;\ 1{,}5]$ und die Nullstellen sind ganzzahlige Vielfache von π.
b) Die Wertemenge ist $[-0{,}5;\ 0{,}5]$ und die Nullstellen sind ganzzahlige Vielfache von $\frac{\pi}{2}$.
c) Die Nullstellen sind ganzzahlige Vielfache von $\frac{\pi}{2}$ und der maximale Funktionswert ist 3.
d) Der Funktionsgraph ist achsensymmetrisch und alle Funktionswerte sind negativ.

11 Von einem Funktionsterm der Form $f(x) = a \cdot \sin(b(x + c)) + d$ sind die Nullstellen $-0{,}25\pi$ und $0{,}25\pi$ bekannt.

a) Was kann über die Periode der Funktion f ausgesagt werden?

b) Ist der Funktionsgraph achsensymmetrisch? Begründen Sie.

12 Geben Sie jeweils die maximale Spannung und die Frequenz an.

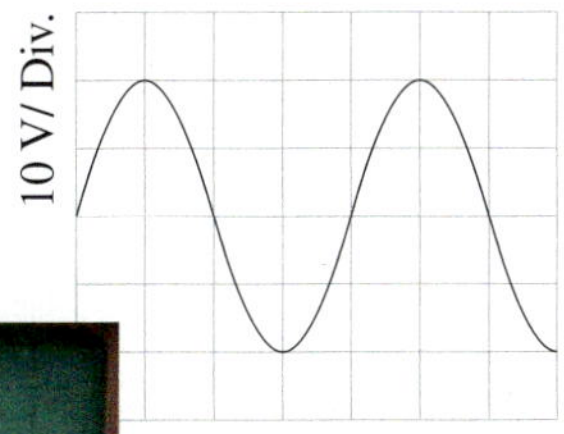

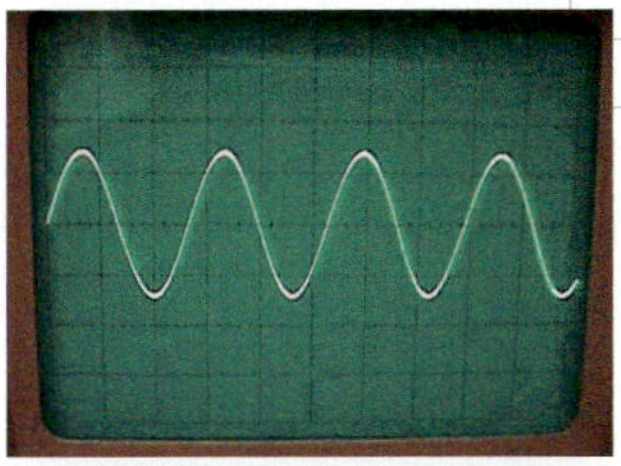

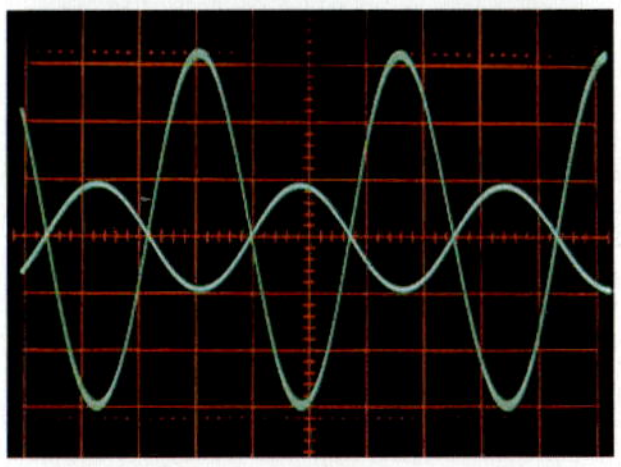

Hinweis: Der Zeichnung können Sie den Maßstab für die Fotos entnehmen.

Aufgaben

Verknüpfen
Anwenden
Trainieren

13 Das folgende Diagramm bezieht sich auf zwei Breitengrade. Passen Sie die Graphen jeweils durch eine Sinuskurve an.

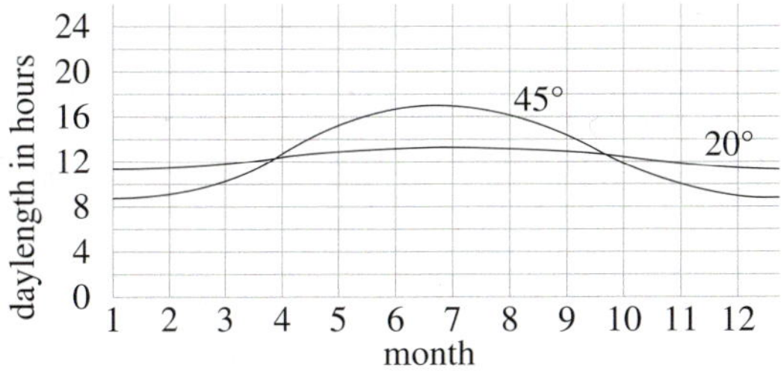

14 Erstellen Sie z. B. auf einem Plakat eine Zusammenfassung wie auf Seite 45 für die Kosinusfunktion.

15 Zeichnen Sie jeweils die Graphen der drei Funktionen in ein gemeinsames Koordinatensystem. (Ihre Definitionsmenge ist immer $\mathbb{R}$.) Erläutern Sie anschließend die Eigenschaften der Funktionen g und h.

a) $f_1\colon x \mapsto \sin x$, $\quad f_2\colon x \mapsto \sin(2x)$
$g\colon x \mapsto \sin x + \sin(2x)$

b) $f_2\colon x \mapsto \sin(2x)$ $\quad f_3\colon x \mapsto \sin(3x)$
$h\colon x \mapsto \sin(2x) + \sin(3x)$

16 Schallschwingungen sind meist Überlagerungen von Sinuskurven. Erklären Sie dies am Beispiel der beiden Abbildungen des Kammertons a' in Aufgabe 22 von Seite 38.

Aufgabe der Woche

Versuchen Sie wie in den beiden folgenden Beispielen Rechtecks- und Dreieckskurven (jeweils schwarz) durch die Addition von Sinuskurven mithilfe eines geeigneten Programms zu erzeugen. (Hilfe erhalten Sie im Bedarfsfall unter www 047 – 1.)

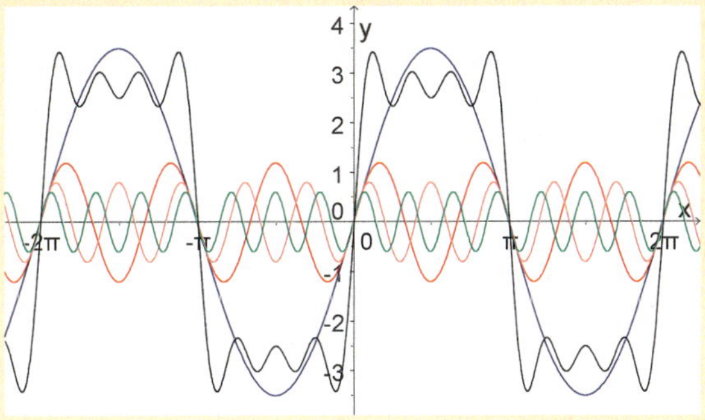

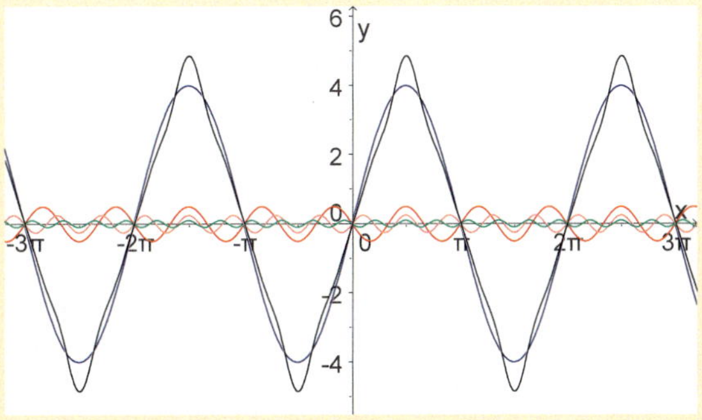

Zeigen Sie, was Sie können!

1 Vergleichen Sie die Sinusfunktion mit der Kosinusfunktion.

a) Zeichnen Sie dazu die Graphen in ein gemeinsames Koordinatensystem im Intervall $[-2\pi; \pi]$.

b) Geben Sie Gemeinsamkeiten beider Funktionen an.

c) Erklären Sie, wie die Kosinuskurve in die Sinuskurve überführt werden kann, und geben Sie eine zugehörige Gleichung an.

2 Sinus- und Kosinusfunktion im Intervall $[-\pi; 2\pi]$.

a) Geben Sie die Nullstellen der beiden Funktionen in diesem Intervall an.

b) Ermitteln Sie graphisch, an welchen Stellen des Intervalls die Sinus- bzw. die Kosinusfunktion den Wert $-0{,}7$ hat.

3 Geben Sie einen Funktionsterm zu dem Graphen an, der aus der Sinuskurve durch die genannten Veränderungen entsteht.

a) Stauchung in y-Richtung mit dem Faktor 0,5 und Verschiebung um π in x-Richtung.

b) Stauchung in x-Richtung, sodass die Periode halbiert wird, und gleichzeitig Verschiebung um 1,5 in y-Richtung.

4 Ermitteln Sie zu den Graphen jeweils einen Funktionsterm der Form $f(x) = a \cdot \sin(b(x + c)) + d$.

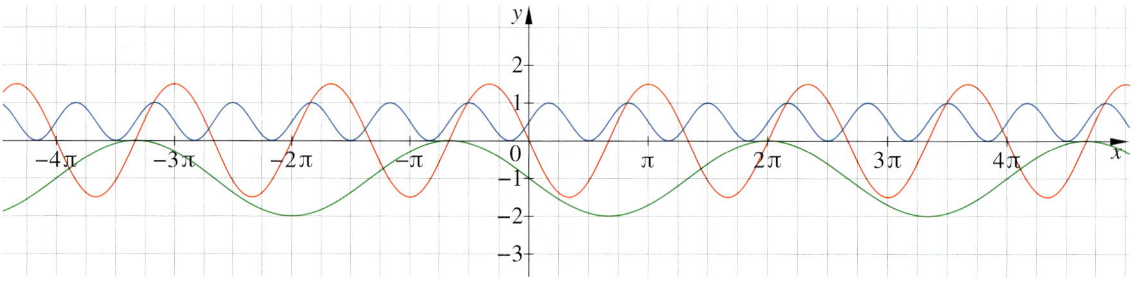

Aufg.-Nr.	Punkte	Lösungshinweis	Lösungen Seite 205
1	8 P	Beachten Sie Seite 36, Zusammenfassung	
2	7 P	Beachten Sie Seite 36, Zusammenfassung	26–30 Punkte
3	4 P	Beachten Sie Seite 45, Zusammenfassung	
4	11 P	Vgl. Seite 46, Aufgabe 9	21–25 Punkte
			15–20 Punkte

3 Exponentielles Wachstum

Viele Wachstumsvorgänge lassen sich nicht mehr durch bereits bekannte Funktionen, wie zum Beispiel lineare oder quadratische Funktionen, beschreiben. Bei der Vermehrung von Heuschrecken etwa nimmt die Individuenzahl viel schneller zu.

In diesem Kapitel lernen Sie, Wachstums- und Zerfallsprozesse mathematisch zu modellieren. So werden Vorhersagen für die zukünftige Entwicklung, aber auch Schlüsse auf zurückliegende Zeitpunkte möglich.

Das Alter von Höhlenmalereien wird mit der C-14-Methode bestimmt.

Die C-14-Methode zur Altersbestimmung

Besonders in der Archäologie spielt die Altersbestimmung von Gegenständen eine wichtige Rolle. Hierzu wird häufig die C-14-Methode, auch Radiocarbon-Methode genannt, angewendet. Grundlage für die Datierung von Gegenständen ist das Vorhandensein des Kohlenstoffisotops C-14 und dessen radioaktiver Zerfall.

Die Kohlenstoffisotope C-12 und C-14

Kohlenstoff (C) ist ein wichtiges chemisches Element, das auf unserem Planeten ein grundlegender Baustein ist und in allen lebenden Organismen vorkommt. Durch kosmische Strahlung wird in der Atmosphäre ständig das radioaktive Kohlenstoffisotop C-14 gebildet. Radioaktive Isotope zerfallen im Laufe der Zeit unabhängig von äußeren Einflüssen.

Lebende Organismen nehmen ständig Kohlenstoff in Form von C-12- und C-14-Atomen auf. So stellt sich in jedem lebenden Organismus ähnlich wie in der Atmosphäre stets ein festes Verhältnis von circa $10^{12}:1$ zwischen C-12- und C-14-Atomen ein. Nur etwa jedes billionste Kohlenstoffatom ist also ein C-14-Atom. Stirbt der Organismus, so werden keine neuen C-14-Atome mehr aufgenommen und die vorhandenen zerfallen – im Gegensatz zum stabilen, nicht radioaktiven C-12 – beginnend mit dem Tod des Organismus.

Info

Zu den meisten chemischen Elementen existieren verschiedene Isotope, d. h. Atome mit unterschiedlicher Zahl an Neutronen. Jedes Kohlenstoffatom besitzt 6 Protonen. Das Kohlenstoffisotop C-12 hat 6, das C-14-Isotop dagegen 8 Neutronen.

Aufträge:

1. Recherchieren Sie im Internet Fälle, in denen die C-14-Methode ebenfalls eingesetzt worden ist, und stellen Sie sie Ihren Klassenkameraden vor.
2. Besonders bei der Altersbestimmung von Proben aus der Mitte des 20. Jahrhunderts treten mit der C-14-Methode stärkere Abweichungen auf. Finden Sie hierfür mögliche Ursachen.

Das Verhältnis von C-12 und C-14 ist ein Maß für das Alter

Die Halbwertszeit von C-14 beträgt 5730 Jahre. Das bedeutet, dass sich nach 5730 Jahren die Anzahl der C-14-Isotope halbiert hat. Nach weiteren 5730 Jahren ist wieder die Hälfte der restlichen C-14-Isotope zerfallen usw.:

Zeit in Jahren	0	5730	11460	…
Anzahl der Halbwertszeiten	0	1	2	…
Bruchteil der anfangs vorhandenen C-14-Isotope	1	$\frac{1}{2}$	$\frac{1}{4}$	…

Auf diese Weise sinkt kontinuierlich der Anteil der C-14- gegenüber den C-12-Isotopen. Das Verhältnis von C-14 zu C-12 in einem Exponat ist also ein Maß für die Zeit, die seit dem Absterben des Organismus vergangen ist.

Anwendung der C-14-Methode

Heutzutage verwendet man für die Messung des C-14-Gehalts oft einen Massenspektrographen, bei dem nur wenige Milligramm des Stoffs als Probe erforderlich sind. So kann man Rückschlüsse auf das Alter des Exponats ziehen.
Beispielsweise kann man so das Alter eines Knochenfunds ermitteln. Es lässt sich auch feststellen, wann ein Baum abgestorben ist, aus dem dann eine Figur geschnitzt worden ist.
Allerdings kann der Baum vielleicht schon viel länger gefällt worden sein, und die Holzfigur ist in Wahrheit viel jüngeren Datums.
Zudem ist die Messgenauigkeit der C-14-Methode nicht so hoch, dass man Zeitpunkte auf das Jahr genau bestimmen kann. Vielmehr sind Abweichungen von ± 100 Jahren keine Seltenheit.
Mit der C-14-Methode kann man heutzutage bis zu 50000 Jahre alte Stoffe datieren. Das Kohlenstoffisotop C-14 hat mit 5730 Jahren eine relativ lange Halbwertszeit, die sich gut für den Einsatz in geschichtlichen Zeitdimensionen eignet.

Zur Bestimmung kürzerer Zeiträume müsste man Isotope mit wesentlich kürzeren Halbwertszeiten verwenden. Beispielsweise hat Radon (Rn-220) eine Halbwertszeit von 56 Sekunden. Für die Datierung sehr langer Zeiträume können auch andere, ebenfalls auf radioaktivem Zerfall beruhende Methoden herangezogen werden, beispielsweise die Uran-Blei-Methode. Mit diesem Verfahren hat man für die ältesten Erdgesteine ein Alter von 3,6 Milliarden Jahren ermittelt.

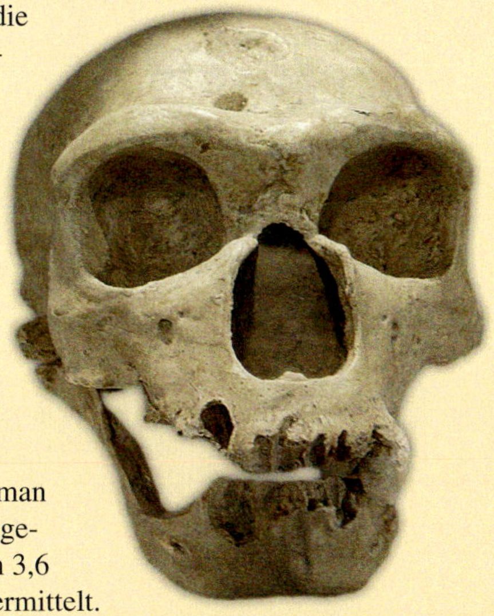

Schädel eines Neandertalers

Der sensationelle Fund im Ötztal

Am 19.9.1991 entdeckte das Ehepaar Simon bei einer Wanderung auf dem Schnalstaler Gletscher einen Leichnam. Zunächst war ihnen gar nicht klar, auf welchen sensationellen Fund sie gestoßen waren. Später ergaben genauere Untersuchungen mithilfe der C-14-Methode, dass das Eis der Gletscher eine Leiche freigegeben hat, die hier 5200 Jahre unangetastet gelegen hatte.
Dieser Steinzeitmensch wurde in kürzester Zeit berühmt und erhielt den Namen „Ötzi". Sein Fund war von großer Bedeutung für die Wissenschaft, denn durch die Untersuchung von Ötzis Leichnam und seiner Ausrüstung konnten viele Rückschlüsse auf das Leben in der damaligen Zeit gezogen werden. Vermutlich wurde er durch einen Pfeilschuss getötet.

3.1 Wachstums- und Zerfallsprozesse

Auftrag 1 Sparen

Die Banken A und B werben auf Plakaten für unterschiedliche Kapitalanlagen. Der Kunde König möchte 10 000 € bei einer der beiden Banken für die angegebene Laufzeit anlegen.
Vergleichen Sie die beiden Angebote. Welches Angebot halten Sie für vorteilhafter?

Bank A

Wir bieten ...

⇒ sensationelle 3,85 % Zinsen pro Jahr

⇒ Auszahlung der Zinsen nach Ablauf jedes Anlagejahres

Laufzeit 8 Jahre

Bank B

Machen Sie mehr aus Ihrem Geld!

Über eine Laufzeit von 8 Jahren bieten wir Ihnen 3,7 % Zinsen pro Jahr, die selbstverständlich stets wieder mit angelegt werden.

Auftrag 2 Das Königsspiel

Einer Legende zur Folge hat der indische König Sheram im 6. Jahrhundert n. Chr. dem Erfinder des Schachspiels Sessa Ebn Daher als Entlohnung einen Wunsch freigestellt. Dieser wünschte sich Reiskörner, und zwar für das erste Feld des Schachspiels ein Reiskorn und für jedes weitere Feld jeweils doppelt so viele Körner wie für das vorhergehende Feld. Der König willigte in den bescheiden klingenden Wunsch des Weisen ein, musste dann aber feststellen, dass er ihn nicht erfüllen konnte.

Info

Weltreisernte 2005: 618 440 000 Tonnen.

100 Reiskörner wiegen ca. 2,0 Gramm.

Ermitteln Sie für die ersten 8 Felder die Anzahl der Reiskörner pro Feld und stellen Sie sie graphisch dar.
Welcher Term liefert die Anzahl der Reiskörner auf dem n-ten Feld?
Warum konnte der König den Wunsch nicht erfüllen?

Nehmen Sie einmal an, der Weise ändert seinen Wunsch und geht von linearem Wachstum der Körner aus. Wie müsste er nun seinen Wunsch formulieren, um für das 8. Feld annähernd genauso viele Reiskörner zu erhalten wie oben?
Vergleichen Sie die beiden Wachstumsfunktionen.

Heuschreckenalarm

Auftrag 3

Im Biologiesaal eines Gymnasiums sind dem Lehrer Wittmann bei einer Vorführung fünf Stabheuschrecken entwischt, die sich nun im Schulhaus versteckt halten. Stabheuschrecken ernähren sich von Blättern, können sich sehr gut unter diesen tarnen und auch unter Isolationsbedingungen fortpflanzen, da sie zweigeschlechtlich sind.
Herr Wittmann sucht nun dringend Freiwillige, die mit ihm die Schule nach den Heuschrecken durchkämmen. In seinen schlimmsten Alpträumen sieht er im Schulhaus mehr Stabheuschrecken als Schüler.
Er geht davon aus, dass sich die Heuschrecken unter günstigen Umständen ungehindert vermehren können und sich deren Population alle 45 Tage verdoppelt.
Sein Kollege, Herr Helldobler, ist etwas optimistischer. Wenn immer wieder Tiere eingefangen werden können, schätzt er, dass der Bestand alle 45 Tage um 20 Tiere zunimmt.
Beschreiben Sie die Vermehrung des Heuschreckenbestandes in beiden Szenarien mithilfe eines Terms und graphisch. Wie viele Heuschrecken würden unter den jeweiligen Annahmen nach 360 Tagen, also nach etwa einem Jahr, im Schulgebäude leben? Für wie realistisch halten Sie die Ergebnisse?

Stabheuschrecke

Für Kriminalisten

Auftrag 4

Im Schwarzlaichmoor bei Peiting in Oberbayern stieß ein Arbeiter 1957 mit seinem Bagger auf eine Kiste aus Kiefernholz. Die Kiste entpuppte sich als Sarg, in dem sich eine gut erhaltene Moorleiche fand, die anschließend sorgfältig von Fachleuten geborgen wurde. Es handelte sich um eine etwa 25-jährige Frau.
Während die Arbeiter im Moor von einem 50 Jahre zurückliegenden Gewaltverbrechen munkelten, schätzten andere Beobachter die Leiche viel älter ein, manche vermuteten darin sogar eine Frau aus vorrömischer Zeit. Um das Alter der Leiche bestimmen zu können, wurde eine Probe des Sargholzes entnommen und mithilfe der C-14-Methode untersucht.
Die Kohlenstoffisotope C-12 und C-14 kommen in lebenden Organismen in einem festen Verhältnis vor. Nach dem Tod des Organismus werden keine neuen C-14-Atome mehr aufgenommen und im Organismus enthaltene radioaktive C-14-Atome zerfallen mit einer Halbwertszeit von 5730 Jahren, die Zahl der C-12-Atome bleibt konstant. In der Probe wird nun das veränderte Verhältnis von C-12 zu C-14-Atomen ermittelt.
Welcher Bruchteil der anfangs noch vorhandenen C-14-Atome ist in der Probe zu erwarten, wenn die Frau vor 50 Jahren verstorben ist? Benutzen Sie zur Herleitung eines Zerfallsgesetzes die Tabelle von Seite 51.
Die Untersuchung der Probe ergibt, dass noch etwa 90 % der C-14-Atome vorhanden sind. Ermitteln Sie graphisch das ungefähre Alter der Moorleiche.

Moorleiche aus dem Schwarzleichmoor

Bearbeitung

Auftrag 3 Heuschreckenalarm

Ungehinderte Vermehrung der Stabheuschrecken (Herr Wittmann):
Der Bestand der Stabheuschrecken im Schulhaus verdoppelt sich mit jeder verstrichenen „Verdopplungszeit“, das heißt nach den ersten 45 Tagen leben doppelt so viele Tiere wie anfangs im Haus, nach weiteren 45 Tagen hat sich der Bestand wieder verdoppelt usw.

Zeit in ***t*** Tagen	0	45	90	135	180	225	270	315	360
Anzahl ***x*** der Verdopplungszeiten	0	1	2	3	4	5	6	7	8
Anzahl ***y*** der Heuschrecken im Schulhaus	5	10	20	40	80	160	320	640	1280

$\cdot 2$ $\cdot 2$ $\cdot 2$ $\cdot 2$

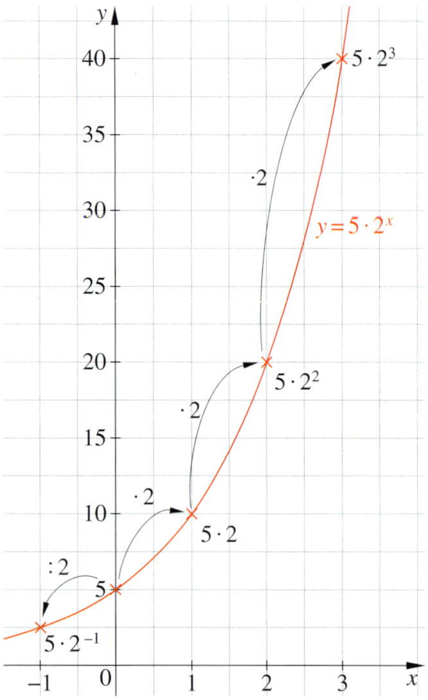

Der negative Bereich entspricht der „Vergangenheit“ – vgl. Sie Seite 56.

Nach 360 Tagen oder $(360 : 45) = 8$ Verdopplungszeiten ist der Heuschreckenbestand von 5 auf 1280 Tiere angewachsen:

$[(5 \cdot 2) \cdot 2] \cdot 2 \cdot \ldots = 5 \cdot 2^{\frac{360}{45}} = 5 \cdot 2^8 = 1280$

Dies sind mehr Heuschrecken als viele bayerische Gymnasien Schüler haben!

Das Anwachsen des Tierbestandes y nach x Verdopplungszeiten kann als Funktionsgleichung geschrieben werden:
$y = 5 \cdot 2^x$
Wenn die Ausgangsgröße x um 1 zunimmt, vervielfacht sich jeweils die zugeordnete Größe um denselben Faktor 2. Man spricht hier von **exponentiellem Wachstum**.
Bei diesem Wachstum bezeichnet man 5 als **Anfangswert** und 2 als **Wachstumsfaktor pro Zeiteinheit**.
Ein Wachstumsfaktor 2 bedeutet auch: Die Größe wächst pro Zeiteinheit jeweils um 100 % auf 200 %.

Geht man davon aus, dass die Heuschreckenanzahl auch innerhalb der 45-Tage-Zeiträume kontinuierlich anwächst, kann man die Zunahme des Tierbestandes in Abhängigkeit von der Zeit t in Tagen beschreiben: $t \mapsto y = 5 \cdot 2^{\frac{t}{45}}$.

Gebremste Vermehrung der Stabheuschrecken: (Herr Helldobler)
Durch das Einfangen von Heuschrecken wächst der Tierbestand im zweiten Szenario alle 45 Tage nur noch um 20 Tiere. Dieser Zeitraum, in dem der Tierbestand um 20 Tiere zunimmt, wird zur Vereinfachung Wachstumsperiode genannt.

Zeit in ***t*** Tagen	0	45	90	135	180	225	270	315	360
Anzahl ***x*** der Verdopplungszeiten	0	1	2	3	4	5	6	7	8
Anzahl ***y*** der Heuschrecken im Schulhaus	5	25	45	65	85	105	125	145	165

$+ 20$ $+ 20$ $+ 20$ $+ 20$

Nach 360 Tagen (oder 8 Wachstumsperioden) ist der Heuschreckenbestand von 5 auf 165 Tiere angewachsen:
$5 + 8 \cdot 20 = 165$
Dies sind deutlich weniger Heuschrecken als im ersten Szenario.

Das Anwachsen des Tierbestandes y nach x Perioden kann durch die Gleichung einer lineare Funktionsgleichung dargestellt werden:
$y = 5 + 20 \cdot x$
Wenn die Ausgangsgröße x um 1 zunimmt, erhöht sich die zugeordnete Größe y stets um den Wert 20. Man spricht hier von **linearem Wachstum**.
Bei diesem Wachstum ist ebenfalls 5 der **Anfangswert**, und 20 beschreibt den **konstanten Zuwachs pro Zeiteinheit**.

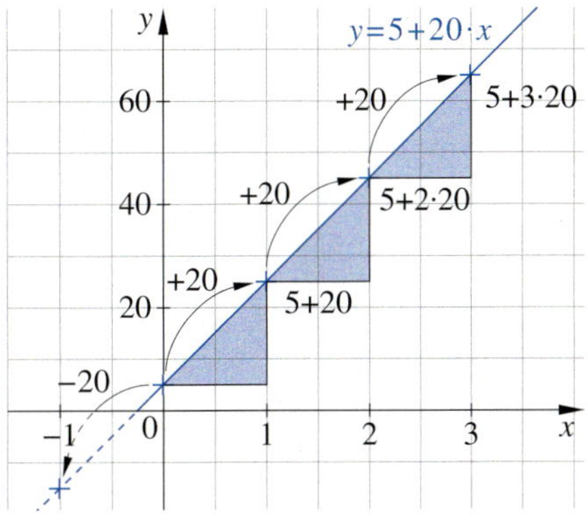

Der negative Bereich entspricht der „Vergangenheit" – vgl. Sie Seite 56.

Graphischer Vergleich der beiden Szenarien:

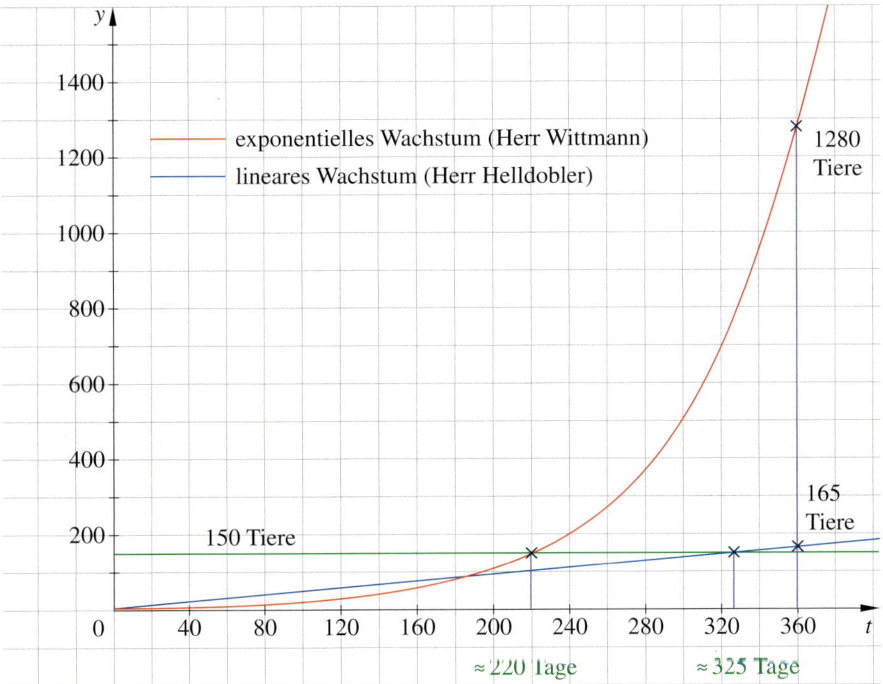

Zu beachten

Auch das lineare Wachstum der Heuschrecken kann in Abhängigkeit von der Zeit t in Tagen beschrieben werden:
$y = 5 + 20 \cdot \frac{t}{45}$
$y = 5 + \frac{4}{9}t$

Der Graph der linearen Wachstumsfunktion ist eine Gerade oder Halbgerade. Bei exponentiellem Wachstum ist der Graph dagegen gekrümmt.

Sowohl rechnerisch als auch grafisch erkennt man, dass der Heuschreckenbestand bei exponentiellem Wachstum viel stärker ansteigt und zu einer wahren Plage werden kann. Allerdings sind beide Szenarien nur begrenzt realistisch. Beispielsweise würde einer großen Heuschreckenpopulation sicherlich bald die Nahrung im Schulhaus ausgehen, sodass hierdurch das Wachstum begrenzt wäre.

Will man beispielsweise herausfinden, zu welchem Zeitpunkt etwa 150 Tiere vorhanden waren, kann man ebenfalls den Graphen zu Rate ziehen: Bei exponentiellem Wachstum waren es schon nach circa 220 Tagen 150 Tiere, bei linearem Wachstum erst nach circa 325 Tagen.

Einen Schritt weitergedacht: Im Folgenden wird exponentielles Wachstum des Heuschreckenbestandes angenommen, aber die Grundbedingungen werden verändert.
Wären zu Beginn statt der 5 sogar 100 Heuschrecken entkommen, müsste man den Anfangswert, also den Faktor, von 5 auf 100 abändern: $y = 100 \cdot 2^x$.
Annahme: Der Heuschreckenbestand vervierfacht sich innerhalb von 45 Tagen. Das heißt, er wächst um 300% auf 400%. Dann müsste man den Wachstumsfaktor pro Zeiteinheit von 2 zur 4 abändern, die Potenz erhielte eine neue Basis: $y = 100 \cdot 4^x$.

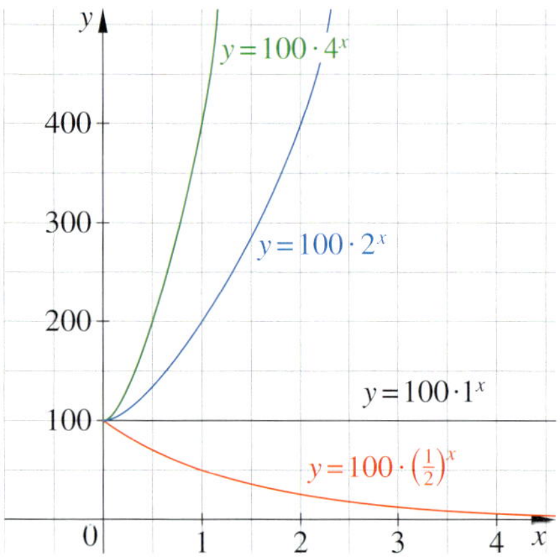

Nur bei einem Wachstumsfaktor größer als 1 erhält man tatsächlich eine exponentielle Zunahme des Heuschreckenbestandes.
Beim Wachstumsfaktor 1 bleibt der Bestand von Anfang an konstant: $y = 100 \cdot 1^x$.
Bei einem Wachstumsfaktor zwischen 0 und 1 nähme der Bestand ab. In einem solchen Fall kann man nicht mehr von einer exponentiellen Zunahme sprechen, sondern man verwendet den Begriff der **exponentiellen Abnahme**.
Beispielsweise würde sich der Bestand alle 45 Tage halbieren (Abnahme um 50% auf 50%), wenn man den Wachstumsfaktor $\frac{1}{2}$ verwendet: $y = 100 \cdot \left(\frac{1}{2}\right)^x = 100 \cdot \left(\frac{1}{2}\right)^{\frac{t}{45}}$.
Die Zeitspanne, in der sich der Bestand halbiert, heißt **Halbwertszeit *T*** ($T = 45$).

Will man einen Blick in die Vergangenheit werfen, setzt man negative x-Werte in die Wachstumsgleichung ein. Den Heuschreckenbestand vor einer Halbwertzeit, also vor 45 Tagen, erhält man z. B. mit $y = 100 \cdot \left(\frac{1}{2}\right)^{-1} = 100 \cdot 2 = 200$.

Auch bei linearem Wachstum kann man die Grundbedingungen verändern.
Ist der Zuwachs pro Zeiteinheit positiv, spricht man von einer **linearen Zunahme**. Bei negativem „Zuwachs" reduziert sich der Tierbestand, es liegt eine **lineare Abnahme** vor.
Kann man die Heuschreckenpopulation zum Beispiel alle 45 Tage um 15 Tiere verringern, lässt sich die Abnahme des Tierbestandes y nach x Zeiteinheiten mit einer linearen Funktionsgleichung beschreiben:
$y = 100 - 15 \cdot x = 100 - 15 \cdot \frac{t}{45}$

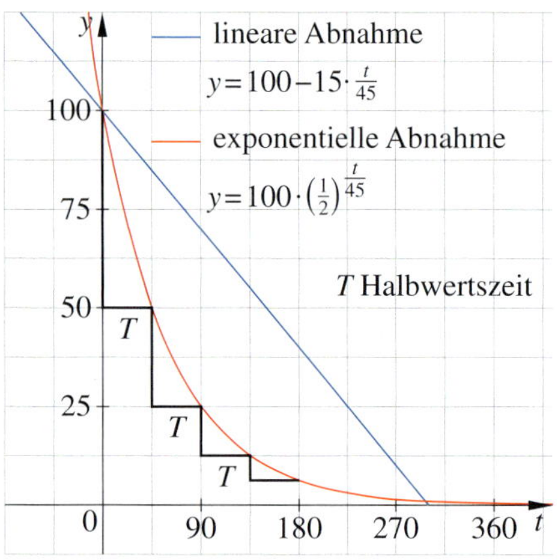

Die lineare Funktion $x \mapsto y = 100 - 15 \cdot x$ besitzt die Nullstelle $x = 7$ (das entspricht $7 \cdot 45$ Tagen, also 300 Tagen).
Dies ist eine sinnvolle Grenze des Definitionsbereichs, denn dann sind alle Heuschrecken eingefangen. Würde man das Modell unsinnigerweise fortsetzen, erhielte man z. B. für 360 Tage $100 - 15 \cdot \frac{360}{45} = -20$, also -20 Heuschrecken.

Im Gegensatz zur linearen Abnahme führt die exponentielle Abnahme zu keiner Nullstelle. Die Individuenzahl wird für große x-Werte zwar sehr klein, aber nie exakt 0. Trotzdem ist es auch hier sinnvoll, den Definitionsbereich zu begrenzen, um extrem kleine Funktionswerte zu vermeiden, denn z. B. für 360 Tage ergibt sich $100 \cdot \left(\frac{1}{2}\right)^{\frac{360}{45}} \approx 0{,}39$, also keine „ganze" Heuschrecke.

Zusammenfassung

Wachstums- und Zerfallsprozesse

Lineares Wachstum

$\boldsymbol{y = c + a \cdot x}$ $\quad (a, c \in \mathbb{R};\ a \neq 1)$

$a < 0$

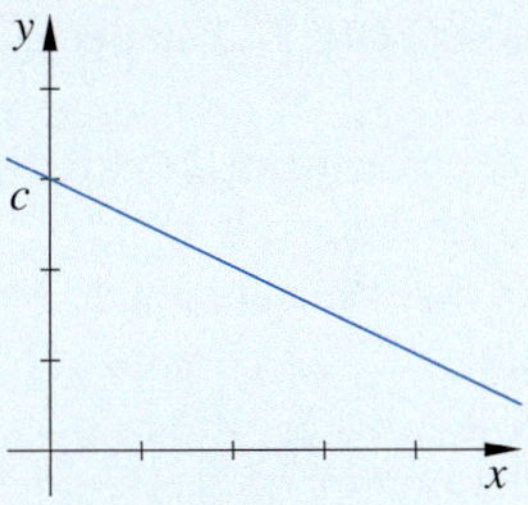

lineare Abnahme

$a > 0$

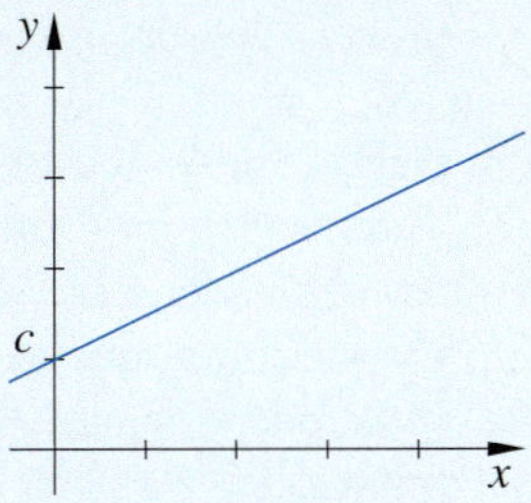

lineare Zunahme

Bei einer Erhöhung der Ausgangsgröße x um 1 nimmt die zugeordnete Größe y stets um denselben Wert ab bzw. zu.

c heißt **Anfangswert**, a beschreibt die **konstante Abnahme** bzw. den **konstanten Zuwachs**.

Beispiele:

Der kleine Bruder von Max hat noch 36 € auf seinem Konto.
Er hebt jede Woche 3 € ab.

x Anzahl Wochen
y Kontostand (in €)

$y = 36 - 3 \cdot x$

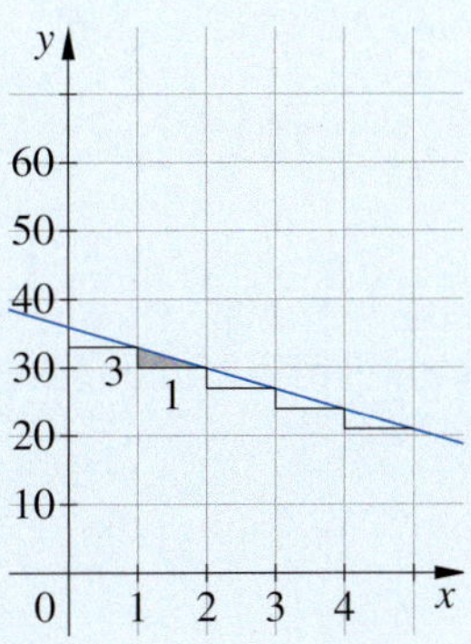

Tabeas kleiner Bruder hat bereits 34 € auf seinem Konto.
Er zahlt jede Woche 2 € ein.

x Anzahl Wochen
y Kontostand (in €)

$y = 34 + 2 \cdot x$

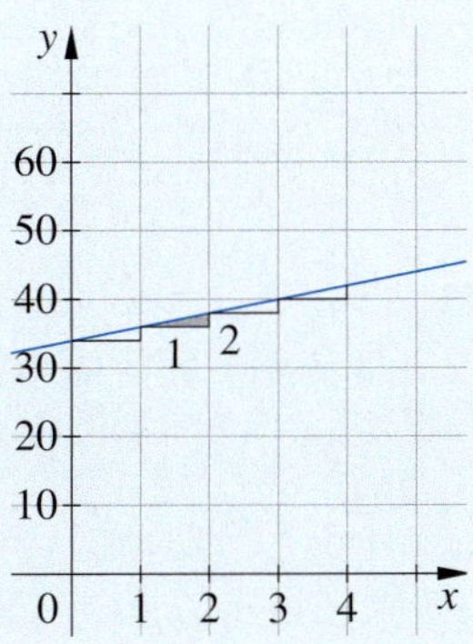

Exponentielles Wachstum

$\boldsymbol{y = c \cdot a^x}$ $\quad (a, c \in \mathbb{R}^+;\ a \neq 1)$

$0 < a < 1$

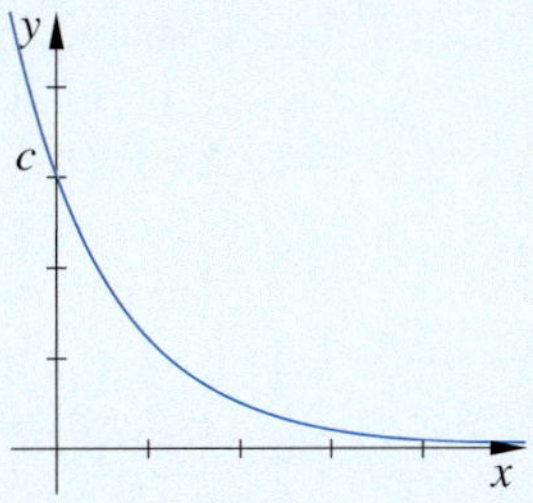

exponentielle Abnahme

$a > 1$

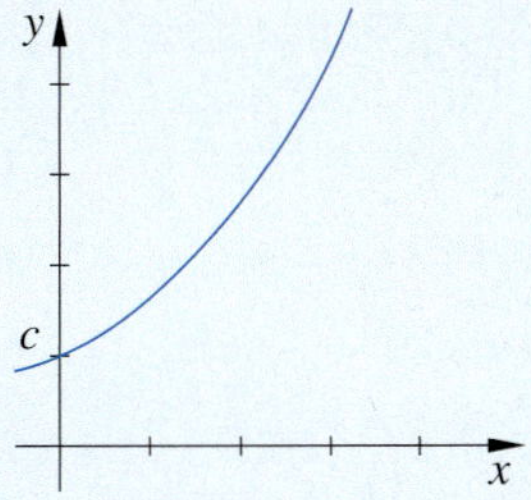

exponentielle Zunahme

Bei einer Erhöhung der Ausgangsgröße x um 1 nimmt die zugeordnete Größe y stets um denselben Faktor a ab bzw. zu.

c heißt **Anfangswert**, a beschreibt den **konstanten Wachstumsfaktor**.

Beispiele:

In einer Zellkultur mit anfangs 200 Zellen sterben die Zellen mit einer Halbwertszeit von 3 Tagen ab.

x Anzahl Halbwertsz.
t Anzahl Tage
y Zellenanzahl

$y = 200 \cdot \left(\frac{1}{2}\right)^x$

$y = 200 \cdot \left(\frac{1}{2}\right)^{\frac{t}{3}}$

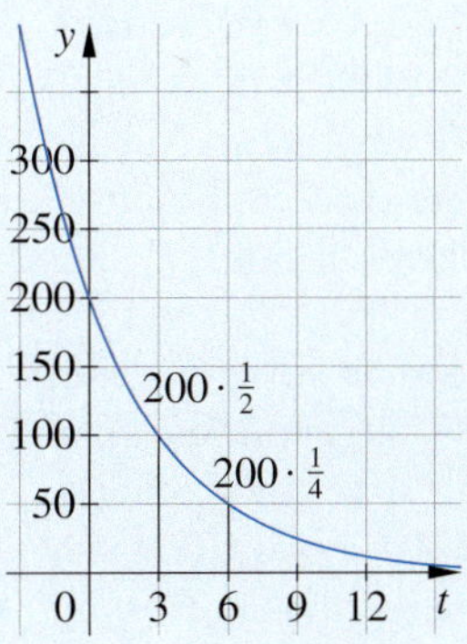

In einer Zellkultur mit anfangs 3 Zellen verdoppelt sich die Zellenzahl durch Zellteilung im Abstand von 3 Tagen.

x Anzahl Verdopplungen
t Anzahl Tage
y Zellenanzahl

$y = 3 \cdot 2^x$

$y = 3 \cdot 2^{\frac{t}{3}}$

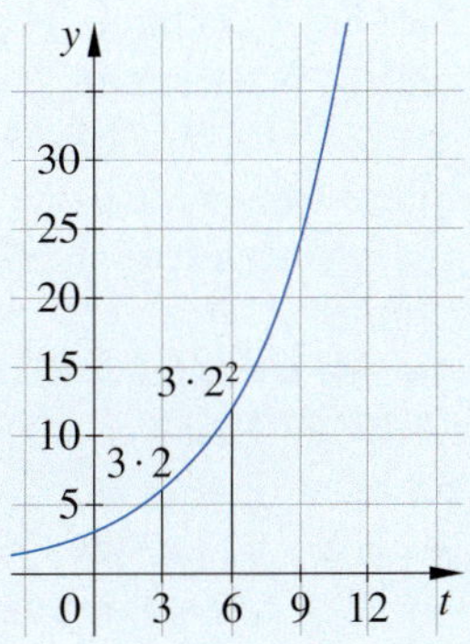

Aufgaben

Verknüpfen
Anwenden
Trainieren

1 Entscheiden Sie, ob die angegebenen Terme lineares oder exponentielles Wachstum beschreiben. Handelt es sich um eine Zunahme oder Abnahme?
Überlegen Sie sich als Beispiel jeweils einen Wachstumsvorgang, der durch den gegebenen Term beschrieben werden kann.

a) $y = 5 \cdot 3^x$
b) $y = 2x + 5$
c) $y = -4 + 2{,}5x$
d) $y = \left(\frac{1}{3}\right)^x \cdot 1000$
e) $y = 15 - 7x$
f) $y = 1{,}5^x \cdot 20\,000$
g) $y = \frac{3}{4} + \frac{1}{2}x$
h) $y = 500 \cdot \frac{1}{2^x}$
i) $y = a \cdot 10^x$
j) $y = 350 \cdot 0{,}4^x$

2 Geben Sie für das Wachstum der Bakterienkulturen jeweils den zugehörigen Funktionsterm an, und zeichnen Sie den Graphen.
a) Eine Bakterienkultur bestehend aus 500 Bakterien verdoppelt sich stündlich.
b) Eine Bakterienkultur bestehend aus 1000 Bakterien wächst jede Stunde um 300 Bakterien.

3 Stellen Sie zu den geschilderten Sachverhalten einen Term auf, der das Wachstum beschreibt.
a) Die Bevölkerung Indonesiens wuchs von 1950 bis 2000 um durchschnittlich etwa 2,9 % pro Jahr. Im Jahr 1950 lebten rund 80 Millionen Menschen im Inselstaat.
b) Anton badet gerne und ausgiebig. Die Wasserhöhe in seiner Badewanne nimmt pro Minute um 2 cm zu, wenn der Hahn voll aufgedreht ist.
c) Nach dem Bad zieht Anton den Stöpsel. In seiner Badewanne stand das Wasser 25 cm hoch. Der Wasserpegel sinkt nun minütlich um 3 cm.
d) Die Inflation betrug im Jahr 2006 in Deutschland 1,7 %. Herr und Frau Müller hatten damals etwa 1450 € an laufenden monatlichen Ausgaben. Gehen Sie davon aus, dass die Inflation in den folgenden Jahren ebenfalls um 1,7 % zunimmt.
e) Annette hat für den Kauf ihres Fernsehers einen Kredit in Höhe von 3000 € aufgenommen, den sie nach 5 Jahren komplett zurückzahlen muss. Bis dahin fallen jedes Jahr Zinsen in Höhe von 9 % an. Sie berechnet die tatsächlichen Kosten für ihren Fernseher.

4 Begründen oder widerlegen Sie die folgenden Aussagen.
a) Lineares Wachstum führt stets zu unendlich großen Funktionswerten.
b) Bei linearem Wachstum ist der Zuwachs pro Zeiteinheit konstant.
c) Für den Anfangswert c des exponentiellen Wachstums $y = c \cdot a^x$ scheidet der Wert 0 aus.
d) Die Funktion, die einen linearen Wachstumsprozess beschreibt, besitzt keine Nullstelle.

5 Geben Sie den passenden Wachstumsfaktor an.
a) Verzinsung eines Sparguthabens mit 4,65 %
b) Abnahme der Kindersterblichkeit in einem Entwicklungsland um 13 %
c) Inflationsrate von 2,03 %
d) Sinken der Wahlbeteiligung um 7,4 %

6 Ein Bankhaus bietet seinen Kunden verschiedene Anlageformen mit unterschiedlicher Verzinsung an. Finden Sie zu jedem Term eine mögliche Anlagevariante und beschreiben Sie diese. (G: Anlagebetrag)
a) $y = G + x \cdot 0{,}048 \cdot G$
b) $y = G \cdot (1 + 0{,}046 \cdot x)$
c) $y = G \cdot 1{,}048^x$

7 Ergänzen Sie die Tabellen so, dass sie einen exponentiellen Wachstumsvorgang beschreiben.

a)

x	xxx	0	2	3	xxx
y	2,5	xxx	20	40	320

b)

x	xxx	xxx	1	3	5
y	0,05	3,2	12,8	204,8	xxx

Noch fit?

I Von einer Geraden sind zwei Punkte bekannt. Stellen Sie eine Gleichung der Geraden auf.
a) $P(0|7{,}3)$; $Q(-3|0{,}1)$
b) $P(2|-5)$; $Q(4|2{,}8)$
c) $P\left(\frac{8}{3}\middle|\frac{1}{6}\right)$; $Q\left(-\frac{4}{3}\middle|\frac{4}{3}\right)$

II Bestimmen Sie jeweils die fehlenden Koeffizienten so, dass die Punkte auf der Parabel mit der angegebenen Gleichung liegen.
a) $P(0|7)$; $Q(1|5)$; $R(-1|11)$; $y = ax^2 + bx + c$
b) $P(2|15)$; $Q(-3|-12)$; $y = 2{,}5x^2 + bx + c$
c) $P(-2{,}5|-52{,}5)$; $Q(2|19{,}5)$; $R(9|2{,}7)$; $y = ax^2 + bx + c$

Aufgaben

Verknüpfen
Anwenden
Trainieren

8 Geldvermehrung

Benedikt (17 Jahre) hat wieder einmal Geldsorgen. Sein Großvater ermahnt ihn, mit seinem Geld sparsamer umzugehen. Benedikt entgegnet verärgert, dass eigentlich der Großvater Schuld an seinen Geldsorgen sei. Er hätte lediglich vor 50 Jahren für seinen Enkel vorausschauend den Gegenwert von 100 € bei einer Bank anlegen müssen. Bei durchschnittlich 7 % Zinsen pro Jahr hätte er mitsamt Zinseszinsen nun eine ordentliche Summe zur Verfügung. Berechnen Sie den Wert der Geldanlage zum heutigen Zeitpunkt. Würde Benedikt es noch erleben, dass er mit dieser Anlage Millionär wird?

Zu beachten

Bei den Aufgaben zum Anwenden und Verknüpfen können Sie noch nicht alle gesuchten Größen berechnen. Aber eine Näherungslösung mithilfe einer Zeichnung oder durch Probieren ist dann schon möglich!

9 Wasserhyazinthen

Der Victoriasee in Afrika ist seit den letzten Jahrzehnten des 20. Jahrhunderts zunehmend ökologisch gefährdet. Schuld an dieser Situation ist unter anderem die aus Südamerika eingeschleppte Wasserhyazinthe. Eigentlich als schwimmende Zierpflanze für Kolonialgärten gedacht, ist sie auf Umwegen ab Ende der 1980er Jahre in den See gelangt, und da sie in Afrika keine natürlichen Feinde hat, kann sie sich unter bestimmten klimatischen Bedingungen optimal ausbreiten. Das bedeutet, dass sich die von ihr bedeckte Seefläche innerhalb von etwa 14 Tagen verdoppeln kann. Gehen Sie davon aus, dass innerhalb der ersten zwei Wochen nach Untersuchungsbeginn die Fläche an Wasserhyazinthen um 4000 ha zunahm.

a) Ermitteln Sie die von der Pflanze bedeckte Seefläche nach 4 Wochen, nach 3 Monaten, sowie vor 1 Monat. Wie viele Monate würde es dauern, bis der See komplett mit den Pflanzen bedeckt ist?

b) Welche Probleme birgt das rasante Wachstum an Wasserhyazinthen?

c) Um dieser beängstigenden Entwicklung gegenzusteuern, hat man Rüsselkäfer ausgesetzt. Ein Biologe hofft, dass deren Larven circa alle 5 Wochen die Hälfte des Wasserhyazinthenteppichs vernichten können. Der Wissenschaftler ermittelt nach einem halben Jahr Käfereinsatz eine Restfläche von 27 000 ha Wasserhyazinthen. Ermitteln Sie den Anfangsbestand.

Wasserhyazinthen

Info

Der Victoriasee ist mit rund 69 500 km² der größte Süßwassersee Afrikas.

10 Luftdruck

Durch das Gewicht der auf die Erdoberfläche oder in einer bestimmten Höhe auf eine Fläche lastenden Luftsäule der Atmosphäre entsteht der Luftdruck. Pro 1000 m Höhendifferenz nimmt der Luftdruck um ca. 12 % ab. Gehen Sie davon aus, dass auf Meereshöhe ein Luftdruck von 1013 mbar herrscht. Berechnen Sie daraus den Luftdruck in 1000 m, 2000 m und 10 000 m Höhe, und finden Sie einen geeigneten Funktionsterm, der diese Abnahme ausdrückt.

Welcher Luftdruck herrscht dementsprechend auf der Zugspitze (2963 m über NN), auf dem Eiffelturm (300,5 m über NN) und auf dem Mount Everest (8848 m über NN)?

11 Geldanlage

Jakob legt bei seiner Bank einen Betrag von 3800 € für insgesamt 7 Jahre an. Der Bankberater schwärmt ihm vor, dass er am Ende der Laufzeit mitsamt Zinseszinsen über stattliche 5171,27 € verfügen wird. Jakob berechnet schnell den jährlichen Zinssatz.

12 Bierschaumzerfall

Beobachtet man (aus rein wissenschaftlichem Interesse) den Zerfall von Bierschaum, so stellt man fest, dass der Zerfall näherungsweise exponentiell erfolgt. Messungen der Schaumhöhe ergaben bei der verwendeten Biersorte eine Halbwertszeit von 90 Sekunden. Nach 3 Minuten wurde noch eine Schaumhöhe von 2,1 cm gemessen.

Stellen Sie die Gleichung dieses Bierschaumzerfalls auf und ermitteln Sie die Schaumhöhen 1, 2 und 4 Minuten nach Einschenken des Biers.

13 Ötzi

Der im Ötztal auf einem Gletscher gefundene Steinzeitmensch Ötzi (siehe Seite 51) wurde mittels der C-14-Methode datiert. Welcher Bruchteil an C-14-Isotopen konnte bei dieser Untersuchung festgestellt werden?

14 Give an equation to model the situation.

a) The currency of a developing country loses value enormously. The inflation rate is 182% per year. The price of a bread was originally 10.

b) The population of rabbits in a zoo grows rapidly. It increases by 5 animals every 10 days.

c) A group of natives clear the tropical rain forest to grow plants as did their ancestors for thousands of years. Therefore they burn each year the same area of forest. After five years about a fourth of one million m^2 has been burnt.

15 Radioaktiver Zerfall

Radium-226 zerfällt radioaktiv. Finden Sie seine Halbwertszeit heraus und ermitteln Sie, nach welcher Zeit 80% einer ursprünglich vorhandenen Stoffmenge zerfallen.

16 Obstfliegen

Hausfrau Erika stellt fest, dass Obstfliegen sich besonders bei warmem Wetter in ihrer Küche rasant vermehren. Nach drei Tagen zählt sie 221 Fliegen, 16 weitere Tage später sogar 605 Fliegen.

Berechnen Sie die Anzahl der Fliegen nach insgesamt 30 Tagen, wenn man einmal von linearem und das andere Mal von exponentiellem Wachstum ausgeht.

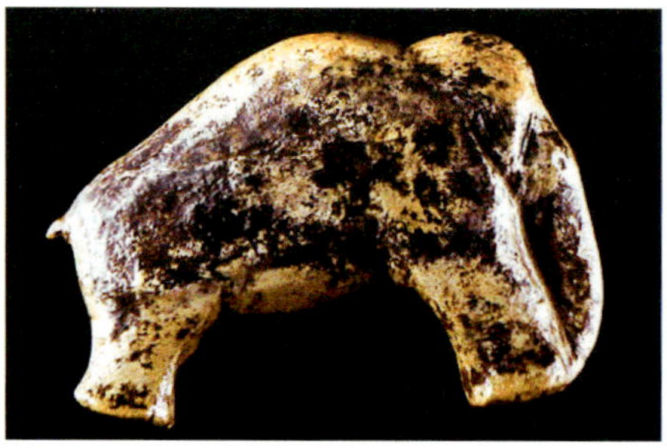

17 Mini-Mammut

Das bisher weltweit älteste bekannte Kunstwerk ist ein aus Elfenbein geschnitzter Mammut in der Größe eines kleinen Fingers. Er wurde 2006 bei Grabungen auf der Schwäbischen Alb gefunden und soll 35 000 Jahre vor Christi Geburt entstanden sein. Welchen Anteil an C-14-Isotopen müsste man demzufolge nachweisen können, wenn man diese Alterseinstufung mithilfe der C-14-Methode überprüfen möchte?

Aufgaben

Verknüpfen
Anwenden
Trainieren

18 Bei Wachstumsvorgängen in der Natur wird oft lineares oder exponentielles Wachstum unterstellt. Unter dieser Annahme könnten relativ schnell große Populationen entstehen. Allerdings kommt es in der Realität nicht vor, dass die Anzahl von Pflanzen und Tieren ungebremst wächst.

a) Geben Sie Gründe hierfür an.

b) Das folgende Diagramm zeigt die Vermehrung von Käfern. Beschreiben Sie die Entwicklung der Käferpopulation in Worten. In welchem Zeitintervall liegt hier exponentielles Wachstum vor?
Stellen Sie eine Gleichung auf, die das exponentielle Wachstum in diesem Zeitintervall beschreibt.
Wie groß wäre die Käferpopulation nach 25 Tagen, wenn sie weiterhin umgebremst wachsen würde?

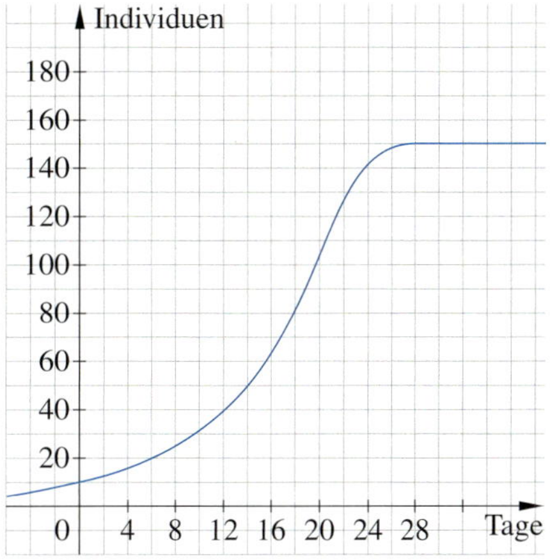

19 Chemiker haben den Zerfall von Jod-131 untersucht und mithilfe der Messwerte das nebenstehende Diagramm erstellt. Ermitteln Sie daraus die Halbwertszeit.
Wie viel Gramm Jod-131 sind nach 50 Tagen noch vorhanden?

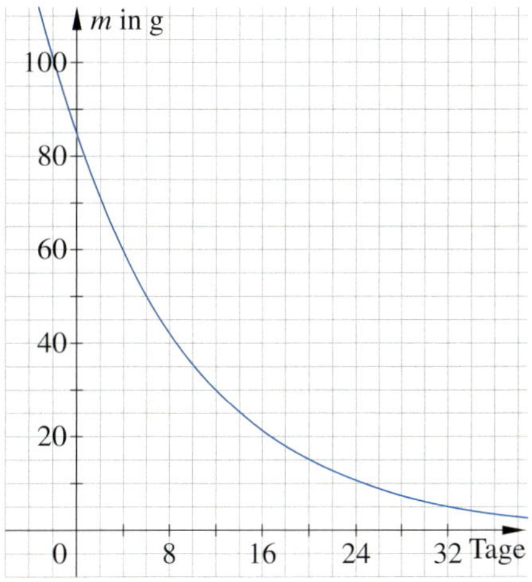

20 In einem Garten konkurrieren zwei Unkräuter um ein freies Stück Erde. An einem Rand sind von einem gelb blühenden Unkraut drei Quadratzentimeter bedeckt. Es kann jeden Tag seine Fläche verdoppeln. Ein Gras hat am anderen Rand des freien Stücks bereits 40 Quadratzentimeter überwuchert. Jeden Tag kann es zwei weitere Quadratzentimeter „erobern“.
Finden Sie mithilfe eines Funktionsplotters heraus, wann beide Unkräuter gleich viel Fläche bedecken.
Wie sähe die Situation nach 10 Tagen aus, wenn sich beide Unkräuter ungehindert ausbreiten können?

Aufgabe der Woche

Der Schachlegende zufolge (siehe Seite 52) erhielt der Erfinder nicht nur die Anzahl der Reiskörner auf dem letzten Feld, sondern die Summe S aller Reiskörner auf den 64 Feldern des Schachbretts:
$S = 2^0 + 2^1 + 2^2 + \ldots + ? + ?$
Vervollständigen Sie die Summe S, indem Sie den vorletzten und letzten Summanden ermitteln.
Diese Gleichung wird mit 2 multipliziert, und dann wird von jeder Seite die entsprechende Seite der vorherigen Gleichung abgezogen.
Leiten Sie auf diese Weise eine Formel für die Summe S her.
Welche Menge an Reiskörnern würde der Erfinder erhalten, wenn das Schachbrett anstatt der 64 nur 36 bzw. 25 Felder hätte?

3.2 Eigenschaften der Exponentialfunktionen

Auftrag 1 Graphensuche

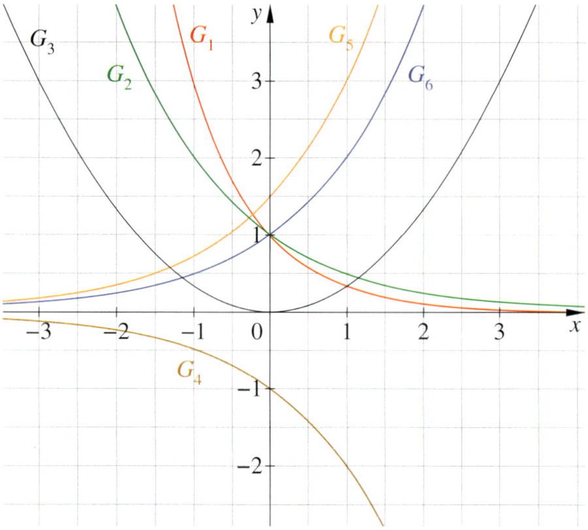

Zu den folgenden Funktionen ($x \in \mathbb{R}$) sind nebenstehende Graphen gezeichnet worden (ein Graph gehört zu keiner dieser Funktionen).

$f\colon x \mapsto \left(\frac{1}{2}\right)^x$

$g\colon x \mapsto -2^x$

$h\colon x \mapsto 2^x$

$k\colon x \mapsto \left(\frac{1}{3}\right)^x$

$l\colon x \mapsto 1{,}5 \cdot 2^x$

Ordnen Sie jede Funktion einem Graphen zu.

Beschreiben Sie Gemeinsamkeiten sowie Unterschiede zwischen den Graphen und versuchen Sie, Gesetzmäßigkeiten zu finden.

Auftrag 2 Mit dem Plotter geht es flotter

Vergleichen Sie die Graphen der folgenden Funktionen ($x \in \mathbb{R}$) mithilfe eines Funktionsplotters.
Finden Sie Unterschiede und Gemeinsamkeiten sowie eventuelle Zusammenhänge zwischen den Graphen heraus, und versuchen Sie, diese zu begründen.

$f\colon x \mapsto 3^x$ $\quad g\colon x \mapsto \left(\frac{1}{3}\right)^x$ $\quad h\colon x \mapsto \left(\frac{1}{2}\right)^x$

$k\colon x \mapsto 2^x$ $\quad l\colon x \mapsto 1{,}8 \cdot 2^x$ $\quad m\colon x \mapsto -1{,}8 \cdot 2^x$

Auftrag 3 Schablone

Die Klasse 10c soll als Hausaufgabe die Graphen zu folgenden Funktionen zeichnen ($x \in \mathbb{R}$):

$f\colon x \mapsto 2^x$ $\quad g\colon x \mapsto 2{,}5 \cdot 2^x$ $\quad h\colon x \mapsto -2^x$

$k\colon x \mapsto 2^{-x}$ $\quad l\colon x \mapsto 2^x - 1$ $\quad m\colon x \mapsto 2^{x+1}$

Während die Klassenkameraden über den Hausaufgaben schwitzen, ist Anna begeistert. Sie will einfach eine Schablone zu einem der Graphen anfertigen – wie damals für die Normalparabel –, und der Rest ergebe sich dann wie von selbst. Erklären Sie, welche Schablone Anna herstellt und wie sie diese einsetzen kann. Gelingt es ihr wirklich bei jedem Graphen?
Beschreiben und erklären Sie Unterschiede sowie Gemeinsamkeiten der verschiedenen Funktionen.

Verwandt oder nicht?

Auftrag 4

Beschreiben Sie zunächst die charakteristischen Eigenschaften der folgenden Funktionen (alle $x \in \mathbb{R}$), und suchen Sie dann nach Unterschieden sowie nach Zusammenhängen.

$f: x \mapsto 2 \cdot x \qquad g: x \mapsto x^2 \qquad h: x \mapsto 2^x \qquad k: x \mapsto 2^{-x} \qquad l: x \mapsto -2^x$

Legen Sie dabei zu Beginn eine Wertetabelle an und zeichnen Sie die Funktionsgraphen.

Bearbeitung

Graphensuche

Auftrag 1

Den angegebenen Funktionstermen ist gemeinsam, dass die Variable x im Exponenten auftritt.
Eine Funktion, deren Term man in der Form $x \mapsto a^x$ ($a \in \mathbb{R}^+$; $x \in \mathbb{R}$) schreiben kann, nennt man **Exponentialfunktion** mit der Basis a.
Die Funktionen g und l haben die Form $x \mapsto c \cdot a^x$ ($a \in \mathbb{R}^+$; $c \in \mathbb{R}\setminus\{0\}$; $x \in \mathbb{R}$).
Sie heißen **allgemeine Exponentialfunktionen**.

Negative Zahlen als Basis a sind nicht brauchbar. Beispielsweise ist $x \mapsto (-2)^x$ für $x = \frac{1}{2}$ nicht sinnvoll, da die Quadratwurzel nur für nichtnegative Zahlen definiert ist.

Ein sinnvoller Ausgangspunkt ist der Graph der Funktion mit dem Term $h(x) = 2^x$, da viele andere Funktionsterme Variationen davon sind.
Definitionsgemäß gilt $2^0 = 1$ und $2^1 = 2$.
Zwei Punkte des Graphen sind also $(0|1)$ und $(1|2)$.
Die Funktion h lässt sich daher dem Graphen G_6 zuordnen.

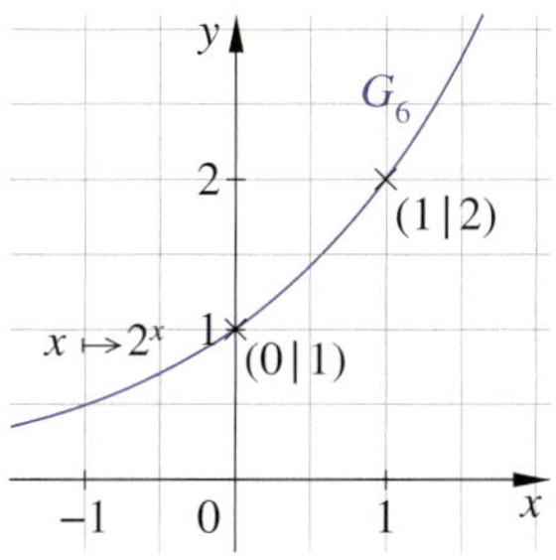

Dies führt bereits zu einer wichtigen Eigenschaft von Exponentialfunktionen:
Alle Exponentialfunktionen $x \mapsto a^x$ verlaufen durch den Punkt $(0|1)$, da immer $a^0 = 1$ gilt.

Der Graph der Funktion $x \mapsto 2^x$ steigt offensichtlich auf dem gesamten Definitionsbereich $\mathbb{R}$. Man sagt, er **steigt streng monoton**, d. h. für größer werdende x-Werte nehmen die y-Werte stets zu.
Diese Eigenschaft gilt für alle Exponentialfunktionen $x \mapsto a^x$ mit $a > 1$ und $x \in \mathbb{R}$, da mit wachsendem x-Wert auch der Wert der Potenz größer wird.
Liegt a dagegen im Intervall $]0; 1[$, so nimmt der Wert der Potenz mit wachsendem x ab, der Graph der Exponentialfunktion **fällt streng monoton** (siehe Bild auf Seite 64 oben).

Bei allen Funktionen gehört zu jedem Ausgangswert x genau ein Funktionswert y. Bei den streng monoton wachsenden bzw. fallenden Exponentialfunktionen $x \mapsto a^x$ für $a \neq 1$ gilt aber auch umgekehrt, dass man zu jedem Funktionswert y genau einen Ausgangswert x findet.

Zu beachten

Es gibt Funktionsgraphen, die wie im folgenden Beispiel zwar monoton, aber nicht **streng** monoton steigend sind.

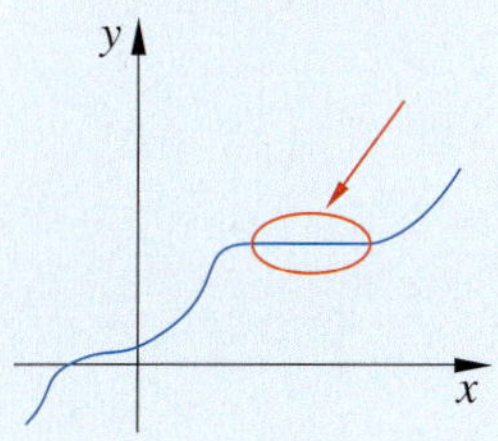

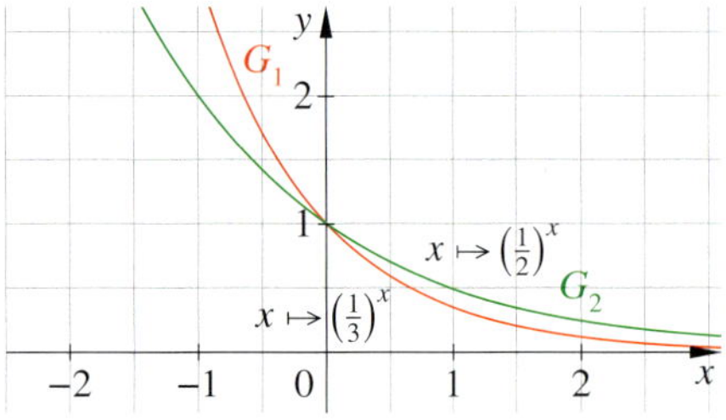

Zu den aufgeführten Exponentialfunktionen mit Basis $a < 1$ gehören die Graphen G_1 und G_2, die beide streng monoton fallen und ebenfalls durch den Punkt $(0|1)$ verlaufen. Das Einsetzen einzelner x-Werte (insbesondere $x = 1$) oder ein Vergleich des Steigungsverhaltens zeigt, dass G_1 der Graph von k und G_2 der Graph von f ist.

Wie man an den Graphen der Exponentialfunktionen sieht, ist die x-Achse gemeinsame Asymptote aller dieser Graphen. Je nach Größe der Basis a im Funktionsterm nähert sich der Graph der positiven oder der negativen Richtung der x-Achse an.

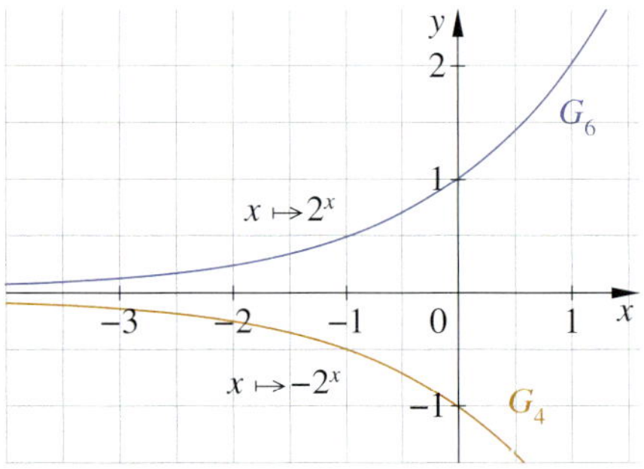

Der Funktion $g: x \mapsto -2^x$ kann man aufgrund des negativen Vorzeichens aller Funktionswerte den Graphen G_4 zuordnen, der unterhalb der x-Achse verläuft und aus dem Graphen der Funktion $x \mapsto 2^x$ durch Spiegelung an der x-Achse hervorgeht.

Die Graphen der Exponentialfunktionen $x \mapsto -a^x$ $(a \neq 0)$ sind die an der x-Achse gespiegelten Graphen der Funktionen $x \mapsto a^x$.

Beim Vergleich der Graphen zu $x \mapsto 2^x$ und $x \mapsto \left(\frac{1}{2}\right)^x$ fällt auf, dass sie durch Spiegelung an der y-Achse auseinander hervorgehen.

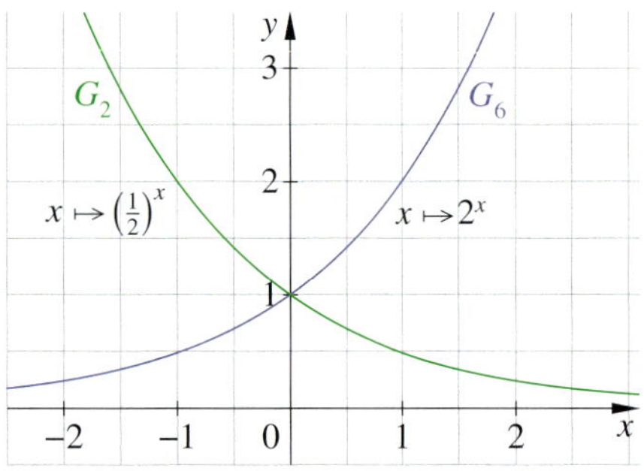

Die Exponentialfunktion mit der Basis a hat für x denselben Funktionswert wie diejenige mit der Basis $\frac{1}{a}$ für die Gegenzahl von x, beispielsweise ist $a^{-3} = \left(\frac{1}{a}\right)^3$.

Generell gilt: Der Graph der Exponentialfunktionen $x \mapsto \left(\frac{1}{a}\right)^x$ geht aus dem der Exponentialfunktion $x \mapsto a^x$ durch Spiegelung an der y-Achse hervor.

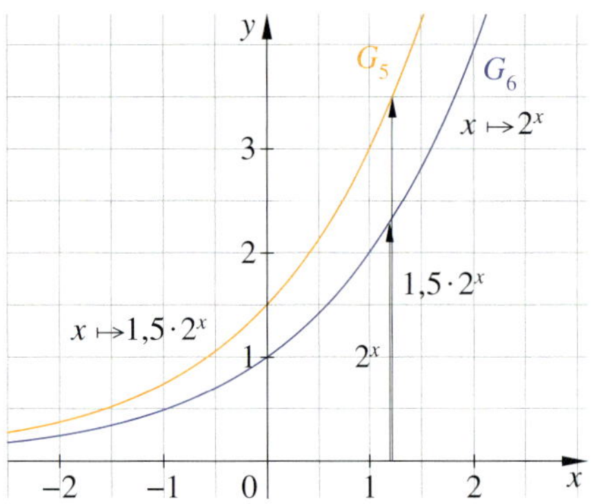

Die angegebene allgemeine Exponentialfunktion $l: x \mapsto 1{,}5 \cdot 2^x$ wird durch den Graphen G_5 dargestellt. Er verläuft oberhalb der x-Achse, da im Funktionsterm kein negativer Vorfaktor auftritt. Ihr Graph steigt streng monoton, da die Basis 2 größer als 1 ist. Die x-Achse ist Asymptote des Graphen. Er entsteht aus dem Graphen von $x \mapsto 2^x$ durch Streckung um den Faktor 1,5 in y-Richtung.

Zum Graphen G_3 ist kein Funktionsterm angegeben. Er stellt offensichtlich keine Exponentialfunktion dar, weil er nur auf den Intervallen $]-\infty; 0]$ und $[0; \infty[$ streng monoton fallend bzw. steigend ist. Dieser Graph besitzt keine Asymptote und ist symmetrisch bezüglich der y-Achse.
Es ist eine Parabel, der Graph einer quadratischen Funktion mit der Zuordnungsvorschrift $x \mapsto \frac{1}{3}x^2$.

Einen Schritt weitergedacht:
Beispielsweise ist auch die Funktion $s: x \mapsto 2^{x+1}$ eine allgemeine Exponentialfunktion, da sich der Funktionsterm entsprechend umformen lässt:
$s(x) = 2^{x+1} = 2^x \cdot 2^1 = 2 \cdot 2^x$

Zusammenfassung

Eigenschaften der Exponentialfunktionen

D Die Funktion $x \mapsto a^x$ ($a \in \mathbb{R}^+$; $x \in \mathbb{R}$) nennt man **Exponentialfunktion** mit der Basis a.

Die Funktionen $x \mapsto 3^x$ und $x \mapsto 3^{2x} = 9^x$ ($x \in \mathbb{R}$) sind Exponentialfunktionen.

Enthält der Funktionsterm neben der Potenz einen Faktor $c \neq 0$, spricht man von einer **allgemeinen Exponentialfunktion**:
$x \mapsto c \cdot a^x$ ($a \in \mathbb{R}^+$; $c \in \mathbb{R} \setminus \{0\}$; $x \in \mathbb{R}$)

Die Funktionen $x \mapsto 3 \cdot 2^x$ und $x \mapsto 2^{x+1} = 2 \cdot 2^x$ ($x \in \mathbb{R}$) sind allgemeine Exponentialfunktionen.

Der Graph der Exponentialfunktionen $x \mapsto a^x$ ($a \in \mathbb{R}^+$; $x \in \mathbb{R}$) verläuft stets oberhalb der x-Achse und enthält den Punkt $(0|1)$.
Für $a > 1$ steigt der Graph streng monoton, für $0 < a < 1$ fällt er streng monoton.
Gemeinsame Asymptote dieser Graphen ist die x-Achse.

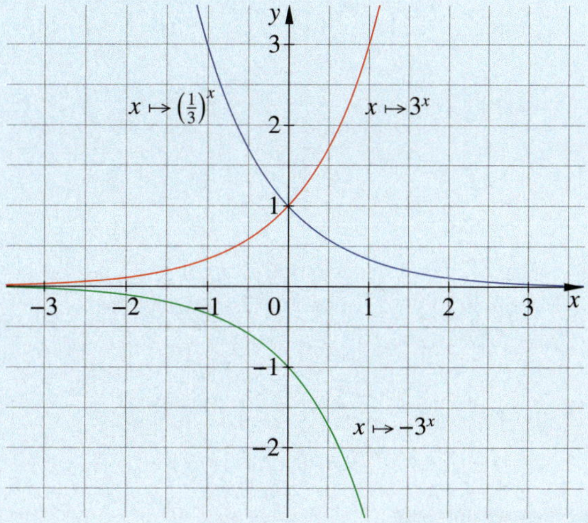

Der Graph der Exponentialfunktion $x \mapsto \left(\frac{1}{a}\right)^x$ geht aus dem der Exponentialfunktion $x \mapsto a^x$ durch Spiegelung an der y-Achse hervor.

Der Graph der allgemeinen Exponentialfunktion $x \mapsto -c \cdot a^x$ ($c \neq 0$) ist der an der x-Achse gespiegelte Graph der Funktion $x \mapsto c \cdot a^x$.

Aufgaben

Verknüpfen
Anwenden
Trainieren

1 Überprüfen Sie anhand der Wertetabelle, ob die gegebenen Funktionswerte zu einer Exponentialfunktion bzw. allgemeinen Exponentialfunktion gehören können (Funktionswerte teilweise gerundet).

x	−2	−1	0	1	2	3
$f(x)$	0,04	0,2	1	5	25	125
$g(x)$	$-\frac{8}{9}$	$-\frac{2}{3}$	0	2	8	26
$h(x)$	$\frac{2}{9}$	$-\frac{2}{3}$	2	6	18	54
$k(x)$	0	0,5	1	1,5	2	2,5
$l(x)$	80	20	5	1,25	0,31	0,08

Info

Beim **Zeichnen** eines Graphen wird die Wertetabelle Punkt für Punkt in das Koordinatensystem übertragen.
Soll ein Graph dagegen **skizziert** werden, genügt es, einige charakteristische Punkte einzuzeichnen (z. B. Schnittpunkte mit den Achsen) und entsprechend des erwarteten Verlaufs zum Graphen zu ergänzen.

2 Erstellen Sie zu den Funktionen ($x \in \mathbb{R}$) eine Wertetabelle und zeichnen Sie den Graphen auf einem geeigneten Intervall.

a) $f: x \mapsto 5^x$
b) $g: x \mapsto \left(\frac{1}{4}\right)^x$
c) $h: x \mapsto -2{,}5^x$
d) $i: x \mapsto 1^x$
e) $k: x \mapsto 1{,}5 \cdot 3^x$
f) $l: x \mapsto 0{,}5 \cdot 2^x$
g) $m: x \mapsto 10 \cdot 0{,}4^x$
h) $n: x \mapsto -3{,}2 \cdot \left(\frac{1}{2}\right)^x$

3 Lisa-Marie hat in ihr Mathematikheft die Graphen zu den Funktionen
$f\colon x \mapsto 2{,}5^x$, $g\colon x \mapsto -2{,}5^x$, und $h\colon x \mapsto 0{,}4^x$
($x \in \mathbb{R}$) skizziert. Erklären Sie die Zusammenhänge zwischen den drei Funktionsgraphen und finden Sie Fehler in Lisa-Maries Zeichnung.

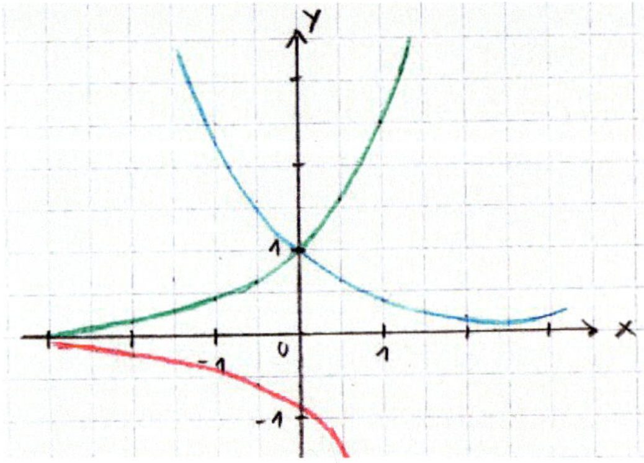

4 Skizzieren Sie den Verlauf der folgenden Graphen anhand ihrer charakteristischen Eigenschaften.

a) $x \mapsto 5^x$; $x \mapsto -5^x$; $x \mapsto \left(\frac{1}{5}\right)^x$

b) $x \mapsto 1{,}6^x$; $x \mapsto -1{,}6^x$; $x \mapsto -0{,}625^x$

Noch fit?

I Ein Spielwürfel für Kinder in Tetraederform trägt als Seitenbeschriftung anstatt der üblichen Zahlen Aktionsaufträge: Purzelbaum (2 Seiten), Rad schlagen (1 Seite), auf einem Bein hüpfen (1 Seite).
Amelie kann kein Rad schlagen. Wie groß ist die Wahrscheinlichkeit, dass sie sich in zwei Runden hintereinander blamiert? Geben Sie die Wahrscheinlichkeit dafür an, dass sie in zwei Runden kein Rad schlagen muss. Veranschaulichen Sie die Situation an einem Baumdiagramm.

II In einer Urne befinden sich sechs gleich große Kugeln unterschiedlicher Farbe (3 blaue, 2 rote und 1 schwarze). Nacheinander zieht eine Testperson mit verbundenen Augen zwei Kugeln ohne Zurücklegen. Zeichnen Sie hierzu ein beschriftetes Baumdiagramm.
Wie groß ist die Wahrscheinlichkeit, dass zwei rote Kugeln gezogen werden?
Wie groß ist die Wahrscheinlichkeit, dass mindestens eine rote Kugel gezogen wird?

Aufgaben

Verknüpfen
Anwenden
Trainieren

5 Zeichnen Sie mithilfe einer geeigneten Wertetabelle den Graphen zur Funktion $f\colon x \mapsto 2^x$ im Intervall $[-2; 2]$.
Gewinnen Sie daraus die Graphen der folgenden Funktionen.
$g\colon x \mapsto 2^{-x}$
$h\colon x \mapsto 2^x - 1$
$i\colon x \mapsto 0{,}5^x$
$k\colon x \mapsto 0{,}5^{x-1}$

6 Die Punkte A und B liegen auf dem Graphen einer allgemeinen Exponentialfunktion
$x \mapsto c \cdot a^x$.
Ermitteln Sie die passenden Werte für die Basis a sowie den Faktor c.

a) $A(1|2)$ $B(3|128)$

b) $A(0|-3{,}7)$ $B(3|-236{,}8)$

c) $A(-2|3{,}75)$ $B(-4|0{,}234\,375)$

d) $A\left(-1\middle|\frac{4}{3}\right)$ $B(4|78\,732)$

Lösungswort: $y = \frac{1}{4} \cdot 6^x$ (n); $y = -3{,}7 \cdot 4^x$ (a); $y = \frac{1}{4} \cdot 8^x$ (r); $y = 12 \cdot 9^x$ (e); $y = 60 \cdot 4^x$ (b); $y = -6 \cdot 2^x$ (s)

7 Explain, whether there is an exponential function, whose graph contains the point P. Give, if possible, a suiting exponential function term.

a) $P(1|0)$

b) $P(0|0)$

c) $P(-1|2.5)$

d) $P(0|1)$

e) $P(0|2.5)$

f) $P(-2|4)$

8 Finden Sie mehrere allgemeine Exponentialfunktionen, deren Graphen durch den Punkt $E(1|4)$ verlaufen.
Überprüfen Sie mithilfe eines Funktionsplotters, ob Ihre Funktionen die gewünschte Eigenschaft haben, und drucken Sie die Graphen aus.

9 Untersuchen Sie, wie sich die Funktionswerte der Exponentialfunktion $x \mapsto a^x$ verändern, wenn man …

a) x um 1 vergrößert;

b) x um 1 verkleinert;

c) x verdoppelt;

d) x um 0,5 vergrößert?

Aufgaben

Verknüpfen
Anwenden
Trainieren

10 Exponentialgleichungen sind mit den bisherigen Hilfsmitteln nur in seltenen Fällen rechnerisch lösbar. Von den folgenden Exponentialgleichungen weiß man, dass eine Lösung im Intervall $[-3; 3]$ liegt. Finden Sie graphisch möglichst genau diese Lösung und überprüfen Sie Ihr Ergebnis.

a) $2 \cdot 3^x = 5$ **c)** $0{,}2 = 2^x$ **e)** $3^x = 0{,}2^{x-1}$

b) $4^{x+3} = 2^{x+5}$ **d)** $1{,}5 = 2{,}5^x$ **f)** $2^x = 0{,}5^{x+1}$

11 Begründen Sie, wie viele Punkte eines Graphen ausreichen, um den Term der zugehörigen Funktion eindeutig zu bestimmen.

a) Der Graph gehört zu einer linearen Funktion.
b) Der Graph gehört zu einer quadratischen Funktion.
c) Der Graph gehört zu einer Exponentialfunktion.
d) Der Graph gehört zu einer allgemeinen Exponentialfunktion.
e) Der Graph gehört zu einer Funktion $x \mapsto a^x + b$ $(a \in \mathbb{R}^+; b \in \mathbb{R}; x \in \mathbb{R})$.

12 Beschreiben Sie die Zusammenhänge zwischen den Graphen der Funktionenpaare $x \mapsto x^2$ und $x \mapsto (x+1)^2$, $x \mapsto x^2$ und $x \mapsto 3 \cdot x^2$ sowie $x \mapsto x^2$ und $x \mapsto 3 \cdot (x+1)^2$. Wieweit sind die Ergebnisse auf die Graphen der Funktionenpaare $x \mapsto 2^x$ und $x \mapsto 2^{x+1}$, $x \mapsto 2^x$ und $x \mapsto 3 \cdot 2^x$ sowie $x \mapsto 2^x$ und $x \mapsto 3 \cdot 2^{x+1}$ übertragbar?
Geben Sie den Term der Funktion an, deren Graph aus demjenigen der Funktion $x \mapsto 2^x$ durch Verschiebung in x-Richtung um 2 Einheiten und Streckung mit dem Faktor 5 entsteht.

Tipp

Stellen Sie die Graphen der in **Aufgabe 12** genannten Exponentialfunktionen mithilfe eines Funktionsplotters dar. Vergleichen Sie Verschiebungen und Streckungen des Graphen zu $x \mapsto 2^x$.

13 Als Anleitung zum Zeichnen des Graphen von $f\colon x \mapsto 4 \cdot \left(\frac{1}{2}\right)^x$ gibt der Lehrer den Hinweis, dass zunächst der Graph der Funktion $x \mapsto \left(\frac{1}{2}\right)^x$ gezeichnet werden soll und die Funktionswerte in einem weiteren Schritt vervierfacht werden. Annika wirft ein, dass das Zeichnen des Graphen anhand einer geeigneten Verschiebung einfacher wäre. Wie ist ihr Vorschlag umzusetzen?

14 Erläutern Sie, wie die Graphen der folgenden Funktionen aus dem Graphen einer Exponentialfunktion der Form $x \mapsto a^x$ abgeleitet werden können.

a) $f\colon x \mapsto \frac{9}{2} \cdot 4{,}5^x$ **c)** $h\colon x \mapsto \frac{1}{36} \cdot 6^x + 10$

b) $g\colon x \mapsto 8 \cdot 2^{x+2}$ **d)** $i\colon x \mapsto \frac{1}{9} \cdot 3^{x+5}$

Aufgabe der Woche

Salmonellen sind eine besonders unbeliebte Bakteriengattung, die regelmäßig Schlagzeilen verursacht. Informieren Sie sich über die Risiken einer Salmonellenerkrankung.
Auf einem Stück Leberkäse befinden sich 30 Salmonellen. Finden Sie – z. B. im Internet – die ungefähre Verdopplungszeit unter Zimmertemperatur heraus und stellen Sie die Entwicklung der Salmonellenzahl graphisch dar.

3.3 Logarithmieren als eine Umkehrung des Potenzierens

Auftrag 1 Muster erkennen

Übertragen Sie die drei Tabellen für die Potenzen 2^x, 3^x und $0{,}5^x$ in Ihr Heft, und bestimmen Sie ohne Verwendung des Taschenrechners die fehlenden Zahlen.

A

x	-1	0	2			6	
2^x				8	32		2048

B

x							
3^x	$\frac{1}{3}$	1	3	$3^{2,4}$	27	81	2187

C

x	-2					3	
$0{,}5^x$		2	1	0,5	0,25		$0{,}5^{17}$

Anleitung: Füllen Sie zunächst die Tabellen bis auf die grün markierten Felder aus. Welche allgemeinen Gesetzmäßigkeiten können Sie dabei entdecken? Welcher Zusammenhang besteht zwischen den gelb markierten Zahlenpaaren (und zwischen den blau markierten Zahlenpaaren)? Dieser hilft Ihnen schließlich, die fehlenden Zahlen in den grün markierten Spalten zu bestimmen.
(Hinweis: $2048 = 32 \cdot 64$; $2187 = 27 \cdot 81$)

Auftrag 2 Kugel-Baum

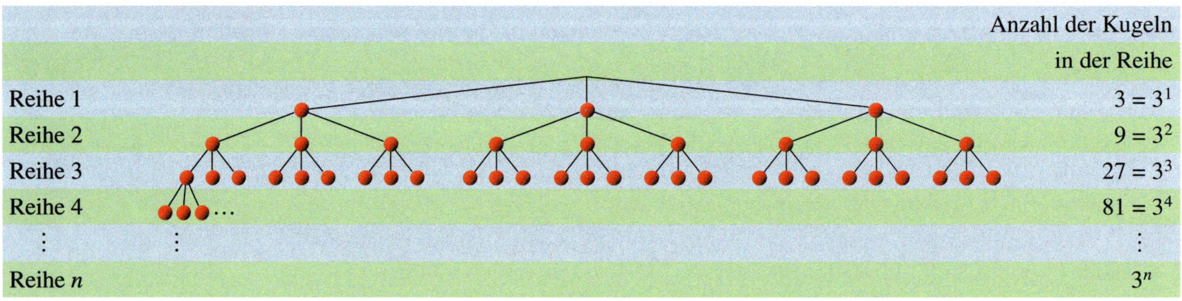

Betrachten Sie den abgebildeten „Kugel-Baum“ aus übereinander angeordneten Kugelreihen, und beantworten Sie die folgenden Fragen, ohne den Taschenrechner zu verwenden.

- In welcher Reihe befinden sich 243, in welcher 729 Kugeln?
- Welche Beziehung besteht zwischen der Anzahl in den Reihen 2, 3 und 5?
- Welche Beziehung besteht allgemein zwischen der jeweiligen Anzahl der Kugeln in der n-ten, m-ten und der $(n+m)$-ten Reihe?
- In der wievielten Reihe befinden sich 59 049 Kugeln?
  (Hinweis: $59\,049 = 81 \cdot 729$)

Der „Kugel-Baum“ wird nun so verändert, dass jeweils unter einer Kugel sieben statt drei Kugeln angeordnet werden. In der achten Reihe dieses Baums befinden sich 5 764 801 Kugeln. Wie viele Kugeln befinden sich in der sechsten Reihe?

Lückenfüller

Auftrag 3

Übertragen Sie die unten stehende Tabelle für die Werte der Potenz 2^x in Ihr Heft. Die fehlenden Zahlen können Sie ohne Taschenrechner bestimmen. Sie benötigen dazu lediglich die Grundrechenarten und einige einfache Rechenregeln.

Anleitung: Füllen Sie zunächst die gelb unterlegten Felder aus. Überlegen Sie anschließend, welche einfache Beziehung zwischen den drei grün unterlegten Wertepaaren besteht. Verwenden Sie diese Beziehung, um die restlichen Zahlen zu berechnen.
Hinweis: Die Werte sind gegebenenfalls gerundet.

x		−4,6	−3,6		−2,4	−2		−0,4	0		
2^x	0,01	0,04	0,08	0,125	0,19		0,50			2	2,3

x		2,7	3	3,5	4	4,2	4,5			6,7	7
2^x	4		8	11,3	16	18,4		26,0	32	104,0	128

Muster erkennen

Auftrag 1

Bearbeitung

In Tabelle A sind zunächst die Potenzen 2^{-1}, 2^0, 2^2 und 2^6 zu berechnen, was auch ohne Taschenrechner problemlos gelingt.
Die verbliebenen Lücken befinden sich in der ersten Zeile. Hier sind nicht Werte von Potenzen, sondern Exponenten zu bestimmen.
Die beiden verbliebenen Lücken im gelben Bereich lassen sich durch folgende Überlegungen füllen:
Zuerst ist die Zahl gesucht, mit der man 2 potenzieren muss, um 8 zu erhalten, also die Lösung der Gleichung $2^x = 8$. Wegen $2^3 = 8$ ist dies die Zahl 3 (*).
Die zweite gesuchte Zahl ist die Lösung der Gleichung $2^x = 32$, also die Zahl 5 (**).

A

x	−1	0	2	3	5	6	
2^x	$\frac{1}{2}$	1	4	8	32	64	2048

Allgemein heißt die Lösung der Gleichung $a^x = b$ der **Logarithmus von b zur Basis a**, geschrieben $\log_a b$.
Die Basis a und die Zahl b sind stets positiv. Die Basis ist zudem ungleich 1.

Die Ergebnisse (*) und (**) lassen sich demnach kurz schreiben mit $\log_2 8 = 3$, da $2^3 = 8$ und $\log_2 32 = 5$, da $2^5 = 32$.
Das Logarithmieren ist somit eine Umkehrung des Potenzierens (und umgekehrt).

In Tabelle B befinden sich alle Lücken in der ersten Zeile. Es sind somit Exponenten, also Logarithmen zur Basis 3 zu bestimmen.

B

x	−1	0	1	2,4	3	4	
3^x	$\frac{1}{3}$	1	3	$3^{2,4}$	27	81	2187

$\log_3 \frac{1}{3}$; $\log_3 1$; $\log_3 3$; $\log_3 (3^{2,4})$; $\log_3 27$ und $\log_3 81$ lassen sich sofort angeben, da sich jede zu logarithmierende Zahl einfach als Potenz zur Basis 3 darstellen lässt:

Info

Bei den streng monoton wachsenden bzw. fallenden Exponentialfunktionen $x \mapsto a^x$ findet man zu jedem Funktionswert y genau einen Ausgangswert x (siehe Seite 63). Daher gibt es zu jeder positiven Zahl b genau eine reelle Zahl x mit $a^x = b$, dem Logarithmus von b zur Basis a: $x = \log_a b$.

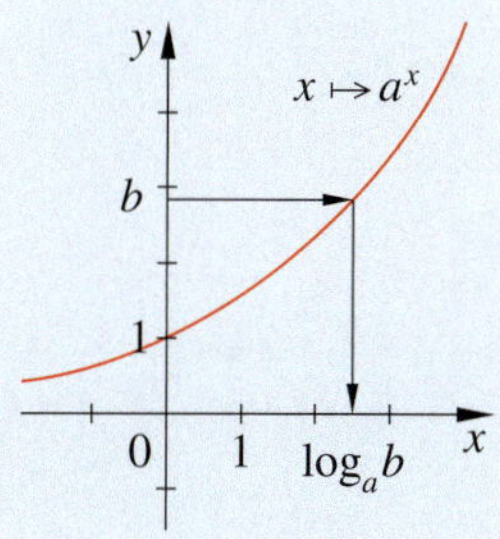

$\log_3 \frac{1}{3} = -1$, da $3^{-1} = \frac{1}{3}$ $\quad$ $\log_3 1 = 0$, da $3^0 = 1$

$\log_3 3 = 1$, da $3^1 = 3$ $\quad$ $\log_3(3^{2,4}) = 2{,}4$ (direkt nach Definition)

$\log_3 27 = 3$, da $3^3 = 27$ $\quad$ $\log_3 81 = 4$, da $3^4 = 81$

Nicht nur für die Basis 3, sondern allgemein für jede Basis a gilt:

(1) $\log_a a = 1$, da $a^1 = a$ $\quad$ (3) $\log_a \frac{1}{a} = -1$, da $a^{-1} = \frac{1}{a}$

(2) $\log_a 1 = 0$, da $a^0 = 1$ $\quad$ (4) $\log_a a^c = c$ (direkt nach Definition)

In Tabelle C lassen sich die beiden Potenzen $0{,}5^{-2} = 2^2 = 4$ und $0{,}5^3 = 0{,}125$ ebenso einfach bestimmen wie die Logarithmen zur Basis 0,5:

$\log_{0,5} 2 = -1$, da $0{,}5^{-1} = 2$ $\quad$ $\log_{0,5} 1 = 0$ (s. o.)

$\log_{0,5} 0{,}5 = 1$ (s. o.) $\quad$ $\log_{0,5} 0{,}25 = 2$, da $0{,}5^2 = 0{,}25$

$\log_{0,5} 0{,}5^{17} = 17$ (s. o.)

C

x	−2	−1	0	1	2	3	17
$0{,}5^x$	4	2	1	0,5	0,25	0,125	$0{,}5^{17}$

Die freien grünen Felder in den Tabellen A und B müssen nun noch ausgefüllt werden. Es sind jeweils Logarithmen gesucht: $\log_2 2048$ und $\log_3 2187$. Betrachtet man die gelb bzw. blau unterlegten Zahlenpaargruppen, so fällt folgendes Muster auf:

A

x	2	3	5
2^x	4	8	32

B

x	1	3	4
3^x	3	27	81

(obere Reihe: ⊕, untere Reihe: ⊙)

Zur Erinnerung

Das allgemeine Gesetz zur Multiplikation zweier Potenzen gleicher Basis lautet: $a^b \cdot a^c = a^{b+c}$

Die Zahlen in der oberen Reihe werden addiert, während die Zahlen in der unteren Reihe multipliziert werden.

Das obige Muster stellt nichts anderes als ein bekanntes Potenzgesetz dar:

$2^2 \cdot 2^3 = 2^{2+3}$ $\quad$ $3^1 \cdot 3^3 = 3^{1+3}$

Da das Logarithmieren eine Umkehrung des Potenzierens ist, liefert das Muster auch eine Rechenregel für den Logarithmus:

$\log_2(4 \cdot 8) = \log_2 4 + \log_2 8$ $\quad$ $\log_3(3 \cdot 27) = \log_3 3 + \log_3 27$

Info

Die rechts stehende Rechenregel für Logarithmen lautet in allgemeiner Form: $\log_a(b \cdot c) = \log_a b + \log_a c$

Der Logarithmus eines Produkts ist gleich der Summe der Logarithmen der Faktoren (wenn die Faktoren positiv sind).

Mithilfe dieser Regel und der Hinweise $2048 = 32 \cdot 64$ und $2187 = 27 \cdot 81$ lassen sich nun die letzten beiden gesuchten Logarithmen bestimmen:

A

x	5	6	11
2^x	32	64	2048

$\log_2 2048 = 11$

B

x	3	4	7
3^x	27	81	2187

$\log_3 2187 = 7$

Einige Schritte weitergedacht:

Das Logarithmieren ist eine Umkehrung des Potenzierens: Beim Potenzieren wird der Wert der Potenz $a^r = b$ berechnet. Beim Logarithmieren ist in der Gleichung $a^r = b$ der Exponent r gesucht (wenn a und b positive Zahlen sind und $a \neq 1$ ist).

Beispiel: $6^x = 216$ 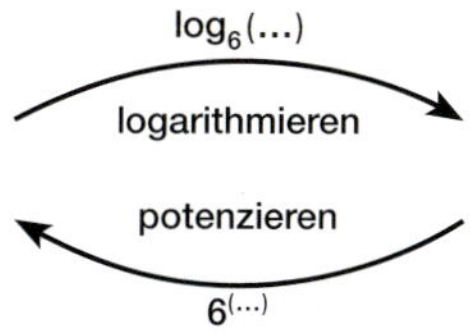

$x = \log_6 216 \quad (= 3)$

Das Ihnen bekannte Wurzelziehen (Radizieren) ist auch eine Umkehrung des Potenzierens: Hier wird in der Gleichung $a^r = b$ die Basis a gesucht (wenn b eine nichtnegative Zahl und r eine natürliche Zahl ist).

Beispiel: $x^3 = 216$ 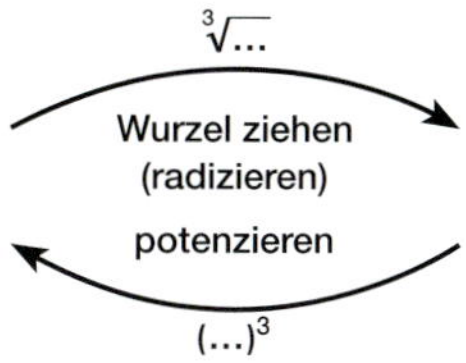

$x = \sqrt[3]{216} \quad (= 6)$

Ist der Exponent r keine natürliche Zahl, kann die Basis a in der Gleichung $a^r = b$ dennoch ermittelt werden (wenn b eine nichtnegative Zahl ist): Es wird nicht mit dem Exponenten r radiziert, sondern mit dem Kehrwert $\frac{1}{r}$ des Exponenten potenziert.

Beispiel: $x^{1,5} = 27$ 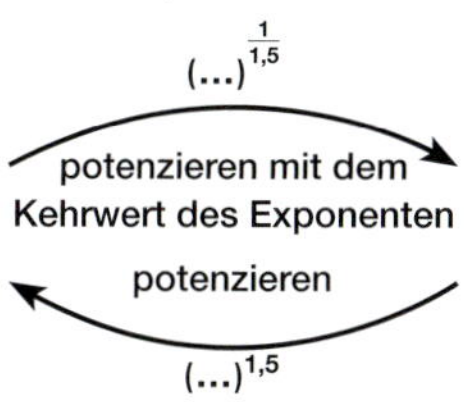

$x = 27^{\frac{1}{1,5}} = 27^{\frac{2}{3}} \left(= \sqrt[3]{27^2} = \sqrt[3]{3^6} = 9\right)$

Neben der Beziehung $\log_a(b \cdot c) = \log_a b + \log_a c$, die in der Bearbeitung des Auftrags hergeleitet wurde, gibt es zwei weitere grundlegende Beziehungen für Logarithmen, die zusammen die Rechenregeln für Logarithmen bilden:

Regel	Beispiel
$\log_a(b \cdot c) = \log_a b + \log_a c$	$\log_2 20 + \log_2 0{,}8 = \log_2(20 \cdot 0{,}8) = \log_2 16 = 4$
$\log_a\left(\frac{b}{c}\right) = \log_a b - \log_a c$	$\log_3 35{,}1 - \log_3 1{,}3 = \log_3\left(\frac{35{,}1}{1{,}3}\right) = \log_3 27 = 3$
$\log_a(b^c) = c \cdot \log_a b$	$\log_7(49^{21}) = 21 \cdot \log_7 49 = 21 \cdot 2 = 42$

Beim Anwenden dieser Regeln ist darauf zu achten, dass alle auftretenden Logarithmen auch existieren.
Zum Beispiel darf der Term $\log_3((-9)^2)$ nicht zu $2 \cdot \log_3(-9)$ umgeformt werden, da $\log_3(-9)$ nicht existiert.

Kann ein Logarithmus nicht direkt oder mithilfe von Rechenregeln bestimmt werden, kommt im Allgemeinen der Taschenrechner zum Einsatz. Allerdings lassen sich nicht mit jedem Taschenrechner alle Logarithmen direkt ermitteln. Manche können (neben dem in den nächsten Jahrgangsstufen verwendeten natürlichen Logarithmus zur Basis $e = 2{,}718\ldots$) nur Logarithmen zur Basis 10 ausgeben. Die zugehörige Taste ist meist mit [log] (seltener mit [lg]) beschriftet. Der Logarithmus $\log_{10} b$ wird häufig abkürzend $\lg b$ geschrieben und **Zehnerlogarithmus** bzw. **dekadischer Logarithmus** genannt.

Über die Umrechnungsformel $\log_a b = \frac{\lg b}{\lg a}$ lassen sich auch mit solchen Taschenrechnern Logarithmen zu jeder beliebigen Basis a berechnen.

Beispiel: $\log_3 7 = \frac{\lg 7}{\lg 3} \approx 1{,}7712$

Zu beachten

Das Potenzieren mit $\frac{1}{r}$ entspricht für natürlichen Zahlen r dem Wurzelziehen:
$a^{\frac{1}{r}} = \sqrt[r]{a}$

Zu beachten

Ein formeller Beweis nebenstehender Regeln ist in Aufgabe 29 von Seite 76 zu führen.
In Aufgabe 30 ist ein formeller Beweis für die Umrechnungsformel $\log_a b = \frac{\lg b}{\lg a}$ zu führen.

Zusammenfassung

Logarithmieren als eine Umkehrung des Potenzierens

D Für $a, b \in \mathbb{R}^+$ und $a \neq 1$ gilt:
Der **Logarithmus von b zur Basis a** ist diejenige Zahl, mit der man a potenzieren muss, um b zu erhalten.
Man schreibt für diese Zahl $\log_a b$.

Gesucht ist der Logarithmus $\log_4 64$, also die Zahl mit der man 4 potenzieren muss, um 64 zu erhalten. Die gesuchte Zahl heißt 3:

$\log_4 64 = 3$, da $4^3 = 64$

Um den Logarithmus $\log_a b$ zu bestimmen, ist die Gleichung $a^x = b$ zu lösen.
Für $a, b \in \mathbb{R}^+$ und $a \neq 1$ hat sie genau eine Lösung: $x = \log_a b$.

$\log_{0,2} 0{,}008 = 3$, da $0{,}2^3 = 0{,}008$
$\log_{\frac{1}{3}} 9 = -2$, da $\left(\frac{1}{3}\right)^{-2} = 9$

Direkt aus der Definition ergeben sich die Identitäten:

$\mathbf{\log_a a = 1}$ $\mathbf{\log_a 1 = 0}$ $\mathbf{\log_a\left(\frac{1}{a}\right) = -1}$ $\mathbf{\log_a (a^c) = c}$

$\log_3 3 = 1$ $\log_3 1 = 0$
$\log_3\left(\frac{1}{3}\right) = -1$ $\log_3(3^7) = 7$

Zum Potenzieren gibt es zwei Umkehroperationen:
Ist in der Gleichung $a^r = b$ (mit $a, b, r \in \mathbb{R}^+$ und $a \neq 1$) die Basis a gesucht, so ist das Potenzieren mit dem Kehrwert $\frac{1}{r}$ als Exponent die zugehörige Umkehroperation.
Ist dagegen der Exponent r gesucht, ist das Logarithmieren die Umkehrung des Potenzierens.

$a^r = b$
Basis a gesucht: $a = b^{\frac{1}{r}}$
Exponent r gesucht: $r = \log_a b$

Die Gleichung $4^3 = 64$ kann sowohl nach der Basis als auch nach dem Exponenten aufgelöst werden:

$4^3 = 64$
nach Basis: $4 = 64^{\frac{1}{3}}$
nach Exponent: $3 = \log_4 64$

Regeln für das Rechnen mit Logarithmen ($b > 0$; $c > 0$):

$\mathbf{\log_a (b \cdot c) = \log_a b + \log_a c}$
Der Logarithmus eines Produkts ist gleich der Summe der Logarithmen der Faktoren.

$\log_3 2 + \log_3 40{,}5 = \log_3 81 = 4$

$\mathbf{\log_a (b : c) = \log_a b - \log_a c}$
Der Logarithmus eines Quotienten ist gleich der Differenz der Logarithmen von Dividend und Divisor.

$\log_5 375 - \log_5 3 = \log_5 125 = 3$

$\mathbf{\log_a (b^c) = c \cdot \log_a b}$
Der Logarithmus einer Potenz ist gleich dem Produkt aus dem Exponenten und dem Logarithmus der Basis.

$\log_3(9^7) = 7 \log_3 9 = 7 \cdot 2 = 14$
$\log_2 \sqrt[5]{8} = \log_2\left(8^{\frac{1}{5}}\right) = \frac{1}{5} \cdot \log_2 8 = \frac{1}{5} \cdot 3 = 0{,}6$

Beim Anwenden dieser Regeln ist besonders darauf zu achten, dass alle auftretenden Logarithmen auch existieren.

Der Term $\log_7((-49) : (-11))$ kann nicht in den Term $\log_7(-49) - \log_7(-11)$ umgewandelt werden, da die letzten beiden Logarithmen nicht existieren.

Die Logarithmen zur Basis 10, die sogenannten **Zehnerlogarithmen** oder **dekadische Logarithmen**, lassen sich direkt mit der Logarithmus-Taste des Taschenrechners ermitteln.
Statt $\log_{10} b$ schreibt man häufig kurz $\lg b$.
Logarithmen mit einer anderen Basis a lassen sich gemäß der Umformungsregel $\mathbf{\log_a b = \frac{\lg b}{\lg a}}$ mithilfe von Zehnerlogarithmen ermitteln.

Berechnungen von $\log_{10} 5 = \lg 5$ und $\log_3 5$ mit einem Taschenrechner:
[log] 5 [=] 0,698970…
Wegen $\log_3 5 = \lg 5 : \lg 3$
[log] 5 [÷] [log] 3 [=] 1,464973…

Aufgaben

Verknüpfen
Anwenden
Trainieren

1 Ergänze die Tabellen ohne Verwendung des Taschenrechners.

a)

x	3	xxx	xxx	xxx	7	xxx	−1
2^x	xxx	16	2^{13}	64	xxx	512	xxx

b)

x	xxx	3	−3	xxx	xxx	xxx	xxx
5^x	0,04	xxx	xxx	$\frac{1}{5}$	1	625	$\sqrt{5}$

c)

x	xxx	3	−3	xxx	xxx	xxx	xxx
$0{,}2^x$	1	xxx	xxx	25	5	5^7	$\sqrt{5}$

2 Bestimmen Sie x.

a) $3^x = 81$
b) $2^x = 8$
c) $5^x = 625$
d) $7^x = 1$
e) $4^x = 64$
f) $9^x = 81$

3 Bestimmen Sie die Lösung.

a) $5^x = 0{,}04$
b) $4^x = 2$
c) $9^x = 0{,}\overline{1}$
d) $2^x = 0{,}25$
e) $3^x = \frac{1}{27}$
f) $6^x = 5^0$

4 Berechnen Sie im Kopf.

a) $\log_3 9$
b) $\log_2 8$
c) $\log_5 125$
d) $\log_7 49$
e) $\log_{10} 10\,000$
f) $\log_9 9$
g) $\log_6 216$
h) $\log_2 64$

5 Schnell erledigt!

a) $\log_{17} 17$
b) $\log_{17} 1$
c) $\log_{17} \frac{1}{17}$
d) $\log_{17} \frac{1}{17^3}$
e) $\log_{17}(17^7)$
f) $\log_{17}(17^{-21})$
g) $\log_{17}(17^{13,2})$
h) $\log_{17}\sqrt{17}$

6 Auch hier ist Köpfchen gefragt!
Formen Sie zunächst geeignet um.

Beispiel: $\log_2 0{,}125 = \log_2 \frac{1}{8} = \log_2(2^{-3}) = -3$

a) $\log_2 0{,}5$
b) $\log_5 0{,}2$
c) $\log_7 \frac{1}{49}$
d) $\log_{81} 3$
e) $\log_5 \sqrt{5}$
f) $\log_{10} 0{,}001$
g) $\log_{\sqrt{5}} 5$
h) $\log_3 \sqrt{\frac{1}{3}}$
i) $\log_{0,1} 1000$
j) $\log_{\sqrt{2}} 4$

Lösungswort: 2 (n); −0,5 (g); −3 (e); 4 (r); −1 (a); −2 (l); 0,5 (a); 0,25 (f)

7 Wie lautet die Folge von fünf natürlichen Zahlen, deren Logarithmen zur Basis 2 die Folge 1; 2; 3; 4; 5 bilden? Beantworten Sie dies auch für die Basis 3 bzw. 10. Welches allgemeine Bildungsgesetz für diese Folgen erkennen Sie?

8 Berechnen Sie Näherungswerte der Zehnerlogarithmen ohne Taschenrechner nur unter Verwendung von $\lg 2 \approx 0{,}3$ und $\lg 5 \approx 0{,}7$ sowie den Rechenregeln für Logarithmen.

Beispiel: $\lg 40 = \lg(2^3 \cdot 5) = 3 \cdot \lg 2 + \lg 5$
$\approx 3 \cdot 0{,}3 + 0{,}7 = 1{,}6$

a) $\lg 4$
b) $\lg 8$
c) $\lg 20$
d) $\lg 25$
e) $\lg 2{,}5$
f) $\lg 12{,}5$
g) $\lg 1{,}25$
h) $\lg 0{,}5$
i) $\lg 0{,}2$
j) $\lg\sqrt{8}$
k) $\lg\sqrt{0{,}5}$
l) $\lg 4\sqrt{2{,}5}$

Lösungswort: 0,4 (e); 0,8 (t); −0,3 (r); 0,9 (a); 1,1 (s); 0,6 (l); 1,3 (n); 1,4 (t); −0,7 (a); 0,45 (c); −0,15 (h); 0,1 (r)

9 Berechnen Sie exakt ohne Verwendung des Taschenrechners.

a) $\log_{\frac{1}{2}} 0{,}25 + \log_{11} \frac{\sqrt{11}}{121} - \log_{0,125} \frac{1}{8}$
b) $\log_3(9^{-7}) + \log_{2,7} 1 + \log_{\frac{1}{7}} \sqrt[3]{7}$
c) $\log_{0,2}\left(\frac{1}{25}\right) \cdot \log_2(\sqrt{2} \cdot 4^3) - \log_{0,8}\left(\frac{4}{5}\right)^{-2}$

10 Join it to a single logarithm and calculate its value.

a) $\lg 5 + \lg 2$
b) $2\lg 5 + \lg 4$
c) $\lg 16 + 2\lg 25$
d) $\lg 0{,}004 - \lg 4$
e) $3\lg 12 - \lg 3 + 6\lg 5 - \lg 9$
f) $\lg(7 \cdot 10^{-23}) - \lg 21 + \lg 30$

Lösungswort: 1 (f); 4 (r); −3 (m); 6 (a); 2 (e); −22 (t)

11 Erstellen Sie eine Wertetabelle für die Exponentialfunktion $x \mapsto 2^x$ mit den ganzzahligen x-Werten von −4 bis 9. Beantworten Sie die folgenden Fragen anhand dieser Tabelle. Welche Beziehungen bestehen zwischen den positiven reellen Zahlen a, b (und c), wenn …

a) … $\log_2 a$ doppelt so groß ist wie $\log_2 b$?
b) … $\log_2 a$ und $\log_2 b$ sich zu $\log_2 c$ addieren?
c) … $\log_2 c$ gleich der Differenz von $\log_2 a$ und $\log_2 b$ ist?
d) Wie ändern sich die Beziehungen bei a) bis c), wenn die Basis 2 durch eine beliebige Basis d ($d > 0$, $d \neq 1$) ersetzt wird? Begründung Sie.

Die Variablen in den folgenden Aufgaben sind so gewählt, dass die vorkommenden Terme definiert sind.

12 Fassen Sie zu einem Logarithmus zusammen. Benennen Sie die Rechenregel, die Sie anwenden.

a) $\log_a b + \log_a c$ **b)** $2\log_a b - \log_a c$ **c)** $\log_a b + 3$ **d)** $4\log_a b - \log_a (bc)$ **e)** $\log_a b - \log_a \sqrt{bc}$ **f)** $\log_a (2b) - 2\log_a b$

13 Schreiben Sie, falls möglich, den Term als Summe bzw. als Differenz. Alle Variablen stehen für positive reelle Zahlen.

a) $\log_3 (xy)$ **b)** $\log_3 (xy^4)$ **c)** $\log_3 (3x)$ **d)** $\log_3 (81x)$ **e)** $\log_3 (x+y)$ **f)** $\log_3 (6x+3)$ **g)** $\log_3 \frac{x}{y}$ **h)** $\log_3 \frac{x^2}{y^3}$ **i)** $\log_a \frac{a}{b}$ **j)** $\log_a (a^3 b^2)$ **k)** $\log_a \frac{2}{a}$ **l)** $\log_a \sqrt{ab}$

14 Bestimmen Sie, falls möglich, die Zahl a, die die Gleichung erfüllt.

a) $\log_a 16 = 2$ **b)** $\log_a 81 = 4$ **c)** $\log_a 1000 = 3$ **d)** $\log_a 169 = 2$ **e)** $\log_a 0{,}01 = 2$ **f)** $\log_a 2 = 2$ **g)** $\log_a 4 = \frac{1}{2}$ **h)** $\log_a \frac{1}{2} = 4$ **i)** $\log_a 4 = -2$ **j)** $\log_a 1 = 0$ **k)** $\log_a 2 = 0$ **l)** $\log_a (-9) = 2$

15 Ermitteln Sie, falls möglich, die Logarithmen (gerundet auf zwei Dezimalen) mithilfe des Taschenrechners. Nutzen Sie gegebenenfalls die Umrechnungsformel.

a) $\log_2 5$ **b)** $\log_9 22{,}7$ **c)** $\log_{17} 0{,}013$ **d)** $\log_{0,7} \sqrt{71}$ **e)** $\log_3 (-11)^2$ **f)** $\log_3 (-11^2)$ **g)** $\log_1 17$ **h)** $\log_3 \frac{1}{6}$

Lösungswort: $-1{,}53$ (n); $-5{,}98$ (z); $1{,}42$ (a); $-1{,}63$ (r); $4{,}37$ (p); $2{,}32$ (t); nicht def. (a)

16 Zwischen welchen beiden aufeinanderfolgenden ganzen Zahlen liegt der Logarithmus?

Beispiel: Wegen $2^3 = 8$ und $2^4 = 16$ gilt $2^3 < 11 < 2^4$ und damit $3 < \log_2 11 < 4$.

a) $\log_2 18$ **b)** $\log_3 10$ **c)** $\log_5 1000$ **d)** $\log_8 77{,}25$ **e)** $\log_5 0{,}01$ **f)** $\log_2 0{,}3$ **g)** $\lg 0{,}002$ **h)** $\lg \frac{1}{700}$ **i)** $\log_{0,1} 17$ **j)** $\log_{0,1} 0{,}009$ **k)** $\log_{\frac{1}{3}} 0{,}1$ **l)** $\log_{\sqrt{2}} 68$

17 Bestimmen Sie den Wert des Terms.

a) $\frac{1}{n}\log_a (a^n)$ **b)** $\frac{1}{n}(\log_a a)^n$ **c)** $\frac{1}{n}\log_a \sqrt[n]{a}$ **d)** $n \cdot \log_a a^{\frac{1}{n}}$ **e)** $n \cdot \log_a a^{-n}$ **f)** $n \cdot \log_a (-a)^2$ **g)** $\log_a \frac{a^m}{a^n}$ **h)** $\log_a (a^m \cdot a^n)$ **i)** $\log_a (a^m)^n$ **j)** $\log_a (a^m)^{-n}$

Lösungswort: $\frac{1}{n}$ (e); $m+n$ (h); mn (e); $-mn$ (n); $\frac{1}{n^2}$ (s); $-n^2$ (r); $2n$ (e); $m-n$ (i); 1 (t)

18 Lösen Sie die Gleichung.

Beispiel: $\log_6 (3x) = 2 \Leftrightarrow 3x = 6^2 \Leftrightarrow x = 12$

a) $\log_3 (x-2) = 4$ **b)** $\lg (x+3) = 3$ **c)** $\log_2 (2x+3) = 0$ **d)** $\log_7 (8x+11) = 2$

19 Vereinfachen Sie so weit wie möglich.

a) $\log_a b^3 + \log_a \sqrt{b} - \log_a \sqrt{4b}$

b) $\lg z^{-\frac{2}{3}} + \lg (10z^6) + \lg \sqrt[3]{z^2}$

c) $\frac{1}{2}\lg a + \frac{1}{4}\lg a^2 - 5\lg \sqrt{a}$

d) $\log_a (b^2 - c^2) - \log_a (b - c)$

e) $\log_a c^3 + \log_a (b : c) - \log_a \sqrt{b}$

f) $3\log_a \frac{b^4}{a^2} + 6$

20 Einige der folgenden Berechnungen enthalten Fehler. Begründen Sie die korrekten Umformungsschritte und beschreiben Sie die falschen.

a) $\log_3 90 = \log_3 (9 + 81) = \log_3 9 \cdot \log_3 81 = 2 \cdot 4 = 8$

b) $\log_5 (5\sqrt{5}) = \log_5 \sqrt{125} = 0{,}5 \cdot \log_5 125 = 0{,}5 \cdot 3 = 1{,}5$

c) $\log_7 72{,}4 : \log_7 23\frac{2}{5} = \log_7 \left(72{,}4 - 23\frac{2}{5}\right) = \log_7 49 = 2$

d) $\log_9 \frac{1}{3} + 2{,}5 = \log_9 \frac{1}{3} + \log_9 9^{2{,}5} = \log_9 \left(\frac{1}{3} \cdot 9^{2{,}5}\right) = \log_9 81 = 2$

e) $\frac{1}{3} \cdot \log_2 96 = \log_2 32 = 5$

21 Bestimmen Sie x. Runden Sie das Ergebnis auf zwei Dezimalen.

a) $2^x = 5$ **b)** $7^x = 11$ **c)** $\left(\frac{2}{5}\right)^x = 17{,}7$ **d)** $3{,}27^x = 0{,}83$ **e)** $4{,}5^x = 9{,}2$ **f)** $0{,}07^x = \frac{1}{3}$

22 Bestimmen Sie alle Lösungen der Gleichung.

a) $3^x + 2 = 731$ **b)** $82^x + 1 = 6725$ **c)** $2^{x^2} = 65\,536$ **d)** $3^{x^2+2} = 729$

23 Die Basis a ist eine natürliche Zahl. Bestimmen Sie diese.

a) $\log_a 3 \approx 0{,}6826$
b) $\log_a 7 \approx 1{,}7712$
c) $\log_a 6 \approx 1{,}6309$
d) $\log_a 11 \approx 1{,}1531$

24 Are these terms equivalent? Give reasons for your answer.

a) $\log_a (b^3)^2$ $\quad 3\log_a (b^2)$
b) $\log_a (b+c)$ $\quad \log_a b \cdot \log_a c$
c) $\log_a (b^c)$ $\quad (\log_a b)^c$
d) $(\log_a b) \cdot c$ $\quad \log_a (b^c)$
e) $(\log_a a) \cdot b$ $\quad b$ $\quad a^{\log_a b}$

Noch fit?

I Bei einer Umfrage wurden 180 Personen befragt, ob sie viel lesen („Vielleser") und ob sie viel am Computer spielen („Computerspieler"). Die folgende Tabelle gibt einen Teil der Ergebnisse wieder.

	Vielleser	Nicht-Vielleser	
Computerspieler		12	
Nicht-Computerspieler	44		
	48		180

Bestimmen Sie die relative Häufigkeit der Ereignisse: Eine Person ist ein …

a) … „Computerspieler".
b) … „Nicht-Vielleser".
c) … „Computerspieler" und „Vielleser".
d) … „Vielleser", wenn er ein „Nicht-Computerspieler" ist.
e) … „Computerspieler", wenn er nicht viel liest.
f) Wird die These, dass Personen, die viel am Computer spielen, auch Lesemuffel sind, durch die Ergebnisse der Umfrage gestützt?

II Bei der Wahl des Seminarfachs wählen 15 % der Schülerschaft der Jahrgangsstufe 10 eines Gymnasiums das Fach Englisch. 60 % der Schüler, die Englisch gewählt haben, sind Mädchen. Bei den übrigen Fächern beträgt der Mädchen-Anteil 48 %.
Wie groß ist der Anteil der Jungen in der 10. Jahrgangsstufe dieses Gymnasiums?

Aufgaben

Verknüpfen
Anwenden
Trainieren

25 **Richterskala**
Die sogenannte Richterskala dient der Einstufung der Stärke von Erdbeben. Das stärkste je gemessene Erdbeben ereignete sich im Jahr 1960 in Chile und war ein Erdbeben der Größenklasse („Stärke") 9,5 auf der Richterskala. Der Zusammenhang zwischen der Größenklasse M und der freigesetzte Energie E (in Tonnen TNT) wird durch folgende Formel angegeben:

$$E = 10^{1,5 \cdot (M-2)}$$

a) Berechnen Sie die freigesetzte Energie des Chile-Erdbebens, und vergleichen Sie das Ergebnis mit der Energie der bisher größten gezündeten Wasserstoffbombe (34 Megatonnen TNT).
b) Beim Beben vor Sumatra im Dezember 2004 wurde etwa eine Energie von 44 Gt (Gigatonnen) TNT freigesetzt. Bestimmen Sie die Stärke dieses Bebens auf der Richterskala.
c) Oft wird die Stärke eines Bebens nachträglich korrigiert. Um welchen Faktor erhöht sich die Energie, wenn die Stärke M eines Bebens auf der Richterskala um 1 hoch gestuft wird?
d) Die russische Halbinsel Kamtschatka wurde sowohl 1923 als auch 1952 von einem großen Erdbeben heimgesucht. Das zweite Erdbeben wurde auf der Richterskala um 0,5 höher eingestuft.
Berechnen Sie das Verhältnis $E_2 : E_1$ der Energien beider Beben.

26 **Raketengleichung**
Wird eine Rakete im gravitationsfreien Raum durch Ausströmen von Verbrennungsgasen der Geschwindigkeit $4{,}3\,\frac{\text{km}}{\text{s}}$ aus der Ruhe beschleunigt, so berechnet sich ihre Endgeschwindigkeit v_E nach der Formel $v_E = 10 \cdot \lg Q$ $\left(\text{in } \frac{\text{km}}{\text{s}}\right)$.
Dabei bezeichnet Q den Quotienten aus den Massen der Rakete vor und nach dem Beschleunigungsvorgang.

a) Wie groß ist die Endgeschwindigkeit bei einem Massenquotienten von 5?
b) Nach einem nicht zufrieden stellenden Testflug wird durch Materialeinsparungen an der Rakete ein um 12,3 % größerer Massenquotient Q erzielt. Um wie viel $\frac{\text{km}}{\text{s}}$ erhöht sich durch diese Maßnahme die Endgeschwindigkeit der Rakete?

27 Empfundene Lautstärke

Beim Hören unterscheidet man zwischen der (physikalischen) Intensität und der empfundenen Wahrnehmung eines Geräuschs. Die empfundene Lautstärke L eines Geräuschs der Intensität I wird in dB (Dezibel) angegeben und gemäß der Formel $L = 10 \cdot \lg \frac{I}{I_0}$ dB

berechnet. Dabei ist I_0 die Intensität eines Geräuschs, das vom menschlichen Ohr gerade noch wahrgenommen wird („Hörschwelle").

a) Die Lautstärke eines vorbeifahrenden Fahrzeugs beträgt etwa $L_1 = 60$ dB. Bei zwei gleichzeitig vorbeifahrenden Fahrzeugen verdoppelt sich die Intensität des Geräuschs $I_2 = 2I_1$, die empfundene Lautstärke (zum Glück) aber nicht. Zeigen Sie: $L_2 \approx 63$ dB.

b) Zeigen Sie allgemein, dass die Verdopplung der Geräuschintensität eine Erhöhung der empfundenen Lautstärke von ca. 3 dB zur Folge hat.

c) Normales Sprechen einer Person wird mit etwa 50 dB wahrgenommen. Bei einer Dauerbelastung von 65 dB besteht ein erhöhtes Gesundheitsrisiko für Herz-Kreislauf-Erkrankungen. Aus wie vielen Schülerinnen und Schüler darf eine geschwätzige Klasse höchstens bestehen, damit auch beim dauerhaften Reden aller Schüler kein Gesundheitsrisiko besteht?

d) Ab etwa einer Belastung von 85 dB können Hörschäden auftreten. Um wie viel Prozent muss die Intensität einer Hintergrundmusik in einer Bar (91 dB) mindestens reduziert werden, damit das Personal auf Dauer keinen Hörschaden erleidet?

28 PH-Wert

Der pH-Wert einer wässrigen Lösung ist definiert durch die Gleichung $\text{pH} = -\lg c$, wobei c die Wasserstoffionen-Konzentration (in Mol pro Liter) der Lösung ist.

Beispiel:
Für destilliertes Wasser gilt: $c = 10^{-7} \frac{\text{mol}}{\text{l}}$, also $\text{pH} = -\lg(10^{-7}) = -(-7) = 7$.

Ist der pH-Wert kleiner als 7, spricht man von einer sauren Lösung, ist er größer als 7 von einer basischen Lösung.

a) Berechnen Sie den pH-Wert der folgenden Lösungen und bestimmen Sie, ob sie sauer oder basisch ist: Essig $\left(c = 1{,}3 \cdot 10^{-3} \frac{\text{mol}}{\text{l}}\right)$, Seife $\left(c = 3{,}3 \cdot 10^{-10} \frac{\text{mol}}{\text{l}}\right)$, Apfelsaft $\left(c = 3{,}4 \cdot 10^{-4} \frac{\text{mol}}{\text{l}}\right)$

b) Die Differenz der pH-Werte zweier wässriger Lösungen ist 2. Begründen Sie, dass der Quotient $c_2 : c_1$ der Wasserstoff-Ionenkonzentrationen 0,01 beträgt.

c) Die Differenz der pH-Werte zweier wässriger Lösungen ist 5. Berechnen Sie den Wert des Quotienten $c_2 : c_1$.

Aufgaben

Verknüpfen · Anwenden · Trainieren

29 Rechenregeln begründen

a) Begründen Sie mithilfe der Definition des Logarithmus die Identitäten

$(I_1)\ \log_a(a^b) = b$ und $(I_2)\ a^{\log_a b} = b$.

b) Die Rechenregel

R_1: $\log_a(b \cdot c) = \log_a b + \log_a c$

wird durch folgende Umformungen bewiesen. Begründen Sie alle drei Umformungsschritte.

$$\log_a(b \cdot c) = \log_a(a^{\log_a b} \cdot a^{\log_a c})$$
$$= \log_a(a^{\log_a b + \log_a c})$$
$$= \log_a b + \log_a c$$

c) Beweisen Sie auf dieselbe Art die weiteren Rechenregeln R_2 und R_3.

R_2: $\log_a\left(\frac{b}{c}\right) = \log_a b - \log_a c$

R_3: $\log_a(b^c) = c \cdot \log_a b$

30 Umformungsformel begründen

a) Zur Begründung der Umformungsformel bei Basiswechsel $\log_a b = \frac{\lg b}{\lg a}$ können Sie schrittweise wie folgt vorgehen.

(1) Begründen Sie: $b = a^{\log_a b}$.

(2) Begründen Sie mit (1): $\lg b = \log_a b \cdot \lg a$.

(3) Leiten Sie daraus die Umformungsformel her.

b) Die Umformungsformel bleibt gültig, wenn man statt des Zehnerlogarithmus einen beliebigen anderen Logarithmus $\log_c b$ verwendet:

$$\log_a b = \frac{\log_c b}{\log_c a}$$

Begründen Sie auch diese Formel nach dem obigen Schema.

31 Aufgepasst!
Die Rechenregeln für Logarithmen (siehe Zusammenfassung) können nur dann angewandt werden, wenn alle auftretenden Logarithmen definiert sind. Beispielsweise kann $\lg(3 \cdot 7)$ in $\lg 3 + \lg 7$ umgeformt werden. Dagegen kann $\lg((-3) \cdot (-7))$ nicht in $\lg(-3) + \lg(-7)$ umgewandelt werden, da die letzten beiden Summanden nicht definiert sind.
Geben Sie, falls möglich, für c und d reelle Zahlen an, sodass zwar der linke, jedoch nicht der rechte Term definiert ist.

a) $\lg\left(\frac{c}{d}\right)$ $\quad \lg c - \lg d$
b) $\lg(c^d)$ $\quad d \cdot \lg c$
c) $\lg(c^3 \cdot d^2)$ $\quad 3 \cdot \lg c + 2 \cdot \lg d$
d) $\lg\left(-\frac{c}{d}\right)$ $\quad \lg(-c) - \lg d$
e) $\log_a(-ad)$ $\quad \log_a a + \log_a(-d)$

32 Bestimmen Sie den Logarithmus.

a) $\log_{a^2}\left(\frac{1}{a^3}\right)$ **b)** $\log_{a^3}\sqrt[3]{a}$ **c)** $\log_{\frac{1}{a^2}}\sqrt[3]{a^4}$ **d)** $\log_{\frac{1}{\sqrt{a}}}(a^n)$

33 Bestimmen Sie den Logarithmus, falls möglich.

a) $\log_a(-a)^2$ **b)** $\log_a(-a^2)$ **c)** $\log_5\frac{3-7}{2-5}$ **d)** $\log_4((-16)(-3))$

34 Beweisen Sie mithilfe der Rechenregeln für den Logarithmus:
Der Logarithmus des geometrischen Mittels $\sqrt{xy}$ der positiven Zahlen x und y ist gleich dem arithmetischen Mittel der Logarithmen der Zahlen x und y.
(Hinweis: Allen vorkommenden Logarithmen sollen dieselbe Basis a haben.)

Aufgabe der Woche

Im Jahr 2000 setzte die kalifornische Electronic Frontier-Foundation ein Preisgeld von 100 000 US-Dollar für die Entdeckung der ersten Primzahl mit mehr als 10 Millionen Dezimalstellen aus.
Die US-amerikanischen Mathematiker Steve Boone (rechts im Bild) und Curtis Cooper fanden am 6. September 2006 die bis heute (März 2008) größte bekannte Primzahl. Sie wurde mit $2^{32\,582\,657} - 1$ angegeben.

Steht den beiden Wissenschaftlern das Preisgeld zu?

Anleitung: Begründen Sie zunächst den folgenden Satz.

Ist z eine natürliche Zahl und n die kleinste natürliche Zahl, die größer als der Zehnerlogarithmus $\lg z$ ist, so ist n die Anzahl der Dezimalstellen von z.

Gehen Sie von der Gleitkommadarstellung $z = a \cdot 10^m$ mit $1 \leq a < 10$ und $m \in \mathbb{N}$ aus.

Beispiel
$z = 13^{23}$
Mit dem Taschenrechner ermittelt man $\lg(13^{23}) = 25{,}62\ldots$
Nach dem Satz aus der Aufgabe der Woche hat die Dezimalzahldarstellung von 13^{23} demnach 26 Stellen:
$\underbrace{41753\ldots}_{\text{26 Stellen}}$

3.4 Einfache Exponentialgleichungen

Auftrag 1 Schnittige Kurven

Gesucht ist die Schnittstelle der Graphen der Exponentialfunktionen
$f: x \mapsto 2 \cdot 7^x$ und $g: x \mapsto 3 \cdot 5^x$ $(D_f = D_g = \mathbb{R})$.
Elli und Marc haben sich die beiden Funktionsgraphen mit einem Funktionsplotter veranschaulicht und lesen als Näherungswert $x_0 \approx 1{,}2$ ab.
Um die Schnittstelle zu berechnen, müssen sie eine Exponentialgleichung lösen:
$2 \cdot 7^x = 3 \cdot 5^x$
Elli (rechts) und Marc gehen auf verschiedene Arten vor. Sie sind gerade dabei, die erste Äquivalenzumformung an der Tafel durchzuführen.

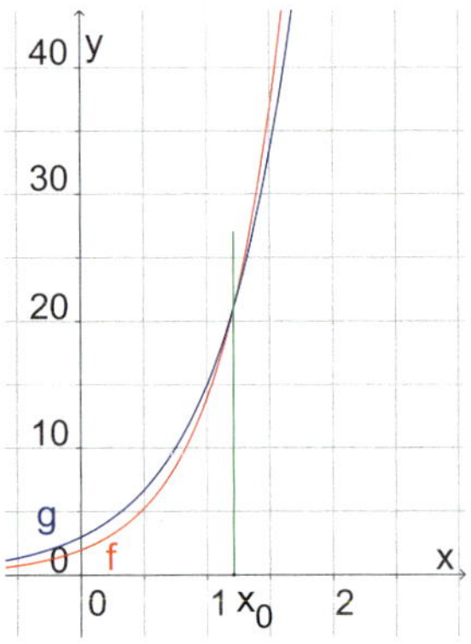

Welches Ziel verfolgt Elli, welches Ziel verfolgt Marc mit dem jeweils ersten Schritt?
Bestimmen Sie die Schnittstelle x_0 auf beide Arten und fassen Sie beide Verfahren in Worte.

Auftrag 2 Bevölkerungsentwicklung im Vergleich

Bevölkerungsreichste Länder der Erde zum Jahreswechsel 2006/2007

Nr.	Land	Bevölkerung in Millionen	Jährlicher Bevölkerungszuwachs
1	China	1 321,9	+0,6 %
2	Indien	1 129,9	+1,6 %
…			
14	Deutschland	82,3	−0,2 %
15	Ägypten	78,9	+1,7 %
…			
23	Frankreich	63,7	+0,6 %
…			

Die Bundesrepublik Deutschland stand beim Jahreswechsel 2006/2007 an 14. Stelle der bevölkerungsreichsten Länder der Erde, dicht gefolgt von Ägypten. Allerdings besitzt das nordafrikanische Land eine größere jährliche Zuwachsrate als Deutschland (siehe Tabelle). Wie lange dauert es, bis in beiden Ländern gleich viele Menschen leben?
Hinweis: Zeigen und verwenden Sie, dass die gesuchte Zeitdauer x (in Jahren) näherungsweise Lösung der Gleichung $1{,}019^x = 1{,}043$ ist.
Alternativ können Sie auch die lineare (!) Gleichung $\lg 0{,}998 \cdot x + \lg 82{,}3 = \lg 1{,}017 \cdot x + \lg 78{,}9$ herleiten und lösen.

Wie lange dauert es, bis Frankreich Deutschland als bevölkerungsreichstes EU-Land ablöst?
Nehmen Sie Stellung zu den Modellannahmen, die Sie zur Berechnung beider Ergebnisse verwenden.

Schnelle Vermehrung

Auftrag 3

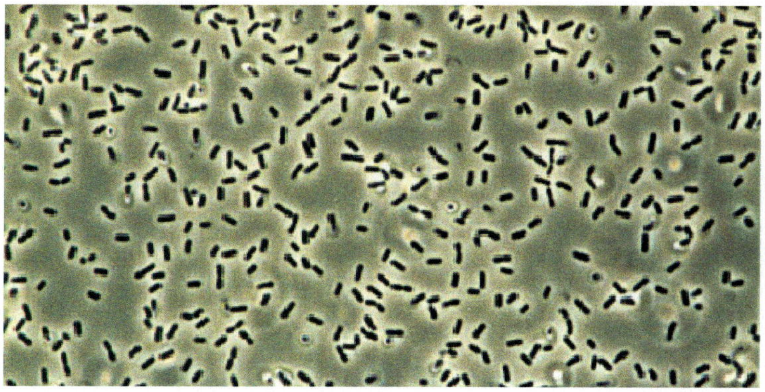

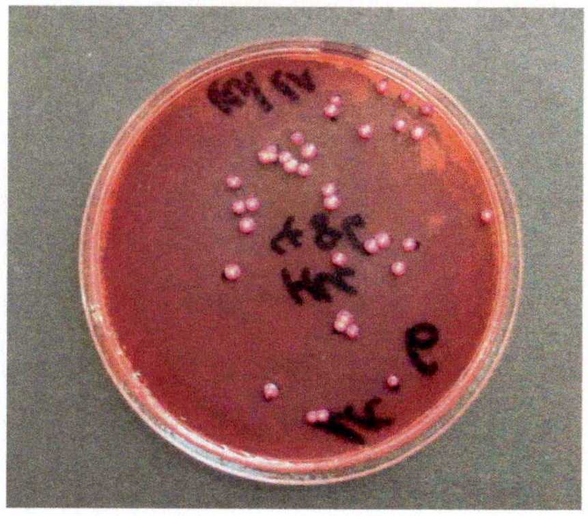

Für ein mikrobiologisches Experiment benötigt ein Forscherteam jeweils dieselbe Anzahl von Bakterien von Typ A und Typ B.
In einer Probe befinden sich 1,50 Millionen Bakterien vom Typ A und 3,45 Millionen Bakterien vom Typ B. Sie vermehren sich nach dem Wachstumsgesetz
$y_A = 1{,}50 \cdot 3{,}3^x$ bzw. $y_B = 3{,}45 \cdot 2{,}4^x$
(y: Anzahl der Bakterien in Millionen, x: Zeitdauer in Stunden).

Wie lange dauert es, bis in der Probe von beiden Typen gleich viele Bakterien enthalten sind?

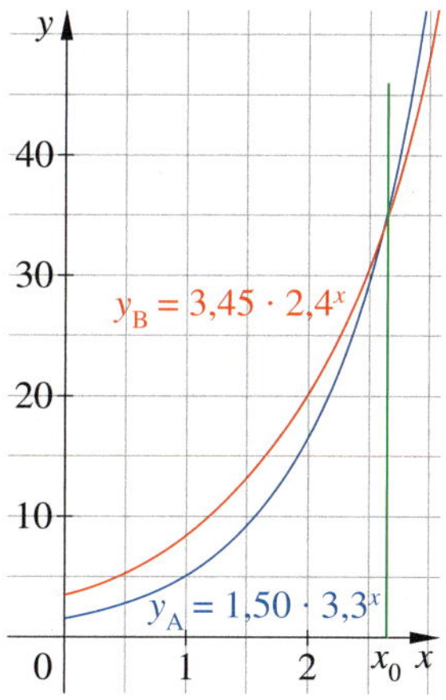

Anleitung:
Begründen Sie, dass die gesuchte Zeitdauer x Lösung der Gleichung
$1{,}375^x = 2{,}3$
ist.

Alternativ können Sie mithilfe der Rechenregeln für Logarithmen nachweisen, dass x Lösung der linearen (!) Gleichung
$\lg 3{,}3 \cdot x + \lg 1{,}50 = \lg 2{,}4 \cdot x + \lg 3{,}45$
ist.

Schnittige Kurven

Auftrag 1

Bearbeitung

Beim Lösen der Exponentialgleichung $2 \cdot 7^x = 3 \cdot 5^x$ bieten sich die zwei im Folgenden beschriebenen Verfahren an. Auch Sie sollten sich entscheiden, welches der beiden Verfahren Sie künftig verwenden wollen!

Marcs Verfahren
Mittels der Division der Gleichung durch $2 \cdot 5^x$ werden die Terme, die x enthalten, auf einer Seite der Gleichung gesammelt:

$$2 \cdot 7^x = 3 \cdot 5^x \quad | : (2 \cdot 5^x)$$
$$\frac{7^x}{5^x} = \frac{3}{2}$$

Nach Anwenden einer Rechenregel für Potenzen erhält man eine einzige Potenz mit x im Exponenten (siehe nächste Seite).

Zur Erinnerung

Rechenregeln für Potenzen:
$a^b \cdot a^c = a^{b+c}$
$a^b : a^c = a^{b-c}$
$a^c \cdot b^c = (a\,b)^c$
$a^c : b^c = (a : b)^c$
$(a^b)^c = a^{bc}$

$\left(\frac{7}{5}\right)^x = \frac{3}{2}$ bzw. $1{,}4^x = 1{,}5$

Die gesuchte Zahl x ist somit der Logarithmus von 1,5 zur Basis 1,4. Dieser kann mit dem Taschenrechner berechnet werden – z. B.:

$$x = \log_{1,4} 1{,}5 = \frac{\lg 1{,}5}{\lg 1{,}4} \approx 1{,}205$$

Die Schnittstelle x_0 ist somit etwa 1,2. Der von Elli und Marc abgelesene Näherungswert war demnach bereits sehr genau.

Ellis Verfahren

Durch Logarithmieren der Gleichung (z. B. mit der Basis 10) und Anwenden von Rechenregeln für Logarithmen wird erreicht, dass die Potenzen verschwinden, die Variable x also nicht mehr als Exponent auftritt:

$$2 \cdot 7^x = 3 \cdot 5^x \qquad | \lg(\ldots)$$
$$\lg 2 + \lg(7^x) = \lg 3 + \lg(5^x)$$
$$\lg 2 + x \cdot \lg 7 = \lg 3 + x \cdot \lg 5$$

Die entstandene lineare (!) Gleichung kann anschließend nach dem bekannten Verfahren gelöst werden:

$$\lg 2 + x \cdot \lg 7 = \lg 3 + x \cdot \lg 5 \qquad | - \lg 2 - x \cdot \lg 5$$
$$x \cdot (\lg 7 - \lg 5) = \lg 3 - \lg 2 \qquad | : (\lg 7 - \lg 5)$$
$$x = \frac{\lg 3 - \lg 2}{\lg 7 - \lg 5} \approx 1{,}205$$

Zur Erinnerung

Rechenregeln für Logarithmen:

$\log_a(b \cdot c) = \log_a b + \log_a c$

$\log_a(b : c) = \log_a b - \log_a c$

$\log_a(b^c) = c \cdot \log_a b$

Einen Schritt weitergedacht:

Allgemein heißen Gleichungen, bei denen die Unbekannte nur im Exponenten auftritt, **Exponentialgleichungen**.

Beim Lösen von Exponentialgleichungen gibt es verschiedene Strategien:

Strategie	Beispiele	
Exponentialgleichungen lassen sich oft durch Anwenden von Äquivalenzumformungen und Rechenregeln für Potenzen auf die Form $a_1 b_1^x = a_2 b_2^x$ bringen. Sie können dann gemäß der beiden oben beschriebenen Verfahren gelöst werden.	$7 \cdot 2^x - 3 \cdot 5^x = 0$ $7 \cdot 2^x = 3 \cdot 5^x$ …	$7 \cdot 2^{4x} = 3 \cdot 5^{x+2}$ $7 \cdot (2^4)^x = 3 \cdot (5^x \cdot 5^2)$ $7 \cdot 16^x = 75 \cdot 5^x$ …
Befindet sich auf beiden Seiten der Gleichung ein Produkt aus Zahlen und Potenzen (mit x im Exponenten), so bietet sich das Logarithmieren der Gleichung (z. B. zur Basis 10) an. Durch Anwenden von Rechenregeln für Logarithmen erhält man schließlich eine lineare Gleichung, die wie gewöhnlich zu lösen ist.	$2^x \cdot 3^{x+1} = 7 \cdot 5^{2x} \qquad \| \lg(\ldots)$ $\lg(2^x) + \lg(3^{x+1}) = \lg 7 + \lg(5^{2x})$ $x \lg 2 + (x+1) \lg 3 = \lg 7 + 2x \lg 5 \qquad \| - \lg 3 - 2x \lg 5$ $x(\lg 2 + \lg 3 - 2 \lg 5) = \lg 7 - \lg 3$ $x = \frac{\lg 7 - \lg 3}{\lg 2 + \lg 3 - 2 \lg 5} \approx -0{,}594$	
Gelingt es, die Gleichung so umzuformen, dass auf beiden Seiten des Gleichheitszeichens Potenzen mit gleicher Basis stehen, kann die Unbekannte x durch Gleichsetzen der Exponenten ermittelt werden.	$2^{3x-1} \cdot 4^x = 8^x$ $2^{3x-1} \cdot (2^2)^x = (2^3)^x$ $2^{3x-1} \cdot 2^{2x} = 2^{3x}$ $2^{5x-1} = 2^{3x}$	Gleichsetzen der Exponenten: $5x - 1 = 3x$ $2x = 1$ $x = 0{,}5$

<table>
<tr><th>Strategie</th><th colspan="2">Beispiele</th></tr>
<tr><td>Es gibt auch Exponentialgleichungen, die sich nicht nach der Unbekannten auflösen lassen.

Im Beispiel verhindert das Pluszeichen auf der linken Seite die Anwendung der Rechenregeln für Logarithmen: $\lg(5x+15) \neq \lg(5x)\cdot\lg 15$!

Hier kann ein Näherungswert für die Lösung durch systematisches Einsetzen von Zahlen für x ermittelt werden.</td><td>$5^x + 15 = 6^x$
Bestimmung einer Näherungslösung durch systematisches Einsetzen mithilfe des Taschenrechners oder eines Tabellenkalkulationsprogramms.
Die Lösung ist etwa 2,14.</td><td>

x	$5^x + 15$	6^x
1	20	6
2	40	36
3	140	216
2,1	44,3…	43,0…
2,2	49,4…	51,5…
2,13	45,8…	45,4…
2,14	46,3…	46,2…
2,15	46,8…	47,1…

</td></tr>
</table>

Zusammenfassung

Einfache Exponentialgleichungen

Gleichungen, bei denen die Unbekannte nur im Exponenten auftritt, heißen **Exponentialgleichungen**.

Lösungsstrategien bei Exponentialgleichungen, die häufig zum Erfolg führen:

- Die Gleichung kann in die Form $a^x = b$ gebracht werden.
  Die Lösung ist dann $\log_a b$.

$$2{,}5 \cdot 3^x = 5 \cdot 2^x \quad | :(2^x \cdot 2{,}5)$$
$$\left(\tfrac{3}{2}\right)^x = \tfrac{5}{2{,}5}$$
$$1{,}5^x = 2$$
$$x = \log_{1,5} 2 \approx 1{,}710$$

- Die Gleichung lässt sich so umformen, dass auf beiden Seiten ein Produkt aus Zahlen und Potenzen steht.
  Das Logarithmieren der Gleichung (z. B. zur Basis 10) und Anwenden von Rechenregeln für Logarithmen führt zu einer einfach zu lösenden linearen Gleichung.

$$3 \cdot 5^{2x} = 2^{x+3} \quad | \lg(\ldots)$$
$$\lg 3 + \lg(5^{2x}) = \lg(2^{x+3})$$
$$\lg 3 + 2x \lg 5 = (x+3)\lg 2$$
$$x \cdot (2\lg 5 - \lg 2) = 3\lg 2 - \lg 3$$
$$x = \frac{3\lg 2 - \lg 3}{2\lg 5 - \lg 2} \approx 0{,}388$$

- Die Gleichung kann so umgeformt werden, dass auf beiden Seiten der Gleichung eine Potenz mit gleicher Basis steht.
  Ein Vergleich der beiden Exponenten liefert dann die Lösung der Gleichung.

$$9^x \cdot 3^{3x-1} = 3^{-2} \cdot 27^x$$
$$3^{2x} \cdot 3^{3x-1} = 3^{-2} \cdot 3^{3x}$$
$$3^{5x-1} = 3^{3x-2}$$
$$5x - 1 = 3x - 2 \quad \text{(Exponentenvergleich)}$$
$$x = -0{,}5$$

Es gibt auch Exponentialgleichungen, die nicht nach der Unbekannten aufgelöst werden können. Eine Näherungslösung kann z. B. durch systematisches Einsetzen ermittelt werden.

$7^x = 9 \cdot 2^x + 3^x$

x	7^x	$9 \cdot 2^x + 3^x$
1	7	21
2	49	45
1,8	33,2…	38,5…
1,9	40,3…	41,6…
1,92	41,9…	42,3…
1,93	42,7…	42,6…
1,94	43,6…	42,9…

1,93 ist eine gute Näherungslösung.

Aufgaben

Verknüpfen
Anwenden
Trainieren

Bei allen Trainieren-Aufgaben sollen die Ergebnisse gegebenenfalls auf zwei Dezimalen gerundet angegeben werden.

1 Bestimmen Sie die Lösung der einfachen Exponentialgleichung.

a) $2 \cdot 3^x = 5$
b) $11 = 5^x \cdot 4$
c) $2^x : 2{,}5 = 9$
d) $7^x : 1{,}25 = 13$
e) $-12 \cdot 5^x = -9$
f) $14 : 8^x = 21$

Lösungswort: 1,43 (o); 0,83 (a); 0,63 (x); −0,18 (m); −0,19 (e); 4,49 (i)

2 Bestimmen Sie *x*, ohne den Taschenrechner zu verwenden.

a) $2^{x+1} = 8$
b) $5^{2x} = 25$
c) $4^{x-1} = 2$
d) $0{,}04 = 5^{-x+3}$
e) $7^{x-2} = \sqrt{7}$
f) $10^{3-x} = 100\,000$

Lösungswort: 2,5 (e); 2 (k); 1 (o); −2 (x); 5 (v); 1,5 (n)

3 Lösen Sie die Gleichung, falls möglich.

a) $5^{x-2} = 3$
b) $11^{2x} = 7$
c) $-7^{x+1} = 49$
d) $4 = 2^{3x+1}$
e) $13^{2x} = 0$
f) $0{,}3 = 4^{x-3}$
g) $3^{5-x} = 3{,}6$
h) $12^{3x-2} = -202$

4 Lösen Sie die Exponentialgleichung.

a) $3 \cdot 5^x = 2 \cdot 3^x$
b) $2{,}5 \cdot 7^x = 4 \cdot 2{,}8^x$
c) $3{,}2 \cdot 2{,}5^x = 7 \cdot \left(\frac{2}{3}\right)^x$
d) $\left(\frac{3}{8}\right)^x = 1{,}27 \cdot 4{,}75^x$
e) $4^x - 2 \cdot 5^x = 0$
f) $-3 \cdot 0{,}5^x + 7^x = 0$
g) $\left(\frac{4}{3}\right)^x \cdot 5{,}2 - 21^x = 0$
h) $3{,}5\,(1{,}2^x - 6^x \cdot 7) = 0$

Lösungswort: 0,51 (o); −3,11 (n); −0,79 (b); 0,42 (m); −0,09 (e); 0,59 (g); −1,21 (f); 0,60 (a)

5 Lösen Sie die Exponentialgleichung.

a) $2^{x+1} = 3^x$
b) $5^{2x} = 7^{x+2}$
c) $0{,}2^{x+2} = 1{,}2^{2x-1}$
d) $0{,}25^{x-2} = 3^{2-x}$
e) $2{,}4^{-2x} = 1{,}8^{x+1}$
f) $7^{-x-2} = 5^x$

6 Bestimmen Sie die Lösung.

a) $2 \cdot 3^{x+1} = 7 \cdot 5^x$
b) $3 \cdot 2^{3x} = 9 \cdot 5^x$
c) $5 \cdot 3^{x+3} = 11 \cdot 2^{2x+1}$
d) $7^{x+2} - 3 \cdot 5^{1+2x} = 0$

Lösungswort: −0,30 (p); 2,34 (i); 6,43 (e); 0,28 (m); 0,93 (o); 6,31 (k); −3,12 (r)

7 Bestimmen Sie die Lösung durch Logarithmieren der Gleichung.

a) $2^x \cdot 3^{x+1} = 5$
b) $5^{x+2} \cdot 7^x = 2$
c) $5^{x+1} = 2 \cdot 3^{2x}$
d) $2^x \cdot 5^x = 7^{x+1}$
e) $11^x \cdot 3^{x+1} = 5^{x-2}$
f) $5^{-x} \cdot 7^{2-x} = 3^x$

8 Solve the exponential equation.

a) $2 \cdot 3^{2x} = 7^{x+1} \cdot 5$
b) $2 \cdot 0.2^{x-1} = 0.32^x \cdot 0.1^x$
c) $5 \cdot 2^{3x} = 11 \cdot 7^{x+2}$
d) $3 \cdot 5^{2x-1} = 13^{3x} \cdot 4^{2-x}$
e) $5.5^{-2x} = 8 \cdot 2.3^x \cdot 1.2^{x+1}$
f) $1.3^{-x} \cdot 1.7^{-2+x} = 2.3^{2x} \cdot 1^x$
g) $0.01^{x+2} \cdot 13 = 0.02^{3x} \cdot 10^x$

9 Bestimmen Sie die Lösungsmenge, ohne zu logarithmieren.

a) $12^{2x} = 12^{x+3}$
b) $17^{3x-\frac{5}{2}} = 17^{5x}$
c) $7^x = 7^{\frac{1}{x}}$
d) $11^{x^2} = 11^{8x-16}$
e) $3{,}7^{4-x} - 3{,}7^{7x} = 0$
f) $3^{x+3} + 3^{x-2} = 0$

10 Bringen Sie zunächst alle Potenzen auf die gleiche Basis.

a) $3^x \cdot 9^x = 3^{2x+1}$
b) $5^{2x+3} \cdot 5^x = 25^{2x}$
c) $4^2 \cdot 2^{4x} = 8^x$
d) $49^{x+1} = 7 \cdot 7^{3x-1}$

11 Here it's again helpful to rewrite each power with the same base.

a) $5^{x+1} \cdot 0.2^x = 25^{2x}$
b) $16^x \cdot 2^5 = 0.5^{-2} \cdot 2^{x+1}$
c) $10^{3x} \cdot 10^{-x} = 0.01^{2x} \cdot 100$
d) $7^{x+2} = \left(\frac{1}{49}\right)^x \cdot 7^{-x+1}$
e) $0.1^{x-1} \cdot 0.01^3 \cdot 10^{-4x} = 1$

12 Warum kann die Gleichung durch keine der in der Zusammenfassung beschriebenen Strategien nach *x* aufgelöst werden?
Lösen Sie die Gleichung näherungsweise durch systematisches Einsetzen.

a) $3^x = 2^x + 7$
b) $5^x - 12 = 3^x$
c) $2 \cdot 7^x - 19 = 3^x$
d) $5^x - 3 = 3^{x+1}$

13 Begründen Sie zunächst, welche in der Zusammenfassung aufgeführte Strategie die geeignetste ist. Lösen Sie dann die Gleichung.

a) $25 \cdot 5^x = 125^{2x}$
b) $17^x = 4 \cdot 11^{x+1}$
c) $4^{2x} = 2^x + 32$
d) $2{,}8^x \cdot 14^{x+2} = 23^{3x} \cdot 1{,}7^x$
e) $\frac{1}{9} \cdot 81^x = 27^{\frac{1}{2}x}$
f) $3{,}11 \cdot 7^{2x} - 5{,}3^x \cdot 18^{x+1} = 0$

Noch fit?

I Berechnen Sie die fehlenden Seitenlängen eines rechtwinkligen Dreiecks.

	Kathete a	Kathete b	Hypotenuse c
a)	5 m	12 m	×××
b)	×××	12 cm	2 dm
c)	24 cm	×××	338 mm

II Überprüfen Sie durch Rechnung, ob das Dreieck ABC rechtwinklig ist.

a) $a = 21$ LE $b = 20$ LE $c = 29$ LE
b) $a = 6{,}8$ LE $b = 29{,}3$ LE $c = 28{,}5$ LE
c) $a = 288$ LE $b = 134$ LE $c = 316$ LE

III Eine gerade Pyramide mit der Seitenkantenlänge $s = 18$ LE hat eine rechteckige Grundfläche ($a = 12$ LE; $b = 16$ LE). Berechnen Sie die Höhen h_a und h_b der Seitenflächen sowie die Höhe h der Pyramide.

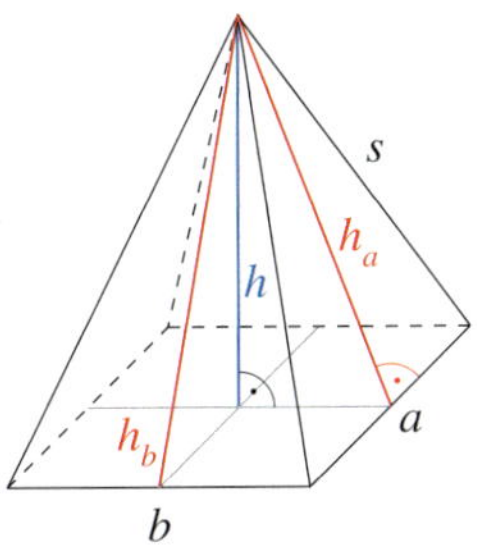

Aufgaben

Verknüpfen
Anwenden
Trainieren

14 Radioaktiver Zerfall
Bei einem Kernzerfall wandelt sich ein Atomkern unter Aussendung radioaktiver Strahlung in einen anderen Atomkern um.
Befinden sich in einem radioaktiven Präparat N_0 Atomkerne, so sind nach der Zeit t noch
$N(t) = N_0 \cdot 2^{-\frac{t}{T}}$
ursprüngliche Kerne vorhanden. Dabei ist T eine für die Atomkernsorte charakteristische Zeitspanne T.

a) Wie groß ist der Anteil der noch nicht zerfallenen Atomkerne nach der Zeit T ($2T$, $3T$, $4T$)? Erklären Sie den Begriff „Halbwertszeit“ für T.

b) Das Isotop Cäsium 137 ist radioaktiv mit einer Halbwertszeit von 30,2 Jahren. Nach welcher Zeit sind 20 % der Kerne in einem Präparat noch nicht zerfallen?

15 Geldanlage
Frank legt bei seiner Bank einen Geldbetrag von 320 € bei einem Zinssatz von 2,5 % an, Edith legt bei ihrer Bank einen Betrag von 280 € bei einem Zinssatz von 4,5 % an.

a) Wie lange dauert es, bis beide gleich viel Geld auf dem Konto haben?

b) Wie lange dauert es, bis die beiden Freunde zusammen 700 € auf ihren Konten haben?
(Anleitung zu b: Stellen Sie eine Gleichung auf und ermitteln Sie eine Näherungslösung durch systematisches Einsetzen.)

16 Wasserverschmutzung
Aufgrund fortdauernder Wasserverschmutzung geht der Bestand einer Fischart in einem See jährlich um etwa 9 % zurück. Zur Zeit befinden sich ca. 50 000 Fische dieser Art im See.

a) Wie groß ist der Fischbestand nach t Jahren?

b) Die Behörden wollen reagieren, wenn der Fischbestand um 10 000 Exemplare zurückgegangen ist. Wie lange wird es dauern, bis sie Maßnahmen ergreifen?

c) Die Maßnahmen der Behörden führen dazu, dass der Fischbestand wieder um 6 % pro Jahr wächst. Nach welcher Zeit ist der ursprüngliche Fischbestand erreicht?

17 Wachstum von Seerosen
In einem Teich der Fläche 1600 m² wird eine weiß blühende und eine gelb blühende Seerosenkolonie eingesetzt. Die weiß blühenden Seerosen nehmen eine Fläche von 25 m² ein und vermehren sich täglich um 30 %, die gelb blühenden Seerosen bedecken eine Fläche von 40 m² und vermehren sich täglich um 15 %.

a) Stellen Sie fur beide Seerosenarten die Wachstumsfunktionen auf.

b) Nach welcher Zeit bedecken die beiden Seerosenarten gleich große Flächen?

c) Bestimmen Sie näherungsweise, wie lange es dauert, bis der See vollständig zugewachsen ist.
(Hinweis: Systematisches Einsetzen.)

18 Lichtintensität
Die Intensität von Licht wird beim Durchgang durch eine Glasplatte um 6 % geschwächt. Wie viele Glasplatten müsste man aufeinander legen, damit die Restintensität des durchscheinenden Lichts noch 20 % der ursprünglichen Intensität beträgt?

19 Luftdruck

Der mittlere Luftdruck der Atmosphäre beträgt auf Meereshöhe etwa 1013 hPa (Hektopascal). Mit zunehmender Höhe nimmt der Luftdruck ab und kann näherungsweise nach der Formel $p(h) = 1013 \cdot 0{,}88^h$ (Höhe h in 1000 m) berechnet werden.

a) Wie groß ist der Luftdruck in der Flughöhe einer Passagiermaschine (11 000 m)?

b) Der Kabinendruck eines Flugzeugs beträgt 700 hPa. Ab welcher Flughöhe ist der Außendruck der Luft geringer als der Kabinendruck?

c) In welcher Höhe ist der Luftdruck nur noch halb so groß wie auf Meereshöhe?

20 Altimeter

Ein Altimeter ist ein Luftdruckmesser, der gemäß der Formel $p(h) = p_0 \cdot 0{,}88^h$ die Höhe h (in 1000 m) über dem Meeresspiegel anzeigt, wobei p_0 der (selbst einzustellende) aktuelle Luftdruck auf Meereshöhe ist. Der Altimeter zeigt bei einem Luftdruck von 820 hPa eine Höhe von 1750 m an. Welche Höhe zeigt das Gerät bei einem Luftdruck von 655 hPa an?

21 Zellteilung

In einer Bakterienkultur befinden sich 35 000 Bakterien. Sie vermehren sich durch Zellteilung, bei der aus jeder Bakterie zwei Tochterbakterien entstehen.

a) Geben Sie die Zahl der Bakterien nach 1; 2; 3 und k Zellteilungen an.

b) Nach zwei Stunden besteht die Kultur aus 1,12 Millionen Bakterien. Wie lange dauert eine Zellteilung? Bestimmen Sie daraus die Anzahl $N(t)$ der Bakterien nach t Minuten.

22 Vermehrung von Keimen in Kuhmilch

Keime in Kuhmilch vermehren sich exponentiell. Die Tabelle gibt Auskunft, wie groß die Anzahl $N(t)$ der Keime in einem Deziliter Kuhmilch zum Zeitpunkt t nach dem Melken ist. Bestimmen Sie die fehlenden Werte.

t in Stunden	$N(t)$ in Tausend
0	×××
2	19,6
×××	89,1
12	567
×××	2492
24	×××

23 Falten von Folien

Um die Dicke einer Folie zu bestimmen, wird sie mehrfach gefaltet und dann die Dicke des gefalteten Stapels mit einer Schieblehre gemessen.

a) Die Dicke einer sechsmal gefalteten Folie beträgt 1,3 mm.
Aus wie vielen Lagen Folie besteht dieser Stapel?
Wie dick ist die Folie?

b) Nehmen Sie an, Sie könnten die Folie beliebig oft falten. Nach wie vielen Faltungen würden Sie eine Dicke von 1 Meter erreichen?
Nach wie vielen Faltungen würde der Stapel bis zur Internationalen Raumstation ISS in 390 km Höhe reichen?

24 Wertverlust

Ein Fahrzeug eines bestimmten Typs verliert bei durchschnittlicher jährlicher Fahrleistung von 20 000 km jedes Jahr etwa 17 % seines Verkaufswerts.
Der Neuwert des Fahrzeugs betrage 28 000 €.

a) Berechnen Sie den Wert des Fahrzeugs nach einem Jahr, nach zwei Jahren sowie nach x Jahren.

b) Nach wie viel Jahren ist das Fahrzeug noch 16 000 € wert?

c) Herr Kluge kauft grundsätzlich den Pkw seines Nachbarn, wenn der Wert unter 50 % des Neupreises sinkt.
Bei 17 % Wertverlust pro Jahr rechnet Herr Kluge mit einer Wartezeit von 3 Jahren. Hat er damit Recht?

25 Altersbestimmung nach der C-14-Methode

Bestimmen Sie gemäß der C-14-Methode (siehe Technik-Ecke auf den Seiten 50 f.) das Alter der folgenden archäologischen Funde.

a) Höhlenmalerei von Lascaux (etwa 13 % des ursprünglichen C-14-Gehalts noch vorhanden).

b) Leiche „Ötzi“ aus den Ötztaler Alpen (etwa 53 % des ursprünglichen C-14-Gehalts noch vorhanden).

c) Turiner Grabtuch, das angeblich originale Grabtuch von Jesus (etwa 92 % des ursprünglichen C-14-Gehalts noch vorhanden).

Aufgaben

Verknüpfen
Anwenden
Trainieren

26 Zahlenriesen

Ordnen Sie die Zahlen der Größe nach: $10\,000^{10\,000}$; $10\,100^{9999}$; $9\,900^{10\,001}$.
(Hinweis: Der Logarithmus kann behilflich sein.)

27 Turmbau

Beim Turmbau mit Spielklötzchen wechseln sich Philipp und Konstantin ab, wobei in jeder Runde doppelt so viele Klötzchenlagen dazugebaut werden, wie in der Runde davor.

1. Runde:
2 Lagen (gelb)
2. Runde:
4 Lagen (rot)
3. Runde:
8 Lagen (grün) usw.

a) Aus wie vielen Lagen würde die 6. (10.) Runde bestehen?
b) In der wievielten Runde würden 2 097 152 Lagen dazu gebaut?
c) Die geplante Höhe des z.Z. (März 2008) im Bau befindlichen höchsten Turms der Erde, dem Burj Dubai, beträgt 818 m. In welcher Runde würde der Spielzeugturm diese Höhe überragen, wenn eine Lage 2 cm hoch ist?

28 Finden und beschreiben Sie die Fehler in den folgenden Berechnungen. Bestimmen Sie anschließend die korrekte Lösung.

a)
$$7 \cdot 3^x - 2 \cdot 5^x = 0 \quad | \lg(\ldots)$$
$$\lg(7 \cdot 3^x) - \lg(2 \cdot 5^x) = 1$$
$$\lg 7 + x \cdot \lg 3 - (\lg 2 - x \cdot \lg 5) = 1$$
$$x \cdot (\lg 3 - \lg 5) + \lg 7 - \lg 2 = 1$$
$$x = \frac{1 - \lg 7 + \lg 2}{\lg 3 - \lg 5} \approx -2{,}06$$

b)
$$3^2 \cdot 25^x = 5^{x-1} \cdot 5^3$$
$$9 \cdot 5^{2x} = 5^{x+2}$$
Exponentenvergleich: $2x = x + 2$
$$x = 2$$

29 CO_2-Ausstoß

Die Verwaltungen von Adamsried und Berndburg beabsichtigen, den CO_2-Ausstoß ihrer Städte um 10 % pro 5 Jahre bzw. 2 % pro Jahr zu reduzieren.

a) Um wie viel Prozent hat sich der Ausstoß jeder der beiden Städte nach 15 Jahren reduziert? Geben Sie eine Begründung für die Differenz der Ergebnisse an.
b) Wie lange dauert es jeweils, das langfristige Ziel zu erreichen, die CO_2-Emission der Stadt um 40 % zu senken?
c) Der CO_2-Ausstoß von Carlastadt ist doppelt so hoch wie der von Adamsried. Deshalb beabsichtigt die Stadtverwaltung von Carlastadt den Ausstoß jährlich um 6 % zu verringern.
Nach welcher Zeit ist die CO_2-Emission beider Städte gleich?

30 Wahrscheinlichkeiten

Wie groß ist die Wahrscheinlichkeit …
a) … beim viermaligen Werfen eines Würfels keine einzige „6“ zu erhalten?
b) … beim n-maligen Werfen eines Würfels keine einzige „6“ zu erhalten?
c) … beim n-maligen Werfen eines Würfels mindestens eine „6“ zu erhalten?
d) Wie oft muss man mindestens würfeln, um mit einer Wahrscheinlichkeit von 80 % mindestens eine „6“ zu erhalten?

Aufgabe der Woche

Exponentialgleichungen vom Typ $3^x + \frac{7}{3^x} = 8$ lassen sich nach den bisherigen Verfahren nicht nach x auflösen. Über den Umweg einer Substitution können Sie allerdings auch diese Gleichung lösen:
Ersetzen Sie 3^x durch die neue Variable u.
Durch Äquivalenzumformungen erhalten Sie eine quadratische Gleichung (in u), die Sie lösen können.
Bestimmen Sie auf diese Weise die Lösungen der ursprünglichen Gleichung.

Durch welche Zahl müssten Sie die 7 ersetzen, dass die Gleichung genau eine Lösung besitzt?

Wenden Sie das Substitutions-Verfahren auch auf die Gleichung $5^x - 8 = -12 \cdot 5^{-x}$ an.

Zeigen Sie, was Sie können!

1 In einer Nährlösung verdoppelt sich eine Bakterienkultur alle 8 Stunden von anfangs 3 g Bakterien. Berechnen Sie die Masse an Bakterien nach 40 Stunden, nach 3 Tagen und nach einer Woche.

2 Vom Graphen einer allgemeinen Exponentialfunktion sind die beiden Punkte $P(2|-25{,}2)$ und $Q(5|-680{,}4)$ bekannt. Ermitteln Sie die zugehörige Funktionsgleichung.

3 Skizzieren Sie den Verlauf der Graphen zu den folgenden Funktionen (alle $x \in \mathbb{R}$) anhand ihrer charakteristischen Eigenschaften.

$f: x \mapsto 1{,}5^x$ $\quad g: x \mapsto \left(\frac{2}{3}\right)^x$ $\quad h: x \mapsto -1{,}5^x$

4 Stellen Sie eine zugehörige Gleichung auf und berechnen Sie die Lösung im Kopf.

a) $\log_5 125$ **b)** $\log_7(49^{-3})$ **c)** $\lg 0{,}01$

5 Berechnen Sie mithilfe von Rechenregeln für Logarithmen und ohne Verwendung des Taschenrechners.

a) $\log_{0,5} 6{,}4 + \log_{12}\sqrt{12} + \log_{\frac{1}{2}} 5$ **b)** $\log_{0,25}\frac{7}{16} + \log_3\frac{1}{27} - \log_{\frac{1}{4}} 7$

6 Lösen Sie die Exponentialgleichung mit der jeweils günstigsten Strategie.

a) $5^{x-1} = 125$ **b)** $3^{2x} = 7^{x+1}$ **c)** $2 \cdot 3^{x-1} = 1{,}6^{2x} \cdot 2^x$

7 Die Intensität von Licht in Wasser verringert sich pro Meter um 8%.

a) Wie viel Prozent der Intensität von Licht über dem Wasser ist in einer Wassertiefe von 4 Meter (x Meter) noch vorhanden?

b) In welcher Wassertiefe ist die Lichtintensität auf die Hälfte abgesunken?

8 Infolge des Atomreaktorunglücks am 26. April 1986 in Tschernobyl (Ukraine) gelangte aufgrund ungünstiger Winde das Isotop Cäsium-137 auch in die Böden Süddeutschlands. Es besitzt eine Halbwertszeit von 30,2 Jahren. Wann ist die Radioaktivität dieses Materials auf 10% des ursprünglichen Wertes gesunken?

Info
Die Radioaktivität ist proportional zur Anzahl der noch nicht zerfallenen Cäsium-137-Kerne.

Aufg.-Nr.	Punkte	Lösungshinweis
1	4 P	Beachten Sie Seite 57, Zusammenfassung
2	3 P	Vgl. Sie Seite 66, Aufgabe 6
3	6 P	Beachten Sie Seite 65, Zusammenfassung
4	3 P	Beachten Sie Seite 72, Zusammenfassung
5	6 P	Beachten Sie Seite 72, Zusammenfassung
6	7 P	Beachten Sie Seite 81, Zusammenfassung
7	5 P	Vgl. Sie Aufgaben auf den Seiten 83–85
8	3 P	Vgl. Sie Aufgaben auf den Seiten 83–85

Lösungen Seiten 205 f.

32–37 Punkte
26–31 Punkte
18–25 Punkte

4 Zusammengesetzte Zufallsexperimente

Die Tabelle zeigt die Wahrscheinlichkeiten für einige Kartenkombinationen beim Pokern mit fünf verdeckten Karten. Bei manchen Spielvarianten, wie zum Beispiel dem Stud-Poker, erhält jeder Spieler sowohl offene als auch verdeckte Karten. Aufgrund der dadurch erhaltenen Zusatzinformationen ändern sich die Wahrscheinlichkeiten für die verschiedenen Kartenkombinationen ...

Name	Bedeutung	Beispiel	Wahrscheinlichkeit (fünf Karten)
Straight	Fünf Karten in einer Reihe	♥7, ♣8, ♦9, ♥10, ♠B	0,392 %
Flush	Fünf Karten in einer Farbe	♠3, ♠5, ♠8, ♠9, ♠K	0,197 %
Full House	Ein Drilling und ein Paar	♥K, ♦K, ♠K, ♠9, ♣9	0,144 %

In diesem Kapitel werden Sie sich allgemein mit dem Einfluss von Zusatzinformationen auf Wahrscheinlichkeiten befassen.

Focus 36/95 vom 04.09.1995:

Nichts als die Wahrheit

Lügendetektoren sind in den USA alltäglich. Erobern sie nun auch deutsche Gerichtssäle?

BILD vom 10.7.98:

Frau im Scheidungsprozess überführt

Endlich! Deutsche Gerichte arbeiten mit dem Lügendetektor.

BILD vom 8.9.98:

Lügendetektor – 95 % Sicherheit reichten dem Richter

Entscheidet in Deutschlands Gerichtssälen bald immer öfter eine Maschine über Lüge und Wahrheit, Schuld und Unschuld? Das Lügendetektor-Urteil von Malchin (Mecklenburg) – der Fall: Wolfgang (52, Kaufmann) und Renate D. (50). Scheidung nach sieben Ehejahren. Sie sagt: „Er hat mich immer tyrannisiert."
Im September 1997 zeigt sie ihren Exmann an, behauptet: „Er hat mich in seine Wohnung verschleppt, eingesperrt, geschlagen." Erst Tage später im zweiten Verhör: „Er zerriss mir die Kleider, verlangte Geschlechtsverkehr. Aus Angst habe ich zugestimmt."
Anklage, Prozess gegen den Ehemann. Er bestreitet. Aussage gegen Aussage. Wem soll der Richter glauben?
Zum ersten Mal in einem Strafprozess lässt er einen Lügendetektor-Test zu. Bislang nur bei Familienprozessen (z.B. um Sorgerecht) erprobt, wenn sich Eltern des sexuellen Missbrauchs ihrer Kinder beschuldigen (BILD berichtete). Letztes Jahr hat das Bundesverfassungsgericht den Test auch als Beweismittel im Strafrecht zugelassen (Az.: 2 BvR 1827/97).
Der Angeklagte fährt zum Kölner Experten Professor Udo Undeutsch (80), lässt das Lügen-Gutachten anfertigen: „Es war erniedrigend. Ich musste Fragen beantworten, z.B. ob ich Sex mit Männern haben könne."

Schließlich das Ergebnis. Der Professor: „Mit 95-prozentiger Wahrscheinlichkeit ist der Mann unschuldig." Dieses Gutachten hat das Gericht voll anerkannt – Freispruch. Richter Olaf Witt (32): „Der Lügendetektor war ein Baustein der Urteilsfindung. Die Ergebnisse des Tests sind für mich nichts anderes als ein ausgefeiltes Glaubwürdigkeitsgutachten. Ich fühle mich verpflichtet, moderne Verfahren vor Gericht einzuführen."

TAZ vom 16.9.98:

Rückkehr der Inquisition droht

Bundesanwaltschaft will Lügendetektoren im Strafprozess verhindern. Nachdem mehrere Gerichte die Geräte bereits zuließen, entscheidet jetzt der BGH …

Der Lügendetektor

Aus: Basisinformationen zum Polygraphen-(Lügendetektor)-Test
„… Die veröffentlichten Untersuchungen zur Treffsicherheit der Methode haben bei Experimenten, die in psychologischen Instituten verschiedener Universitäten durchgeführt worden sind, in den Fällen, in denen die Polygraph-Untersuchung zu einem eindeutigen Ergebnis geführt hat, Trefferquoten von 97 % bei Personen, die die Begehung der aufzuklärenden Tat(en) wahrheitswidrig verneint haben (= Tätergruppe), und 93 % bei Personen, die die Begehung der Straftaten wahrheitsgemäß verneint haben (= Gruppe der NichtTäter), ergeben. …“ www 089 – 1

Aufgabe:
Finden Sie Informationen über die Funktionsweise des Lügendetektors sowie über die Zuverlässigkeit der Ergebnisse. Warum werden Lügendetektoren vor Gericht allenfalls zum Nachweis der Unschuld und nicht zum Schuldnachweis verwendet?

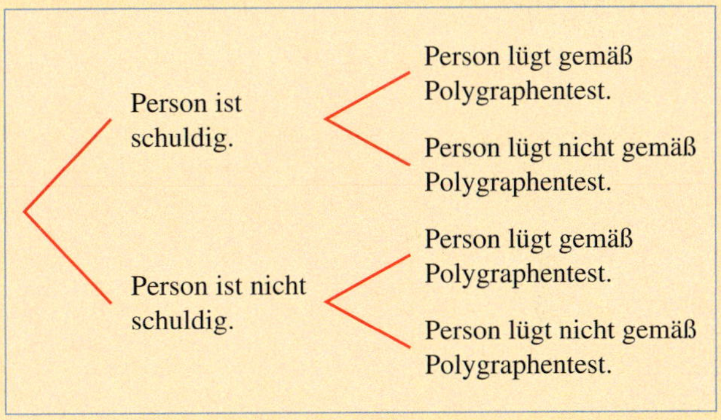

Eine Situation, in der ein Lügendetektor eingesetzt wird, kann mathematisch als zweistufiges Zufallsexperiment betrachtet und z. B. durch das abgebildete Baumdiagramm veranschaulicht werden: Wo sind hier die im vorangehenden Text genannten Wahrscheinlichkeiten von 93 % bzw. 97 % einzutragen?

Die Situation kann auch in einer Vierfeldertafel dargestellt werden. Versuchen Sie dies und gehen Sie dabei davon aus, dass die Wahrscheinlichkeit dafür, dass die verdächtigte Person schuldig ist, vor der Durchführung des Polygraphentests auf 50 % geschätzt wird. Dies könnte sich z. B. aufgrund vorhandender Indizien ergeben.

Die Frage, wie sich diese Wahrscheinlichkeit durch die Ergebnisse des Polygraphentest ändert, werden Sie auf Seite 108 in Aufgabe 17 beantworten.

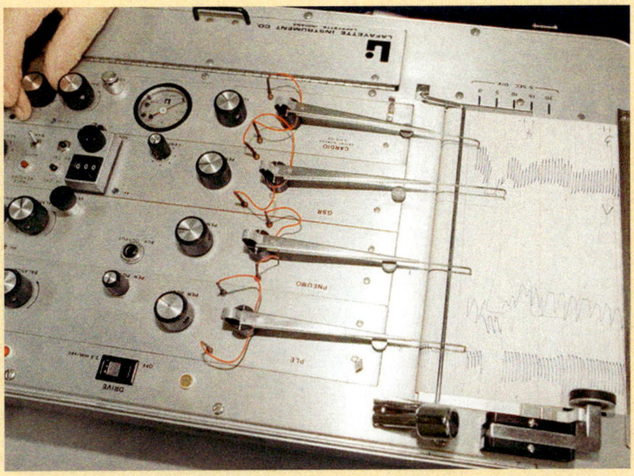

4.1 Bedingte Wahrscheinlichkeiten

Auftrag 1 Auf der Wiesn

Auf dem Oktoberfest in München sind 60% der Besucher aus Bayern. Eine Stichprobe hat ergeben, dass 25% der Besucher Tracht tragen. Unter den bayerischen Besuchern beträgt der Anteil der Trachtenträger 20%.

Mit welcher Wahrscheinlichkeit ist ein zufällig ausgewählter Besucher ein bayerischer Trachtenträger?
Mit welcher Wahrscheinlichkeit trägt ein auswärtiger Besucher Tracht?

Auftrag 2 Bayern-Fans

In der 10. Jahrgangstufe des Kaiser-Franz-Gymnasiums wird eine Befragung nach dem Lieblings-Fußballverein durchgeführt. Lothar hat dazu seine Ergebnisse in einer Tabelle festgehalten.

	Mädchen	Buben	
Bayern-Fans	23		54
Keine Bayern-Fans			
		50	108

Übertragen Sie die Vierfeldertafel in Ihr Heft und vervollständigen Sie diese.
Erklären Sie in Worten, was die Zahl 23 aus der Tabelle angibt. Welches Ereignis hat die Wahrscheinlichkeit $\frac{19}{108}$?
Wie groß ist die Wahrscheinlichkeit, dass ein Bayern-Fan ein Junge ist.
Und anders herum: Wie groß ist die Wahrscheinlichkeit, dass ein Junge ein Bayern-Fan ist?
Welches Ereignis hat die Wahrscheinlichkeit $\frac{23}{58}$?
Stellen Sie die Situation an unterschiedlichen Baumdiagrammen dar.

Holz oder Plastik?

Auftrag 3

In einer Urne sind 17 Kugeln aus Holz und 8 Kugeln aus Kunststoff. Von den Holzkugeln sind 10 orange und 7 rot, von den Kunststoffkugeln sind 5 orange und 3 rot.
Nun wird aus der Urne zufällig eine Kugel gezogen. Mit welcher Wahrscheinlichkeit ist die Kugel rot? Mit welcher Wahrscheinlichkeit handelt es sich um eine rote Kunststoffkugel?
Stellen Sie die Situation in zwei geeigneten Vierfeldertafeln zuerst mit absoluten Zahlen und dann mit Wahrscheinlichkeiten dar.

Nun zieht jemand eine Kugel und spürt dabei, dass es sich um eine Kunststoffkugel handelt. Mit welcher Wahrscheinlichkeit ist die Kugel dann rot?
Und andersherum: Es zieht jemand eine Kugel und achtet nur auf die Farbe. Die Kugel ist rot. Mit welcher Wahrscheinlichkeit handelt es sich um eine Kunststoffkugel?

Glücksspiel auf dem Schulfest

Auftrag 4

Die Schüler der Klasse 10a wollen auf dem Schulfest ein Gewinnspiel für einen guten Zweck veranstalten. Dazu überlegen sie sich Spielregeln und stellen diese auf einem Plakat dar.

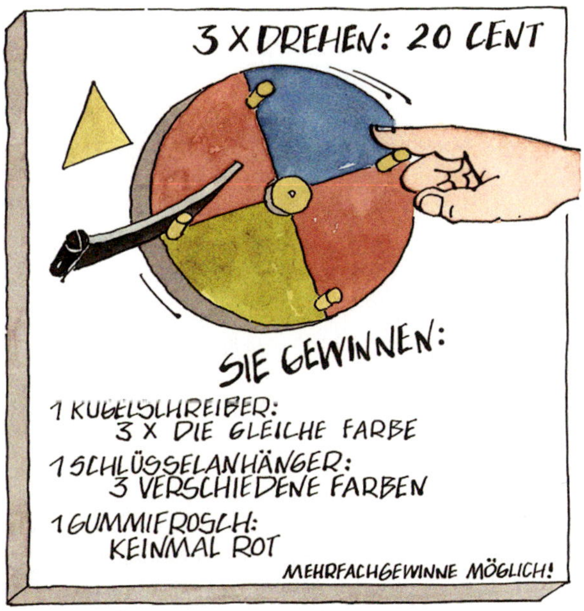

Berechnen Sie die Wahrscheinlichkeiten für jeden der drei Gewinne.

Richy hat beim ersten Drehen gelb. Wie groß sind damit für ihn die drei Gewinnwahrscheinlichkeiten?
Wie groß ist die Wahrscheinlichkeit, in einem neuen Spiel, einen Gummifrosch und einen Kugelschreiber zu gewinnen?
Pia hat einmal gespielt und einen Kugelschreiber gewonnen. Wie groß ist die Wahrscheinlichkeit, dass Sie zusätzlich einen Gummifrosch gewonnen hat?
(… und andersherum: Man weiß von Pia nur, dass sie einen Gummifrosch gewonnen hat. Wie groß ist dann die Wahrscheinlichkeit, dass sie dabei auch noch einen Kugelschreiber gewonnen hat?)

Bearbeitung

Auftrag 1 Auf der Wiesn

Im Folgenden wird das Zufallsexperiment „zufällige Auswahl eines Wiesn-Besuchers“ mit den Ereignissen
B: „Besucher kommt aus Bayern“ und
T: „Besucher trägt Tracht“ betrachtet.

Dem Text können folgende Daten entnommen werden:
- 60% der Besucher sind aus Bayern, d. h.: $P(B) = 0{,}6$
- 25% der Besucher tragen Tracht, d. h.: $P(T) = 0{,}25$

Tipp

Das Erkennen von bedingten Wahrscheinlichkeiten wird erleichtert, wenn Sie Aussagen in der Form „…, **wenn** …“ aufschreiben. In dem **wenn**-Teil der Aussage wird die Bedingung aufgeschrieben, unter der ein Ereignis stattfindet.

Daneben ist dem Text noch folgende Information zu entnehmen: 20% der bayerischen Besucher tragen Tracht. Die Wahrscheinlichkeit dafür, dass ein zufällig ausgewählter Besucher Tracht trägt, wenn er aus Bayern stammt, beträgt nur noch 20%.

Mathematiker sprechen in diesem Fall von einer **bedingten Wahrscheinlichkeit**, nämlich der Wahrscheinlichkeit von T („Besucher trägt Tracht“) unter der Bedingung B („Besucher kommt aus Bayern“) und schreiben dafür kurz $P_B(T)$. Mit dieser Schreibweise gilt: $P_B(T) = 0{,}2$.

Um einen besseren Überblick zu erhalten, ist es günstig, die gegebenen Daten zunächst in ein Baumdiagramm einzutragen.
Bedingte Wahrscheinlichkeiten werden dabei als Wahrscheinlichkeiten **an einen Pfad** in der 2. (oder einer höheren) Stufe des Baums eingetragen.

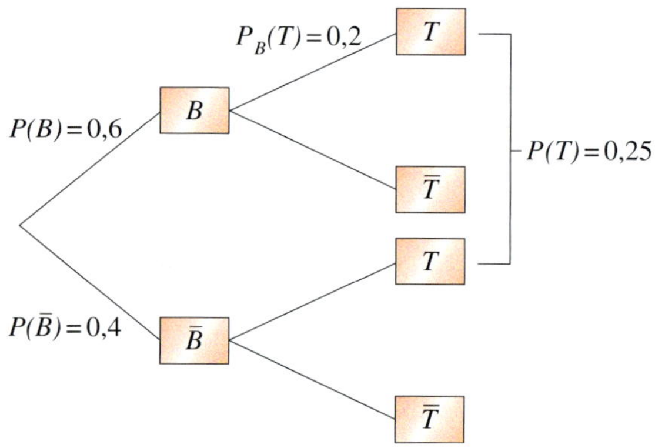

Info

Ereignisse lassen sich gut in Mengen-Diagrammen („Venn-Diagramme“) veranschaulichen:

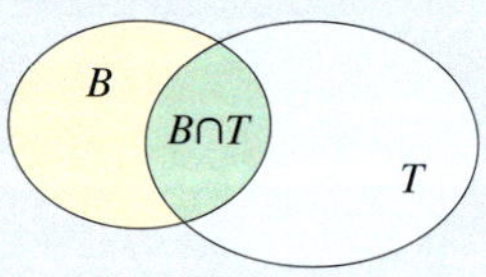

Zunächst ist die Wahrscheinlichkeit dafür gesucht, dass ein zufällig ausgewählter Besucher zugleich Bayer **und** Trachtenträger ist. In diesem Fall spricht man von einem **„UND-Ereignis“** und verwendet dafür die Schreibweise $B \cap T$ („es treten zugleich B und T ein“).
Die gesuchte Wahrscheinlichkeit errechnet sich mithilfe der 1. Pfadregel als Produkt der Wahrscheinlichkeiten an dem Pfad:

$$P(B \cap T) = P(B) \cdot P_B(T) = 0{,}6 \cdot 0{,}2 = 0{,}12$$

Also sind 12% der Besucher bayerische Trachtenträger. Hieraus ergibt sich unmittelbar, dass 13% der Besucher nichtbayerische Trachtträger sind, da der Anteil der Trachtträger 25% ist. Man schreibt: $P(\overline{B} \cap T) = 13\%$.

Die zweite Frage des Auftrags ist schon etwas schwieriger zu beantworten: Bei der Wahrscheinlichkeit dafür, dass ein auswärtiger Besucher Tracht trägt, handelt es sich um eine bedingte Wahrscheinlichkeit, nämlich um die Wahrscheinlichkeit dafür, dass der Besucher Tracht trägt, **wenn** er kein Bayer ist, kurz $P_{\overline{B}}(T)$.

Oder anders formuliert: Man trifft zufällig einen auswärtigen Besucher. Wie groß ist die Wahrscheinlichkeit dafür, dass dieser Tracht trägt?

Die Berechnung dieser Wahrscheinlichkeit erfolgt mit weiteren Überlegungen am Baumdiagramm:

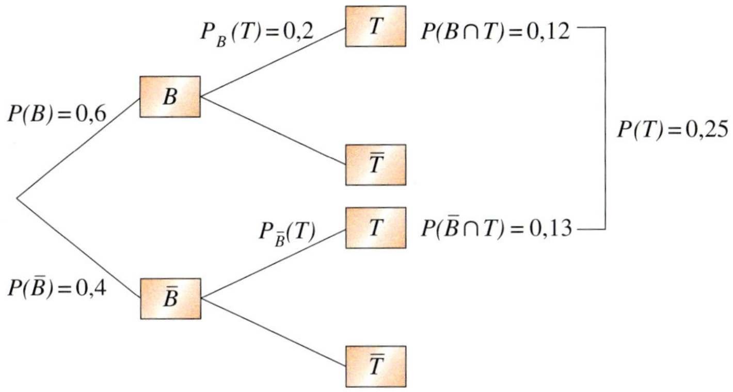

Mithilfe der 1. Pfadregel ergibt sich: $P(\overline{B} \cap T) = P(\overline{B}) \cdot P_{\overline{B}}(T)$, also

$P_{\overline{B}}(T) = \frac{P(\overline{B} \cap T)}{P(\overline{B})}$ und somit $P_{\overline{B}}(T) = \frac{0{,}13}{0{,}4} = 0{,}325$.

Also tragen 32,5 % der Nicht-Bayern auf der Wies'n Tracht.

Man hätte das Problem auch anders angehen können:

Gehen wir von 100 „repräsentativen" Wiesenbesucher aus, die sich in unserem Gedankenexperiment genau den gegebenen Wahrscheinlichkeiten entsprechend einteilen lassen:
Von den 100 Besuchern sind 60 Bayern und 40 Auswärtige. 25 der Besucher tragen Tracht. Dies wird in einer Vierfeldertafel aufgenommen:

	T	$\overline{T}$	
B			60
$\overline{B}$			40
	25		100

Um die Tafel zu vervollständigen, nutzt man noch die Information aus, dass 20 % der Bayern, also in dieser Situation 12, Tracht tragen.
Jetzt kann man die Vierfeldertafel vervollständigen:
Damit lassen sich die gesuchten Wahrscheinlichkeiten aus den absoluten Häufigkeiten berechnen:

	T	$\overline{T}$	
B	12	48	60
$\overline{B}$	13	27	40
	25	75	100

$P(B \cap T) = \frac{12}{100} = 12\,\%$

und $P_{\overline{B}}(T) = \frac{13}{40} = 32{,}5\,\%$, da unter den hier zu betrachtenden 40 Nicht-Bayern genau 13 Tracht tragen.

Zusammenfassung

Bedingte Wahrscheinlichkeiten

Bei der Betrachtung der Ereignisse A und B eines Zufallsexperiments muss man die beiden im folgenden beschriebenen zwei Situationen sorgfältig unterschieden.

1. Das Ereignis ***A* und *B*** tritt ein, wenn jedes der beiden Ereignisse eintritt.
   Man sagt auch: „… wenn A und zugleich B eintreten“.
   Hierfür schreibt man symbolisch: $A \cap B$

2. Erhält man nach der Durchführung eines Zufallsexperiments Teilinformationen über den Ausgang, dann kann man unter Verwendung dieser Informationen Wahrscheinlichkeiten neu berechnen:
   Die Wahrscheinlichkeit dafür, dass das Ereignis B eintritt, wenn man bereits weiß, dass das Ereignis A eingetreten ist, wird als **bedingte Wahrscheinlichkeit** von B unter der Bedingung A bezeichnet.
   Man schreibt dafür: $P_A(B)$.
   Für $P(A) \neq 0$ berechnet man:

   $$P_A(B) = \frac{P(A \cap B)}{P(A)}$$

   Damit lässt sich die bereits aus Jahrgangsstufe 9 bekannte erste Pfadregel schreiben als:
   $P(A \cap B) = P(A) \cdot P_A(B)$
   (Multiplikationsformel)

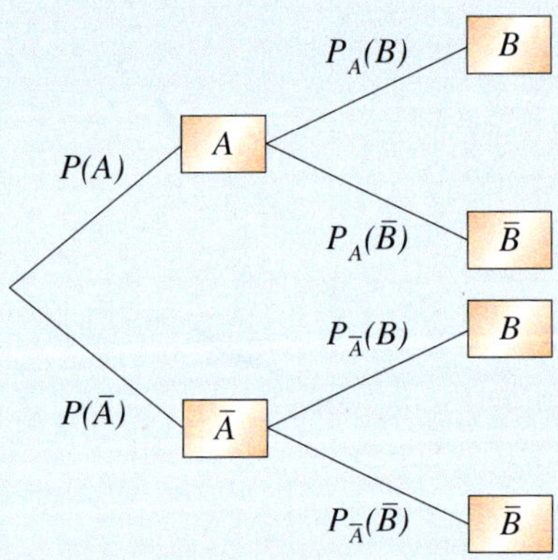

Auf dem Flughafen einer Ferieninsel werden 200 deutsche Urlauber nach ihren Fremdsprachenkenntnissen befragt. Ergebnis:

	S	$\overline{S}$	
E	60	80	140
$\overline{E}$	10	50	60
	70	130	200

E: „Urlauber kann Englisch sprechen.“
S: „Urlauber kann Spanisch sprechen.“

1. Das Ereignis $E \cap S$ beschreibt, dass die Person sich auf beiden Sprachen verständigen kann.
   $P(E \cap S) = \frac{60}{200} = 30\,\%$.

2. Ein zufällig ausgewählter Urlauber spricht mit der Wahrscheinlichkeit $P(S) = \frac{70}{200} = 35\,\%$ Spanisch.
   Weiß man nun von einem Urlauber, dass er Englisch spricht, so ändert sich durch diese Zusatzinformation der Wert für die Wahrscheinlichkeit, dass die Person auch Spanisch spricht:

   $$P_E(S) = \frac{P(E \cap S)}{P(E)} = \frac{0{,}3}{0{,}7} = \frac{3}{7} \approx 42{,}9\,\%$$

   Darstellung an einem Baumdiagramm:

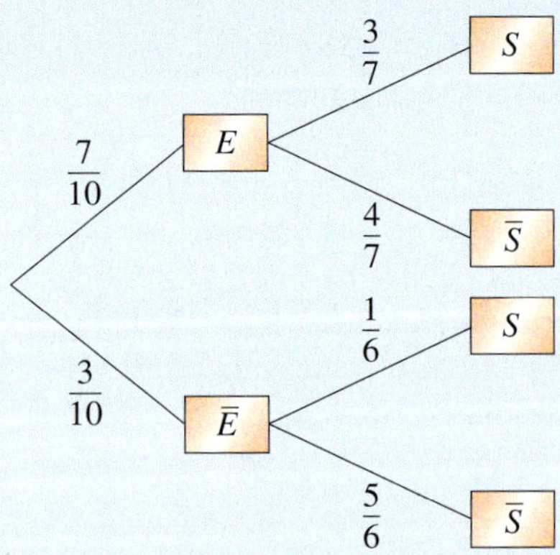

Aufgaben

Verknüpfen
Anwenden
Trainieren

1 An einem Gymnasium mit einem sprachlichen sowie einem naturwissenschaftlich-technologischen Zweig sind insgesamt 496 Schüler und 570 Schülerinnen. Von den Schülerinnen besuchen 359 den sprachlichen Zweig und von den männlichen Schülern 238 den naturwissenschaftlich-technologischen Zweig.

a) Stellen Sie die Situation in einer Vierfeldertafel dar. Verwenden Sie absolute Häufigkeiten.
b) Wie groß ist an diesem Gymnasium der Anteil der Schülerinnen und Schüler des sprachlichen Zweigs?
Stellen Sie das Ergebnis aus a) in einer neuen Vierfeldertafel mit relativen Angaben in Prozent dar.
c) Wie groß ist der Anteil der Mädchen im sprachlichen Zweig?
d) Formulieren Sie mithilfe der berechneten Werte zwei weitere Aussagen.

2 Im vergangenen Jahr besuchten 7359 Gäste das Volkstheater eines Touristenorts. Von den Besuchern waren 36 % Einheimische. Unter diesen waren 57 % Frauen, unter den auswärtigen Besuchern waren es nur 48 %.

a) Stellen Sie die Situation in einer Vierfeldertafel dar.
b) Wie groß war der Gesamtanteil der Frauen?
c) Formulieren Sie weitere Aussagen aus den in a) berechneten Werten.

3 Beim Zufallsexperiment Würfeln werden folgende Ereignisse betrachtet:
A: „Augenzahl größer als 2“
B: „Augenzahl gerade“
C: „Nicht 6“

a) Beschreiben Sie die Ereignisse $A \cap B$, $A \cap C$ sowie $B \cap C$ und geben Sie die zugehörigen Wahrscheinlichkeiten an.
b) Bestimmen Sie die bedingten Wahrscheinlichkeiten $P_C(A)$, $P_A(B)$, $P_B(C)$, $P_{\overline{B}}(C)$.
Vergleichen Sie diese jeweils mit $P(A)$, $P(B)$ und $P(C)$.

4 Eine Verbraucherschutzorganisation kontrolliert in Supermärkten, ob Bio-Obst auch zu Recht als solches bezeichnet werden darf. Hierbei bedeutet:
A: „Das untersuchte Obst ist als Bio-Obst ausgezeichnet.“
B: „Das untersuchte Obst entspricht den Kriterien des biologischen Anbaus.“
Drücken Sie folgende Wahrscheinlichkeiten symbolisch aus:

a) die Wahrscheinlichkeit, dass ein als Bio-Obst ausgezeichnetes Obst auch ein solches ist
b) die Wahrscheinlichkeit, dass ein ausgewähltes Obst als Bio-Obst ausgezeichnet ist und auch ein solches ist
c) die Wahrscheinlichkeit, dass ein „nicht-biologisch angebautes“ Obst als Bio-Obst ausgezeichnet ist
d) die Wahrscheinlichkeit, dass ein ausgewähltes Obst korrekt ausgezeichnet ist

5 Ein Würfel wird zweimal geworfen. Bestimmen Sie die Wahrscheinlichkeit, dass sich die Augensumme 6 ergibt, wenn

a) keine Zusatzinformation bekannt ist,
b) der erste Wurf die 5 zeigt,
c) der erste Wurf eine ungerade Augenzahl zeigt,
d) die gewürfelte Augensumme gerade ist.

6

In einer Urne sind vier grüne Kugeln mit den Nummern 1 bis 4 und sieben rote Kugeln mit den Nummern 1 bis 7. Eine Kugel wird zufällig gezogen. Betrachten Sie die Ereignisse
A: „Die gezogene Kugel ist rot.“
B: „Die gezogene Kugel trägt eine geradzahlige Nummer.“
Bestimmen Sie:

a) $P(A \cap B)$
b) $P_A(B)$
c) $P_{\overline{A}}(B)$
d) $P_B(A)$
e) $P_{\overline{B}}(A)$
f) $P_A(A \cap B)$

7 In einer Urne befinden sich zwei schwarze und eine weiße Kugel. Es wird zweimal ohne Zurücklegen eine Kugel gezogen. Betrachten Sie folgende Ereignisse:

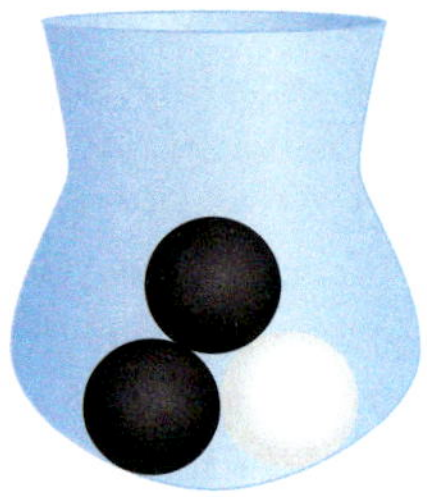

A: „Beim ersten Zug schwarz." und B: „Beim zweiten Zug weiß." Beschreiben Sie in Worten $P(A \cap B)$, $P_A(B)$ und $P_B(A)$ und berechnen Sie die zugehörigen Werte.

8 In einer Urne sind drei rote und zwei gelbe Kugeln. Es wird zweimal ohne Zurücklegen eine Kugel gezogen. Betrachten Sie folgende Ereignisse:

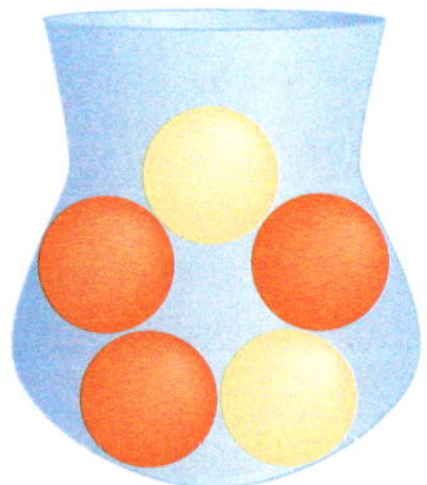

R1: „Erste Kugel ist rot."; *G1:* „Erste Kugel ist gelb."; *G2:* „Zweite Kugel ist gelb."
Bestimmen Sie die Wahrscheinlichkeiten $P(G1)$, $P(G2)$, $P(R1 \cap G2)$, $P_{G1}(G2)$, $P_{R1}(G2)$.

9 Eine Münze wird dreimal geworfen.

a) Bestimmen Sie zu den Ereignissen
A: „erster Wurf Kopf";
B: „genau zweimal Kopf";
C: „mindestens einmal Zahl"
die Wahrscheinlichkeiten $P(A)$, $P(B)$, $P(C)$, $P_A(B)$, $P_B(A)$, $P(A \cap B)$, $P(B \cap C)$, $P_A(C)$.

b) Anja behauptet: „$P_B(C)$ beschreibt die Wahrscheinlichkeit, dass genau zweimal Kopf geworfen wird, wenn man bereits weiß, dass mindestens einmal Zahl gefallen ist." Was meinen Sie zu ihrer Behauptung?

c) Beschreiben Sie jeweils in Worten die Wahrscheinlichkeiten $P(A \cap B)$, $P_A(B)$, $P_B(A)$.

10 Für zwei Ereignisse A und B eines Zufallsexperiments gilt $P(A) = 0{,}75$, $P(B) = 0{,}6$ und $P(A \cap B) = 0{,}5$. Bestimmen Sie die Wahrscheinlichkeiten:

a) $P(\overline{A})$
b) $P_A(B)$
c) $P_B(A)$
d) $P_A(A \cap B)$
e) $P(A \cap \overline{B})$
f) $P_A(\overline{B})$
g) $P_{\overline{A}}(A)$

11 Geben Sie zum Zufallsexperiment „Würfeln" drei Ereignisse A, B und C an, sodass $P(A) = \frac{2}{3}$, $P(B) = \frac{1}{2}$, $P_A(B) = \frac{1}{2}$ und $P_A(C) = 1$.

12 Beschreiben Sie zu dem Zufallsexperiment „zweimal Würfeln" Ereignisse A und B und berechnen Sie $P(A)$, $P(B)$, $P(A \cap B)$, $P_A(B)$, $P_B(A)$.

13 Beschreiben Sie ein Zufallsexperiment – möglichst anhand einer Alltagssituation – und vier Ereignisse A, B, C und D, sodass $P_B(A) < P(A)$; $P_C(A) > P(A)$ und $P_D(A) = P(A)$ ist.

14 In einem Sportverein sind 146 aktive und 72 passive Mitglieder. Von den aktiven Mitgliedern sind 88 Männer, von den passiven nur 50. Nun wird eine Person zufällig ausgewählt. Berechnen Sie die Wahrscheinlichkeit, dass die ausgewählte Person

a) weiblich ist,
b) ein aktives weibliches Mitglied ist,
c) ein aktives Mitglied ist, wenn man schon weiß, dass es sich um eine Frau handelt.

Noch fit?

I **Körperberechnungen**

a) Ein 6 cm hoher Quader mit quadratischer Grundfläche hat ein Volumen von 121,5 cm³. Berechnen Sie den Oberflächeninhalt.

b) Eine gerade dreiseitige Pyramide mit der Höhe 1,5 m hat als Grundfläche ein gleichseitiges Dreieck mit Grundkantenlänge 80 cm. Bestimmen Sie das Volumen der Pyramide.

II Aus einer 2 Meter langen Aluminiumstange mit rechteckigem Querschnitt wird das skizzierte Profil gefräst. Wie viel Prozent Abfall entsteht und wie viel wiegt das fertige Werkstück etwa, wenn 1 cm³ Aluminium 2,7 g wiegt?

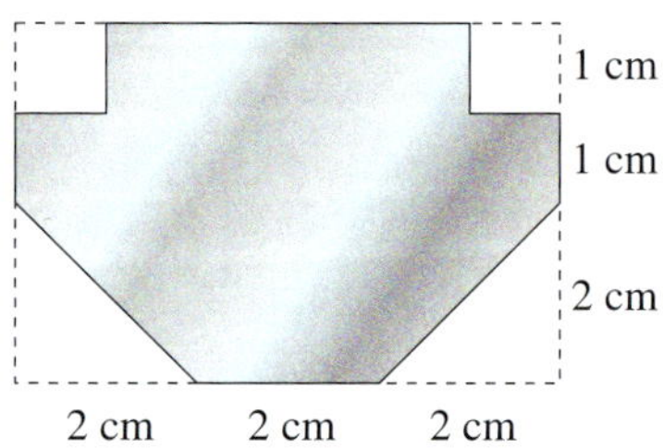

Aufgaben

Verknüpfen
Anwenden
Trainieren

15

	Frau	Mann	
für Kandidat A	25 %		
für Kandidat B	20 %	15 %	
Nichtwähler		20 %	
gesamt	55 %	45 %	

Die Tabelle zeigt die Ergebnisse einer Umfrage vor einer Stichwahl.

a) Übertragen Sie die Sechsfeldertafel und vervollständigen Sie diese.

b) Erklären Sie die Bedeutung von P(„Frau und Nichtwähler") und P_{Frau}(„Nichtwähler") und geben Sie die dazugehörigen Werte an.

16 Anna und Eva spielen ein Spiel, bei dem sie abwechselnd zwei Würfel werfen.

a) Anna ist an der Reihe. Sie benötigt bei ihrem Wurf eine Augensumme größer als 8. Wie groß ist die Wahrscheinlichkeit dafür?

b) Beim Werfen fällt einer der beiden Würfel unter den Tisch. Der Würfel auf dem Tisch zeigt 4. Wie groß ist jetzt die Wahrscheinlichkeit für eine Augensumme größer als 8?

c) Jetzt ist Eva an der Reihe. Sie benötigt für den Sieg die Augensumme 4. Wie groß ist die Wahrscheinlichkeit dafür?

d) Sie würfelt mit geschlossenen Augen die beiden Würfel nacheinander. Nach dem Werfen des ersten Würfels fragt sie Anna, ob damit die Augensumme 4 überhaupt noch erreichbar ist. Anna bejaht. Wie groß ist jetzt die Wahrscheinlichkeit für die Augensumme 4?

17 In einer Firma für Autoelektronik sind 36 % der Beschäftigten Akademiker und 40 % Facharbeiter. Von den Akademikern sind $\frac{3}{4}$ nicht verheiratet, unter den Facharbeitern sind $\frac{2}{5}$ nicht verheiratet. Insgesamt ist die Hälfte der Beschäftigten verheiratet.

a) Ein Beschäftigter wird zufällig ausgewählt. Wie groß ist die Wahrscheinlichkeit, dass es sich dabei um einen verheirateten Akademiker handelt?

b) Von der zufällig ausgewählten Person weiß man nun zusätzlich, dass sie kein Akademiker ist. Wie groß ist die Wahrscheinlichkeit, dass sie verheiratet ist?

18 Nach Angabe des statistischen Bundesamtes waren im Jahr 2003 51,1 % der 82,5 Millionen Deutschen Frauen. Die Erwerbsquote lag bei den Männern bei 55,3 % und bei den Frauen bei 42,4 %.

a) Stellen Sie den Zusammenhang in einer Vierfeldertafel dar.

b) Geben Sie weitere Aussagen an, deren Wahrscheinlichkeiten sich aus den in a) berechneten Werten ermitteln lassen.

c) Wie groß ist der Anteil der Frauen unter den Erwerbstätigen? Vergleichen Sie diesen Wert mit dem gegebenen Wert 42,4 % und interpretieren Sie ihr Ergebnis.

19 In einer Klasse sind $\frac{2}{3}$ Mädchen. Von den Mädchen ist die Hälfte fußballbegeistert. Insgesamt sind in der Klasse 60 % fußballbegeistert.

a) Stellen Sie die Situation in einem Baumdiagramm dar und berechnen Sie die Wahrscheinlichkeit dafür, dass ein zufällig ausgewählter Junge fußballbegeistert ist.

b) Wie viele Schülerinnen und Schüler könnte die Klasse haben?

20

Mädchen sind klüger

(don) Dieses Jahr haben 245 000 junge Damen und Herren ihre Schulausbildung mit einer erfolgreichen Abiturprüfung abgeschlossen und damit die Berechtigung zum Studium an einer Hochschule erworben. Bundesweit lagen die Damen mit 52,4 % wieder klar vor den Herren, im Osten Deutschlands sind es sogar 59,1 %, im Rest nur 50,8 %. Eine Vertreterin der Kultusministerkonferenz bestätigte dazu auf Anfrage …

a) Stellen Sie diese Situation in einer Vierfeldertafel dar.

b) Stellen Sie die Situation auch mithilfe zweier verschiedener Baumdiagramme dar.

c) Wie groß ist die Wahrscheinlichkeit, dass eine zufällig aus dem Abiturjahrgang ausgewählte Person

- ein Mann ist,
- aus dem Osten Deutschlands stammt,
- ein Mann ist, wenn man zusätzlich weiß, dass die Person aus dem Osten stammt,
- aus Ostdeutschland stammt, wenn man zusätzlich weiß, dass es sich um einen Mann handelt?

21 **Qualitätskontrolle**
Ein Hersteller von Computerchips hat ein Prüfverfahren entwickelt, um die Chips auf Fehlerhaftigkeit zu überprüfen. Leider arbeitet das Prüfverfahren selbst nicht fehlerfrei. Bei der zufälligen Auswahl eines Chips werden die folgenden Ereignisse betrachtet:
D: „Chip ist fehlerhaft („defekt").";
H: „Prüfverfahren weist auf Fehler hin."

a) Geben Sie die Bedeutung der Wahrscheinlichkeiten $P(\overline{H})$, $P_D(H)$, $P_D(\overline{H})$, $P_{\overline{D}}(H)$, $P(D \cap H)$ in Worten an.

b) Welche der drei Wahrscheinlichkeiten $P_D(H)$, $P_D(\overline{H})$ und $P_{\overline{D}}(H)$ sollten bei einem Prüfverfahren möglichst klein und welche möglichst groß sein?

c) Ermitteln Sie die Wahrscheinlichkeiten aus b) für den Fall, dass der Anteil der fehlerfreien Chips bei 95 %, der Anteil der Chips, bei denen das Prüfverfahren auf keinen Fehler hinweist bei 91 % und der Anteil der fehlerhaften Chips, die beim Prüfverfahren auch als solche erkannt werden, bei 4 % liegt.

22 Jan behauptet, dass $P(A \cap B)$ immer kleiner als $P_B(A)$ ist.
Markus meint, dass Jan im Prinzip schon Recht hat, wenn man von Spezialfällen absieht.
Nehmen Sie dazu Stellung.

23 Geben Sie zu dem Zufallsexperiment „Würfeln" drei Ereignisse A, B und C an, sodass $P_A(B) < P_B(A)$ und $P_A(C) = P_C(A)$ ist.

24 Ein medizinisches Institut hat ein Diagnoseverfahren zur Erkennung einer bestimmten Krankheit entwickelt, das nun in einer Versuchsreihe getestet werden soll. Für die zufällige Auswahl einer Versuchsperson betrachtet man die beiden Ereignisse:
D: „Diagnoseverfahren weist auf Erkrankung hin." bzw.
K: „Versuchsperson ist an der Krankheit erkrankt."

a) Beschreiben Sie die Bedeutung der Wahrscheinlichkeiten $P(\overline{K})$ und $P(D \cap \overline{K})$.

b) Beschreiben Sie je ein Ereignis, dessen bedingte Wahrscheinlichkeit bei einem guten Diagnoseverfahren möglichst klein bzw. groß sein sollte.

c) Diskutieren Sie, welche der beiden Wahrscheinlichkeiten $P_K(\overline{D})$ oder $P_{\overline{K}}(D)$ kleiner sein sollte.

25 Ein neues Medikament wurde in einem Großversuch getestet. Dazu wurde einem Teil der Versuchspersonen das Medikament und dem Rest ein Placebo verabreicht.

	g	$\overline{g}$	
M	576	58	634
P	283	376	659
	859	434	1293

M: „Medikament verabreicht"
P: „Placebo verabreicht"
g: „gesund geworden"

Wie groß ist die Wahrscheinlichkeit dafür, dass ein zufällig ausgewählter Patient, der das Medikament eingenommen hat, gesund wurde? Wie groß ist sie dafür, dass ein Patient nach der Einnahme des Placebos gesund wurde?

26 Um die Wirksamkeit eines Grippeimpfstoffs zu überprüfen, wurden in einer Studie 55 % der Teilnehmer mit dem Arzneimittel geimpft. 5 % der Probanden waren geimpft und erkrankten trotzdem an der Grippe, von den Nicht-Geimpften erkrankte ein Drittel.
Verwenden Sie folgende Bezeichnungen für die Ereignisse
A: „Teilnehmer wurde geimpft.";
K: „Teilnehmer ist an Grippe erkrankt."

a) Wie groß ist die Wahrscheinlichkeit dafür, dass eine zufällig ausgewählte Person an der Grippe erkrankt ist bzw. dafür, dass eine der geimpften Personen nicht erkrankt ist?

b) Bestimmen Sie die Wahrscheinlichkeiten $P(\overline{K})$, $P(\overline{A} \cap \overline{K})$, $P_K(A)$ und $P_{\overline{A}}(K)$ und beschreiben Sie deren Bedeutung in Worten.

27 Die SMV soll zwei Vertreter für einen Ausschuss stellen. Dazu werden von 32 Klassensprechern zwei per Los bestimmt. Aus der Unterstufe stehen 12, aus der Mittelstufe 14 und aus der Oberstufe 6 Vertreter zur Wahl.

a) Wie groß ist die Wahrscheinlichkeit, dass ein Vertreter der Mittelstufe ausgewählt wird, wenn man bereits weiß, dass ein Schüler der Unterstufe ausgelost wurde?

b) Wie groß ist die Wahrscheinlichkeit, dass ein Vertreter der Mittelstufe ausgewählt wird, wenn man nur weiß, dass die beiden ausgelosten Schüler aus verschiedenen Stufen sind?

Aufgaben

Verknüpfen
Anwenden
Trainieren

28 Bei einer Untersuchung an einer Schülergruppe werden die zwei Merkmale Geschlecht (M bzw. W) und Vereinssportler (S für „aktives Mitglied in einem Sportverein") untersucht. Man kommt zu folgendem Ergebnis:

	M	W	
S	27%	29%	56%
$\overline{S}$	18%	26%	44%
	45%	55%	100%

Stellen Sie diese Zusammenhänge in zwei verschiedenen Baumdiagrammen dar, indem Sie einmal in der ersten Stufe zwischen S und $\overline{S}$ unterscheiden und bei der anderen Darstellung zuerst nach dem Geschlecht unterscheiden.

29 Ein Baumdiagramm ist gegeben.

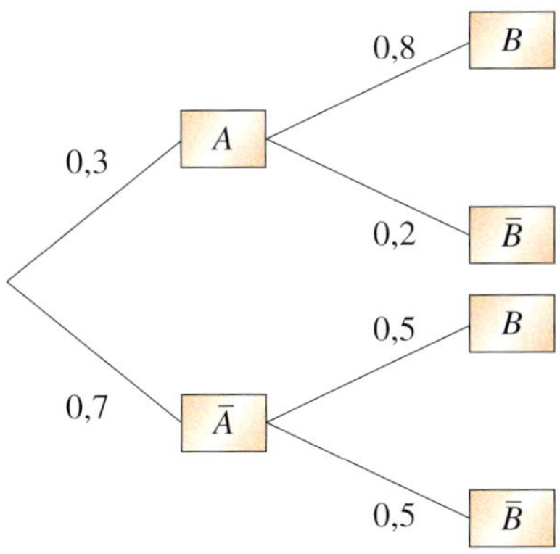

a) Stellen Sie diese Situation in einer Vierfeldertafel dar.

b) Stellen Sie mithilfe von Teilaufgabe a) die Situation wieder in einem Baumdiagramm dar, nur dass Sie dieses Mal mit der Entscheidung zwischen B und $\overline{B}$ beginnen.

30 In einer Urne befinden sich weiße und schwarze Kugeln, insgesamt 10 Stück. Die Wahrscheinlichkeit dafür, dass man beim zweimaligen Ziehen ohne Zurücklegen eine weiße und eine schwarze Kugel erhält, beträgt $\frac{8}{15}$. Berechnen Sie die ursprüngliche Anzahl der weißen Kugeln in der Urne.

31 Multiplikationssatz für drei Ereignisse
Für zwei Ereignisse gilt (1. Pfadregel):
$P(A \cap B) = P(A) \cdot P_A(B)$.

a) Wie lautet eine entsprechende Regel bei drei Ereignissen?
Stellen Sie dazu die Situation an einem dreistufigen Baumdiagramm dar und vervollständigen Sie damit folgende Formel:
$P(A \cap B \cap C) = P(A) \cdot \ldots$

b) In einer Urne liegen 3 rote, 2 gelbe und 4 weiße Kugeln. Es wird dreimal eine Kugel ohne Zurücklegen gezogen. Berechnen Sie die Wahrscheinlichkeit dafür, dass man die Folge „rot – gelb – weiß" zieht. Erklären Sie den Zusammenhang zu der in a) ermittelten Formel.

Aufgabe der Woche

Das Bernoulli-Eulersche Problem der vertauschten Briefe (auch: Rencontre-Problem)

Ein Sekretär hat fünf Briefe an verschiedene Personen, die er zufällig in die fünf voradressierten Kuverts verteilt. Mit welcher Wahrscheinlichkeit ist wenigstens ein Brief im richtigen Kuvert?
Simulieren Sie zuerst die Situation, z. B. mit Spielkarten. Erstellen Sie dann ein Rechenblatt in einem Tabellenkalkulationsprogramm zur Simulation.
Um die Aufgabe zu lösen, ist es günstig, das Problem zuerst auf drei Briefe zu reduzieren.
Tipp: Verwenden Sie dazu ein Baumdiagramm oder schreiben Sie alle möglichen Ergebnisse auf.
Wie sieht es nun bei 4 bzw. fünf Briefen aus?
Recherchieren Sie über die Geschichte des Problems und die allgemeine Lösung, d. h. die Lösung für n Briefe.

4.2 Umgehen mit bedingten Wahrscheinlichkeiten

Auftrag 1 Susans Alptraum

Info

Ein positives Ergebnis bei einem Krankheitstest bedeutet, dass die Krankheit festgestellt wurde. Ein negatives Ergebnis bedeutet, dass keine Erkrankung festgestellt wurde.

„Mitte der neunziger Jahre wurde im Rahmen einer medizinischen Routineuntersuchung bei Susan, einer 26-jährigen allein erziehenden Mutter, auch überprüft, ob bei ihr eine HIV-Infektion vorliegt. Sie nahm zwar illegale Drogen, spritzte sie aber nicht intravenös. Daher glaubte sie nicht, dass der „AIDS-Test“ bei ihr positiv ausfallen könnte. Doch einige Wochen später wurde ihr genau dieses Ergebnis mitgeteilt – was damals fast einem Todesurteil gleichkam. Susan war schockiert und verzweifelt. Das Testergebnis sprach sich herum, und ihre Kollegen vermieden es aus Angst vor Ansteckung sogar, ihr Telefon anzufassen. Schließlich verlor sie ihre Arbeitsstelle. Bald darauf zog sie in ein Heim für HIV-Infizierte. Dort schlief Susan mit einem Mitbewohner – ohne Kondom, denn sie dachte sich: „Wieso soll ich noch aufpassen, wenn ich doch schon infiziert bin?“ Aus Sorge um die Gesundheit ihres inzwischen siebenjährigen Sohnes hörte Susan auf, ihn zu küssen, und überlegte auch, ob sie sein Essen beim Zubereiten überhaupt noch anfassen durfte. Die Distanz, die sie zu ihm aufbaute – im festen Glauben, ihn dadurch zu schützen –, belastete sie sehr. Einige Monate später bekam sie eine Bronchitis, und der sie behandelnde Arzt bestand darauf, den HIV-Test zu wiederholen. „Was soll's?“, dachte sie sich. Diesmal war das Ergebnis negativ“ [1], Susan war gar nicht infiziert!

Erfahrungsgemäß sind ungefähr 0,01 Prozent aller Männer mit HIV infiziert. Wenn einer dieser Männer das Virus in sich trägt, so fällt der Test bei ihm mit einer Wahrscheinlichkeit von 99,9 Prozent positiv aus. Wenn der Betroffene nicht infiziert ist, beträgt die Wahrscheinlichkeit, dass der Test bei ihm negativ ausfällt 99,99 Prozent.
Ein Mann erhält ein positives Testergebnis. Wie groß ist die Wahrscheinlichkeit, dass er tatsächlich infiziert ist?
Wie ändert sich das Ergebnis, wenn bekannt ist, dass der Mann einer Risikogruppe angehört, in der das Risiko einer HIV-Infektion 1 % beträgt?

Auftrag 2 Kartentrick

Zur Erinnerung

Ein Spiel ist fair, wenn alle Mitspieler die gleichen Chancen haben, zu gewinnen.

Ein Taschenspieler hat drei Karten: Eine ist auf beiden Seiten weiß, eine auf beiden Seiten rot, die dritte ist auf einer Seite weiß und auf der anderen Seite rot. Er wirft die Karten in einen Hut und lässt Sie eine davon ziehen. Sie müssen sie dann sofort auf einen Tisch legen, sodass nur die Oberseite der Karte zu sehen ist. Nehmen wir an, diese Seite ist weiß. Es muss also entweder die Karte sein, die auf beiden Seiten weiß ist, oder die rot-weiße Karte. Der Spieler wettet nun mit Ihnen um 5 €, dass es die Karte ist, die auf beiden Seiten weiß ist. Ist dieses Spiel fair? Führen Sie zur Beantwortung der Frage zunächst eine geeignete Simulation durch. Ermitteln Sie anschließend rechnerisch die Wahrscheinlichkeit dafür, dass es sich bei der gezogenen Karte um die beidseitig weiße Karte handelt.

[1] Aus: Gerd Gigerenzer, Das Einmaleins der Skepsis (2002), Seite 13 f.

Die neuen Mieter

Auftrag 3

Familie Herz zieht in ein Mietshaus, in dem bereits seit vielen Jahren die Familien Kammermeier, Sinzinger und Freytag wohnen. Die Alteingesessenen wissen über den Vermieter Dr. Birnbaum, dass die neue Familie zwei Kinder hat, rätseln aber über das Geschlecht dieser Kinder.

Wenn man nun die drei alteingesessenen Familien fragen würde, mit welcher Wahrscheinlichkeit Familie Herz einen Jungen hat, würde eine Familie mit 50 %, eine andere mit 67 % und die letzte mit 75 % antworten. Welche Familie vertritt welche Meinung?

Eine frauenfeindliche Universität

Auftrag 4

Im Jahr 1973 trat an der University of Berkeley in Kalifornien eine paradoxe Situation auf: Der Universität wurde vorgeworfen frauenfeindlich zu sein, weil der Anteil der Zulassungen unter den Bewerberinnen deutlich unter dem Anteil der Zulassungen unter den männlichen Bewerbern lag. Eine Überprüfung ergab jedoch, dass Frauen in fast allen Fachbereichen sogar bei der Zulassung bevorzugt wurden. Wie ist dies möglich?

Betrachten Sie dazu eine fiktive Universität mit nur zwei Fachbereichen und folgenden Zulassungszahlen:

	Männer		Frauen	
	Bewerber	zugelassen	Bewerberinnen	zugelassen
Fachbereich A	800	640	100	90
Fachbereich B	100	20	700	210

Untersuchen Sie, inwiefern hier der Vorwurf der Frauenfeindlichkeit erhoben werden könnte, und ob dieser Vorwurf tatsächlich berechtigt ist.
Entwerfen Sie selbst ein ähnliches Zahlenbeispiel für eine zu Unrecht männerfeindlich erscheinende Universität, die 42 % aller männlichen Bewerber, aber 74 % aller Bewerberinnen zulässt.

Bearbeitung

Auftrag 1 Susans Alptraum

Modellierung

Zur Lösung des Problems wird folgendes zweistufiges Zufallsexperiment betrachtet: Aus einer großen Gruppe von Männern wird einer zufällig ausgewählt und anschließend einem HIV-Test unterzogen.

Die erste Stufe besteht also in der Auswahl eines Mannes. Hierbei wird nur unterschieden, ob der Mann mit dem HI-Virus infiziert ist oder nicht.
Definiert man das Ereignis
H: „Der Mann ist mit HIV infiziert.“, so gilt nach Voraussetzung:
$P(H) = 0{,}0001$ und damit $P(\overline{H}) = 0{,}9999$.

In der zweiten Stufe wird das Ergebnis des „Aids-Tests“ bei dem ausgewählten Mann betrachtet und folgendes Ereignis definiert:
D: „Der Test diagnostiziert eine HIV-Infektion (positives Testergebnis).“

Zur Erinnerung

Das Erkennen von bedingten Wahrscheinlichkeiten wird erleichtert, wenn Sie Aussagen in der Form „..., **wenn** ...“ aufschreiben (siehe Tipp Seite 92).

Der Angabe können die beiden folgenden bedingten Wahrscheinlichkeiten entnommen werden:
Die Wahrscheinlichkeit für ein positives Testergebnis, **wenn** der Mann infiziert ist, beträgt $P_H(D) = 99{,}9\,\% = 0{,}999$. Damit hat das Gegenereignis „negatives Testergebnis, **wenn** der Mann infiziert ist“ die Wahrscheinlichkeit

$P_H(\overline{D}) = 0{,}1\,\% = 0{,}001$.

Die Wahrscheinlichkeit für ein negatives Testergebnis, **wenn** der Mann nicht infiziert ist, beträgt $P_{\overline{H}}(\overline{D}) = 99{,}99\,\% = 0{,}9999$. Damit hat das Gegenereignis „positives Testergebnis, **wenn** der Mann nicht infiziert ist“ die Wahrscheinlichkeit $P_{\overline{H}}(D) = 0{,}01\,\% = 0{,}0001$.

Veranschaulichung

Der beschriebene Sachverhalt lässt sich in einem Baumdiagramm darstellen:

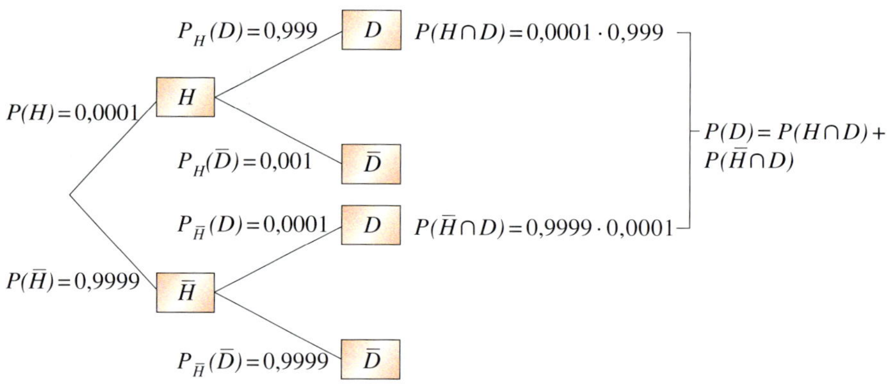

Gesucht ist die Wahrscheinlichkeit dafür, dass der Mann tatsächlich mit HIV infiziert ist, wenn dies bei ihm durch den Test diagnostiziert wurde, also in Kurzform $P_D(H)$.
Diese lässt sich weder direkt aus den Angaben noch aus obigem Baumdiagramm ablesen. Wie kann man sie berechnen?
Nehmen Sie die Definition der bedingten Wahrscheinlichkeit aus Kapitel 4.1 zu Hilfe.

Berechnung: Es gilt $P_D(H) = \frac{P(D \cap H)}{P(D)}$. Also müssen Sie $P(D \cap H)$ und $P(D)$ ermitteln. Die Wahrscheinlichkeit $P(D \cap H)$ lässt sich mithilfe der 1. Pfadregel berechnen: $P(D \cap H) = P(H) \cdot P_H(D) = 0{,}0001 \cdot 0{,}999$.
Die Wahrscheinlichkeit $P(D)$ ergibt sich ebenfalls mithilfe der Pfadregeln aus dem Baumdiagramm: $P(D) = P(H \cap D) + P(\overline{H} \cap D) = P(H) \cdot P_H(D) + P(\overline{H}) \cdot P_{\overline{H}}(D)$ $= 0{,}0001 \cdot 0{,}999 + 0{,}9999 \cdot 0{,}0001$.
Die gesuchte Wahrscheinlichkeit errechnet sich also folgendermaßen:

$$P_D(H) = \frac{0{,}0001 \cdot 0{,}999}{0{,}0001 \cdot 0{,}999 + 0{,}9999 \cdot 0{,}0001} \approx 0{,}5$$

Interpretation: Ein zufällig ausgewählter Mann, der ein positives Testergebnis erhält, ist somit nur mit einer Wahrscheinlichkeit von 50% tatsächlich mit dem Virus infiziert.

Im Folgenden wird eine **alternative Lösung** anhand eines Zahlenbeispiels mit absoluten Häufigkeiten durch eine Vierfeldertafel veranschaulicht. Stellen Sie sich vor, dass sich 100 000 Männer, die keiner Risikogruppe angehören, einem HIV-Test unterziehen und nehmen Sie idealisierend an, dass die relativen Häufigkeiten der betrachteten Ereignisse genau deren Wahrscheinlichkeiten entsprechen. Nach Voraussetzung sind dann 0,01% , also 10 Männer, mit HIV infiziert. Die übrigen 99 990 tragen das Virus nicht in sich. Bei den 10 infizierten Männern liefert der Test mit einer Wahrscheinlichkeit von 99,9% die Diagnose HIV-positiv. Rein rechnerisch ergibt sich für die Anzahl der positiven Befunde damit ein Wert von 9,99. Es ist also anzunehmen, dass bei allen 10 die Infizierung diagnostiziert wird.
Bei den 99 990 nicht Infizierten fällt der Test mit einer Wahrscheinlichkeit von 99,99% negativ und mit einer Wahrscheinlichkeit von 0,01% positiv aus. Die Anzahl der nicht infizierten Männer, die aufgrund des Tests die Diagnose HIV-positiv erhalten, beträgt demnach näherungsweise ebenso 10. Von den 100 000 Männern erhalten also 20 die Diagnose HIV-positiv, nur 10 sind aber tatsächlich infiziert. Wenn ein Mann positiv getestet wurde, beträgt also die Wahrscheinlichkeit, dass er den Virus in sich trägt, somit nur ca. 50%.

	D	$\overline{D}$	
H			10
$\overline{H}$			99 990
			100 000

	D	$\overline{D}$	
H	$0{,}999 \cdot 10 \approx 10$		10
$\overline{H}$	$0{,}0001 \cdot 99990 \approx 10$		99 990
			100 000

	D	$\overline{D}$	
H	10		10
$\overline{H}$	10		99 990
	20		100 000

Zur Zusatzfrage
Wenn der Mann einer Risikogruppe mit einem Infektionsrisiko von 1% angehört, gilt $P(H) = 0{,}01$ und entsprechend $P(\overline{H}) = 0{,}99$.
Wie vorhin ist ferner bekannt:
$P_H(D) = 99{,}9\% = 0{,}999$ (Wahrscheinlichkeit für ein positives Testergebnis, wenn der Mann infiziert ist) und damit $P_H(\overline{D}) = 0{,}1\% = 0{,}001$
$P_{\overline{H}}(\overline{D}) = 99{,}99\% = 0{,}9999$ (Wahrscheinlichkeit für ein negatives Testergebnis, wenn der Mann nicht aidskrank ist) und damit $P_{\overline{H}}(D) = 0{,}01\% = 0{,}0001$
Analog zur oben durchgeführten Rechnung erhält man nun

$$P_D(H) = \frac{0{,}01 \cdot 0{,}999}{0{,}01 \cdot 0{,}999 + 0{,}99 \cdot 0{,}0001} \approx 0{,}99.$$

Ein positiver „Aids-Test" besagt in diesem Fall, dass der betreffende Mann mit einer Wahrscheinlichkeit von 99% tatsächlich infiziert ist. Die zusätzliche Information, dass der Mann einer Risikogruppe angehört, führt also dazu, dass ein positives Testergebnis ganz anders eingestuft werden muss.

Zu beachten
Die Wahrscheinlichkeit eines Ereignisses kann sich durch zusätzliche Informationen ändern.

Zusammenfassung

Umgehen mit bedingten Wahrscheinlichkeiten

Das Lösen von Problemstellungen, in denen bedingte Wahrscheinlichkeiten vorkommen, kann sehr leicht zu Irrtümern oder Fehleinschätzungen führen. Um ein sicheres Umgehen mit bedingten Wahrscheinlichkeiten zu erlangen oder um mögliche Fehler aufzudecken, ist ein **systematisches Herangehen** an entsprechende Probleme empfehlenswert. Zu Beginn ist es jedoch wichtig, sich in die jeweilige Problemstellung zu vertiefen: Lassen Sie sich Zeit, bis Sie die Fragestellung durchdrungen haben und die Problematik verstanden haben. Erklären Sie das Problem ggf. einer anderen Person.
Was ist gegeben und was ist gesucht?

1. Schritt: **Modellierung**
Betrachten Sie ein zur Situation passendes mehrstufiges Zufallsexperiment. Definieren Sie zugehörige Ereignisse und wählen Sie geeignete Kurzbezeichnungen für diese. Ordnen Sie den Ereignissen die gegebenen Wahrscheinlichkeiten zu.

2. Schritt: **Veranschaulichung**
Fertigen Sie ein passendes Baumdiagramm oder eine Vierfeldertafel an. Bedenken Sie, dass es beim Erstellen des Baumdiagramms grundsätzlich zwei Möglichkeiten gibt, je nachdem, welches Teilexperiment Sie zuerst betrachten.
Sie können mit Wahrscheinlichkeiten bzw. relativen Häufigkeiten oder mit absoluten Häufigkeiten arbeiten. Letzteres fällt oft leichter.

3. Schritt: **Berechnung**
Berechnen Sie die gesuchte(n) Wahrscheinlichkeit(en). Bei komplexeren Problemstellungen sind hierbei in der Regel mehrere Rechenschritte erforderlich.

4. Schritt: **Interpretation**
Interpretieren Sie die Ergebnisse Ihrer Rechnung im Sachzusammenhang.

Bei einem Verbrechen hat der Täter am Tatort Blut hinterlassen. Es kommen 5 Millionen Menschen als Täter in Frage. Ein Teil dieser Menschen wird für einen Massengentest ausgewählt. Die Wahrscheinlichkeit, dass sich bei dem Test bei einer unschuldigen Person ein mit dem Täter übereinstimmendes DNA-Profil ergibt, beträgt nur 0,0001 %. Kann nach diesen Informationen davon ausgegangen werden, dass eine Person mit übereinstimmendem DNA-Profil der Täter ist?

1. Modellierung
D: „Person besitzt ein übereinstimmendes DNA-Profil.“; T: „Person ist der Täter.“

Gegeben: $P(T) = \frac{1}{5000000} = 0{,}0000002$
$P_T(D) = 1$
$P_{\overline{T}}(D) = 0{,}000001$
Gesucht: $P_D(T)$

2. Veranschaulichung am Baumdiagramm

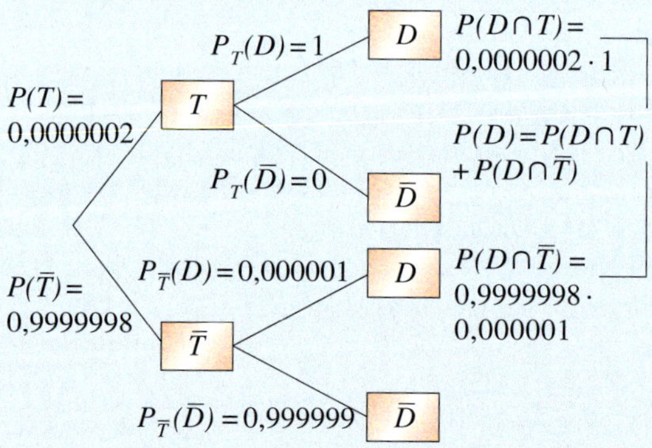

Alternativ kann auch mit einer Vierfeldertafel gearbeitet werden (s. S. 103)

3. Berechnung

$$P_D(T) = \frac{P(D \cap T)}{P(D)} = \frac{0{,}0000002 \cdot 1}{0{,}0000002 \cdot 1 + 0{,}9999998 \cdot 0{,}000001} \approx 17\,\%$$

4. Interpretation
Die Wahrscheinlichkeit, dass eine Person mit übereinstimmendem DNA-Profil der Täter ist, beträgt nur rund 17 %. Wenn keine weiteren Indizien vorliegen, kann man nicht ohne Weiteres davon ausgehen, dass diese Person der Täter ist.

Aufgaben

Verknüpfen
Anwenden
Trainieren

1 Gegeben ist folgendes Baumdiagramm.

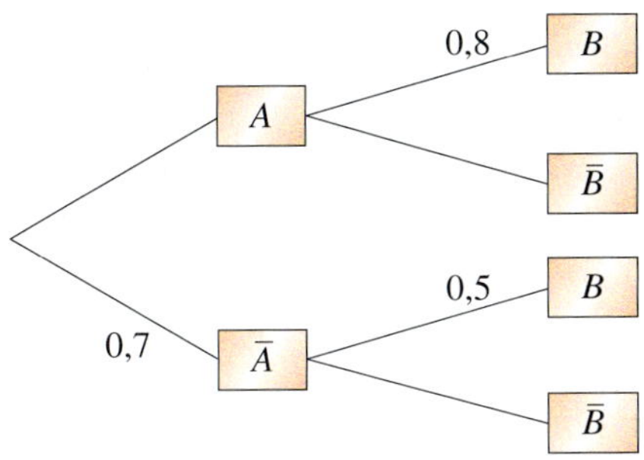

a) Übertragen Sie das Baumdiagramm und vervollständigen Sie es.
b) Erstellen Sie eine passende Vierfeldertafel.
c) Erstellen Sie das umgekehrte Baumdiagramm (d.h. die Ereignisse der ersten Stufe werden zu den Ereignissen der zweiten Stufe und umgekehrt).
Berechnen Sie die Wahrscheinlichkeiten an den Pfaden.
d) Geben Sie folgende Wahrscheinlichkeiten an: $P(A)$, $P(B)$, $P(A \cap B)$, $P_A(B)$, $P_B(A)$, $P_{\overline{A}}(B)$, $P_B(\overline{A})$

2 Im letzten Abiturjahrgang eines Gymnasiums wurden die in der Tabelle aufgeführten Studienwünsche genannt.

	Technik oder Naturwissenschaften	andere Studiengänge	
Mädchen	25 %	35 %	60 %
Jungen	30 %	10 %	40 %
	55 %	45 %	

a) Stellen Sie die Situation in zwei verschiedenen Baumdiagrammen dar.
Tragen Sie jeweils die Prozentangaben aus der Tabelle als Wahrscheinlichkeiten im Baumdiagramm ein.
b) Berechnen Sie die noch fehlenden Wahrscheinlichkeiten, und tragen Sie diese an den Teilpfaden der Baumdiagramme ein.
Interpretieren Sie die berechneten Wahrscheinlichkeiten.

3 Bei einer Befragung in einer 10. Jahrgangsstufe zu dem Thema, wie lange die Jugendlichen an einem normalen Freitagabend ausgehen dürfen, hat sich folgendes ergeben:

	A	$\overline{A}$	
M	18	17	
$\overline{M}$		23	
			87

Dabei bedeuten:
A: „Der Jugendliche muss bis spätestens 24 Uhr zu Hause sein.";
M: „Der Jugendliche ist männlich."

a) Vervollständigen Sie die Vierfeldertafel.
b) Berechnen und interpretieren Sie die Wahrscheinlichkeiten $P(A \cap M)$, $P(A)$, $P_A(M)$, $P_M(A)$ und $P_{\overline{M}}(\overline{A})$.

4

(ccc) 41 % aller 14- bis 18-jährigen gaben bei einer Befragung an, regelmäßig Sport zu treiben. Jedoch nur 37 % dieser Jugendlichen haben Eltern, die sich selbst sportlich betätigen. Umgekehrt findet man unter den Jugendlichen, die keinen Sport treiben, nur 9 %, deren Eltern dies sehr wohl tun.

a) Zeichnen Sie zu dem Zeitungsbericht ein Baumdiagramm.
b) Zeichnen Sie das umgekehrte Baumdiagramm und ermitteln Sie die Wahrscheinlichkeiten, die an den Pfaden stehen.
c) Schreiben Sie einen entsprechenden Zeitungsbericht mit den Daten aus dem umgekehrten Baumdiagramm.
d) Geben Sie zu dem umgekehrten Baumdiagramm eine Vierfeldertafel an.

5 Eine Maschine stellt elektronische Leiterplatten her. 25 % der Platten sind fehlerhaft. Bei der Endkontrolle werden hiervon 20 % nicht entdeckt und kommen in den Handel. Von den fehlerfreien Leiterplatten werden zu Unrecht 1,5 % als schadhaft aussortiert.
a) Wie groß ist die Wahrscheinlichkeit, dass eine Leiterplatte defekt ist und trotzdem in den Handel kommt?
b) Wie groß ist die Wahrscheinlichkeit, dass eine in den Handel gelangte Leiterplatte fehlerfrei ist?

6 Wo liegen die Fehler in den Folgerungen?

a) Bei einer Befragung unter 1000 Mitgliedern eines großen deutschen Automobilclubs haben 576 angegeben, dass ein BMW ihr Traumauto ist. Also sind Autos der Marke BMW die Traumautos der Deutschen.

b) Über 90 % der bei Verkehrsunfällen in Autos tödlich Verunglückten waren angegurtet. Somit ist man ohne Gurt weniger gefährdet.

c) Zu Hause lebt man am gefährlichsten, denn die meisten Menschen sterben zu Hause.

d) Fußballer sind besonders gefährdet, denn bei der Ausübung ihres Sports ereignen sich fast die Hälfte aller Sportunfälle.

e) In einer großen deutschen Firma sagen 80 % der Frauen und 40 % der Männer, dass sie mit ihrem Chef gut auskommen.
Somit kommen über die Hälfte der Beschäftigten mit ihrem Chef gut aus.

7 Auf einer wissenschaftlichen Tagung sind 30 % Deutsche. Von den Deutschen trinkt im Mittel jeder Zweite, von den Nicht-Deutschen jeder Dritte zum Abendessen ein Bier.
Mit welcher Wahrscheinlichkeit handelt es sich bei einem Tagungsteilnehmer, der beim Abendessen ein Bier trinkt, um einen Deutschen?

8 Ein erfahrener Zöllner arbeitet an einer Flughafenkontrollstelle, bei der 2 % der Passagiere zu verzollende Ware schmuggeln wollen. Er greift durchschnittlich jeden zweiten Schmuggler und jeden 20. Nicht-Schmuggler zu einer genaueren Untersuchung heraus. Eine Person wird herausgegriffen.
Mit welcher Wahrscheinlichkeit hat der Zöllner einen Schmuggler kontrolliert?

9 Eine Sozialerhebung des Deutschen Studentenwerks im Jahr 2006 ergab, dass die soziale Herkunft ganz maßgeblich über den Bildungsweg entscheidet.
Von 100 Akademikerkindern studierten 83, von 100 Kindern aus Nicht-Akademikerfamilien dagegen nur 23. Insgesamt nahmen im Jahr 2006 36 % eines Altersjahrgangs ein Studium auf. Mehr Informationen hierzu gibt es unter
www 106 – 1.
Welcher Anteil der jungen Menschen, die ein Studium aufnehmen, stammt aus Nicht-Akademikerfamilien?

10 30 % of the guests in a hotel are tourists. The other guests are business people. 20 % of the business people are carrying a backpack. Among the tourists are 40 % backpackers.
A new guest with a backpack enters the hotel. What is the probability that the new guest will be a tourist?

11 Die Klasse 10d bekommt 16 Freikarten für ein Basketball-Länderspiel geschenkt. Da alle 28 Schüler der Klasse an den Karten interessiert sind, wirft die Mathematiklehrerin 28 Lose in eine Trommel, unter denen 16 Treffer und 12 Nieten sind. Nun lässt sie nacheinander die Schülerinnen und Schüler je ein Los ziehen.

a) Hans, der als Zweiter dran ist, beschwert sich, da seine Gewinnchancen kleiner als die von Jana sind, die als erstes ziehen darf. Widerlegen Sie diese Behauptung rechnerisch.

b) Jana sieht ihr Los und springt vor Freude fast an die Decke (bzw. sinkt schluchzend unter der Bank zusammen). Wie hoch sind jetzt jeweils die Gewinnchancen von Hans?

Noch fit?

I Ein gerader Kreiszylinder ist 6 cm hoch und besitzt einen Grundflächendurchmesser von 5 cm.

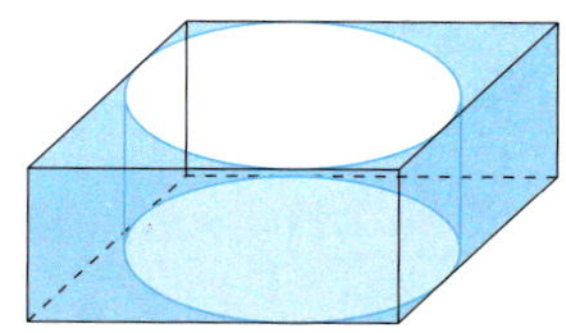

a) Berechnen Sie Oberflächeninhalt und Volumen.

b) Zeichnen Sie ein Netz des Zylinders.

c) Nun wird der Zylinder, wie in der Abbildung oben dargestellt, in einen kleinstmöglichen Quader verpackt. Wie viel Prozent des Quadervolumens füllt der Zylinder aus?

II Bestimmen Sie den Oberflächeninhalt und das Volumen des Werkstücks.

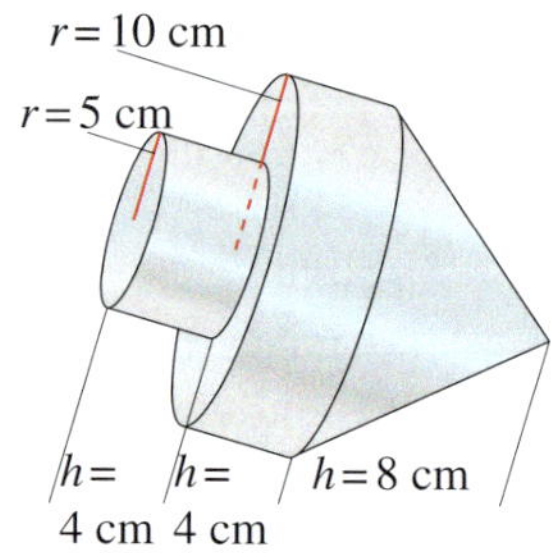

Aufgaben

Verknüpfen
Anwenden
Trainieren

12

	Einheimische	Ausländer
Bewohner insgesamt	211 630	23 042
davon männlich	103 419	20 913
wegen einer Straftat verurteilte Bewohner	3532	635
davon männlich	3102	627

Lässt sich aus obiger Kriminalstatistik einer Stadt folgern, dass die ausländischen Bewohner ein höheres Kriminalitätspotenzial besitzen als die Einheimischen?
Begründen Sie Ihre Antwort.

13

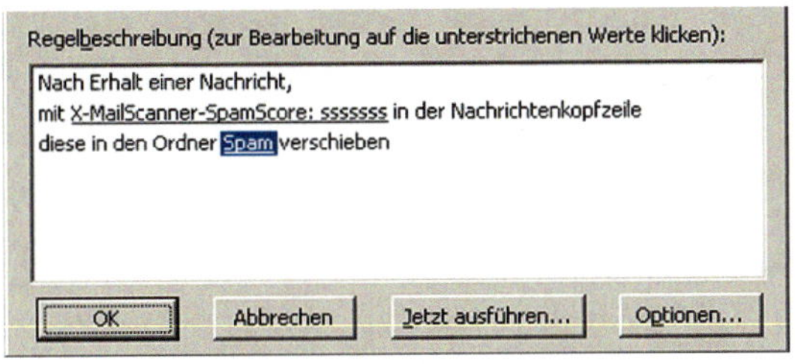

Ein guter Spamfilter erkennt 95 % aller Spams und filtert 1 % der erwünschten E-Mails irrtümlich als Spam aus.
Mehr Informationen hierüber finden Sie unter 107 – 1.

a) Nehmen Sie an, dass 90 % Ihrer empfangenen E-Mails Spam sind. Mit welcher Wahrscheinlichkeit ist dann eine E-Mail, die nicht aussortiert wurde, Spam?
Und wie wahrscheinlich ist es, dass eine aussortierte E-Mail eigentlich erwünscht gewesen wäre.

b) Beantworten Sie die Fragen aus der vorangehenden Teilaufgabe für den Fall, dass nur 5 % Ihrer empfangenen E-Mails Spam sind.

14 Die Ergebnisse von Auftrag 1 auf Seite 100 legen nahe, im Fall eines positiven Befundes einen zweiten Test durchzuführen.

a) Mit welcher Wahrscheinlichkeit ist eine Person mit Aids infiziert, wenn auch der zweite Test ein positives Ergebnis liefert?

b) Mit welcher Wahrscheinlichkeit ist die Person mit Aids infiziert, wenn der zweite Test negativ ausfällt?

15

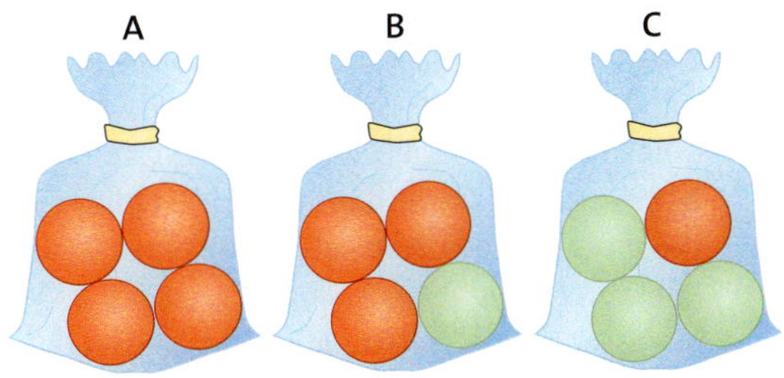

Julia wählt zufällig einen Beutel aus und zieht daraus blind mit Zurücklegen. Schätzen Sie zunächst jeweils die Wahrscheinlichkeiten für die Wahl der einzelnen Beutel und überprüfen Sie Ihre Vermutungen anschließend rechnerisch.
Welchen Beutel hat Julia vermutlich gewählt,

a) … wenn die erste gezogene Kugel rot ist?

b) … wenn sie zuerst eine rote und dann eine grüne Kugel zieht?

c) … wenn sie zweimal eine rote Kugel entnimmt?

16

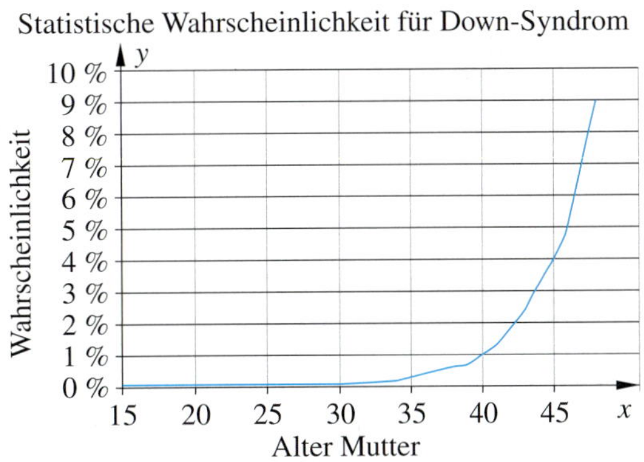

Eine Ultraschalluntersuchung im ersten Schwangerschaftsdrittel ermöglicht die Abschätzung des Risikos, ein Kind mit Down-Syndrom zu gebären. Bei dieser Methode wird die Nackenfalte der Föten gemessen.
Bei rund 70 % aller Föten mit Down-Syndrom liegt der gemessene Wert oberhalb eines bestimmten Grenzwertes. Die Falsch-Positiven-Rate der Untersuchung beträgt ca. 5 % 107 – 2.

a) Informieren Sie sich über Methoden der pränatalen Diagnostik.

b) Mit welcher Wahrscheinlichkeit hat das Kind Down-Syndrom, wenn die Nackentransparenz oberhalb des Grenzwertes liegt und die Mutter 25 Jahre (40 Jahre) alt ist?

c) Mit welcher Wahrscheinlichkeit liegt bei einem Kind, bei dem sich keine Auffälligkeit gezeigt hat, auch tatsächlich kein Down-Syndrom vor, wenn die Mutter 25 Jahre (40 Jahre) alt ist?

17 Nach einem Verbrechen wurden zwei Personen festgenommen, von denen einer der Täter sein muss. Da alle beide die Tat leugnen, werden Tests mit einem Lügendetektor durchgeführt. Mit welcher Wahrscheinlichkeit ist eine Person, die aufgrund des Tests als Täter einzustufen ist, tatsächlich der Täter?
Verwenden Sie die Angaben zur Treffsicherheit von Polygraphentests aus der Ecke auf Seite 88.

18 Vielleicht erinnern Sie sich noch an das Ziegenproblem aus „Fokus 9". Falls ihnen das Problem nicht mehr präsent ist, können Sie unter

www 108 – 1 nachschauen.

Nehmen Sie an, dass der Kandidat Tür 1 gewählt hat und der Moderator eine andere Tür öffnet, aus der dann eine Ziege herausschaut. Soll der Kandidat die Tür wechseln?

a) Lösen Sie das Problem mit Ihrem neuen Wissen über bedingte Wahrscheinlichkeiten. Betrachten Sie dazu ein zweistufiges Zufallsexperiment mit folgenden Ereignissen:

A1: Auto hinter Tür 1	M1: Moderator öffnet Tür 1
A2: Auto hinter Tür 2	M2: Moderator öffnet Tür 2
A3: Auto hinter Tür 3	M3: Moderator öffnet Tür 3

b) Betrachten Sie nun folgende Modifikation des Ziegenproblems:
Es gibt vier Türen. Hinter einer befindet sich ein Auto, hinter den anderen Ziegen. Nach der Wahl des Kandidaten öffnet der Moderator eine andere Tür, hinter der eine Ziege steht. Soll der Kandidat bei seiner Wahl bleiben, oder sich für eine der anderen beiden verschlossenen Türen entscheiden?

Aufgaben

Verknüpfen
Anwenden
Trainieren

19 Heikle Fragen: Schwarzfahrer
Bei einer Untersuchung unter Jugendlichen einer Großstadt soll der Anteil der Schwarzfahrer in öffentlichen Verkehrsmitteln ermittelt werden. Um möglichst ehrliche Antworten zu erhalten, bekommen die Befragten folgende Anweisung: *Würfeln Sie zuerst einmal, sodass niemand das Ergebnis sieht. Bei Augenzahl 1 oder 2 antworten Sie immer mit „ja", egal ob Sie Schwarzfahrer sind oder nicht. Bei Augenzahl 3 oder 4 antworten Sie entsprechend immer mit „nein". Bei Augenzahl 5 oder 6 beantworten Sie bitte die Frage „Sind Sie schon schwarzgefahren?" ehrlich mit „ja" oder „nein".* Bei einer großen Anzahl von Befragten haben 48 % (50 %, 55 %) mit „Ja" geantwortet.

a) Wie hoch ist jeweils etwa der Anteil der Schwarzfahrer?

b) Eine Befragte antwortet mit „Ja". Mit welcher Wahrscheinlichkeit handelt es sich jeweils um eine Schwarzfahrerin?

20 Heikle Fragen: Steuererklärung
Bei einer Untersuchung wird einer großen Gruppe von Steuerpflichtigen folgende Frage gestellt: Haben Sie in Ihrer letzten Steuererklärung absichtlich unwahre Angaben gemacht? Um ehrliche Antworten zu erhalten wird folgendes Verfahren angewandt: Zuerst zieht der Befragte verdeckt eine Karte aus einem Stapel mit 10 Karten. Auf vier Karten steht: *„Bitte ehrlich antworten." Auf jeweils 3 Karten steht „Bitte immer mit ja antworten"*, bzw. *„Bitte immer mit nein antworten"*.

a) Wie groß wird in etwa der Anteil j der Ja-Antworten sein, wenn 30 % der Steuerpflichtigen bei ihrer letzten Steuererklärung geschwindelt haben?

b) Man erhält 55 % Ja-Antworten. Von welchem Anteil p an Steuer-Schwindlern ist auszugehen?

c) Beantworten Sie Frage b) allgemein für einen Anteil j von Ja-Antworten.

d) In welchen Grenzen ist der Anteil j der Ja-Antworten zu erwarten?

e) Wie verändern sich die zu erwartenden Antworten bei einer veränderten Kartenzusammensetzung?

21 In einer Studie wurde ein Grippe-Impfstoff getestet (siehe obere Tabelle).

	geimpft	nicht geimpft
an Grippe erkrankt	20%	48%
nicht an Grippe erkrankt	8%	24%

a) Sprechen diese Zahlen für oder gegen eine Weiterentwicklung des Impfstoffs?

b) An der Studie haben 15 000 Personen teilgenommen. 6600 dieser Personen leben in einer Großstadt, die restlichen auf dem Land. Eine seperate Auswertung für die Städter zeigt die untere Tabelle. Erstellen Sie die entsprechende Tabelle für die an der Studie beteiligten Personen, die auf dem Land leben.

	geimpft	nicht geimpft
an Grippe erkrankt	2400	3000
nicht an Grippe erkrankt	600	600

22 Die Fußballspieler Franz und Uwe diskutieren, welcher von beiden einen wichtigen Elfmeter schießen soll. Franz hat zu Hause eine Trefferquote von 80% und auswärts von 60%. Uwe trifft zu Hause bei 70% und auswärts bei 50% aller von ihm geschossenen Elfmeter. Insgesamt gesehen verwandelt Uwe jedoch einen höheren Anteil seiner Elfmeter-Schüsse als Franz.

a) Welcher Spieler soll schießen? Begründen Sie Ihre Entscheidung.

b) Geben Sie ein Zahlenbeispiel an, bei dem diese paradoxe Situation eintritt.

23 In einem Gymnasium besuchen 30% den naturwissenschaftlich-technologischen und 70% den sprachlichen Zweig. In beiden Zweigen ist der Anteil der Mädchen, die die Jahrgangsstufe wiederholen, größer als der jeweils entsprechende Anteil bei den Buben. Insgesamt ist aber der Anteil der Wiederholer bei den Buben größer als bei den Mädchen. Wie ist das möglich?

24 Eine Umfrage hat ergeben, dass 45% aller Schülerinnen und Schüler braune Haare haben. 60% aller Schülerinnen und Schüler gaben an, an Mathematik interessiert zu sein. 27% der Befragten waren braunhaarig und zugleich an Mathematik interessiert. Hat die Haarfarbe demnach einen Einfluss auf das Interesse an Mathematik?

Aufgabe der Woche

Füllen Sie drei gleichartige Urnen (z. B. Säckchen) mit Kugeln, Legosteinen oder ähnlichen Gegenständen, die sich nur in der Farbe unterscheiden:
In Urne 1 kommen drei rote und eine grüne Kugel.
In Urne 2 kommen zwei rote und zwei grüne Kugeln, in Urne 3 eine rote und drei grüne Kugeln.
Wählen Sie zufällig eine Urne aus.

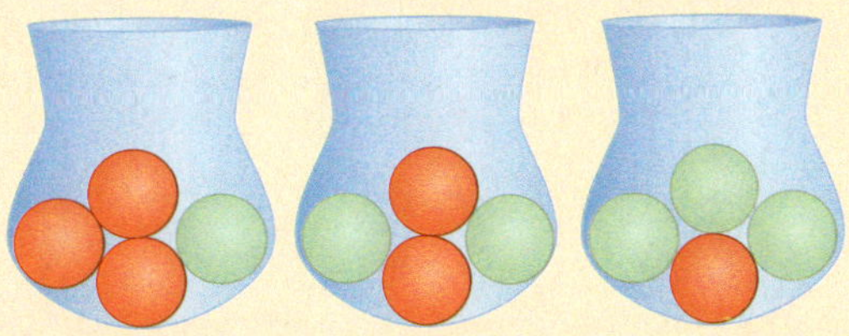

a) Ziehen Sie dann eine Kugel und legen Sie diese zurück. Berechnen Sie unter Berücksichtigung dieser Ziehung die Wahrscheinlichkeiten dafür, dass Sie Urne 1, Urne 2, bzw. Urne 3 ausgewählt haben.

b) Ziehen Sie erneut eine Kugel und legen Sie sie wieder zurück. Berechnen Sie unter Verwendung der Werte aus Teilaufgabe a) mithilfe eines Baumdiagramms die Wahrscheinlichkeiten dafür, dass es sich um die erste, die zweite oder die dritte Urne handelt.

c) Wiederholen Sie den Vorgang so lange, bis sich eine deutliche Tendenz abzeichnet.

d) Nehmen Sie an, es wird 5-mal (10-mal) hintereinander eine rote Kugel gezogen. Ermitteln Sie (evtl. mithilfe eines Tabellenkalkulationsprogramms) die Wahrscheinlichkeiten dafür, dass es sich um Urne 1, Urne 2 bzw. Urne 3 handelt.

Zeigen Sie, was Sie können!

1 In einer Klasse sind 20 Mädchen und 12 Buben. Von den Mädchen sind $\frac{3}{4}$ Fahrschüler, bei den Buben nur die Hälfte. Es wird eine Person aus der Klasse zufällig ausgewählt.

a) Wie groß ist die Wahrscheinlichkeit, dass es sich um einen Fahrschüler handelt?

b) Wie groß ist die Wahrscheinlichkeit, dass es sich um einen männlichen Fahrschüler handelt?

c) Die ausgewählte Person ist ein Fahrschüler. Mit welcher Wahrscheinlichkeit ist es ein Mädchen?

d) Beschreiben Sie eine Zusammensetzung einer 32-köpfigen Klasse, sodass die unter c) beschriebene Wahrscheinlichkeit 60 % beträgt.

2 Aus den Zahlen von 1 bis 100 wird zufällig eine Zahl ausgewählt.

a) Mit welcher Wahrscheinlichkeit ist sie durch 3 und 5 teilbar?

b) Mit welcher Wahrscheinlichkeit ist sie durch 3 teilbar, wenn man weiß, dass sie durch 5 teilbar ist?

c) Mit welcher Wahrscheinlichkeit ist sie durch 6 teilbar, wenn man weiß, dass sie durch 3 teilbar ist?

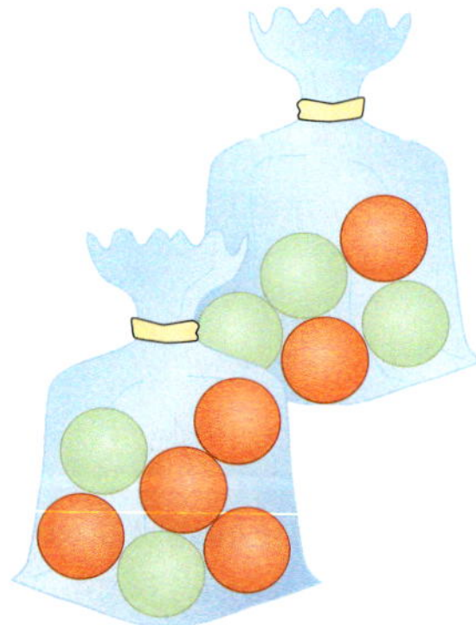

3 In zwei Säckchen sind jeweils Murmeln. Im ersten 4 rote und 2 grüne und im zweiten 2 rote und 3 grüne. Nun wird zufällig ein Säckchen ausgewählt und dann daraus eine Kugel gezogen. Die gezogene Kugel ist grün.

a) Mit welcher Wahrscheinlichkeit hat man aus dem zweiten Säckchen gezogen?

b) Nun wird, ohne Zurücklegen, eine zweite Kugel aus dem gleichen Säckchen gezogen. Sie ist wieder grün. Wie groß ist, unter Hinzuziehung dieser weiteren Information, die Wahrscheinlichkeit aus dem zweiten Säckchen gezogen zu haben?

4 Ein Sportartikelgroßhändler bezieht seine – für den Laien nicht unterscheidbaren – Golfbälle von zwei verschiedenen Herstellern *A* und *B*. *A* liefert 85 % der Bälle und hat im Durchschnitt 0,05 % Ausschuss, *B* hat 0,2 % Ausschuss. Mit welcher Wahrscheinlichkeit stammt ein zufällig ausgewählter defekter Ball vom Hersteller *B*?

Aufg.-Nr.	Punkte	Lösungshinweis
1	7 P	Beachte Seite 94, Zusammenfassung
2	8 P	Beachte Seite 94, Zusammenfassung
3	8 P	Beachte Seite 104, Zusammenfassung
4	7 P	Beachte Seite 104, Zusammenfassung

Lösungen Seiten 206 f.

26–30 Punkte

21–25 Punkte

15–20 Punkte

5 Grenzwertbetrachtungen an Kreis und Kugel

Im Jahr 1882 bewies der Mathematiker Ferdinand von Lindemann (1852 – 1939) erstmals, dass die Zahl π keine Lösung einer algebraischen Gleichung mit rationalen Koeffizienten ist. Damit gelang ihm die Lösung eines klassischen Problems: Er zeigte, dass die Quadratur des Kreises durch Konstruktion mit Zirkel und Lineal unmöglich ist. Zu seinen Ehren ist deshalb auf seinem Grabstein in München das Symbol der Zahl π in einem Kreis und einem Quadrat dargestellt.

In diesem Kapitel erfahren Sie mehr über die Kreiszahl π. Sie beschäftigen sich mit verschiedenen Möglichkeiten, π näherungsweise zu berechnen und verwenden dabei auch numerische Verfahren. Außerdem finden Sie Formeln zur Berechnung von Volumen und Oberflächeninhalt einer Kugel.

Die Quadratur des Kreises – eine unendliche Geschichte

Eigentlich eine einfache Fragestellung und doch ist dieses unlösbare Problem eines der ältesten, es beschäftigt die Wissenschaft seit etwa 4000 Jahren:
Gesucht ist eine exakte Konstruktion mit Zirkel und Lineal, mit der eine Kreisfläche in endlich vielen Konstruktionsschritten in ein flächengleiches Quadrat verwandelt werden kann.
Der Beweis der Unmöglichkeit einer solchen Konstruktion gelang allerdings erst Ferdinand von Lindemann im Jahr 1882.

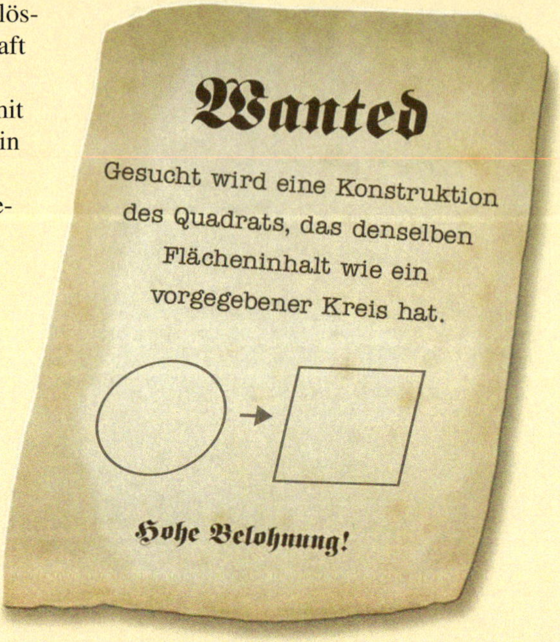

Um die Quadratur des Kreises näherungsweise mit Zirkel und Lineal durchzuführen, wurden im Laufe der Geschichte viele Konstruktionen beschrieben. Eine findet sich in dem 1525 erschienen Werk „Underweysung der Messung mit dem Zirckel und Richtscheyt“ des Nürnberger Malers Albrecht Dürer (1471–1528). In seinem Werk lehrt Dürer die Konstruktion geometrischer Figuren mit Zirkel und Lineal. Dieses Buch enthält praktische Anleitungen für Maler und Handwerker, auch Verfahren zur geometrischen Konstruktion von Buchstaben werden behandelt. Dürer schreibt über seine Näherungskonstruktion zur Quadratur des Kreises:

Von nōten wer zůwiſen quadratura circuli / das iſt / die vergleychnus eines cirkels / vnnd eines quadrates / alſo das eins als vil inhielt als dz ander / aber ſoliches iſt noch nit von den gelerten demonſtrit Mechanice / aber das iſt beyleyfig / alſo das es im werck nit oder gar ein kleyns felt / mag diſe vergleychnüß alſo gemacht werden. Reyß ein fierung vñ teyl den ortſtrich in zehen teyl / vnd vnd reyß darnach ein cirkelriß des Diameter ſol achtteyl haben / wie die quadratur zechne hat / wie jch das vnden hab aufgeriſſen.

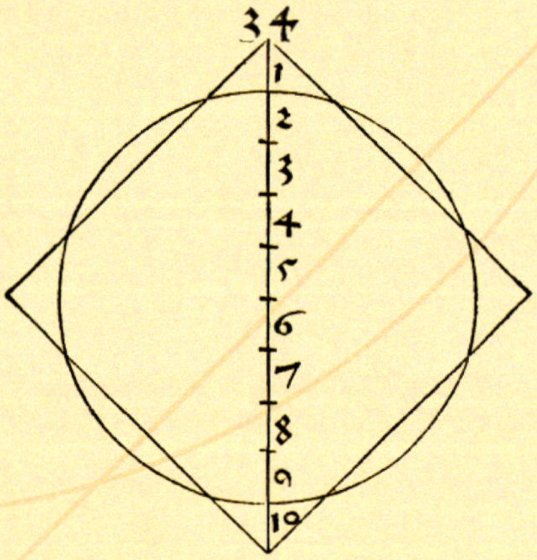

Aufgabe:
Machen Sie sich durch eine Konstruktion mit Zirkel und Lineal klar, wie Dürers Konstruktion funktioniert. Zeigen Sie, dass sich aus dieser Konstruktion der Wert $\pi \approx 3\frac{1}{8}$ ergibt.
Falls Sie mit dem Originaltext nicht zurechtkommen, finden Sie unter 112 – 1 eine Übertragung in die heutige Sprache.

5.1 Näherungsweise Berechnung von π*

Lebenswerk

Auftrag 1

Der niederländische Mathematiker Ludolf von Ceulen (1539–1610) errechnete π auf 35 Stellen genau. Er verwendete einen großen Teil seines Lebens (etwa 30 Jahre) für die genaue Berechnung der Zahl π, erst kurz vor seinem Tod fand er 16 der von ihm entdeckten und heute noch gültigen 35 Stellen. Aus diesem Grund verwendet man für die Zahl Pi auch die Bezeichnung **Ludolfsche Zahl**. Um die Zahl π so genau zu berechnen, verwendete er die Methode des Archimedes:

In einen Kreis ($r = 0{,}5$) wird ein regelmäßiges Sechseck einbeschrieben. Der Umfang des Sechsecks ist eine erste Näherung für den Umfang des Kreises. Berechnen Sie den ersten Näherungswert und erklären Sie, warum dieser gleichzeitig ein Näherungswert für die Kreiszahl π ist.

Verwenden Sie ein regelmäßiges Zwölfeck, um dieses Verfahren zu verbessern.

Finden Sie eine allgemeine Formel für ein 24-Eck, ein 48-Eck und so weiter.

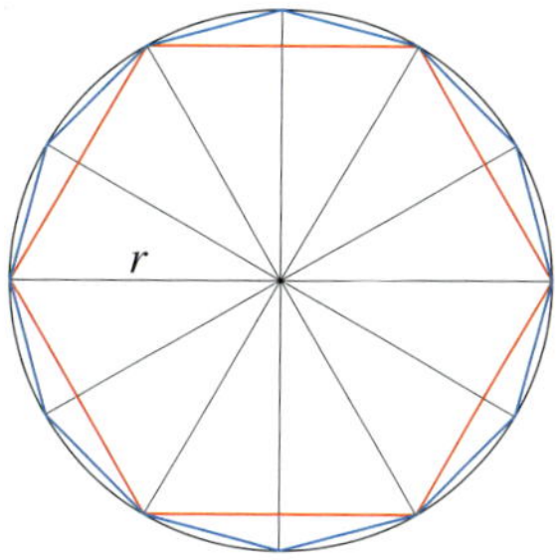

Ludolf von Ceulen

Streifenmethode

Auftrag 2

Um einen Näherungswert für die Kreiszahl π zu bestimmen, nähern Sie den Flächeninhalt eines Viertelkreises mit Radius 2 durch die Summe der Flächeninhalte der in der Abbildung dargestellten Rechtecke an. Die Rechtecke haben dabei alle die gleiche Breite und berühren mit der rechten oberen Ecke den Kreisbogen. Begründen Sie zunächst, warum der Flächeninhalt des Viertelkreises ein Maß für die Kreiszahl π ist. Bestätigen Sie die allgemeine Formel für den Flächeninhalt des k-ten Rechtecks bei einer Unterteilung in n Rechtecke ($k \le n$):

$$A_k = b \cdot l = \frac{2}{n} \cdot \sqrt{2^2 - \left(k \cdot \frac{2}{n}\right)^2}$$

Berechnen Sie Näherungswerte für π mithilfe eines Tabellenkalkulationsprogramms für Unterteilungen bis $n = 20$.

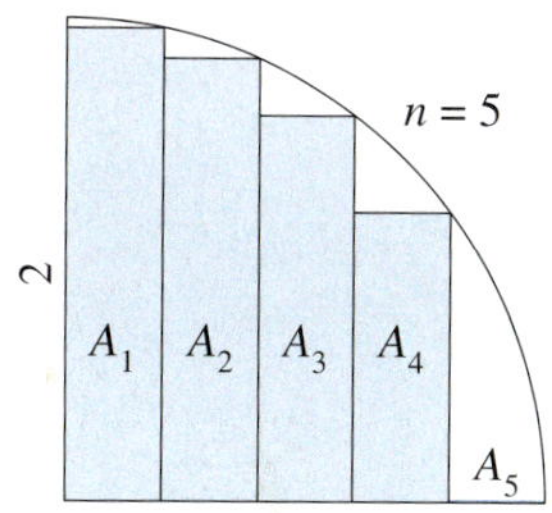

Bei einbeschriebenen Rechtecken ist stets $A_n = 0$.

Glücksspiel

Auftrag 3

Nach dem monegassischen Stadtteil Monte-Carlo, der durch seine Spielbank berühmt wurde, ist die sogenannte Monte-Carlo-Simulation benannt. Dabei handelt es sich um ein stochastisches Verfahren, bei dem durch sehr häufig durchgeführte Zufallsexperimente eine Näherungslösung eines mathematischen Problems ermittelt wird. Mithilfe der Monte-Carlo-Simulation ist es möglich, die Kreiszahl π näherungsweise zu bestimmen. Dazu verwenden Sie einen Viertelkreis mit $r = 1$, der (wie in der Abbildung gezeigt) von einem Quadrat der Seitenlänge $s = 1$ eingeschlossen wird. Lässt man nun zufällig Punkte auf Viertelkreis und Quadrat „regnen“, so ergibt sich unter der Annahme, dass die Punkt gleichmäßig verteilt werden, eine Näherung für die Kreiszahl π:

$$\pi \approx 4 \cdot \frac{\text{Anzahl der Punkte im Viertelkreis}}{\text{Anzahl aller Punkte}}$$

(Weiter auf Seite 114.)

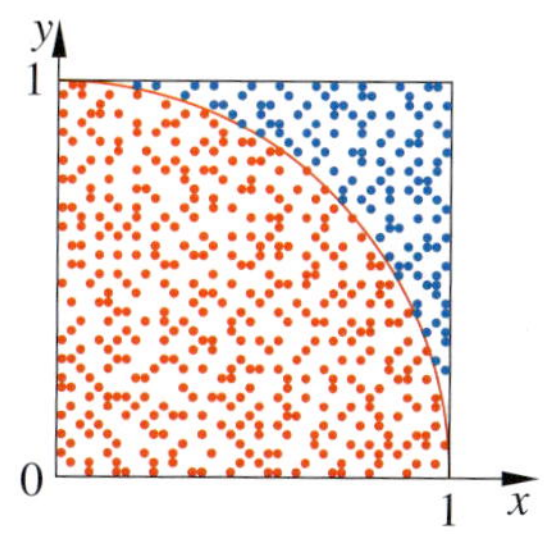

Für den Kreisbogen mit dem Radius r gilt: $x^2 + y^2 = r^2$

---
* fakultativ

www 114 – 1

Begründen Sie die Näherungsformel. Machen Sie sich dann mithilfe von einer Zeichnung und einem einfachen Experiment die Funktionsweise dieser Methode klar. Verwenden Sie wenn möglich ein Tabellenkalkulationsprogramm, um verschiedene Näherungswerte für π zu berechnen.

Bearbeitung

Auftrag 1 Lebenswerk

Ein Kreis mit dem Radius 0,5 hat den Umfang $u = r \cdot 2\pi = 0{,}5 \cdot 2 \cdot \pi = \pi$.
Der Umfang jedes diesem Kreis einbeschriebenen n-Ecks ist deshalb ein Näherungswert für die Kreiszahl π.

Bei der ersten Näherung wird dem Kreis ein regelmäßiges Sechseck mit der Seitenkantenlänge s_6 einbeschrieben. Da s_6 gleich der Länge des Kreisradius ist, ergibt sich für den Umfang u_6 des einbeschriebenen Sechsecks $u_6 = 6 \cdot 0{,}5 = 3$ und damit als erste Näherung für die Kreiszahl: $\pi \approx 3$.

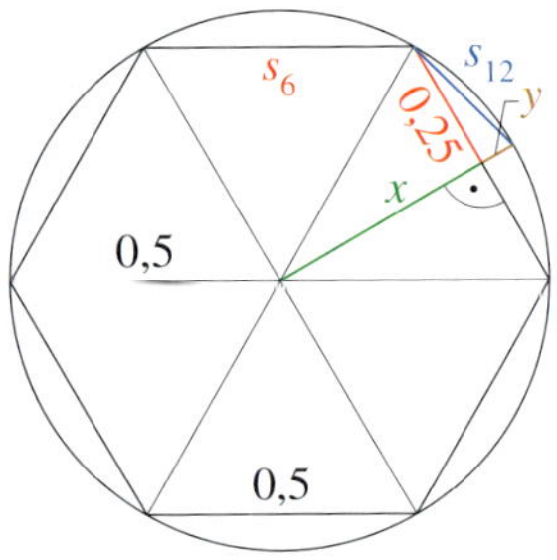

Die Erweiterung des Verfahrens auf ein regelmäßiges Zwölfeck erfolgt durch Teilung der sechs gleichseitigen Dreiecke in 12 gleichschenklige Teildreiecke. Die Seitenlänge s_{12} des Zwölfecks lässt sich mithilfe des Satzes von Pythagoras berechnen, indem zunächst x und dann y mit $y = 0{,}5 - x$ berechnet werden:

$$x^2 = 0{,}5^2 - 0{,}25^2 \quad \Rightarrow \quad x = \sqrt{\tfrac{3}{16}} \quad \Rightarrow \quad y = \tfrac{1}{2} - \sqrt{\tfrac{3}{16}}$$

Damit ergibt sich für die Seitenlänge s_{12} des Zwölfecks:

$$s_{12}^2 = 0{,}25^2 + y^2 = \left(\tfrac{1}{4}\right)^2 + \left(\tfrac{1}{2} - \sqrt{\tfrac{3}{16}}\right)^2 = \tfrac{1}{16} + \tfrac{1}{4} - \sqrt{\tfrac{3}{16}} + \tfrac{3}{16} = \tfrac{1}{2} - \sqrt{\tfrac{3}{16}}$$

$$s_{12} = \sqrt{\tfrac{1}{2} - \sqrt{\tfrac{3}{16}}}$$

Der nächste Näherungswert für die Kreiszahl ist demnach:

$$\pi \approx u_{12} = 12 \cdot s_{12} = 12 \cdot \sqrt{\tfrac{1}{2} - \sqrt{\tfrac{3}{16}}} \approx 3{,}106$$

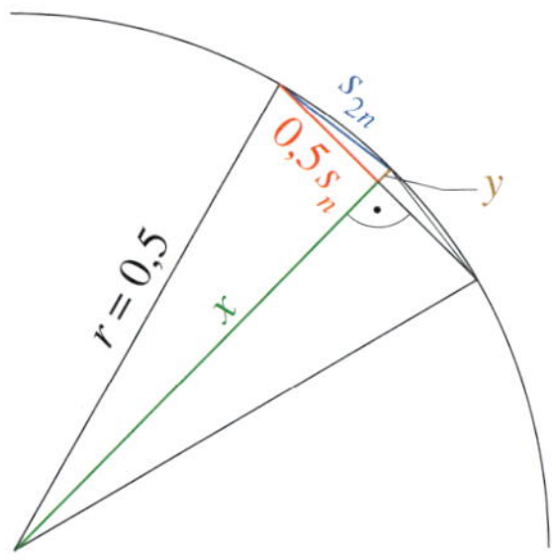

Dieses Verfahren soll nun weitergeführt werden: Durch fortgesetzte Halbierung des bestehenden Teildreiecks wird immer wieder die Seitenlänge des neu entstehenden regelmäßigen Vielecks errechnet. Dieses sogenannte **Rekursionsverfahren**, aus bereits Bekanntem neue Ergebnisse herzuleiten, wird nun für den Übergang von einem n-Eck zu einem $2n$-Eck allgemein durchgeführt. Als Anregung dient dabei der Übergang vom Sechs- zum Zwölfeck:

$$x^2 = 0{,}5^2 - (0{,}5\,s_n)^2 \quad \Leftrightarrow \quad x^2 = 0{,}5^2\left(1 - s_n^2\right)$$

$$\Rightarrow \quad x = 0{,}5\sqrt{1 - s_n^2} \quad \Rightarrow \quad y = 0{,}5 - 0{,}5\sqrt{1 - s_n^2}$$

Damit ergibt sich für die Seitenlänge s_{2n} des $2n$-Ecks:

$$\begin{aligned} s_{2n}^2 &= (0{,}5\,s_n)^2 + y^2 \\ &= 0{,}25\,s_n^2 + \left(0{,}5 - 0{,}5\sqrt{1 - s_n^2}\right)^2 \\ &= 0{,}25\,s_n^2 + 0{,}25 - 0{,}5\sqrt{1 - s_n^2} + 0{,}25\,(1 - s_n^2) \\ &= 0{,}5 - 0{,}5\sqrt{1 - s_n^2} \end{aligned}$$

$$s_{2n} = \sqrt{0{,}5 - 0{,}5\sqrt{1 - s_n^2}}$$

Mit dieser **Rekursionsformel** können nun s_{24}, s_{48}, s_{96}, … berechnet werden.

Um mithilfe der Rekursionsformel nacheinander s_{24}, s_{48}, s_{96}, … und dann auch $u_{24} = 24 \cdot s_{24}$, $u_{48} = 48 \cdot s_{48}$, $u_{96} = 96 \cdot s_{96}$, … zu berechnen, ist ein Tabellenkalkulationsprogramm besonders geeignet.

Als Anfangswerte werden in die Tabellenkalkulation in der Spalte *n* die Eckenzahl 6 und in der Spalte *s_n* die Seitenlänge 0,5 des regelmäßigen Sechsecks eingegeben.
Die weiteren Eckenzahlen ergeben sich jeweils durch Verdopplung der vorherigen Eckenzahl.
Zur Berechnung der weiteren Seitenlängen wird die hergeleitete Rekursionsformel verwendet.
In der Spalte *u_n* werden die Umfänge als Produkt der Eckenzahl und der jeweiligen Seitenlänge berechnet.

B3 =WURZEL(0,5-0,5*WURZEL(1-B2^2))

	A	B	C
1	n	s_n	u_n
2	6	0,5	3
3	12	0,258819045	3,105828541
4	24	0,130526192	3,132628613
5	48	0,065403129	3,139350203
6	96	0,032719083	3,141031951
7	192	0,016361732	3,141452472
8	384	0,00818114	3,141557608
9	768	0,004090604	3,141583892
10	1536	0,002045306	3,141590463
11	3072	0,001022654	3,141592106
12	6144	0,000511327	3,141592517
13	12288	0,000255663	3,141592619

Tabelle1 / Tabelle2 / Tabelle3

Vergleicht man die Umfänge im oberen Tabellenausschnitt mit einem Taschenrechnerwert für π, z. B. 3,141592653, so scheint sich die Erwartung zu bestätigen, dass sie sich immer besser π annähern.
Aber wie der zweite Tabellenausschnitt zeigt, setzt sich das nicht so fort: Ab Eckenzahl 393 216 werden die Näherungswerte wieder schlechter, um dann letztlich bei 0 stehen zu bleiben.
Der Widerspruch zwischen theoretischer Erwartung und praktischen Rechenergebnissen ist darin begründet, dass der Computer intern nur mit endlich vielen Stellen nach dem Komma rechnet. Da die Seitenlängen s_n der regelmäßigen *n*-Ecke mit wachsender Eckenzahl immer kleiner werden, muss der Computer irgendwann als gerundeten Wert den Wert 0 verwenden. Dann liefert die Rekursionsformel
$s_{2n} = \sqrt{0{,}5 - 0{,}5\sqrt{1 - 0^2}} = 0$ und damit auch $u_{2n} = 0$.

	A	B	C
12	6144	0,000511327	3,141592517
13	12288	0,000255663	3,141592619
14	24576	0,000127832	3,141592645
15	49152	6,39159E-05	3,141592645
16	98304	3,19579E-05	3,141592645
17	196608	1,5979E-05	3,141592645
18	393216	7,98948E-06	3,141592304
19	786432	3,99474E-06	3,141592304
20	1572864	1,99737E-06	3,14158684
21	3145728	9,98684E-07	3,14158684
22	6291456	4,99356E-07	3,141674265
23	12582912	2,49678E-07	3,141674265
24	25165824	1,24894E-07	3,14307274
25	50331648	6,2336E-08	3,1374751
26	100663296	3,16101E-08	3,181980515
27	201326592	1,49012E-08	3
28	402653184	7,45058E-09	3
29	805306368	0	0
30	1610612736	0	0
31	3221225472	0	0

Tabelle1 / Tabelle2 / Tabelle3

Einen Schritt weitergedacht:
Ist der anzunähernde Wert selbst nicht bekannt, dann kann es schwierig sein zu entscheiden, welcher der berechneten Werte der beste Näherungswert ist.
Den besten Näherungswert hat man oft dann erreicht, wenn die Werte in immer kleiner werdenden Schritten auf einen Wert zulaufen, der sich dann letztlich nicht mehr ändert. Man sagt, „die Werte werden stabil.“
Im betrachteten Beispiel werden die Näherungswert u_n zuerst bei 3,141 592 645 stabil. Das ist hier tatsächlich der beste Näherungswert, danach werden sie allerdings wieder schlechter.

Für die praktische Berechnung von Näherungswerten sollte man solche Rekursionsformeln suchen, in denen sich Rundungsfehler nicht so stark auswirken. Insbesondere sollte man keine Zwischenwerte wie s_{2n} berechnen, da diese sehr klein werden und der Computer sie irgendwann auf 0 rundet.
Für das hier betrachtete Verfahren nach Archimedes sind die in der Info mitgeteilten Rekursionsformeln deutlich besser geeignet, weil keiner der Zwischenwerte u_n, u_{2n}, U_n und U_{2n} jemals in die Nähe von 0 kommt.

Aufgabe 7 von Seite 117 greift diese Rekursion auf.

Info

Werden einem Kreis regelmäßige *n*-Ecke mit dem Umfang u_n einbeschrieben und mit dem Umfang U_n umbeschrieben, so gilt:

$$\frac{1}{U_{2n}} = \frac{1}{2} \cdot \left(\frac{1}{u_n} + \frac{1}{U_n}\right)$$

$$u_{2n} = \sqrt{u_n \cdot U_{2n}}$$

Zusammenfassung

Näherungsweise Berechnung von π

π ist eine irrationale Zahl, ein Näherungswert für π ist z. B. 3,14159265358979323846264338327 95.
Es gibt verschiedene Methoden, Näherungswerte für π zu ermitteln.

Vielen Methoden liegt die Idee zugrunde, den Kreisumfang oder die Kreisfläche durch solche geometrischen Figuren anzunähern, deren Umfang oder Flächeninhalt sich berechnen lässt.
Zur Annäherung der Kreisfläche bzw. der Fläche eines Viertelkreises kommen insbesondere Rechtecke (siehe Auftrag 2), Trapeze und Dreiecke infrage.
Zur Annäherung des Kreisumfangs sind dem Kreis ein- und umbeschriebene regelmäßige Vielecke geeignet. Das wohl bekannteste Verfahren von Archimedes (287–212 v. Chr.), das auch Ludolf von Ceulen (1539–1610) anwandte, berechnet Vielecke mit 6, 12, 24, … Ecken (siehe Auftrag 1).
Theoretisch könnte man mit dieser Methode von Archimedes beliebig genaue Näherungswerte für π erhalten. Praktisch werden dem durch den Rechenaufwand und bei „ungünstigen" Rekursionsformeln auch durch Rundungsfehler Grenzen gesetzt.

Auch mittels experimenteller Verfahren lassen sich Näherungswerte für π finden – insbesondere, wenn sie sich mithilfe eines Computers simulieren lassen. Dazu zählt beispielsweise die im Auftrag 3 beschriebene Monte-Carlo-Simulation.

Heute werden Näherungswerte von π allerdings häufig auf anderem Wege berechnet. Man verwendet Formeln, wie sie ab dem 17. Jahrhundert aufgrund theoretischer Überlegungen (die hier nicht erläutert werden können) gefunden wurden. Das sind z. B. die Formeln von Leibniz (1646–1716) und von Euler (1707–1783):

$\frac{\pi}{4} = 1 - \frac{1}{3} + \frac{1}{5} - \frac{1}{7} + \frac{1}{9} - \frac{1}{11} + \ldots$ $\frac{\pi^2}{8} = 1 + \frac{1}{3^2} + \frac{1}{5^2} + \frac{1}{7^2} + \frac{1}{9^2} + \frac{1}{11^2} + \ldots$

Aufgaben

Verknüpfen
Anwenden
Trainieren

1 Bei der Anwendung der Methode von Archimedes wurde im Auftrag 1 ein Kreis vom Radius 0,5 betrachtet, weil dessen Umfang π ist. Oft ist es aber üblich, die Betrachtungen an einem Einheitskreis (Radius 1) durchzuführen.

a) Begründen Sie, dass in diesem Falle im Unterschied zur Bearbeitung des Aufrags 1 die Rekursionsformel $s_{2n} = \sqrt{2 - \sqrt{4 - s_n^2}}$ verwendet werden muss.

b) Ermitteln Sie über die Annäherung des Einheitskreises durch einbeschriebene regelmäßige n-Ecke Näherungswerte für π.

c) Untersuchen Sie, wie sich in diesem Falle Rundungsfehler bemerkbar machen. Begründen Sie Ihre Beobachtung.

2 Zeichnen Sie einen Kreis mit $r = 6\,\text{cm}$ sowie ein dem Kreis einbeschriebenes und ein ihm umbeschriebenes Sechseck. Berechnen Sie die Umfänge beider Sechsecke und schätzen Sie damit einen Wert für π ab.

3 In einem Papyrus aus dem alten Ägypten (2000–1800 v. Chr.), dem Papyrus Rhind, findet sich ein Näherungswert für die Kreiszahl π. Es wird vermutet, dass die Schreiber den Flächeninhalt eines Kreises durch den eines Achtecks angenähert haben. Bestimmen Sie den Flächeninhalt des Achtecks in Abhängigkeit vom Durchmesser d des Kreises. Bestätigen Sie, dass dadurch die Kreiszahl mit $\pi \approx \frac{28}{9}$ genähert wird.

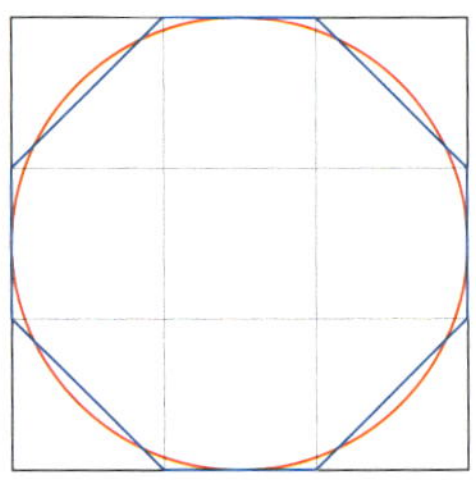

4 Bereits bei den Babyloniern (1900–1600 v. Chr.) findet man die nebenstehende Näherung der Kreiszahl π. Zeigen Sie mithilfe von trigonometrischen Beziehungen, dass sich durch das in den Einheitskreis einbeschriebene 12–Eck der Näherungswert 3 bzw. sogar 3,1 ergibt.

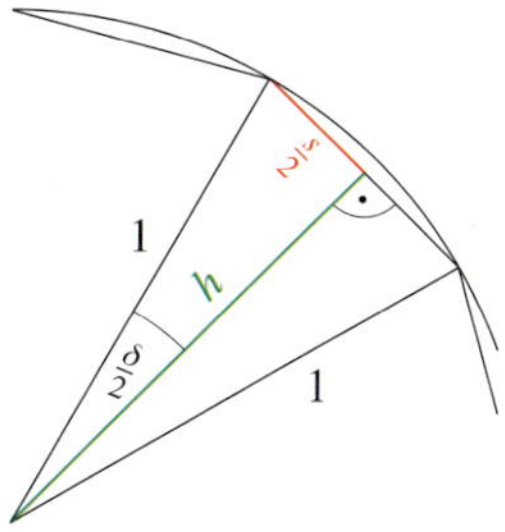

5 Um wie viel Prozent weichen die Näherungswerte für π jeweils von dem Wert ab, den Ihr Taschenrechner für π anzeigt?

a) Näherungswerte aus den Aufgaben 2 bis 4

b) Altes Testament (1. Könige 7:23): „Und er machte das Meer, gegossen, von einem Rand zum andern zehn Ellen weit rundherum und fünf Ellen hoch und eine Schnur dreißig Ellen war das Maß ringsherum."

c) Archimedes (287–212 v. Chr.) mit seinem Verfahren unter Verwendung ein- und umbeschriebener Vielecke: $3\frac{10}{71} < \pi < 3\frac{1}{7}$

d) Römische Legionäre (27 v.–476 n. Chr.): $3\frac{1}{8}$

e) Ptolemäus (87–165), griechischer Mathematiker: $\pi° \approx 3° 8' 30''$

f) Wang Fau (229–267), chinesischer Mathematiker: Bei einem Kreisumfang von 142 beträgt der Durchmesser 45.

g) Brahmagupta (598–668), indischer Mathematiker: $\sqrt{10}$

h) Fibonacci (um 1220), Rechenmeister in Pisa: $\frac{864}{275}$

Noch fit?

I Lösen Sie die Gleichung rechnerisch, und veranschaulichen Sie sich die Lösung grafisch.

a) $2x^2 - 12 = -10x$ **c)** $2x^2 + 10x = 40 - 3x^2$

b) $-3 + 0{,}5x^2 = 0{,}5x$ **d)** $0{,}2x^2 - 2x + 0{,}3 = 0$

II Berechnen Sie die Nullstellen der Funktion f. Es gibt nicht nur einen Lösungsweg!

a) $f(x) = x^2 + 2x + 0{,}75$ **d)** $f(x) = x^2 - 3x + 2$

b) $f(x) = 2x^2 - 10x$ **e)** $f(x) = x^2 - 2x - 3$

c) $f(x) = -x^2 - \frac{1}{6}x + \frac{1}{3}$ **f)** $f(x) = \frac{1}{5}x^2 - 2x + \frac{3}{10}$

Aufgaben

Verknüpfen
Anwenden
Trainieren

6 In der Zusammenfassung sind Formeln von Leibniz und Euler zur näherungsweisen Berechnung von π angegeben. Eine weitere Formel wurde von dem englischen Theologen John Wallis (1616–1703) gefunden:

$$\frac{\pi}{4} = \frac{2}{3} \cdot \frac{4}{3} \cdot \frac{4}{5} \cdot \frac{6}{5} \cdot \frac{6}{7} \cdot \frac{8}{7} \cdot \frac{8}{9} \cdot \frac{10}{9} \cdot \frac{10}{11} \cdot \ldots$$

Berechnen Sie mithilfe der drei Formeln und eines Taschenrechners jeweils erste Näherungswerte von π. Verwenden Sie dann ein Tabellenkalkulationsprogramm zur weiteren Untersuchung der Näherungsformeln.

7 Ein Einheitskreis wird durch ein- und umbeschriebene regelmäßige Vielecke entsprechend dem Verfahren von Archimedes angenähert. s_n ist die Seitenlänge und u_n der Umfang des einbeschriebenen n-Ecks, S_n und U_n sind die entsprechenden Größen beim umbeschriebenen n-Eck. Laut Info von Seite 115 bestehen folgende Zusammenhänge:

$$\frac{1}{U_{2n}} = \frac{1}{2} \cdot \left(\frac{1}{u_n} + \frac{1}{U_n}\right); \quad u_{2n} = \sqrt{u_n \cdot U_{2n}}$$

a) Begründen Sie anhand des Bildes den Zusammenhang zwischen s_n und S_n:

$$S_n = \frac{2s_n}{\sqrt{4 - s_n^2}}$$

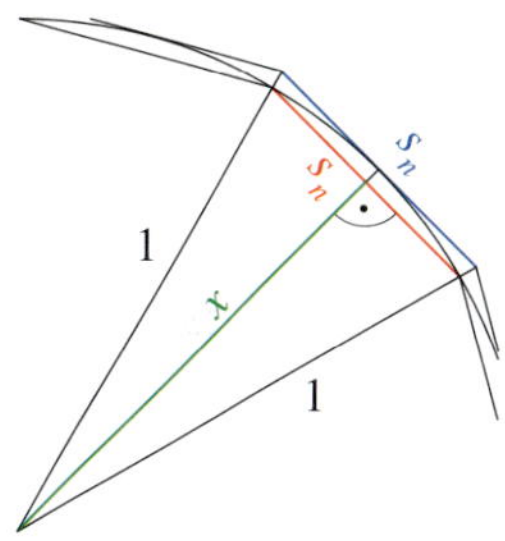

b) Zeigen Sie, dass obige Beziehungen zwischen den Umfängen richtig sind, indem Sie die Umfänge durch die entsprechenden Seitenlängen ausdrücken. Nutzen Sie dabei:

$$s_{2n} = \sqrt{2 - \sqrt{4 - s_n^2}} \quad \text{(Siehe Aufgabe 1.)}$$

$$S_{2n} = \frac{2s_n}{2 + \sqrt{4 - s_n^2}} \quad \text{(Können Sie sich herleiten.)}$$

c) Begründen Sie, dass für alle n gilt: $\frac{u_n}{2} < \pi < \frac{U_n}{2}$.

d) Berechnen Sie u_6 und U_6. Berechnen Sie daraus unter Verwendung obiger Beziehungen u_{12} und U_{12}. Überlegen Sie, wie man allgemein u_{2n} und U_{2n} aus u_n und U_n berechnen kann.

e) Nutzen Sie die Beziehungen, um mit einer Tabellenkalkulation Intervalle zu berechnen, in denen π liegt. Was stellen Sie fest?

Aufgaben

Verknüpfen
Anwenden
Trainieren

8 Bestimmung der Kreiszahl mithilfe von Flächeninhalten

Mittels ein- und umbeschriebener Vielecke lässt sich am Einheitskreis auch eine Näherung der Kreiszahl π mittels der Flächeninhalte angeben. Dabei stehen A_n für den Flächeninhalt der einbeschriebenen Vielecke und B_n für den der umbeschriebenen. Durch eine Verdopplung der Eckenzahl wird die Näherung immer genauer. Es gilt dann: $A_{2n} < \pi < B_{2n}$, wobei

$A_{2n} = \sqrt{A_n \cdot B_n}$, also A_{2n} das geometrische Mittel von A_n und B_n, und

$B_{2n} = \frac{2}{\frac{1}{A_{2n}} + \frac{1}{B_n}}$, also B_{2n} das harmonische Mittel von A_{2n} und B_n, ist.

a) Erklären Sie, warum durch dieses Verfahren ein Näherungswert für die Kreiszahl ermittelt werden kann.

b) Fertigen Sie eine Zeichnung für eine Näherung mit $n = 4$ an.

c) Berechnen Sie A_4 und B_4 und daraus A_8 und B_8.

d) Führen Sie das Verfahren fort, verwenden Sie nach Möglichkeit einen Taschenrechner oder ein Tabellenkalkulationsprogramm.

e) Beurteilen Sie die Genauigkeit des Verfahrens.

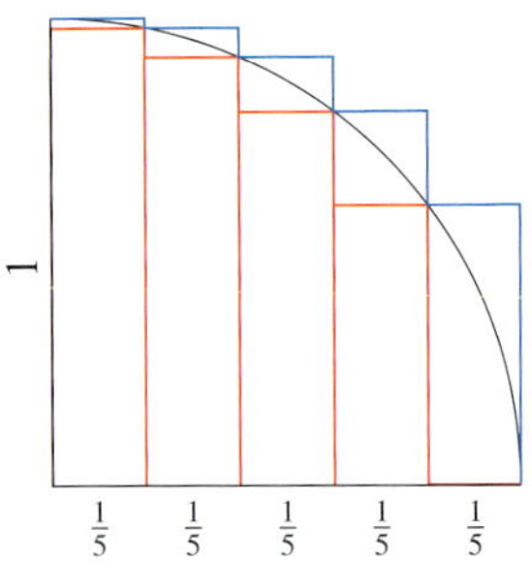

9 Annäherung eines Viertelkreises durch Rechtecke

a) Weisen Sie mithilfe der Abbildung nach, dass für den Flächeninhalt A eines Viertels eines Einheitskreises folgende Abschätzung gilt:

$$\frac{1}{5}\left(\sqrt{1-\left(\frac{1}{5}\right)^2} + \sqrt{1-\left(\frac{2}{5}\right)^2} + \sqrt{1-\left(\frac{3}{5}\right)^2} + \sqrt{1-\left(\frac{4}{5}\right)^2}\right) < A$$

$$A < \frac{1}{5}\left(1 + \sqrt{1-\left(\frac{1}{5}\right)^2} + \sqrt{1-\left(\frac{2}{5}\right)^2} + \sqrt{1-\left(\frac{3}{5}\right)^2} + \sqrt{1-\left(\frac{4}{5}\right)^2}\right)$$

b) Leiten Sie daraus eine Abschätzung für die Kreiszahl π ab.

c) Untersuchen Sie, wie diese Abschätzung verbessert und dann verallgemeinert werden kann.

d) Verwenden Sie ein Tabellenkalkulationsprogramm, um Ihre verallgemeinerte Formel zu testen.

Aufgabe der Woche

Mithilfe der Konstruktion des polnischen Mathematikers Adam Adamandy Kochanski (1631–1700) lässt sich die Kreiszahl π näherungsweise mit Zirkel und Lineal konstruieren. Führen Sie die Konstruktion zunächst selbst durch. Zeigen Sie, dass die Länge der Strecke [AZ] ein Näherungswert für den halben Kreisumfang ist.
Begründen Sie, dass mit dieser Konstruktion ein Näherungswert für π ermittelt werden kann, und bestimmen Sie den von Ihnen konstruierten Näherungswert von π.

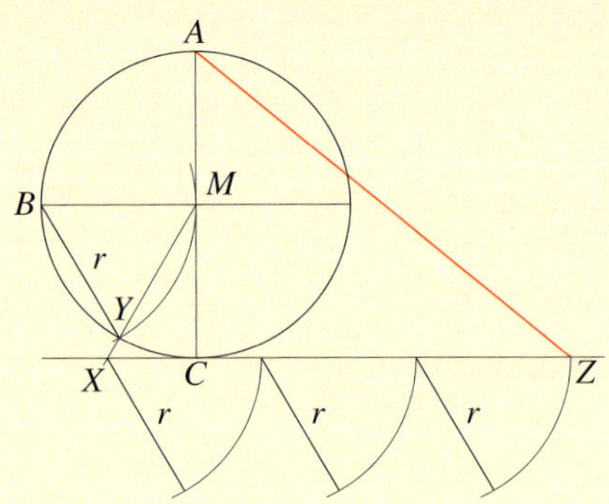

5.2 Oberflächeninhalt und Volumen von Kugeln

Seifenblasen

Auftrag 1

Aus einem Tropfen Seifenlauge entsteht eine (hohle) Seifenblase von annähernd Kugelform mit einer sehr dünnen Seifenhaut.
Um zunächst das Volumen der Seifenblase zu bestimmen, werden zur Näherung des Volumens Zylinderscheiben in eine Halbkugel gelegt (siehe Skizze). Je dünner die Scheiben, desto genauer kann das Volumen berechnet werden.
Allgemein werden in die Halbkugel n Scheiben einbeschrieben.
Berechnen Sie zunächst das Volumen der Zylinderscheibe mit dem Radius r_1.
Vervollständigen Sie die Skizze im Heft so, dass Sie auch das Volumen der beiden anderen Zylinderscheiben berechnen können.
Entwickeln Sie daraus eine allgemeine Formel, mit der das Volumen von allen n Scheiben berechnet werden kann.
Verwenden Sie ein Tabellenkalkulationsprogramm, um das Innenvolumen in Abhängigkeit von der Anzahl n der Zylinderscheiben zu berechnen, und bestätigen Sie, dass für das Volumen der Halbkugel $V_{HK} = \frac{2}{3}\pi \cdot r^3$ gilt.

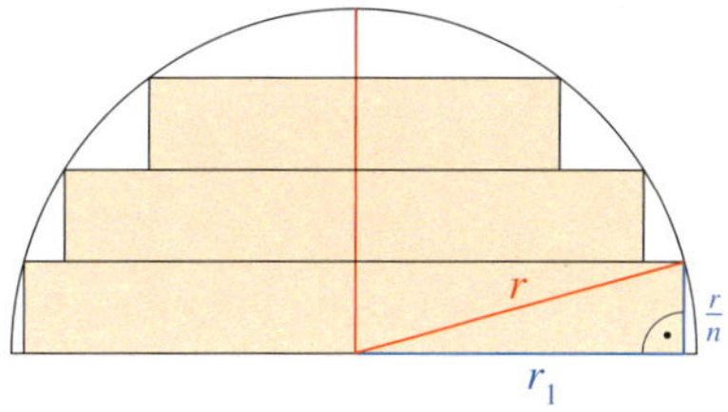

Zur Bestimmung des Inhalts der Kugeloberfläche betrachten Sie die Dicke d der Seifenhaut. Berechnen Sie zunächst das Volumen der Hülle. Betrachten Sie dazu die Differenz der Volumina einer äußeren und einer inneren Kugel, zwischen denen sich die Seifenhaut befindet. Machen Sie sich weiterhin klar, dass für das Volumen der Hülle näherungsweise die Formel $V_{Hülle} \approx O_{Kugel} \cdot d$ gilt.
Berechnen Sie damit den Oberflächeninhalt einer Kugel, und gehen Sie davon aus, dass die Dicke der Seifenhaut nahezu null ist.

Cavalieris Prinzip

Auftrag 2

Im Zusammenhang mit Volumenberechnungen haben Sie bereits das nach dem italienischen Mönch und Mathematiker Bonaventura Francesco Cavalieri (* vermutlich 1598 in Mailand; † 1647 in Bologna) benannte Prinzip kennengelernt:

Werden zwei Körper, die auf derselben Ebene stehen, von allen dazu parallelen Ebenen in gleich große Flächen geschnitten, so haben diese Körper gleiches Volumen.

Begründen Sie mithilfe dieses Prinzips, dass eine Halbkugel dasselbe Volumen hat, wie ein gleichhoher Zylinder vom selben Durchmesser, aus dem, wie in der Skizze gezeigt, ein Kegel „ausgehöhlt" wurde. Leiten Sie daraus eine Formel für das Kugelvolumen ab.

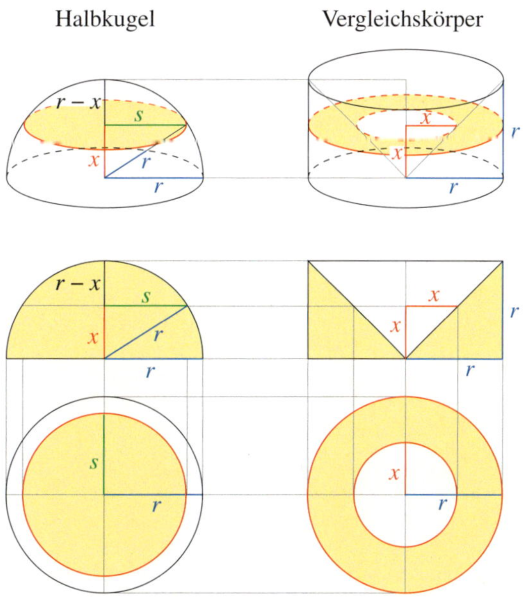

Auftrag 3 Genaues Wiegen

Bereits seit der Antike gelten Kreis und Kugel als vollkommene geometrische Formen. Die Griechen sahen in ihnen Symbole für die Vollkommenheit des Göttlichen. Die folgende Methode zu Bestimmung des Volumens einer Kugel geht auf den griechischen Mathematiker Archimedes (287–212 v. Chr.) zurück. Überliefert ist aus seinem Werk „Über Kugel und Zylinder" eine mathematische Anwendung seines Hebelgesetzes, die in den folgenden Bildern dargestellt wird.

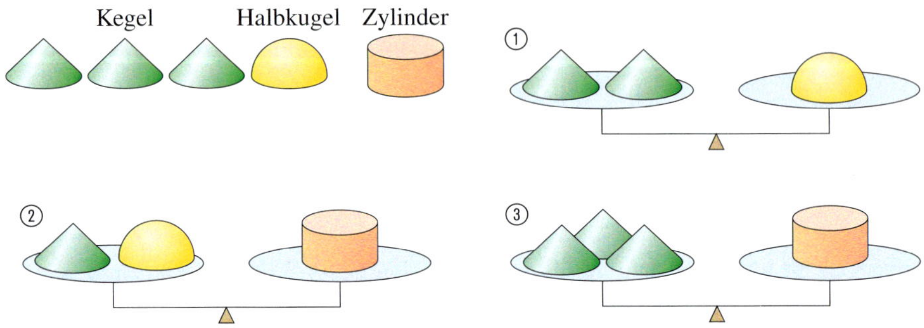

Beschreiben Sie zunächst die dargestellten Situationen mit eigenen Worten. Welche Voraussetzungen haben die Körper? Stellen Sie zu jedem Bild eine entsprechende Gleichung auf. Was folgt daraus für das Volumen einer Kugel?

Auch den Oberflächeninhalt findet Archimedes durch einen Analogieschluss:

… ist mir der Gedanke gekommen, dass die Oberfläche einer Kugel viermal so groß ist wie deren größter Kreis, indem ich mir vorgestellt habe, dass, wie ein Kreis einem Dreieck gleich ist, dessen Grundlinie der Kreisumfang und dessen Höhe der Kreisradius ist, ebenso die Kugel einem Kegel gleich ist, dessen Grundfläche die Kugeloberfläche und dessen Höhe der Kugelradius ist.

Beschreiben Sie Archimedes Überlegungen zunächst mit eigenen Worten und geben Sie die Formel für den Oberflächeninhalt einer Kugel nach Archimedes an.

Bearbeitung

Auftrag 2 Cavalieris Prinzip

Die Halbkugel und der Vergleichskörper stehen in derselben Ebene und haben beide identische Grundflächen, Kreisflächen vom Radius r.
In der Höhe r haben beide Schnittflächen ebenfalls denselben Inhalt, nämlich 0.
Es sind nun noch die Schnittflächen in Höhen zwischen 0 und r zu vergleichen.

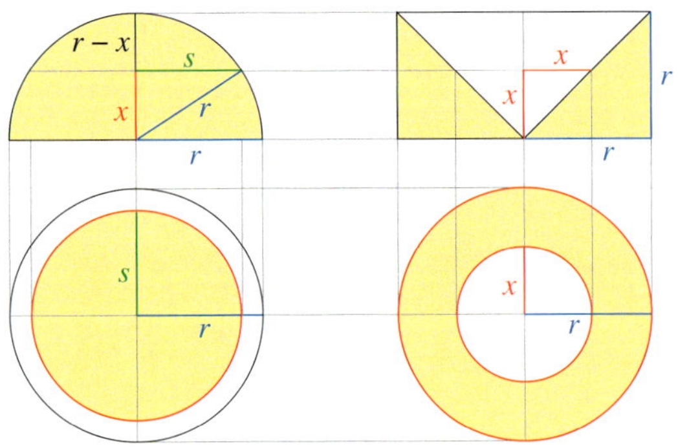

Als Schnittfigur bei einen ebenen Schnitt in einer Höhe $0 < x < r$ ergibt sich bei der Halbkugel eine Kreisfläche und beim Vergleichskörper ein Kreisring.

Kreisfläche in der Höhe x:
Sie hat den Radius s und den Flächeninhalt $A = \pi \cdot s^2$.
s^2 kann mithilfe des Satzes des Pythagoras durch r und x ausgedrückt werden:
$s^2 = r^2 - x^2$
Damit ergibt sich für den Inhalt der Kreisfläche:
$A = \pi \cdot (r^2 - x^2)$

Kreisring in der Höhe x:
Sein äußerer Radius ist r. Sein innerer Radius muss nach Strahlensatz bzw. nach Ähnlichkeitssätzen genauso lang wie die Höhe x sein, da Zylinderhöhe und Zylinderradius auch gleich lang sind.
Für den Flächeninhalt des Kreisrings ergibt sich damit wie bei der Kreisfläche an der Halbkugel $A = \pi \cdot (r^2 - x^2)$.

Tipp
Unter 121 – 1 finden Sie eine Veranschaulichung der Überlegungen.

Damit haben nach dem Prinzip von Cavalieri beide Körper dasselbe Volumen.
Das Volumen des Vergleichskörpers können Sie bereits berechnen:

$$\left.\begin{array}{l} V_{\text{Zylinder}} = G \cdot h = \pi \cdot r^2 \cdot r = \pi \cdot r^3 \\ V_{\text{Kegel}} = \frac{1}{3} G \cdot h = \frac{1}{3}\pi \cdot r^2 \cdot r = \frac{1}{3}\pi \cdot r^3 \end{array}\right\} V_{\text{Zylinder}} - V_{\text{Kegel}} = \frac{2}{3}\pi \cdot r^3$$

Daraus folgt $V_{\text{HK}} = \frac{2}{3}\pi \cdot r^3$ und $V_{\text{Kugel}} = 2 \cdot V_{\text{HK}} = \frac{4}{3}\pi \cdot r^3$.

Einen Schritt weitergedacht: Der Bestimmung des Inhalts der Oberfläche von Zylinder und Kegel liegt ein „Abwickeln" des Mantels in die Ebene zugrunde. Für die Kugeloberfläche ist dagegen bewiesen, dass sie sich nicht in eine Ebene abwickeln lässt. Die Kugeloberfläche kann nur näherungsweise in eine ebene Fläche umgewandelt werden, und je nach Verfahren müssen mehr oder weniger starke Verzerrungen in Kauf genommen werden.

Aus dem Kugelvolumen lässt sich allerdings der Inhalt der Kugeloberfläche durch eine einfache Überlegung finden:
Die Kugeloberfläche wird (näherungsweise) in möglichst viele kleine Vielecke aufgeteilt, und alle Eckpunkte werden mit dem Kugelmittelpunkt M verbunden. Der Inhalt der Kugeloberfläche O_{Kugel} ergibt sich dann ungefähr als Summe der Flächeninhalte $G_1, G_2, G_3, \ldots$ der Vielecke: $O_{\text{Kugel}} \approx G_1 + G_2 + G_3 + \ldots$
Das Volumen der Kugel ergibt sich näherungsweise als Summe der Pyramiden, die $G_1, G_2, G_3, \ldots$ als Grundfläche und M als Spitze haben. Die Höhe all dieser Pyramiden ist mit Näherung der Kugelradius r. Daraus folgt:

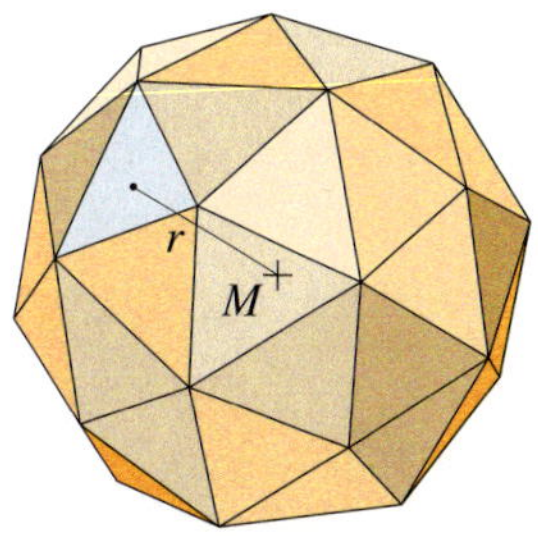

Das Bild zeigt die Annäherung der Kugeloberfläche durch Dreiecke. Es könnte aber auch jede andere Vielecksform verwendet werden.

$$V_{\text{Kugel}} \approx \frac{1}{3}G_1 \cdot r + \frac{1}{3}G_2 \cdot r + \frac{1}{3}G_3 \cdot r + \ldots = \frac{1}{3}r \cdot (G_1 + G_2 + G_3 + \ldots) \approx \frac{1}{3}r \cdot O_{\text{Kugel}}$$

Denkt man sich die Vielecke beliebig klein werdend, dann müsste sich letztlich die Gleichung $V_{\text{Kugel}} = \frac{1}{3}r \cdot O_{\text{Kugel}}$ ergeben, woraus dann folgt:

$$O_{\text{Kugel}} = \frac{3}{r} \cdot V_{\text{Kugel}} = \frac{3}{r} \cdot \frac{4}{3}\pi \cdot r^3 = 4\pi \cdot r^2$$

Zusammenfassung

Oberflächeninhalt und Volumen von Kugeln

Eine Kugel mit dem Radius r hat

das Volumen
$\mathbf{V_{Kugel} = \frac{4}{3}\pi \cdot r^3}$

und den Oberflächeninhalt
$\mathbf{O_{Kugel} = 4\pi \cdot r^2}$.

Kugel von 1,44 m Durchmesser

$r = \frac{d}{2} = 0{,}72\,\text{m}$

$V_{\text{Kugel}} = \frac{4}{3}\pi \cdot (0{,}72\,\text{m})^3 = 1{,}563\ldots\,\text{m}^3 \approx 1{,}56\,\text{m}^3$

$O_{\text{Kugel}} = 4\pi \cdot (0{,}72\,\text{m})^2 = 6{,}514\ldots\,\text{m}^2 \approx 6{,}51\,\text{m}^2$

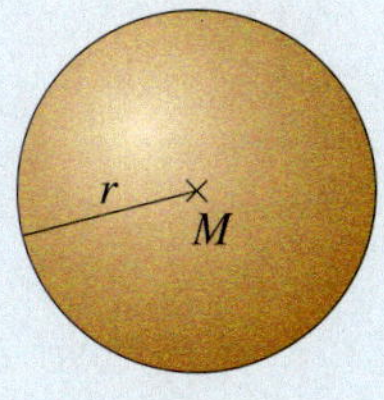

Aufgaben

Verknüpfen
Anwenden
Trainieren

1 Berechnen Sie das Volumen der Kugel.

a) $d = 27\,\text{cm}$ **c)** $r = 25\,\text{mm}$
b) $r = 6{,}5\,\text{cm}$ **d)** $d = 1{,}47\,\text{m}$

2 Berechnen Sie den Oberflächeninhalt der Kugel.

a) $d = 28\,\text{mm}$ **c)** $r = 8{,}2\,\text{cm}$
b) $r = 3{,}8\,\text{cm}$ **d)** $r = 5{,}89\,\text{m}$

3 Wie verändern sich das Volumen und der Oberflächeninhalt einer Kugel, wenn der Radius verdoppelt, verdreifacht, … wird?

4 Welchen Radius hat eine Kugel mit dem angegebenen Oberflächeninhalt?

a) $50{,}34\,\text{dm}^2$ **c)** $25\,\text{m}^2$
b) $100\,\text{cm}^2$ **d)** $314\,\text{mm}^2$

5 **Kugelschnitte**

a) Wie viele Symmetrieebenen hat eine Kugel? Beschreiben Sie die entstehende Schnittfläche.
b) Welche Schnittfläche ergibt sich, wenn eine Kugel durch eine Ebene geschnitten wird, die parallel zu einer Symmetrieebene verläuft?

6 Berechnen Sie die fehlenden Stücke.

r	V_{Kugel}	O_{Kugel}
38 cm	×××	×××
×××	×××	$250\,\text{cm}^2$
×××	$49\,\text{cm}^3$	×××
66,8 m	×××	×××
×××	$904{,}32\,\text{m}^3$	×××
×××	×××	$1\,\text{m}^2$
×××	$1\,\text{m}^3$	×××
1 dm	×××	×××
×××	×××	$1899\,\text{mm}^2$

7 Berechnen Sie Oberflächeninhalt und Volumen der folgenden Gegenstände.

a) Erbse mit einem Durchmesser von 6 mm
b) Kugel für das Kugelstoßen der Frauen mit einem Durchmesser zwischen 95 mm und 110 mm
c) Fußball mit einem Umfang von 68 bis 70 cm
d) Tennisball mit einem Durchmesser von mehr als 6,35 cm und weniger als 6,67 cm
e) Basketball mit einem Umfang von 75 bis 78 cm

8 Wie viel Prozent der Erdoberfläche ist von Wasser bedeckt, wenn die Größe der Landfläche $1{,}49 \cdot 10^8\,\text{km}^2$ beträgt?

9 Berechnen Sie die mittlere Dichte des Mondes (Durchmesser 3476 km, Masse $7{,}35 \cdot 10^{22}\,\text{kg}$).

10 Der Durchmesser der Sonne beträgt $1{,}392 \cdot 10^6\,\text{km}$. Berechnen Sie Volumen und Oberflächeninhalt der Sonne.

11 Eine Christbaumkugel mit einem Durchmesser von 6 cm passt genau in einen würfelförmigen Karton. Zu wie viel Prozent ist der Karton dann gefüllt?

12 Berechnen Sie jeweils aus dem gegebenen Planetenradius den Oberflächeninhalt des Planeten, und vergleichen Sie ihn mit der Erdoberfläche.
Merkur (2400 km), Venus (6050 km),
Erde (6370 km), Mars (3400 km),
Jupiter (71 500 km), Saturn (60 250 km),
Uranus (25 500 km), Neptun (24 750 km)

13 Eine Styroporkugel hat einen Radius von 1 m. Schätzen Sie zunächst die Masse der Kugel und berechnen Sie diese dann ($1\,\text{cm}^3$ Styropor hat eine Masse von 1,05 g).

14 Wie muss der Radius einer Kugel verändert werden, wenn ihr Volumen achtmal so groß werden soll? Wie verändert sich dann der Oberflächeninhalt?

15 Ein Wassertropfen hat einen Durchmesser von einem halben Zentimeter. Wie viele Wassertropfen befinden sich im Bodensee (Volumen $48\,\text{km}^3$)? Wie lang wäre eine „Perlenkette“ aus diesen Wassertropfen? Vergleichen Sie diese Länge mit der mittleren Entfernung zwischen Sonne und Erde von $1{,}5 \cdot 10^8\,\text{km}$.

16 Der Mittelpunkt einer Kugel mit dem Radius $r = 6{,}5\,\text{cm}$ hat von einer Schnittebene den Abstand $a = 3{,}5\,\text{cm}$. Berechnen Sie den Radius des Schnittkreises.

17 Berechnen Sie den Inhalt des kleineren Teils der Erdoberfläche, der zwischen dem Nullmeridian und dem Längenmeridian 13,5° durch Berlin liegt.

Noch fit?

I Bestimmen Sie alle Lösungen.

a) $\frac{x-3}{x+1} = \frac{3x-1}{5x+5}$ **b)** $\frac{4x}{3x-1} - 2 = \frac{6x}{2-x}$

II Bestimmen Sie die Schnittpunkte der Graphen der Funktionen f und g mit $f(x) = 1 - \frac{3}{2+x}$ und $g(x) = \frac{x-1}{x+1}$.

III Skizzieren Sie den Graphen der gebrochen-rationalen Funktion f ohne Verwendung einer Wertetabelle. Überlegen Sie sich dazu das Verhalten der Funktionswerte an den Stellen, wo die Funktion nicht definiert ist, und für dem Betrage nach sehr groß werdende Werte von x.

a) $f(x) = -\frac{2}{x}$ **c)** $f(x) = \frac{1}{x^2-4}$

b) $f(x) = \frac{1}{x+2} - 3$ **d)** $f(x) = \frac{1}{(x-3)^2}$

Aufgaben

Verknüpfen
Anwenden
Trainieren

18

Zum Bau von Luftschiffen wurde in Brand, etwa 60 km südlich von Berlin, eine riesige 360 m lange, 210 m breite und 107 m hohe Werkhalle gebaut. Allerdings ging die Firma vor Bau des ersten Luftschiffs in Insolvenz. Heute ist in der Halle ein tropisches Badeparadies.
Berechnen Sie näherungsweise Oberflächeninhalt und Volumen dieser gigantischen Halle (die Halle ist an beiden Enden gleich gebaut). Vergleichen Sie die Größe dieser Halle mit der der Münchner Allianzarena.

19 In einen wassergefüllten zylinderförmigen Messbecher mit einem Radius von 6 cm wird eine Metallkugel geworfen. Die Kugel geht vollständig unter, der Wasserspiegel steigt dabei um 4 cm an. Berechnen Sie den Radius der Kugel.

20 Für ein Kugellager werden Stahlkugeln mit einem Durchmesser von 24 mm benötigt. Die Dichte dieses Stahls beträgt etwa $7{,}850 \frac{g}{cm^3}$. Welche Masse hat eine Stahlkugel?

21 Der Reaktor des Kernkraftwerkes Unterweser wird von einer kugelförmigen Sicherheitshülle aus Stahl umgeben. Ihr Durchmesser beträgt 56 m, die Wanddicke etwa 40 mm.

a) Berechnen Sie das Volumen des eingeschlossenen Raumes.

b) Berechnen Sie die innere und äußere Wandfläche der Stahlkugel.

c) Wie viele Tonnen Stahl (1 dm^3 dieses Stahls hat eine Masse von 7,94 kg) wurden zur Herstellung benötigt?

22

Im Industriepark „La Villette" in Paris befindet sich das IMAX-Kino „La Géode". Schätzen Sie mithilfe des Fotos den Durchmesser der äußeren Kugelhülle und berechnen Sie deren Oberfläche. Finden Sie heraus, wie die Kugelhülle technisch realisiert wurde und aus welchem Material die Oberfläche besteht.

23 Ein handelsüblicher Globus wird aus thermoplastischem Kunststoff hergestellt und aus zwei einzelnen Halbkugeln zusammengesetzt.

Er hat einen Durchmesser von 25 bis 30 cm. Um wie viel Prozent ist die Oberfläche eines großen Globus größer als die eines kleinen Globus?

24 Ein Tropfen Seifenblasenwasser mit einem Durchmesser von 0,8 mm wird zu einer Seifenblase mit einem Außendurchmesser von 8 cm aufgeblasen. Welche Dicke hat die Seifenhaut?

25 Im Deutschen Museum in München ist ein sogenannter Faradayscher Käfig zu sehen. Dieser schirmt zum einen jeglichen Empfang von Funkwellen (Radio, Handy, …) von außen ab, und zum anderen schützt dieser Metallkäfig vor einem Blitzeinschlag in der Metallhülle (wie im Bild ein Mitarbeiter des Museums vorführt). Der Käfig besteht aus 12 Kugelsegmenten. Berechnen Sie den Flächeninhalt eines Segments, wenn der Durchmesser der Kugel 120 cm beträgt.

26 Die Figuren rotieren um die rot gezeichnete Achse. Beschreiben Sie die entstehenden Körper, und berechnen Sie deren Oberflächeninhalt und Volumen in Abhängigkeit von r bzw. d.

a)

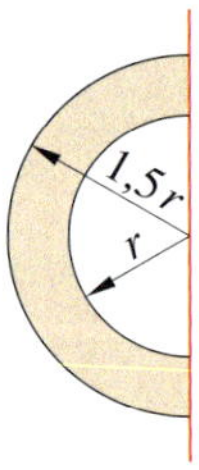

b)

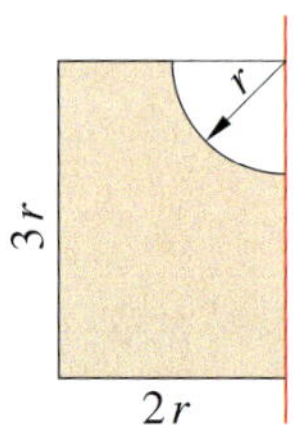

c)

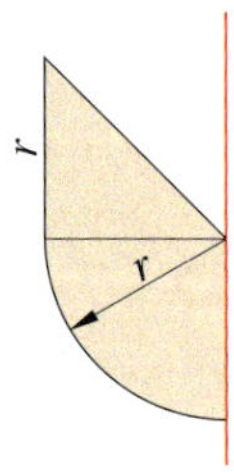

d)

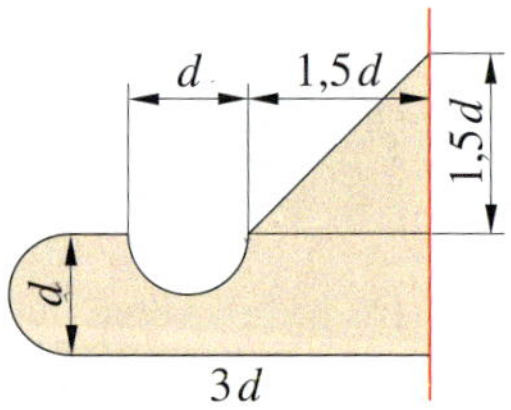

e)

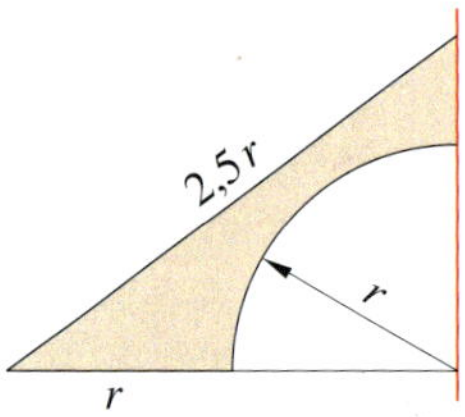

f)

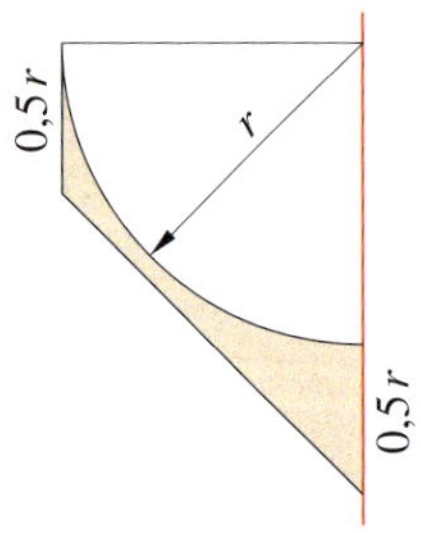

27 **Atomium**
Stellen Sie möglichst viele Informationen über das Wahrzeichen der Stadt Brüssel zusammen. Formulieren Sie geeignete Aufgaben und berechnen Sie deren Lösungen.

Aufgaben

Verknüpfen
Anwenden
Trainieren

28 Der mittlere Erdradius R beträgt etwa 6370 km.

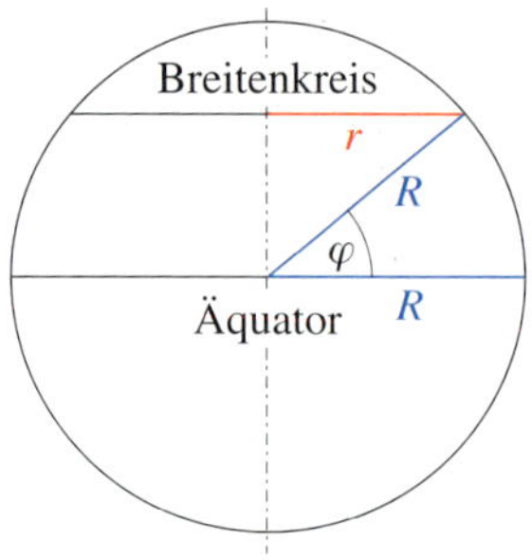

a) Entwickeln Sie eine Formel, mit der man aus dem Breitengrad φ den Radius r des zugehörigen Breitenkreises ermitteln kann.

b) München und Ulan Bator, die Hauptstadt der Mongolei, liegen beide etwa bei 48° nördlicher Breite, München etwa bei 11,5° und Ulan Bator etwa bei 107° östlicher Länge. Ermitteln Sie die Länge des Breitenkreisbogens zwischen München und Ulan Bator.

c) Yaoundé, die Hauptstadt Kameruns, liegt etwa auf demselben Meridian wie München, aber bei etwa 4° nördlicher Breite. Berechnen Sie die Länge des Meridianbogens zwischen München und Yaoundé.

29 Dank moderner Navigationstechnik können heute Flugzeuge die kürzeste Entfernung zwischen Start und Ziel fliegen.

a) Finden Sie mithilfe von einem Globus und einer Schnur die kürzeste Entfernung zwischen Frankfurt am Main und Tokio sowie zwischen Nürnberg und New York.

b) Erläutern Sie anhand Ihres Experiments, wie die kürzesten Verbindungen auf einer Kugeloberfläche sinnvoll festgelegt werden. Was versteht man in diesem Zusammenhang unter einem „Großkreis“?

c) Vergleichen Sie die in Aufgabe 28 b), c) berechneten Bogenlängen mit den kürzesten Entfernungen zwischen diesen Städten.

30 Berechnen Sie aufgrund der (etwas gerundeten) Ortsangaben, die kürzesten Entfernungen zwischen all den Orten, bei denen Ihnen das möglich ist. Erläutern Sie, in welchen Fällen Ihnen das möglich ist, und wie Sie dann vorgehen.
Ankara 40° N 33° O; Bonn 51° N 7° O;
Kampala 0° 33° O; Kapstadt 34° S 18° O;
Quito 0° 79° W; São Tomé 0° 7° O
Stockholm 59° N 18° O; Toronto 44° N 79° W

31 Zufallspunkte

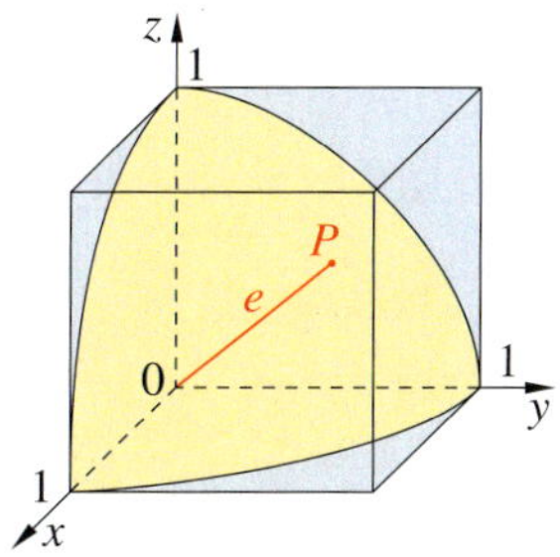

Wie bei der Monte-Carlo-Methode zur Bestimmung der Kreiszahl π kann auch das Volumen der Einheitskugel mit einem Zufallsverfahren genähert werden.

Statt eines Viertelkreises in einem Quadrat wird nun ein Achtel einer Einheitskugel ($r = 1$) in einem Würfel mit der Kantenlänge 1 betrachtet. Von einem Computer werden Tripel $(x|y|z)$ von Zufallszahlen erzeugt, die zwischen den Werten 0 und 1 liegen. Diese werden dann als Koordinaten eines Punktes P in einem räumlichen Koordinatensystem interpretiert. Alle diese Punkte liegen dann innerhalb des Würfels mit Kantenlänge 1.

a) Zeigen Sie, dass die Entfernung e eines Punktes P zum Ursprung durch $e = \sqrt{x^2 + y^2 + z^2}$ berechnet werden kann.

b) Alle Punkte, für die $e \leq 1$ gilt, liegen innerhalb des Kugelteils oder auf dessen Oberfläche. Begründen Sie:
Werden die Punkte völlig zufällig erzeugt und dadurch gleichmäßig verteilt, so gilt für das Volumen V_{EK} einer Einheitskugel:

$$V_{EK} \approx 8 \cdot \frac{\text{Anzahl der Punkte mit } e \leq 1}{\text{Anzahl aller Punkte}}$$

c) Erzeugen Sie mithilfe eines Tabellenkalkulationsprogramms Zufallszahlen und erstellen Sie eine Tabelle für den Näherungswert für das Volumen der Einheitskugel für verschiedene Anzahlen n von Zufallspunkten im Würfel. Vergleichen Sie diese mit dem tatsächlichen Wert.

32 Ölfleckversuch

Um die Größe eines Moleküls experimentell zu bestimmen, wird auf eine Wasserschicht, die mit Bärlappsporen bestreut wurde, ein Öltropfen aufgebracht. Dieser breitet sich dann auf der Wasseroberfläche zu einem annähernd kreisförmigen Ölfleck aus. Dabei geht man davon aus, dass die Dicke der Ölschicht dem Durchmesser eines Moleküls entspricht.
Berechnen Sie den Durchmesser eines Moleküls für den Fall, dass sich ein Tropfen mit einem Volumen von $2{,}13 \cdot 10^{-8}$ Liter zu einem Fleck mit dem Radius 6,4 cm ausbreitet.

33 Körpervergleiche I

a) Ein Zylinder und eine Kugel haben den gleichen Oberflächeninhalt und den gleichen Radius. Welcher der Körper hat das größere Volumen?

b) Ein Kegel und eine Kugel haben das gleiche Volumen. Der Radius der Kugel und der Radius der Grundfläche des Kegels sind ebenfalls gleich. Welcher der Körper hat die größere Oberfläche?

34 Körpervergleiche II

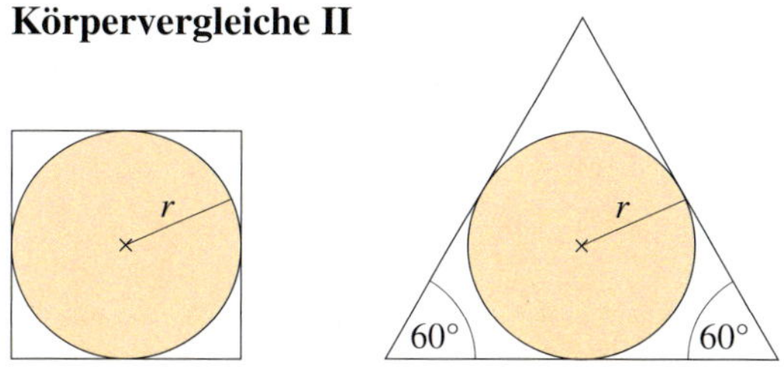

Eine Kugel mit dem Radius r wird entsprechend den beiden Schnittbildern in einen Würfel, in einen Zylinder, in einen Kegel sowie in eine quadratische Pyramide eingepasst.
Vergleichen Sie Oberflächeninhalt und Volumen des Würfels, des Zylinders, des Kegels und der Pyramide jeweils mit denen von der Kugel (Angaben in Prozent).

Aufgabe der Woche

Während der EXPO 02, der Landesausstellung in der Schweiz im Jahr 2002, war das „Palais d'Equilibre" der am meisten besuchte Pavillon. Er ist vollständig aus (Schweizer) Holz erbaut worden und steht heute im CERN in Genf.

Schätzen Sie zunächst das Volumen und den Oberflächeninhalt dieser Holzkonstruktion. Versuchen Sie dann, die Werte möglichst genau zu berechnen. Welcher Anteil der Holzkugel ist nicht sichtbar?

Zeigen Sie, was Sie können!

1 *Beschreiben Sie eine Möglichkeit zur näherungsweisen Bestimmung der Kreiszahl π.
Schätzen Sie ein, ob sich Rundungsfehler des Computers bei diesem Verfahren sehr stark auswirken oder nicht.

2 Das Pantheon in Rom ist eines der am besten erhaltenen Bauwerke römischer Baukunst. Es besteht hauptsächlich aus einem zylindrischen Raum mit einer aufgesetzten Halbkugel. Dabei entspricht die Höhe des Innenraumes etwa dem Durchmesser der Halbkugel von 43,20 m. Berechnen Sie das Volumen des Innenraumes.

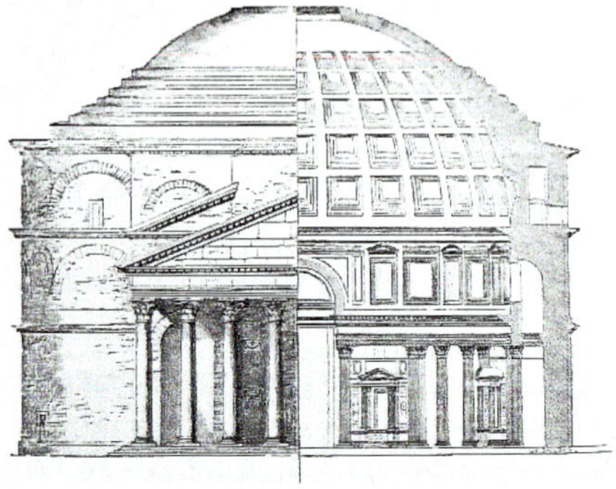
Pantheon in Rom

3 Der Radius eines kugelförmigen Ballons nimmt beim Höhersteigen um 10 Prozent zu. Um wie viel Prozent nehmen Oberflächeninhalt und Volumen zu?

4 Eine Firma erhält den Auftrag, für einen internationalen Wettkampf Kugeln mit einer Masse von 7,257 kg herzustellen. Die Kugeln bestehen aus einer Eisenlegierung mit einer Dichte von $7{,}874\,\frac{\text{g}}{\text{cm}^3}$.
Welchen Durchmesser müssen die Kugeln haben?

5 Wie groß ist der Radius eines Kreises, der den gleichen Flächeninhalt hat wie die Oberfläche einer Kugel mit dem Radius r?

6 Auf einem Tisch liegt eine Halbkugel (Radius R) auf ihrer ebenen Seite. Darüber wird ein Pappkegel gestülpt; er verdeckt die Halbkugel vollständig. Beim Pappkegel sind der Grundkreisradius r und die Höhe h gleich lang. Wie groß muss der Grundkreisradius r des Kegels im Vergleich zum Halbkugelradius R mindestens sein, und wie groß ist mindestens der zwischen Pappkegel und Halbkugel verbleibende Raum?

* fakultativ

Aufg.-Nr.	Punkte	Lösungshinweis
1	6P	Beachten Sie Seite 116, Zusammenfassung
2	5P	Vgl. Sie Seite 123, Aufgabe 18
3	5P	Beachten Sie Seite 121, Zusammenfassung
4	4P	Vgl. Sie Seite 123, Aufgabe 20
5	4P	Beachten Sie Seite 121, Zusammenfassung
6	6P	kein Hinweis

Lösungen Seite 207

26–30 Punkte
21–25 Punkte
15–20 Punkte

6 Ganzrationale Funktionen

Betrachtet man die Entwicklung von Börsenkursen, so könnte man eine mathematische Gesetzmäßigkeit hinter dem Kurvenverlauf vermuten und damit sehr reich werden: Man müsste nur bei steigenden Kursen vorher Aktien kaufen und bei fallenden entsprechend vorher verkaufen.

In diesem Kapitel lernen Sie Funktionen kennen und zu untersuchen, von denen einige im Graphen abschnittsweise einen ähnlichen Verlauf wie der DAX (ursprünglich Deutscher Aktienindex) haben.

Aber leider ... (vgl. Sie Aufgabe 15 auf Seite 143.)

Prähistorische Ecke

Menschen so groß wie Dinosaurier?

Vor etwa 65 Millionen Jahren starben die größten, jemals lebenden Landtiere der Erde aus: Die Dinosaurier. Sie wurden bis zu 25 Meter lang und wogen dabei 50 Tonnen.

Könnte ein Mensch – bei gleichem Aussehen – so groß werden wie ein Dinosaurier? Welche Konsequenzen hätte dies?

Was wäre, wenn …?
Nehmen Sie an, ein Mensch wäre dreimal so groß wie heute, welches Volumen und welche Masse hätte der entstehende „Riese"? Welche Auswirkungen hätte dies auf die benötigte Verpflegung? (Tipp: Beide Menschen – der normale und der riesige – sind in jeder Hinsicht „ähnlich"!)

Wie würde sich die Oberfläche des Menschen ändern und was würde das für die benötigte Bekleidung bedeuten?

Die Stabilität der menschlichen Knochen ist direkt proportional zur Querschnittsfläche der Knochen. Wie würde sich die Querschnittsfläche der Knochen des Menschen ändern? Was bedeutet dies für die Frage, ob ein Mensch so groß wie ein Dinosaurier werden kann?

6.1 Potenzfunktionen mit natürlichen Exponenten

Funktionsplotter

Auftrag 1

Betrachten Sie folgende Graphen:

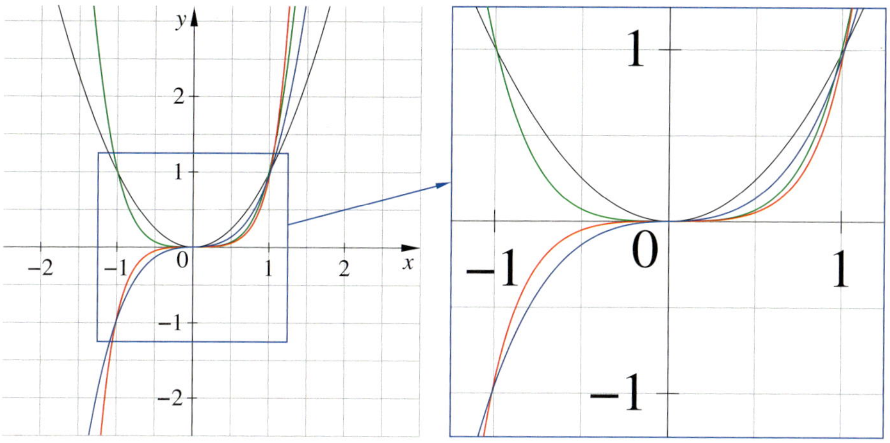

Finden Sie mithilfe eines Funktionsplotters geeignete Funktionsterme, deren Graphen den gleichen Verlauf wie die gezeichneten vier Graphen haben. Achten Sie insbesondere auf den Bereich $-1 < x < 1$.
Untersuchen Sie die Funktionsgraphen auf Symmetrie und Steigungsverhalten, und bestimmen Sie die Wertemenge der zugehörigen Funktionen.

Funktionsgraphen mit Schieberegler

Auftrag 2

Gegeben sind die Funktionen mit den Funktionstermen
$f_1(x) = x^2$, $f_2(x) = x^3$, $f_3(x) = x^4$, $f_4(x) = x^5$, $f_5(x) = x^6$, $f_6(x) = x^7$.

Untersuchen Sie mithilfe des unter 129 – 1 zu findenden Applets die Graphen der Funktionsterme auf Nullstellen, Symmetrie sowie Steigungsverhalten, und geben Sie die Wertemenge der jeweiligen Funktionen an.
Beschreiben Sie die gegenseitige Lage der Graphen.

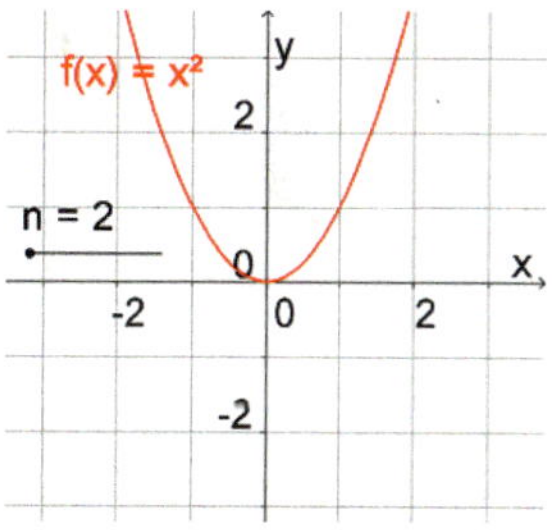

Funktionsgraphen-Plakat

Auftrag 3

Zeichnen Sie den Graphen zur Funktionsgleichung $y = x^2$ in ein Koordinatensystem (Längeneinheit 10 cm; DIN-A3-Plakat im Hochformat).
Fertigen Sie für die Funktion $f\colon x \mapsto x^3$ eine Wertetabelle für $x \in [-1{,}2;\ 1{,}2]$ mit Schrittweite 0,2 an und zeichnen Sie den Graphen ebenfalls in das Koordinatensystem.
Zeichnen Sie nun die Graphen der Funktionen mit den Funktionstermen
$f_1(x) = x^4$; $f_2(x) = x^5$; $f_3(x) = x^8$; $f_4(x) = x^9$.

Beschreiben Sie die gegenseitige Lage der Graphen.
Welche Gemeinsamkeiten haben die Funktionen, wo liegen die Unterschiede?
Stellen Sie die Ergebnisse in einer Tabelle übersichtlich dar.

Bearbeitung

Auftrag 2 **Funktionsgraphen mit Schieberegler**

Funktionen mit einem Term der Form $f(x) = x^n$ mit $x \in \mathbb{R}$ und $n \in \mathbb{N}$ nennt man **Potenzfunktionen mit natürlichen Exponenten**.
Da eine Potenz der Form x^n mit $n \in \mathbb{N}$ nur dann null ist, wenn $x = 0$ ist, haben alle zu betrachtenden Funktionen als einzige Nullstelle $x = 0$.

Potenzfunktionen mit geraden Exponenten

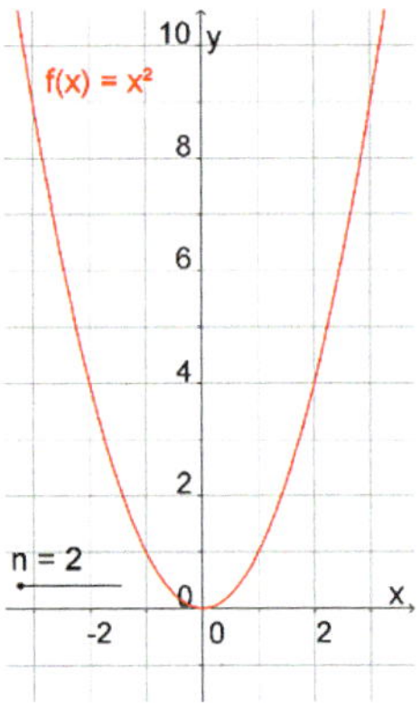

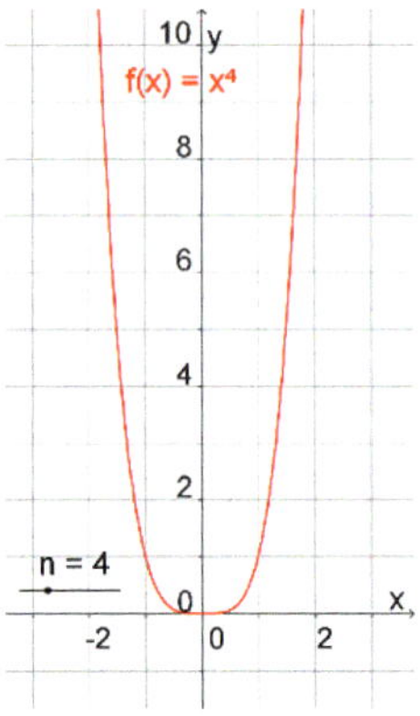

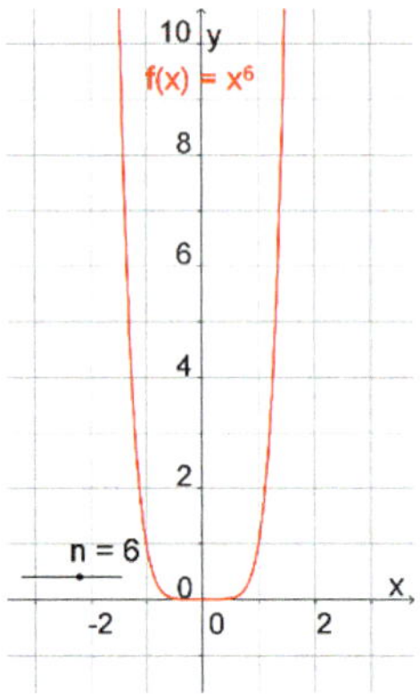

Die Funktionsterme $f_1(x) = x^2$, $f_3(x) = x^4$ und $f_5(x) = x^6$ haben gerade Exponenten. Die entsprechenden Graphen sind achsensymmetrisch zur y-Achse. Grund: Setzt man statt einer Zahl x deren Gegenzahl $-x$ ein, so erhält man denselben Funktionswert.

Die Graphen dieser Funktionen fallen streng monoton für $x < 0$ und steigen streng monoton für $x > 0$.

Die Wertemenge ist $W = \mathbb{R}_0^+$.

Für $x > 1$ gilt: Je höher die Potenz einer positiven Zahl größer 1 ist, desto größer ist der Wert der Potenz, d. h. der Graph zum größerem Exponenten liegt weiter entfernt von der x-Achse.
$0 < x < 1$: Multipliziert man positive Zahlen kleiner als 1 wiederholt mit sich selbst, so werden die Werte immer kleiner, d. h. der Graph zum größerem Exponenten verläuft näher an der x-Achse.
$-1 < x < 0$ und $x < -1$: Wegen der Symmetrie gilt für die Graphen das Gleiche wie in den Fällen $0 < x < 1$ bzw. $x > 1$.

Potenzfunktionen mit ungeraden Exponenten

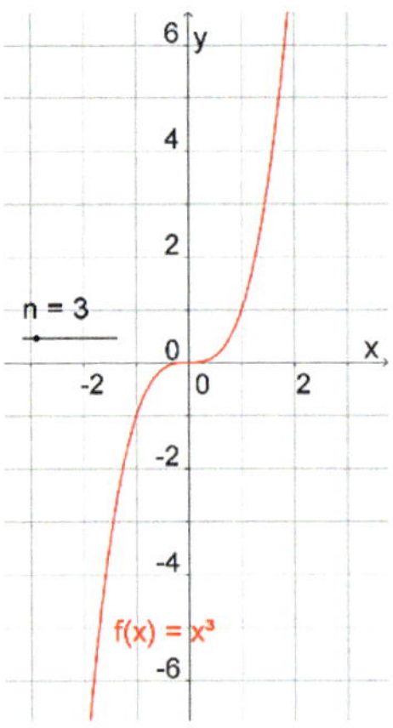

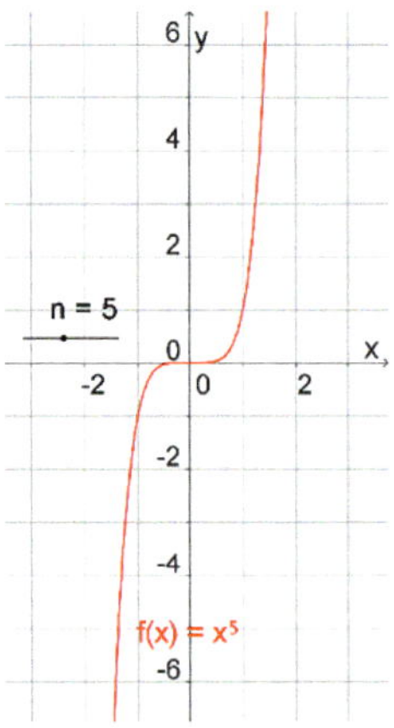

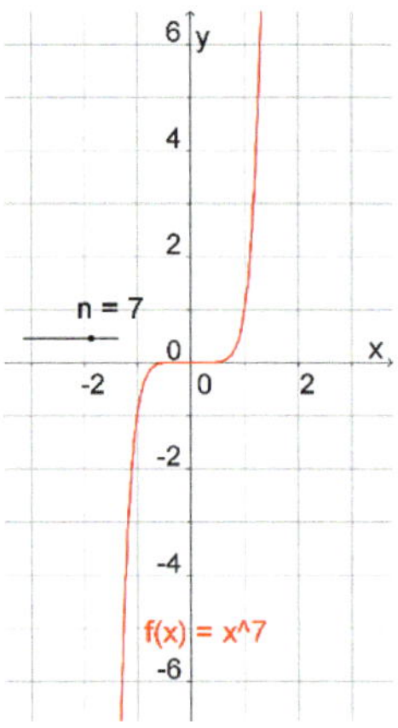

Im Unterschied zu den bisher gezeichneten Funktionsgraphen sind die Graphen entsprechend den Funktionstermen $f_2(x) = x^3$, $f_4(x) = x^5$ und $f_6(x) = x^7$ punktsymmetrisch zum Ursprung $(0|0)$. Grund: Setzt man statt einer Zahl x deren Gegenzahl $-x$ ein, so haben die Funktionswerte denselben Betrag, aber unterschiedliche Vorzeichen.
Die Graphen dieser Funktionen steigen monoton im ganzen Definitionsbereich. Die Wertemenge ist $W = \mathbb{R}$.

Für $x > 0$ gilt dasselbe wie für Potenzfunktionen mit geradem Exponenten: Für $0 < x < 1$ liegen die Graphen zum größerem Exponenten dichter an der x-Achse und für $x > 1$ weiter weg von der x-Achse als die zum kleinerem Exponenten.
$-1 < x < 0$ und $x < -1$: Wegen der Symmetrie gilt auch für die Graphen zu ungeraden Exponenten das Gleiche wie in den Fällen $0 < x < 1$ bzw. $x > 1$.

Die Graphen der Potenzfunktionen laufen alle durch den Punkt $(1|1)$, weil $1^n = 1$ ist für alle $n \in \mathbb{N}$. Die Graphen der Funktionen mit $f_2(x) = x^3$, $f_4(x) = x^5$ und $f_6(x) = x^7$ haben zusätzlich den Punkt $(-1|-1)$ gemeinsam, es ist nämlich $(-1)^n = -1$ für alle ungeraden $n \in \mathbb{N}$. Analog haben die Graphen zu den Funktionstermen $f_1(x) = x^2$, $f_3(x) = x^4$ und $f_5(x) = x^6$ den Punkt $(-1|1)$ gemeinsam.

Einen Schritt weitergedacht: Auch die Funktion $f\colon x \mapsto x^1 = x$ ist eine Potenzfunktion mit einem natürlichen, ungeraden Exponenten. Ihr Graph, die Winkelhalbierende des I. und III. Quadranten, hat die gleichen Eigenschaften wie die oben besprochenen Graphen von Potenzfunktionen mit ungeraden Exponenten.

Zusammenfassung

Potenzfunktionen mit natürlichen Exponenten

D Die Funktionen $x \mapsto x^n$ mit $x \in \mathbb{R}$ und $n \in \mathbb{N}$ nennt man **Potenzfunktionen mit natürlichen Exponenten**.

Eigenschaften der Potenzfunktionen mit natürlichen Exponenten

***n* gerade**

Definitionsmenge: $\mathbb{R}$ Wertemenge: $\mathbb{R}_0^+$

Nullstelle: $x = 0$

Symmetrie der Graphen:
achsensymmetrisch zur y-Achse

Steigungsverhalten: streng monoton fallend für $x < 0$, streng monoton steigend für $x > 0$

Gemeinsame Punkte der Graphen:
$(0|0)$, $(1|1)$, $(-1|1)$

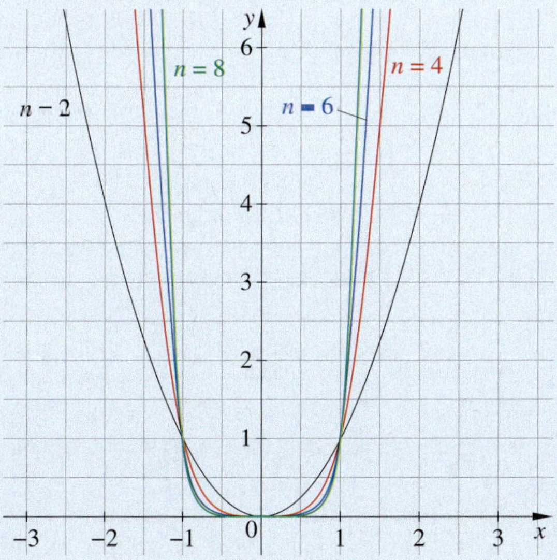

***n* ungerade**

Definitionsmenge: $\mathbb{R}$ Wertemenge: $\mathbb{R}$

Nullstelle: $x = 0$

Symmetrie der Graphen:
punktsymmetrisch zum Ursprung

Steigungsverhalten:
monoton steigend für $x \in \mathbb{R}$

Gemeinsame Punkte der Graphen:
$(0|0)$, $(1|1)$, $(-1|-1)$

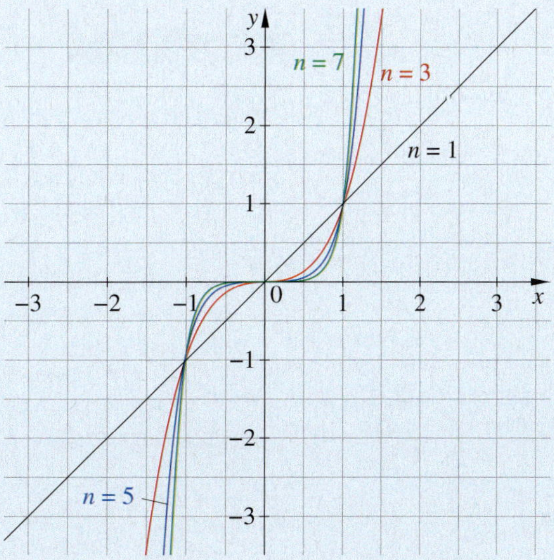

Aufgaben

Verknüpfen
Anwenden
Trainieren

1 Fertigen Sie zu folgenden Funktionen eine Wertetabelle im Bereich $-2 < x < 2$ in Schritten von 0,25 an, und zeichnen Sie den dazugehörigen Graphen in ein Koordinatensystem.

a) $x \mapsto x$ **c)** $x \mapsto x^3$ **e)** $x \mapsto x^5$
b) $x \mapsto x^2$ **d)** $x \mapsto x^4$ **f)** $x \mapsto x^6$

2 Geben Sie die maximale Definitionsmenge der zum Funktionsterm gehörenden Funktion sowie Symmetrie- und Steigungsverhalten des dazugehörigen Graphen an.

a) $f(x) = x^2$ **e)** $f(x) = x^{10}$
b) $f(x) = x^3$ **f)** $f(x) = x^{2n}$ $(n \in \mathbb{N})$
c) $f(x) = x^4$ **g)** $f(x) = x^{2n+1}$ $(n \in \mathbb{N})$
d) $f(x) = x^5$ **h)** $f(x) = x^n$ $(n \in \mathbb{N})$ Fallunterscheidung!

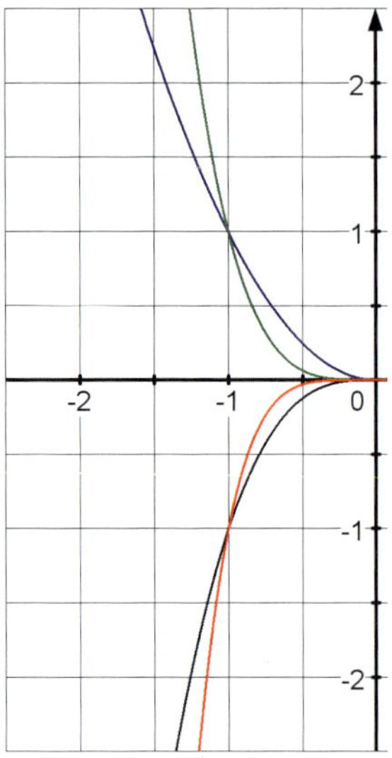

3 Die Graphen der Funktionen

$f: x \mapsto x^2$ $g: x \mapsto x^3$ $h: x \mapsto x^4$ $i: x \mapsto x^5$

wurden zweimal mit einem Funktionsplotter dargestellt. Links und rechts sehen Sie jeweils einen Ausschnitt aus diesen Plots.
Geben Sie für jeden Ausschnitt an, mit welcher Farbe der Graph jeder dieser Funktionen dargestellt ist.
Begründen Sie Ihre Wahl.

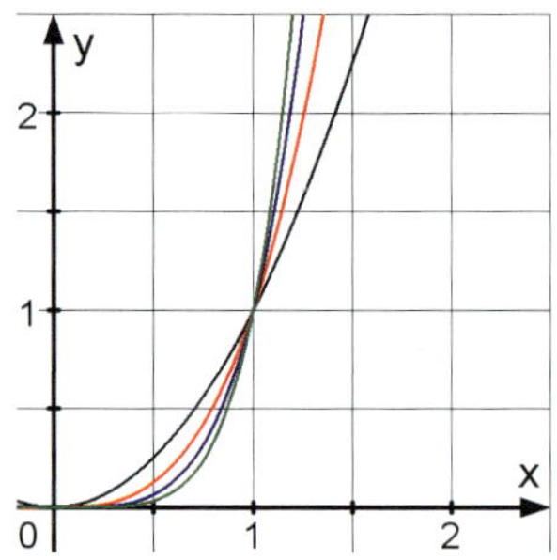

4 Gegeben ist die Potenzfunktion $x \mapsto x^{3n+1}$ mit $n \in \mathbb{N}$.
Beschreiben Sie die Symmetrie und das Steigungsverhalten des Graphen.
Überlegen Sie dabei, ob verschiedene Fälle für n zu unterscheiden sind.

Noch fit?

I Lösen Sie die Gleichungen.

a) $0{,}25x(x-2)(x+5) = 0$ **d)** $4x^2 + 2x = 0$
b) $0{,}2x^2(3x+5)(-2x-0{,}5) = 0$ **e)** $3x^3 - 3x^2 - 6x = 0$
c) $3x(x^2+5x+6) = 0$ **f)** $\frac{x^3}{2} + \frac{x^2}{2} - 10x + 3 = 3$

II Quirin hat eine Aufgabe wie nebenstehend gelöst. Leider ist die Lösung falsch.
Suchen Sie alle Fehler, und verbessern Sie seine Rechnung.

$-20x^2 + 4x^3 + 24x = 0$
$x(-20x + 4x^2 + 24) = 0 \quad |:x$
$-20x + 4x^2 + 24 = 0$
$D = 4^2 - 4 \cdot (-20) \cdot 24 = 1936$
$x_{1/2} = \frac{-4 \pm \sqrt{1936}}{2 \cdot (-20)}$
$= \frac{-4 \pm 44}{-40}$
$x_1 = -1 \quad x_2 = 1$
$L = \{-1; 1\}$

Aufgaben
Verknüpfen
Anwenden
Trainieren

5 Bestimmen Sie die Lösungen der Gleichung zeichnerisch.

a) $x^4 = 5$ **b)** $x^3 = -3$ **c)** $x^3 = 2{,}5$ **d)** $x^4 = -4$

6 Zeichnen Sie in ein Koordinatensystem die Graphen der Funktionen $x \mapsto x$, $x \mapsto x^3$ und $x \mapsto x^4$. Bestimmen Sie die Lösungen der Ungleichungen.

a) $x^3 < x^4$ **b)** $x^3 \geq x^4$ **c)** $x^4 > x$ **d)** $x^3 < x$ **e)** $x^3 \geq -1$ **f)** $x^4 \leq 1$

7 Bestimmen Sie die Lösungen der Gleichungen und Ungleichungen, ohne diese umzuformen.

a) $x^5 = x^3$ **b)** $x^4 > x^2$ **c)** $x = x^7$ **d)** $x^5 > x^4$ **e)** $x^{101} < x^2$ **f)** $x^{2n} < x^{2n+1}$ $(n \in \mathbb{N})$

8 Gegeben ist die Funktionsgleichung $y = ax^3$. Bestimmen Sie den Koeffizienten a so, dass der Punkt P auf dem dazugehörigen Graphen liegt.

a) $P(2|12{,}8)$ **b)** $P(-1{,}5|-1{,}125)$ **c)** $P\left(\frac{1}{2}\middle|\frac{1}{32}\right)$ **d)** $P(-1|1)$

9 Ordnen Sie die Termwerte in einer steigenden Ungleichheitskette an, ohne sie zu berechnen. Begründen Sie Ihre Entscheidungen.

a) $0{,}9^5$; $(-1{,}2)^5$; $(-0{,}2)^5$; $1{,}2^5$

b) $(-0{,}4)^3$; $0{,}4^3$; $0{,}4^5$; $(-0{,}4)^4$

10 Gegeben ist die Funktion $x \mapsto a \cdot x^n$ mit $a \in \mathbb{Z}$ und $n \in \mathbb{N}$. Treffen Sie Aussagen über a und n, wenn das Folgende gilt.

a) Der Graph der Funktion ist punktsymmetrisch zum Ursprung und verläuft durch den I. und III. Quadranten.

b) Der Graph der Funktion ist punktsymmetrisch zum Ursprung und verläuft durch den II. und IV. Quadranten.

c) Der Graph der Funktion ist achsensymmetrisch zur y-Achse und verläuft durch den III. und IV. Quadranten.

d) Der Graph der Funktion ist achsensymmetrisch zur y-Achse und verläuft durch den Punkt $P(-1|-1)$.

11 Zeichnen Sie in ein Koordinatensystem den Graphen der Funktion $x \mapsto x^3$.
Skizzieren Sie nun, ohne Funktionswerte zu berechnen, nacheinander mit verschiedenen Farben die folgenden Funktionsgraphen in das gleiche Koordinatensystem.

a) $x \mapsto x^3 - 1{,}5$ **b)** $x \mapsto 2x^3$ **c)** $x \mapsto (x-1)^3$ **d)** $x \mapsto 2(x-1)^3 - 1{,}5$

Aufgaben
Verknüpfen
Anwenden
Trainieren

12 Im Jahre 2001 erreichte der Zehnkämpfer Roman Sebrle aus der Tschechischen Republik als erster Athlet über 9000 Punkte bei einem Zehnkampf-Wettbewerb.
Um in den einzelnen Disziplinen die jeweils erreichte Punktezahl zu berechnen, verwendet man die Formel $P = a \cdot |b - x|^c$, wobei a, b und c Konstanten, x die tatsächlich erreichte Leistung und P die erzielte Punktzahl sind. P wird dabei grundsätzlich abgerundet.
Für die Disziplin „110 m Hürden" gilt:
$a = 5{,}74352$, $b = 28{,}5$ und $c = 1{,}92$.
Sebrle lief die 110 m Hürden bei seinem Weltrekord-Wettkampf in 13,92 s.

a) Wie viele Punkte erzielte er in dieser Disziplin?

b) Zeichnen Sie mit einem Funktionsplotter ein x-P-Diagramm für „110 m Hürden"
Ist diese Berechnungsmethode für diese Disziplin „gerecht"?
Vergleichen Sie mit der Disziplin „Kugelstoß" mit $a = 51{,}39$; $b = 1{,}5$; $c = 1{,}05$.

13

At the start of a Formula One race the driver accelerates his car with the maximum power. Look for information on the internet about a Formula One racing car and with this information draw a t-x-diagram for the first 100 m from the start.

In Ägypten gefundene polierte Astragali

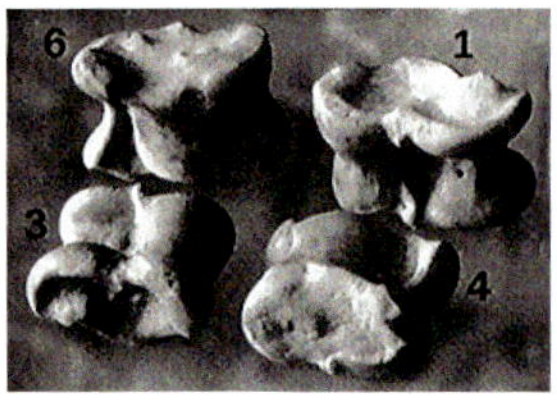

1346 – Aphrodite

14 Im antiken Griechenland und im alten Rom gab es ein Würfelspiel, bei dem man einen Knochen aus den Sprungbeinen von Schafen als Würfelersatz benutzte – den sogenannten Astragalus. Ein Astragalus ist an zwei Seiten „rund", kann also nur auf vier Seiten zu liegen kommen.
Die beiden (nicht gleichen) „geraden" Seiten erhalten die Werte 1 bzw. 6, die beiden (ebenfalls nicht gleichen) „runden" Seiten die Werte 3 bzw. 4. Die oben liegende Seite zählt.
Gewürfelt wurde normalerweise mit 4 Astragali, wobei der schlechteste Wurf mit dem Ergebnis 1111 als Hund (canis) bezeichnet wurde. Den besten Wurf nannte man Aphrodite (iactus Veneris), den man erzielen konnte, wenn alle 4 möglichen Werte auftraten, also das Ergebnis 1346 (Werte in aufsteigender Reihenfolge angeordnet).

a) Vergleichen Sie das Würfeln mit heute üblichen Spielwürfeln und das Würfeln mit Astragali unter dem Aspekt der Wahrscheinlichkeit.
b) Wie viele unterschiedliche Ergebnisse gibt es beim Spiel mit 4 Astragali?
c) Wie viele unterschiedliche Ergebnisse gibt es beim Spiel mit 24 Astragali?
d) Wie viele unterschiedliche Ergebnisse gibt es beim Spiel mit n gleichen Würfeln mit jeweils x Seiten?

Windkraftanlage

15 Die momentan abgegebene Leistung P einer Windkraftanlage wird theoretisch durch die Gleichung $P = a \cdot v^3$ beschrieben, wobei v die jeweilige Windgeschwindigkeit ist. Die nebenstehende Grafik zeigt diesen Zusammenhang zwischen abgegebener Leistung und Windgeschwindigkeit für eine reale Windkraftanlage.

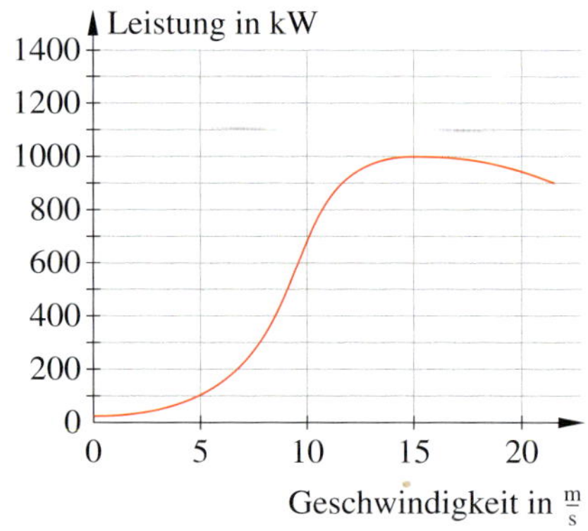

a) Welche Leistung wird bei einer Windgeschwindigkeit von $10\,\frac{m}{s}$ erzielt?
b) Welche Windgeschwindigkeiten sind für eine Leistung von mindestens 400 kW nötig?
c) Bestimmen Sie den Faktor a in der Gleichung $P = a \cdot v^3$ für diese Windkraftanlage.
d) Zeichnen Sie mit diesem Faktor das dazugehörige v-P-Diagramm und vergleichen Sie die theoretische Kurve mit der realen. Geben Sie Gründe für den unterschiedlichen Verlauf an.

Aufgabe der Woche

Sie haben bisher die Potenzfunktionen $x \mapsto x^n$ mit natürlichen Exponenten n kennengelernt. Jetzt sollen Potenzfunktionen mit nicht-natürlichen Exponenten betrachtet werden.
Untersuchen Sie die Eigenschaften der Graphen der folgenden Funktionen mithilfe eines Funktionsplotters. Beachten Sie die Definitionsmengen.

$x \mapsto x^z;\ z \in \mathbb{Z}$ $\qquad$ $x \mapsto x^q;\ q \in \mathbb{Q}$ $\qquad$ $x \mapsto x^r;\ r \in \mathbb{R}$

6.2 Ganzrationale Funktionen

Kurven — Auftrag 1

Gegeben ist die Funktion f mit $f(x) = x^4 - 5x^3 + 6x^2$ und $x \in \mathbb{R}$. Bestimmen Sie

- die Nullstellen der Funktion;
- das Vorzeichen der Funktionswerte $f(x)$ (wenn x keine Nullstelle ist);
- das Verhalten der Funktionswerte für dem Betrage nach beliebig groß werdende x-Werte.

Skizzieren Sie – ausgehend von Ihren Ergebnissen – den Funktionsgraphen.
Untersuchen Sie genauso die Funktion g mit $g(x) = (x-1)(x+1)^2$ und $x \in \mathbb{R}$.
Worin unterscheiden sich die Nullstellen der Funktionen f und g?

Unbekanntes — Auftrag 2

Von einer Funktion kennen Sie folgende Eigenschaften:

- Die einzigen Nullstellen sind $x_1 = -2$ und $x_2 = 4$.
- Der Graph der Funktion steigt links von der y-Achse sowie rechts von der Nullstelle x_2 und fällt zwischen der y-Achse und der Nullstelle x_2.
- Die Funktionswerte sind für alle $x < x_1$ negativ und für alle $x > x_1$ größer oder gleich null.

Skizzieren Sie den Graphen der Funktion so genau wie möglich.
Nennen Sie weitere Eigenschaften des Graphen.
Geben Sie einen Funktionsterm an.

Graphen zuordnen — Auftrag 3

Zu drei der nebenstehenden Funktionsterme ($x \in \mathbb{R}$) wurden mit einem Funktionsplotter die Graphen gezeichnet. Ordnen Sie den drei Graphen den jeweils passenden Funktionsterm zu.
Beschreiben Sie für alle drei Graphen das Steigungsverhalten, und geben Sie den Wertebereich der jeweiligen Funktion an.

$f_1(x) = x^2(x+2)^2$
$f_2(x) = x^3 - x^2 - x + 1$
$f_3(x) = x^5 - 3{,}75x^3 + 1{,}25x^2 + 3{,}75x - 2{,}25$
$f_4(x) = (x+1)(x-1)^2$
$f_5(x) = (x+1{,}5)^2(x-1)^3$
$f_6(x) = x^4 + 4x^3 + 4x^2$

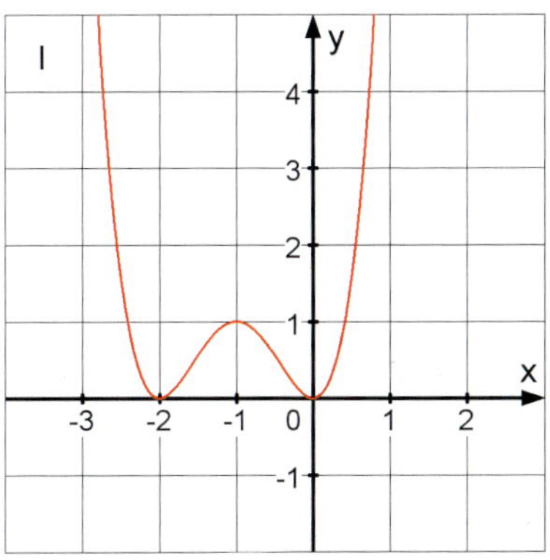

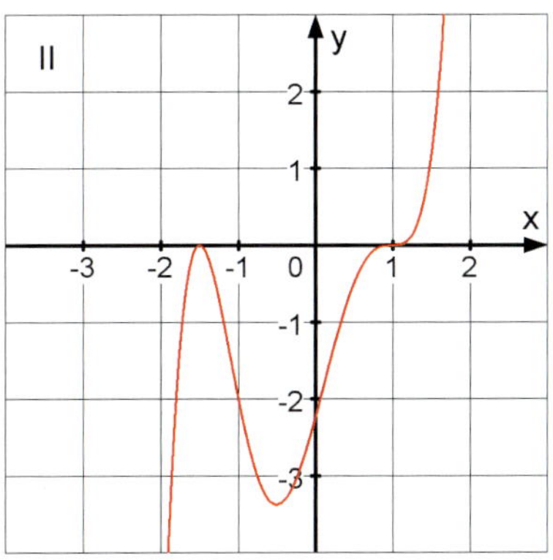

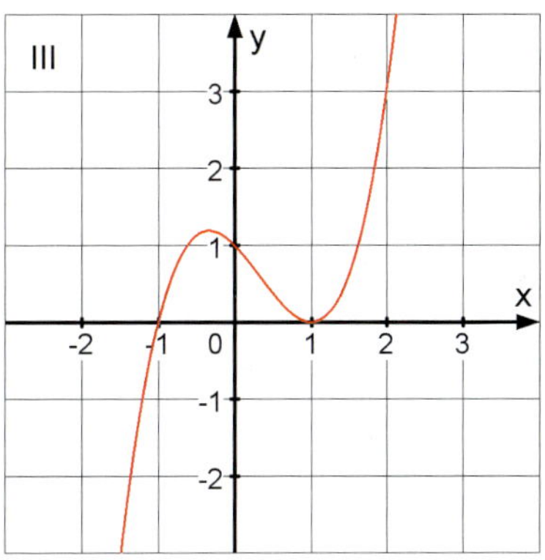

Bearbeitung

Auftrag 1 Kurven

Funktionen mit einem Term der Form

$$f(x) = a_n x^n + a_{n-1} a^{n-1} + \ldots + a_2 x^2 + a_1 x + a_0$$

mit $x \in \mathbb{R}$, $n \in \mathbb{N}$, $a_n, a_{n-1}, \ldots, a_2, a_1, a_0 \in \mathbb{R}$ und $a_n \neq 0$

nennt man **ganzrationale Funktionen *n*-ten Grades**.
Ein Funktionsterm dieser Form wird auch **Polynom vom Grad *n*** genannt, und die Zahlen $a_n, a_{n-1}, \ldots, a_2, a_1, a_0$ heißen **Koeffizienten**.

Die Funktion f mit $f(x) = x^4 - 5x^3 + 6x^2$ ist also eine ganzrationale Funktion 4-ten Grades mit den Koeffizienten $a_4 = 1$, $a_3 = -5$, $a_2 = 6$, $a_1 = 0$ und $a_0 = 0$.

Tipp

Sind Funktionsterme komplizierter als der nebenstehende von f, dann kann man zum Bestimmen der Nullstellen unter bestimmten Voraussetzungen die sogenannte Polynomdivision durchführen, die im Kapitel 8 auf Seite 193 vorgestellt wird.

Die Nullstellen der Funktion *f* mit $f(x) = x^4 - 5x^3 + 6x^2$ sind die Lösungen (falls vorhanden) der Gleichung:
$x^4 - 5x^3 + 6x^2 = 0$

Diese Gleichung lässt sich lösen, indem man zuerst auf der linken Seite x^2 ausklammert:
$x^2(x^2 - 5x + 6) = 0$

Da ein Produkt genau dann null ist, wenn mindestens einer der Faktoren null ist, folgt daraus:
$x^2 = 0$ oder $x^2 - 5x + 6 = 0$

Eine erste Nullstelle ist die Lösung der Gleichung $x^2 = 0$, nämlich $x_1 = 0$.

Die Gleichung $x^2 - 5x + 6 = 0$ löst man z. B. mit der Lösungsformel für quadratische Gleichungen:
Da die Diskriminante $D = b^2 - 4ac = 5^2 - 4 \cdot 1 \cdot 6 = 1$ größer als 0 ist, hat die Gleichung zwei verschiedene Lösungen, die weitere Nullstellen von f sind.

$$x_{2/3} = \frac{-b \pm \sqrt{D}}{2a} = \frac{5 \pm \sqrt{1}}{2 \cdot 1} = \frac{5 \pm 1}{2}, \quad \text{also } x_2 = 2,\ x_3 = 3$$

Ergebnis:
Die Nullstellen der Funktion f sind $x_1 = 0$, $x_2 = 2$, $x_3 = 3$.

Zur Erinnerung

Hat eine quadratische Gleichung der Form $x^2 + px + q = 0$ zwei Lösungen x_1 und x_2, dann lässt sie sich in der Form $(x - x_1)(x - x_2) = 0$ darstellen.
Die Darstellung von $x^2 + px + q$ in der Form $(x - x_1)(x - x_2)$ nennt man **Zerlegung** des quadratischen Terms **in Linearfaktoren**.

Das Vorzeichen der Funktionswerte $f(x)$ (wenn x keine Nullstelle ist) lässt sich ermitteln, wenn man den Funktionsterm $f(x) = x^4 - 5x^3 + 6x^2$ unter Verwendung von Ergebnissen der Nullstellenberechnung geeignet als Produkt schreibt:

$$f(x) = x^4 - 5x^3 + 6x^2 = x^2(x^2 - 5x + 6) = x^2(x - x_2)(x - x_3) = x^2(x - 2)(x - 3)$$

Zur Ermittlung der Vorzeichen der Funktionswerte betrachtet man nun die Vorzeichen der einzelnen Faktoren von $f(x) = x^2(x - 2)(x - 3)$. Dabei kann die folgende Tabelle hilfreich sein.

Faktor/Funktionsterm	$x < 0$	$0 < x < 2$	$2 < x < 3$	$x > 3$
x^2	+	+	+	+
$x - 2$	–	–	+	+
$x - 3$	–	–	–	+
$f(x) = x^4 - 5x^3 + 6x^2$	+	+	–	+

Der Faktor x^2 ist positiv für alle $x \in \mathbb{R}$, $x \neq 0$.
Der Faktor $(x - 2)$ ist positiv für alle $x > 2$ und negativ für alle $x < 2$.
Der Faktor $(x - 3)$ ist positiv für alle $x > 3$ und für alle $x < 3$ negativ.

Der Funktionsterm $f(x)$ als Produkt der einzelnen Faktoren ist dementsprechend für $x < 0$ und für $0 < x < 2$ positiv (als Produkt jeweils einer positiven, einer negativen einer weiteren negativen Zahl), für $2 < x < 3$ negativ (als Produkt zweier positiver Zahlen mit einer negativen Zahl) und für $x > 3$ wieder positiv (als Produkt dreier positiver Zahlen).

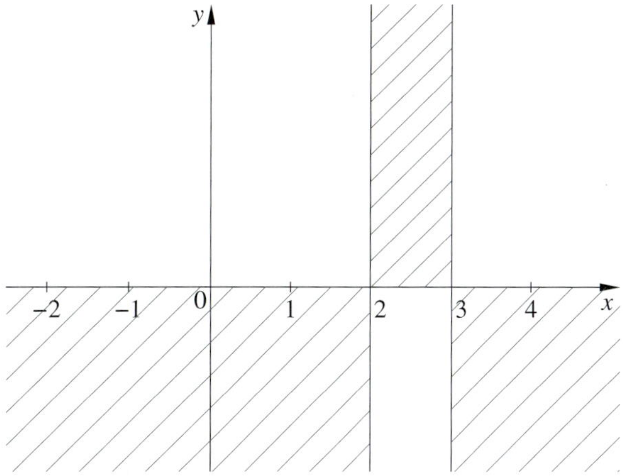

Anschließend streicht man die Bereiche des Koordinatensystems, in denen der Graph aufgrund des Vorzeichens nicht verlaufen kann (siehe nebenstehendes Bild).
Diese Methode nennt man **Felder abstreichen**.

Um **das Verhalten der Funktionswerte von f für dem Betrage nach beliebig groß werdende x-Werte** (man sagt dazu auch „Verhalten an den Rändern der Definitionsmenge" oder „Verhalten im Unendlichen") zu bestimmen, betrachtet man den Funktionsterm:
$f(x) = x^4 - 5x^3 + 6x^2$

Wenn die einzusetzenden x-Werte immer größer werden („gegen unendlich gehen"), wird der Wert der zu addierenden Terme x^4 und $6x^2$ immer größer, aber auch der Wert des Terms $5x^3$, der subtrahiert wird.
Für das Verhalten des Gesamtterms $f(x)$ bei sehr groß werdenden x-Werten ist aber nur noch der Term mit der höchsten Potenz entscheidend, also x^4 (siehe nebenstehende Tabelle). Für sehr große x-Werte werden nämlich die Werte des Terms x^4 sehr viel größer als die der beiden anderen Terme.
Die Funktionswerte $f(x)$ werden also für beliebig groß werdende x-Wert beliebig groß, der Graph von f steigt für x gegen ∞ immer weiter an.

x	x^4	$5 \cdot x^3$	$6 \cdot x^2$	$f(x)$
0	0	0	0	0
10	10^4	5000	600	5600
10^3	10^{12}	$5 \cdot 10^9$	$6 \cdot 10^6$	$9{,}95006 \cdot 10^{11}$
10^6	10^{24}	$5 \cdot 10^{18}$	$6 \cdot 10^{12}$	$1{,}00001 \cdot 10^{24}$
10^9	10^{36}	$5 \cdot 10^{27}$	$6 \cdot 10^{18}$	10^{36}

Die Werte von $f(x)$ wurden teilweise im Rahmen der Anzeigegenauigkeit der Tabellenkalkulation gerundet.

Auch im Fall, dass die eingesetzten x-Werte negativ sind und dem Betrage nach beliebig groß werden („gegen minus unendlich gehen"), ist für das Verhalten des Gesamtterms $f(x)$ nur der Term mit der höchsten Potenz entscheidend, also x^4 (siehe nebenstehende Tabelle). Da die Werte des Terms x^4 auch in diesem Fall beliebig groß werden, folgt:
Die Funktionswerte $f(x)$ werden für gegen minus unendlich gehende x-Werte beliebig groß, der Graph von f steigt für x gegen $-\infty$ *nach links* immer weiter an.

x	x^4	$5 \cdot x^3$	$6 \cdot x^2$	$f(x)$
0	0	0	0	0
−10	10^4	5000	600	15600
-10^3	10^{12}	$-5 \cdot 10^9$	$6 \cdot 10^6$	$1{,}00501 \cdot 10^{12}$
-10^6	10^{24}	$-5 \cdot 10^{18}$	$6 \cdot 10^{12}$	$1{,}00001 \cdot 10^{24}$
-10^9	10^{36}	$-5 \cdot 10^{27}$	$6 \cdot 10^{18}$	10^{36}

Wie im Kapitel 7 auf Seite 163 noch näher begründet wird, gilt ganz allgemein:
Für die Entscheidung, wie sich die Funktionswerte für dem Betrage nach beliebig große werdende x-Werte verhalten, genügt es bei allen ganzrationalen Funktionen, allein den Term mit der höchsten Potenz von x zu betrachten.
Das heißt auch: Ändert man in $f(x) = x^4 - 5x^3 + 6x^2$ beispielsweise vor $6x^2$ das Rechenzeichen in Minus ab, dann ändert sich nichts am Verhalten für dem Betrage nach beliebig groß werdende x-Werte.

Mit den bisherigen Ergebnissen lässt sich der Funktionsgraph von f skizzieren:

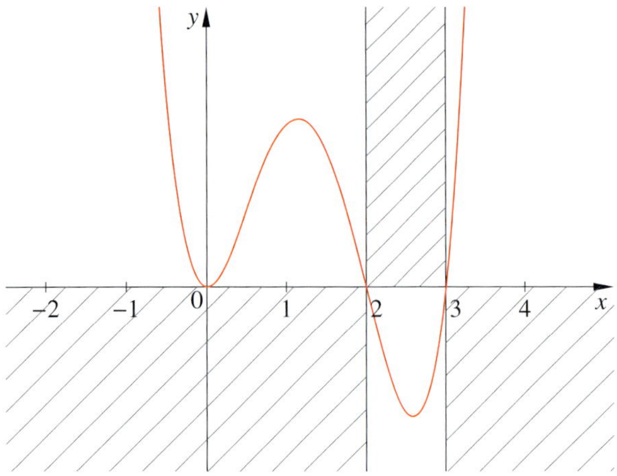

Links von der Nullstelle $x_1 = 0$ verläuft der Graph oberhalb der x-Achse und steigt für x gegen $-\infty$ nach links immer weiter an.

Zwischen den Nullstellen x_1 und x_2 verläuft der Graph wiederum oberhalb der x-Achse und muss zwangsläufig steigen und anschließend fallen. Wie hoch und bis zu welchem x-Wert der Graph steigt, können Sie zum jetzigen Zeitpunkt nicht bestimmen.

Analog ist die Situation zwischen den Nullstellen $x_2 = 2$ und $x_3 = 3$.

Rechts von der Nullstelle $x_3 = 3$ verläuft der Graph wieder oberhalb der x-Achse und steigt mit zunehmenden x-Werten immer weiter an.

Info

Lässt sich der Funktionsterm einer ganzrationalen Funktion als Produkt schreiben, dann nennt man Faktoren der Form $(x + a)$ bzw. $(x - a)$ **Linearfaktoren**.
Aus ihnen kann man unmittelbar Nullstellen der Funktion ablesen ($-a$ bzw. a).

Die Nullstellen der Funktion *g* kann man unmittelbar aus dem Funktionsterm $g(x) = (x - 1)(x + 1)^2$ ablesen, da dieser bereits als Produkt von **Linearfaktoren** gegeben ist.
Die Nullstellen der Funktion g sind $x_1 = 1$ und $x_2 = -1$.

Die Vorzeichen der Funktionswerte von *g* (wenn x keine Nullstelle ist) lassen sich wiederum mithilfe einer Vorzeichentabelle ermitteln.

	$x < -1$	$-1 < x < 1$	$x > 1$
$x - 1$	−	−	+
$(x + 1)^2$	+	+	+
$g(x) = (x - 1)(x + 1)^2$	−	−	+

(Das Quadrat $(x + 1)^2$ ist für $x \neq -1$ immer positiv.)

Zum Bestimmen des Verhaltens der Funktionswerte von *g* an den Rändern der Definitionsmenge wird der Funktionsterm ausmultipliziert:
$g(x) = (x - 1)(x + 1)^2 = (x - 1)(x^2 + 2x + 1) = x^3 + x^2 - x - 1$
Anhand des Terms mit der höchsten Potenz von x, also x^3, erkennt man:
Die Funktionswerte gehen für x gegen ∞ auch gegen ∞ und für x gegen $-\infty$ gegen $-\infty$.

Berücksichtigt man noch $g(0) = -1$, so kann der Graph von g skizziert werden:

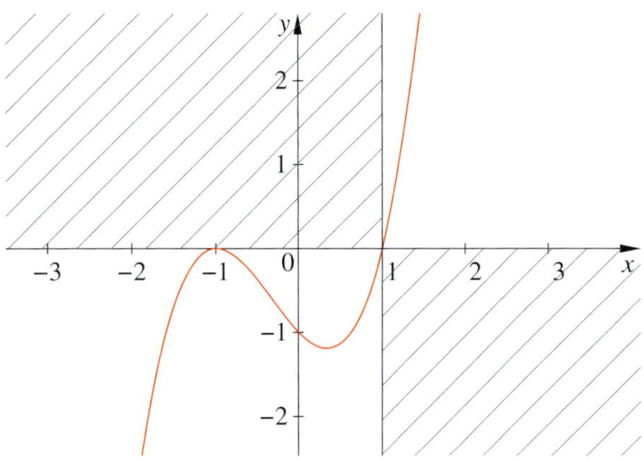

Man erkennt zwei unterschiedliche Arten von Nullstellen:
Die **einfache Nullstelle** $x_1 = 1$: Der Exponent des zugehörigen Linearfaktors ist 1. Der Graph kreuzt bei x_1 die x-Achse. Links und rechts der Nullstelle wechseln die Funktionswerte ihr Vorzeichen.
Die **doppelte Nullstelle** $x_2 = -1$: Der Exponent des zugehörigen Linearfaktors ist 2. Der Graph berührt die x-Achse. Links und rechts der Nullstelle bleibt das Vorzeichen der Funktionswerte gleich.

Bei anderen ganzrationalen Funktionen kann es auch noch „höhere“ Nullstellen geben (s. Seite 193).

Zusammenfassung

Ganzrationale Funktionen

D Funktionen mit einem Term der Form

$f(x) = a_n x^n + a_{n-1} a^{n-1} + \ldots + a_2 x^2 + a_1 x + a_0$

mit der Definitionsmenge $\mathbb{R}$, $n \in \mathbb{N}$, $a_n, a_{n-1}, \ldots, a_2, a_1, a_0 \in \mathbb{R}$ und $a_n \neq 0$ nennt man **ganzrationale Funktionen *n*-ten Grades**.

Die Funktion f mit

$f(x) = -0{,}5x^3 + 2x^2 - 2x$ und $x \in \mathbb{R}$

ist eine ganzrationale Funktion 3. Grades.

Bestimmen der Nullstellen der Funktion

Man löst, wenn möglich, die Gleichung $f(x) = 0$.

Bei einigen Spezialfällen kann man eine Potenz von x (evtl. zusammen mit dem Faktor vor der höchsten Potenz von x) ausklammern und schließlich z. B. mithilfe der Lösungsformel für quadratische Gleichungen die Nullstellen bestimmen.

$f(x) = 0$
$-0{,}5x^3 + 2x^2 - 2x = 0$
$-0{,}5x(x^2 - 4x + 4) = 0$
$x = 0$ oder $x^2 - 4x + 4 = 0$
$x_1 = 0$ binomische Formel oder:
$D = (-4)^2 - 4 \cdot 4 = 0$
eine Lösung $x_2 = \frac{-(-4)}{2} = 2$

In der faktorisierten Form des Funktionsterms gibt der Exponent des dazugehörigen Linearfaktors die Art der Nullstelle an.
Die Art der Nullstelle bestimmt das Verhalten der Funktionswerte links und rechts einer Nullstelle:
einfache Nullstelle – Vorzeichenwechsel
doppelte Nullstelle – kein Vorzeichenwechsel

Der Funktionsterm $f(x) = -0{,}5x^3 + 2x^2 - 2x$ lässt sich faktorisieren:
$f(x) = -0{,}5x(x^2 - 4x + 4) = -0{,}5x(x-2)^2$
Der Faktor x hat den Exponenten 1.
$\Rightarrow x_1 = 0$ ist eine einfache Nullstelle.
Der Linearfaktor $(x - 2)$ hat den Exponenten 2.
$\Rightarrow x_2 = 2$ ist eine doppelte Nullstelle

Bestimmen der Vorzeichen der Funktionswerte

Sie lassen sich aus der faktorisierten Form des Funktionsterms mithilfe einer Vorzeichentabelle ermitteln.

	$x < 0$	$0 < x < 2$	$x > 2$
$-0{,}5$	–	–	–
x	–	+	+
$(x-2)^2$	+	+	+
$f(x)$	+	–	–

Bestimmen des Verhaltens der Funktionswerte im Unendlichen

Ausschlaggebend ist der Term mit der höchsten Potenz von x in der ausmultiplizierten Form des Funktionsterms.

Man betrachtet in $f(x) = -0{,}5x^3 + 2x^2 - 2x$ das Verhalten des Terms $-0{,}5x^3$ und erhält:
$f(x)$ geht für x gegen ∞ gegen $-\infty$.
$f(x)$ geht für x gegen $-\infty$ gegen ∞.

Skizzieren des Graphen

- Schnittpunkte mit den Achsen einzeichnen.
- Auf der Grundlage der Vorzeichentabelle die **Felder abstreichen**, in denen der Graph nicht verläuft.
- Berücksichtigung der Art der Nullstellen und des Verhaltens im Unendlichen.

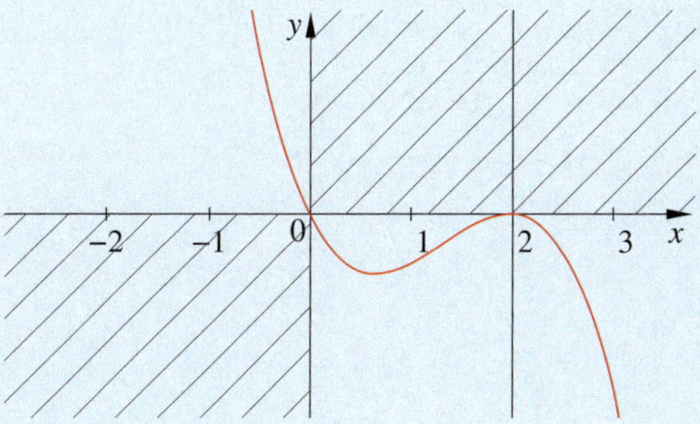

Aufgaben

Verknüpfen
Anwenden
Trainieren

1 Bestimmen Sie die Nullstellen der Funktion $x \mapsto f(x)$ mit $x \in \mathbb{R}$.

a) $f(x) = 3x(x-5)(x+2{,}25)$
b) $f(x) = 2{,}4\left(3x+\frac{2}{7}\right)x(4x-0{,}25)$
c) $f(x) = 0{,}5x^3(x^2-5x+6)$
d) $f(x) = x^2(x^2-x-3{,}75)$
e) $f(x) = 3{,}5(x^2+x-2)(x^2+x-12)$
f) $f(x) = 4x(x^2+6x+8)(x^2-0{,}9x+0{,}2)$
g) $f(x) = x^3+5x^2+6x$
h) $f(x) = 2x^4+0{,}2x^3-0{,}04x^2$

2 Bestimmen Sie die Nullstellen der Funktion $x \mapsto f(x)$ mit $x \in \mathbb{R}$, und geben Sie die Art der Nullstellen an.

a) $f(x) = (x-3)^2$
b) $f(x) = x^2(x+0{,}5)(x-0{,}5)^2$
c) $f(x) = x^2-9$
d) $f(x) = x^4-4x^2$

3 Zeigen Sie jeweils durch Termumformungen, dass die Funktion eine ganzrationale Funktion ist.

a) $x \mapsto 0{,}4x(x+0{,}4)(x-4{,}5)$ $\quad x \in \mathbb{R}$
b) $x \mapsto x^2(x^2-2x+1)(x-5)$ $\quad x \in \mathbb{R}$
c) $x \mapsto \frac{1}{3}x\left(x^2+\frac{4}{9}\right)$ $\quad x \in \mathbb{R}$

4 Geben Sie das Verhalten der Funktionswerte für x gegen ∞ bzw. gegen $-\infty$ an.

a) $f(x) = x^3-1000x$
b) $f(x) = x^2-99999x$
c) $f(x) = (x-3)(x+5)\cdot x^2$
d) $f(x) = x(x^2-9)$
e) $f(x) = (x^2+1)(x^2-1)$
f) $f(x) = x(3x+4)(0{,}5-2{,}5x)$
g) $f(x) = -2x^2(x^2-3x+2)(x^2+3x+2)$
h) $f(x) = \frac{1}{100}(2x-1{,}5x^2-0{,}5x^3+6)$

5 Skizzieren Sie den Graphen der Funktion durch „Felder abstreichen".

a) $x \mapsto (x-2)(x^2-2x-15)$
b) $x \mapsto x(x+1{,}5)(x-2{,}5)$
c) $x \mapsto x^2(x-3)(x^2-9)$
d) $x \mapsto x^4-4x$
e) $x \mapsto x^3-3x^2-9x$
f) $x \mapsto x^4+9x^3+14x^2$
g) $x \mapsto x^4-5x^2+4$
h) $x \mapsto 2\left(x^2-\frac{1}{4}\right)\left(x-\frac{3}{2}\right)^2$
i) $x \mapsto 4x^3-6x^2-4x$

Noch fit?

I Berechnen Sie die Maße der fehlenden Seiten und Winkel des Dreiecks ABC.

a) $c = 5\,\text{cm}$, $\alpha = 42°$, $\beta = 58°$
b) $a = 5\,\text{cm}$, $b = 4\,\text{cm}$, $\gamma = 36°$

II Gegeben ist das Parallelogramm $ABCD$ mit $\overline{AB} = 5{,}4\,\text{cm}$, $\sphericalangle CBA = 100°$, $\overline{AC} = 7{,}4\,\text{cm}$. Bestimmen Sie die Länge der Seite $[AD]$.

III Um die Länge eines geplanten, geraden Eisenbahntunnels zu bestimmen, werden von einem Punkt P aus die geradlinigen Entfernungen zum Eingang E und zum Ausgang A des Tunnels gemessen: $\overline{PE} = 3{,}2\,\text{km}$, $\overline{PA} = 2{,}8\,\text{km}$.
Der Winkel zwischen diesen beiden Strecken beträgt 24°.
Berechnen Sie die Länge des Eisenbahntunnels.

Aufgaben

Verknüpfen
Anwenden
Trainieren

6 Von einer ganzrationalen Funktion sind nur die drei Nullstellen bekannt: $x_1 = -3$; $x_2 = 0$; $x_3 = 5$.

a) Geben Sie drei ganzrationale Funktionen dritten Grades an, die diese Nullstellen besitzen, und skizzieren Sie die Graphen dieser Funktionen in einem gemeinsamen Koordinatensystem.
b) Geben Sie jeweils eine Funktion 4., 5. bzw. 6. Grades an, die nur diese Nullstellen hat. Skizzieren Sie die Graphen dieser Funktion in einem gemeinsamen Koordinatensystem.
c) Was können Sie über ganzrationale Funktionen aussagen, die diese Nullstellen besitzen und für x gegen ∞ und für x gegen $-\infty$ dasselbe Verhalten zeigen, also in beiden Fällen entweder gegen ∞ oder gegen $-\infty$ gehen?

7 Geben Sie eine ganzrationale Funktion dritten Grades an, die für $x = 0$ den Funktionswert 3 und außerdem die angegebenen Nullstellen hat.

a)	$x_1 = 0{,}5$	$x_2 = 2{,}5$	$x_3 = -2$
b)	$x_1 = 2{,}3$	$x_2 = -4$	$x_3 = -5{,}3$
c)	$x_1 = 1$	$x_2 = 2$	$x_3 = -3$
d)	$x_1 = \frac{4}{7}$	$x_2 = -3{,}5$	$x_3 = -0{,}7$
e)	$x_1 = -0{,}3$	$x_2 = -4{,}2$	$x_3 = -1{,}3$

8 Bestimmen Sie die Funktionsterme ganzrationaler Funktionen zu den gegebenen Graphen.
Die Nullstellen sind ohne Ausnahme ganzzahlig. Der Grad der jeweiligen Funktion ist angegeben. Der Punkt P liegt auf dem Graphen.

a) Grad 3; $P(1|-6)$

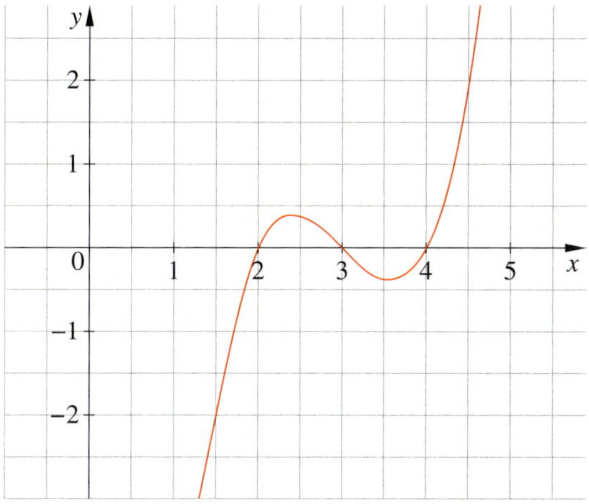

d) Grad 4; $P(0|8{,}1)$

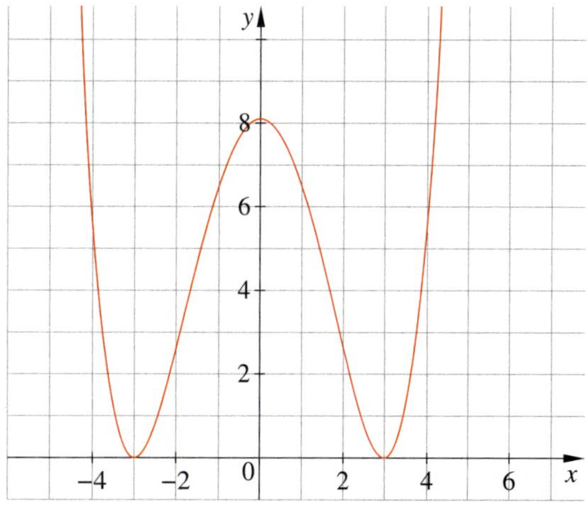

b) Grad 4; $P(1|-4)$

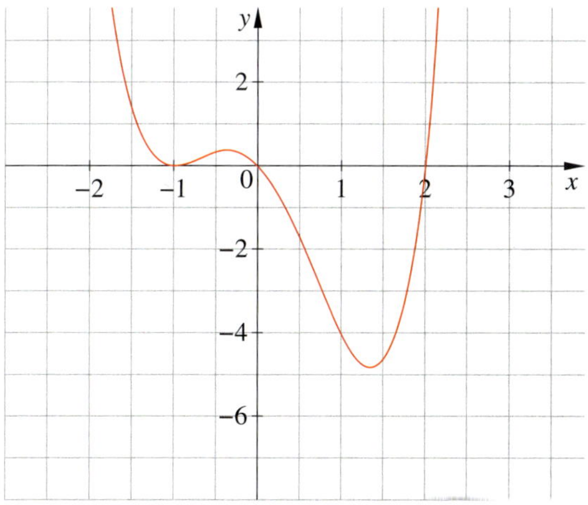

e) Grad 7; $P(-3|-432)$

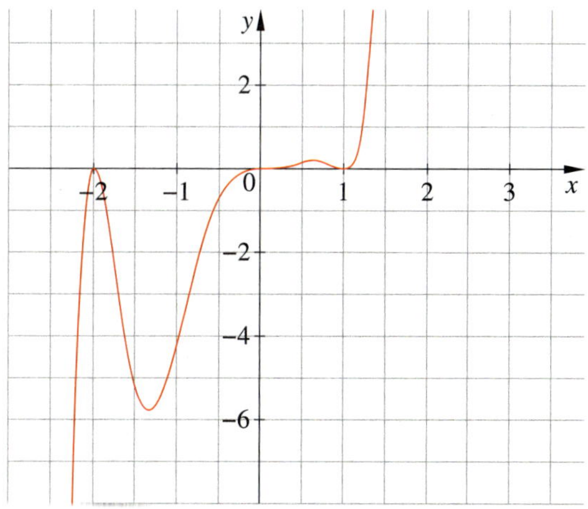

c) Grad 3; $P(2|1{,}6)$

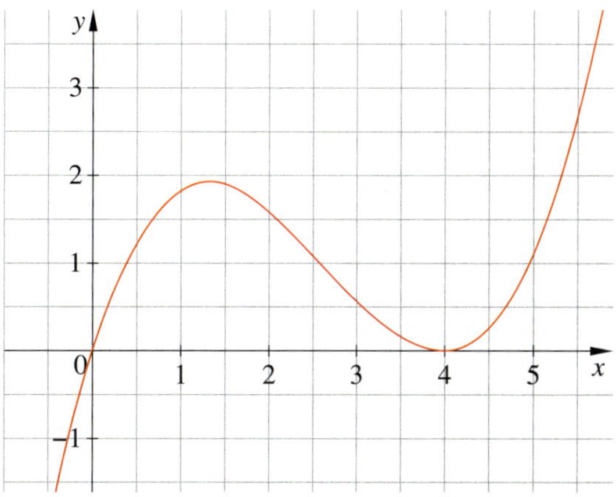

f) Grad 6; $P(1|-4)$

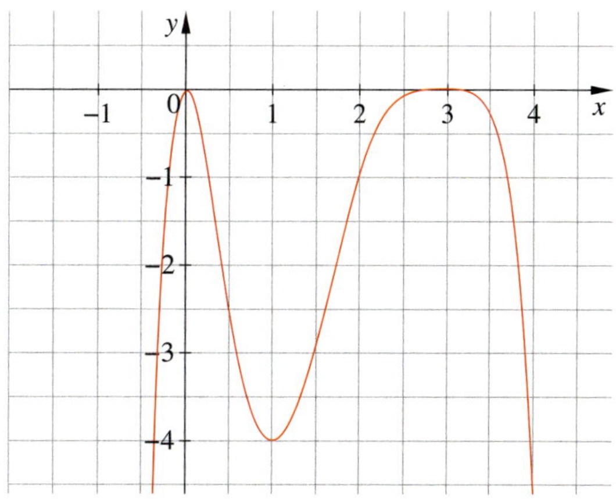

9 Bestimmen Sie die Nullstellen der Funktion $x \mapsto f(x)$ mit $x \in \mathbb{R}$, geben Sie das Verhalten der Funktionswerte für x gegen ∞ und gegen $-\infty$ an, und skizzieren Sie anschließend den Graphen.

a) $f(x) = -2x(x+3)(2x-3)$
b) $f(x) = 4x^2(x-4)(x^2-4)$
c) $f(x) = (x+3)(x^2-6x+9)$
d) $f(x) = (x+2)(-x^2+8x-16)$
e) $f(x) = 4x^2(x^2-0{,}25)$
f) $f(x) = x^3-5x^2+3x+9$

10 Bestimmen Sie eine ganzrationale Funktion 3. Grades, deren Graph durch die gegebenen Punkte verläuft.
$A(2|2)$ $B(-2|0)$ $C(0|4)$ $D(4|0)$

11 Bestimmen Sie die Bereiche, in denen $f(x) > g(x)$ gilt.

a) $f(x) = x^2$ $g(x) = 4x^4$
b) $f(x) = x^3+8$ $g(x) = 3x^2+6x$
c) $f(x) = x^2(x-5)(x+5)$ $g(x) = 9(x-5)(x+5)$
d) $f(x) = x^4-2x^2+3$ $g(x) = x^3+3$

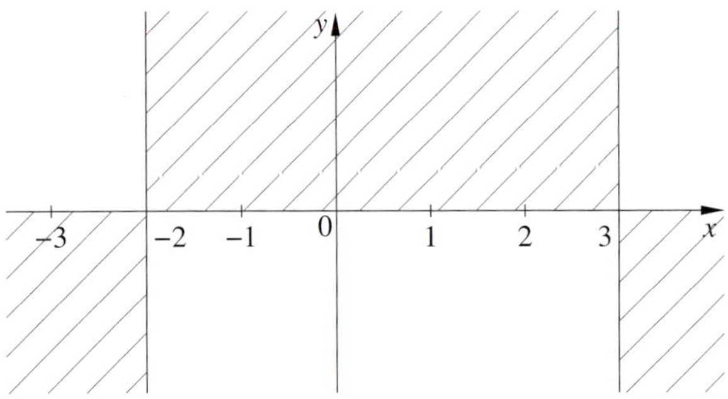

12 Sabrina ist im Unterricht nicht mehr zum Skizzieren des Graphen der Funktion gekommen. Sie hat bereits ermittelt, dass $x_1 = -2$; $x_2 = 0$ und $x_3 = 3$ die Nullstellen sind, hat herausgefunden, dass die Funktionswerte für x gegen ∞ und für x gegen $-\infty$ jeweils beliebig groß werden, und hat sogar schon die Felder abgestrichen. Sie findet aber nicht mehr, welche Funktion sie untersucht hat. Geben Sie drei Funktionen an, die sie untersucht haben könnte.

Aufgaben Verknüpfen Anwenden Trainieren

13 f_a ist eine ganzrationale Funktion $x \mapsto -0{,}25(x^3 - ax^2)$ mit $x \in \mathbb{R}$ und $a \in \mathbb{R}$.

a) Bestimmen Sie Lage und Anzahl der Nullstellen der Funktion f_a in Abhängigkeit von a.

b) Entscheiden Sie in Abhängigkeit von a, ob die Nullstellen der Funktion f_a einfache oder mehrfache Nullstellen sind.
Geben Sie an, welche Bedeutung jeweils die Art der Nullstelle für den Graphen der Funktion f_a hat.

c) Skizzieren Sie den Graphen der Funktion f_a für $a = 6$.

14 **Funktionsuntersuchungen am Kreiskegel**

a) Bestimmen Sie das Volumen V eines geraden Kreiskegels als Funktion der Höhe h unter der Annahme, dass die Länge s der Mantellinie fest vorgegeben ist.

b) Stellen Sie den Zusammenhang zwischen dem Volumen V und der Höhe h graphisch dar. Achten Sie auf eine sinnvolle Definitionsmenge.
Für welche Höhe (in Abhängigkeit von s) ist das Volumen maximal?

15 Noch einmal zur „Kapitelseite“ 127

Der DAX ist der wichtigste deutsche Aktienindex. Er zeigt die Entwicklung der Aktien der 30 größten und umsatzstärksten deutschen Unternehmen, die an der Frankfurter Börse gehandelt werden.

Die DAX-Angaben beziehen sich auf den Anfangsstand vom 31. 12. 1987, der willkürlich mit 1000 Punkten bewertet wurde. Kurszuwächse und Kursverluste werden seitdem in einen sich verändernden Punktestand umgerechnet.

a) Geben Sie eine ganzrationale Funktion an, deren Graph wie die Entwicklung des DAX im Jahre 2006 verläuft. Verwenden Sie die x-Achse als Zeitachse mit der Einheit 1 Monat.

b) Verwenden Sie diese Funktion, um eine Voraussage für den weiteren Verlauf des DAX im Jahre 2007 zu treffen. Vergleichen Sie diese mit der tatsächlichen Entwicklung. Diskutieren Sie die Unterschiede.

16 Eine Straße führt in einen Tunnel. Die innere Tunnelbegrenzung hat die Form des Graphen einer ganzrationalen Funktion $x \mapsto ax^4 + b$. Der Tunnel ist am Boden 4,0 m breit und in der Mitte 4,0 m hoch.

Der Fahrer eines Lastwagens mit rechteckiger Querschnittsfläche, 2,20 m breit und 3,90 m hoch, will durch den Tunnel fahren. Kann er dies gefahrlos machen, oder soll er besser umdrehen?

Aufgabe der Woche

Das Horner-Verfahren

Ohne moderne Rechenhilfsmittel ist das Berechnen von Funktionswerten ganzrationaler Funktionen sehr aufwändig. Im 19. und frühen 20. Jahrhundert war dafür das sogenannte Horner-Verfahren weit verbreitet, mit dem die Zeitdauer der Berechnung erheblich verringert werden konnte.

Beim Horner-Verfahren werden die Koeffizienten nach fallenden Exponenten von x sortiert und dann in einer bestimmten Reihenfolge abwechselnd Summen und Produkte berechnet.

Beispiel:

Von der Funktion f mit $f(x) = 3x^3 - 4x^2 - 8x + 6$ soll der Funktionswert an der Stelle $x_1 = 2$ berechnet werden.

Sortierte Koeffizienten:	**3**		**−4**		**−8**		**6**		
Produkte:			**6**		**4**		**−8**		
↓ Addieren; ↗ Multiplizieren mit x_1:	↓	↗	↓	↗	↓	↗	↓		
Summen:	**3**		**2**		**−4**		**−2**		$f(2) = -2$

Berechne mit dem Horner-Verfahren $f(-3)$ für $f(x) = -2x^3 + 3x^2 - 4x + 5$.

Begründen Sie mathematisch die Vorgehensweise des Horner-Verfahrens.

Info

Das Horner-Verfahren, auch Horner-Schema genannt, ist nach dem britischem Mathematiker William George Horner (1786 – 1837) benannt. Horner war allerdings nicht der Erste, der dieses Verfahren entdeckte; es war bereits 500 Jahre früher in China bekannt.

Zeigen Sie, was Sie können!

1 Im nebenstehenden Bild sind die Graphen der Funktionen
$x \mapsto x^3$ $x \mapsto x^4$ $x \mapsto x^8$ $x \mapsto x^{11}$
dargestellt. Ordnen Sie jedem Graphen die passende Funktion zu, und begründen Sie Ihre Wahl.

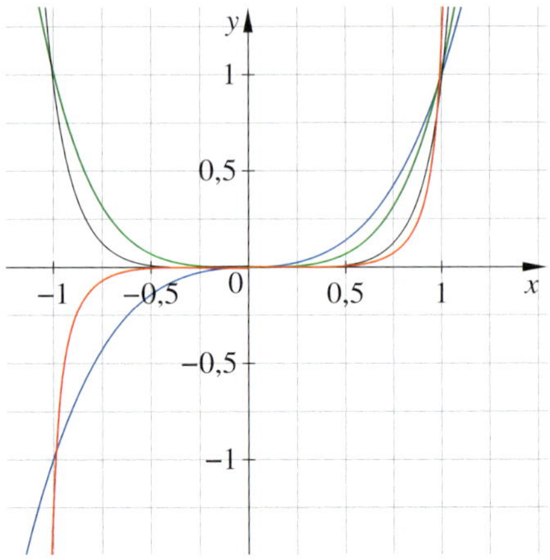

2 Ordnen Sie die Zahlenterme ohne Benützung des Taschenrechners in einer steigenden Ungleichheitskette an, und begründen Sie Ihre Anordnung.
$(-0{,}2)^5$; $(0{,}2)^4$; $(-0{,}2)^6$; $(0{,}2)^3$

3 Geben Sie die maximale Definitionsmenge und die Wertemenge der Funktion sowie Symmetrie und Steigungsverhalten des dazugehörigen Graphen an.

a) $x \mapsto x^{123}$ **b)** $x \mapsto x^{100n}$ $(n \in \mathbb{N})$

4 Bestimmen Sie Nullstellen der Funktionen f und g, und geben Sie die Art der jeweiligen Nullstelle an.

a) $f(x) = x^2(x-3{,}4)(x+4{,}2)^2$ **b)** $g(x) = 3x(x^2+x-12)(x-3)$

5 Skizzieren Sie die zu den Funktionstermen gehörenden Graphen durch „Felder abstreichen".

a) $f(x) = x^3 - 3x^2$ **b)** $g(x) = x^3 + 4x^2 + 4x$

6 Bestimmen Sie jeweils den Funktionsterm einer ganzrationalen Funktion zum gegebenen Graphen. Die Nullstellen sind alle ganzzahlig. Der Grad der Funktion ist angegeben. Der angegebene Punkt liegt auf dem Graphen.

a)

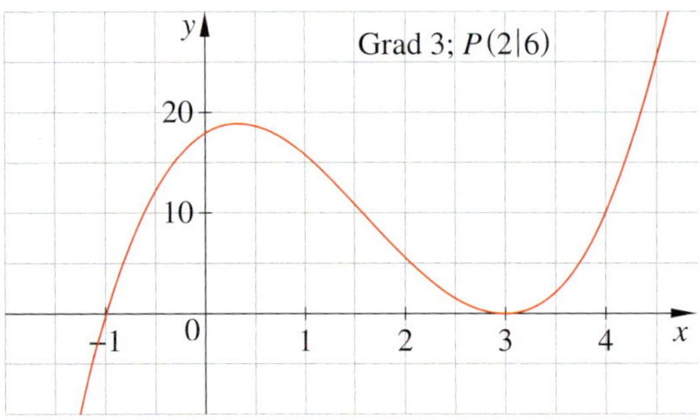

b)

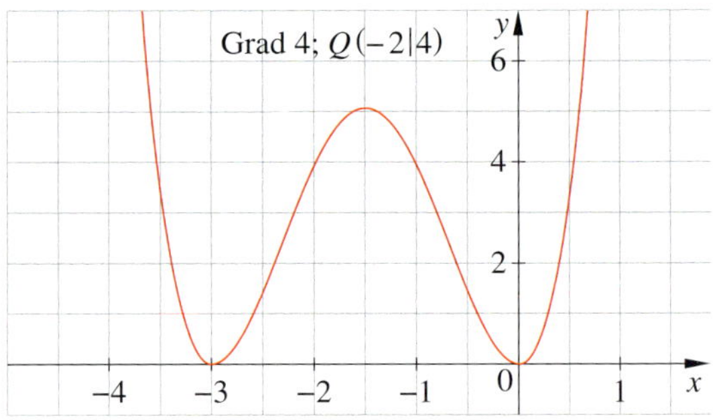

Aufg.-Nr.	Punkte	Lösungshinweis
1	6P	Beachten Sie Seite 131, Zusammenfassung
2	4P	Vgl. Sie Seite 133, Aufgabe 9
3	3P	Beachten Sie Seite 131, Zusammenfassung
4	3P	Beachten Sie Seite 139, Zusammenfassung
5	8P	Beachten Sie Seite 139, Zusammenfassung
6	6P	Vgl. Sie Seite 141, Aufgabe 8

Lösungen Seite 208

26–30 Punkte

21–25 Punkte

15–20 Punkte

7 Bekanntes und Neues über Funktionen

Im Laufe der Zeit haben Sie eine Vielzahl von unterschiedlichen Funktionen kennen gelernt, und haben erfahren, wie man mit deren Hilfe verschiedene Sachverhalte untersuchen kann, zum Beispiel Bewegungsvorgänge, Formen in Natur, Technik und Architektur, Wachstums- und Zerfallsprozesse, elektrische und mechanische Schwingungen.

In diesem Kapitel werden nicht mehr einzelne Funktionstypen getrennt untersucht, Sie lernen vielmehr, wie Sie ausgehend von Ihren bisherigen Kenntnissen Fragen beantworten können wie:
Welcher Funktionstyp ist am ehesten geeignet, einen vorgegebenen Graphen wiederzugeben oder aber einen konkreten Sachverhalt zu beschreiben?
Was lässt sich aus dem Funktionsterm über den Verlauf des Graphen einer Funktion ablesen?
Wie passt man durch Veränderung von Parametern eine Funktion an gegebene Werte oder eine vorgegebene grafische Darstellung an?
Dabei lernen Sie, mithilfe des Begriffs „Grenzwert einer Funktion für $x \to \pm\infty$" das Verhalten von Funktionen und ihrer Graphen für betragsmäßig große Argumente präzise zu beschreiben.

Paradoxien[1] des Unendlichen

Wettrennen zwischen Achilles und der Schildkröte
Der griechische Held Achilles war berühmt für seine Schnelligkeit. Das hinderte Zenon von Elea (ca. 490–430 v. Chr.) nicht daran „nachzuweisen", dass Achilles einen Wettlauf mit einer Schildkröte nie gewinnen könne:

Nehmen wir an, Achilles läuft 10-mal so schnell wie die Schildkröte und Achilles gibt der Schildkröte einen großzügigen Vorsprung von 100 m.
Beide laufen gleichzeitig los. Wenn Achilles nach 100 m die Startposition der Schildkröte erreicht hat, ist diese aber schon 10 m weiter, hat Achilles diese 10 m zurückgelegt, ist die Schildkröte schon einen Meter weiter. Immer wenn Achilles dort ankommt, wo die Schildkröte gerade eben noch war, ist diese schon wieder ein Stückchen weiter gelaufen und somit – so Zenon – wird Achilles die Schildkröte nie einholen.

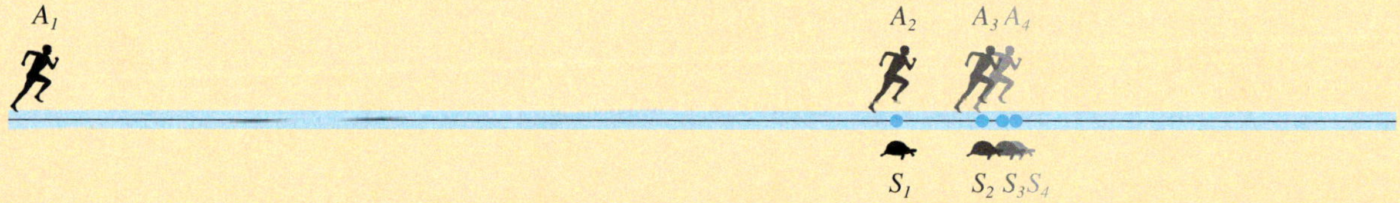

Sie wissen natürlich, dass Achilles die Schildkröte einholen und überholen wird.

Aufgabe:
Berechnen Sie die Zeit, nach der Achilles die Schildkröte eingeholt hat, und die Strecke, die er bis dahin zurückgelegt hat. wenn Achilles mit der Geschwindigkeit $v_A = 10\frac{\text{m}}{\text{s}}$ läuft.

Aber wie passt das zu Zenons Paradoxon?
Betrachtet man in Zenons Überlegung die einzelnen Strecken, die Achilles zurücklegt, so erhält man der Reihe nach
$\overline{A_1A_2} = 100\,\text{m}$, $\overline{A_2A_3} = \frac{1}{10} \cdot 100\,\text{m}$,
$\overline{A_3A_4} = \frac{1}{10} \cdot \overline{A_2A_3} = \frac{1}{10^2} \cdot 100\,\text{m}$ usw.
Die Gesamtstrecke s, die Achilles zurücklegen muss, um die Schildkröte zu erreichen, wäre also
$s = 100\,\text{m} \cdot \left(1 + \frac{1}{10} + \frac{1}{10^2} + \frac{1}{10^3} + \frac{1}{10^4} + \dots \frac{1}{10^n} + \dots\right)$,
eine „unendliche Summe" von immer kleiner werdenden Teilstrecken.

Der Wert dieser „unendlichen Summe" ist aber endlich, wie sich mit einem kleinen Trick nachweisen lässt: Multiplikation mit $\frac{1}{10}$ liefert
$\frac{1}{10}s = 100\,\text{m} \cdot \left(\frac{1}{10} + \frac{1}{10^2} + \frac{1}{10^3} + \frac{1}{10^4} + \dots \frac{1}{10^n} + \dots\right)$
und damit $s - \frac{1}{10}s = 100\,\text{m}$, also $s = \frac{100\,\text{m}}{\frac{9}{10}} = \frac{1000}{9}\,\text{m}$
in Übereinstimmung mit dem Ergebnis der obigen Aufgabe (wenn Sie richtig gerechnet haben).

Analog kann man zeigen, dass Achilles die Schildkröte auch bei Zenons Argumentation nach der endlichen Zeit $t = 11\frac{1}{9}\,s$ erreicht.

Die Mathematik löst also Zenons Paradoxon dadurch, dass es ihr gelingt nachzuweisen, dass eine unendliche Summe (eine *unendliche Reihe*, wie die Mathematiker sagen) mit lauter positiven Summanden einen endlichen Wert ergeben kann (in der Sprache der Mathematik: *die unendliche Reihe konvergiert*).

[1] Paradoxon leitet sich von *paradoxos* (griech.) ab: widersinnig, einen (scheinbar) unauflösbaren Widerspruch enthaltend.

Nicht jede unendliche Reihe konvergiert

Das Paradoxon von Achilles und der Schildkröte führt auf eine unendliche Reihe, bei der jeder Summand aus dem vorhergehenden durch Multiplikation mit stets demselben Faktor hervorgeht. Eine solche unendliche Reihe nennt man eine *geometrische Reihe*.

Beispiele:

$1 + \frac{1}{2} + \frac{1}{4} + \frac{1}{8} \ldots + \frac{1}{2^n} + \ldots$

$5 + \frac{5}{3} + \frac{5}{9} + \frac{5}{27} + \ldots \frac{5}{3^n} + :$

oder allgemein:

$a + a \cdot q + a \cdot q^2 + a \cdot q^3 + a \cdot q^4 + \ldots + a \cdot q^n + \ldots$

Ist der Faktor $0 < q < 1$, so erhält man stets einen endlichen Wert für die geometrische Reihe. Der italienische Mathematiker Evangelista Torricelli (1608–1647) hat dies mit einer einfachen geometrischen Überlegung gezeigt (siehe Aufgabe der Woche auf Seite 168).

Man könnte nun denken, dass dieses Resultat darauf beruht, dass die Summanden beliebig klein werden, dass also spätere Summanden kaum mehr etwas zum Wert der Summe beitragen. Dann allerdings müsste auch die unendliche Reihe $1 + \frac{1}{2} + \frac{1}{3} + \frac{1}{4} + \ldots + \frac{1}{n} + \ldots$, die sogenannte *harmonische Reihe*, einen endlichen Summenwert haben. Das allerdings hat bereits um 1300 (!) der französische Mathematiker Nicolas Oresme widerlegt (ein entsprechender Beweis wurde bereits im „Fokus 6“, Seite 73 gezeigt). Der Wert dieser Reihe ist unendlich groß (man sagt: sie *divergiert*). Allerdings muss man in dieser Reihe sehr viele Summanden addieren, um größere Summenwerte zu erreichen. Damit die Summe den Wert 50 überschreitet, muss man z. B. etwa 10^{21} Summanden addieren. Ein Computer, der in der Lage wäre, pro Sekunde eine Million Summanden zu addieren, bräuchte dazu 10^{15} Sekunden, also mehr als 310 Millionen Jahre!

Jede geometrische Reihe mit dem Anfangswert 1 und $q < 1$ ist „ein Teil“ der harmonischen Reihe, denn alle Summanden einer solchen geometrischen Reihe sind auch Summanden der harmonischen Reihe. Die Frage, „wie viele“ Summanden man aus der harmonischen Reihe weglassen muss, damit die dann entstehende Reihe eine endliche Summe hat, bleibt offen.

Aufgabe:

Zeigen Sie, dass man auch dann keine konvergente Reihe erhält, wenn man aus der harmonischen Reihe nur jeden 2. (5., 10., 100.) Summanden beibehält.

Das Verhalten der harmonischen Reihe hängt mit dem des Graphen der Funktion $x \mapsto \frac{1}{x}$ zusammen. Die Flächeninhalte der blauen Rechtecke entsprechen bis auf den fehlenden Summanden 1 genau den Summanden der harmonischen Reihe. Wenn also die harmonische Reihe keinen endlichen Summenwert besitzt, kann auch die (nach rechts unbegrenzte) Fläche zwischen dem Graphen der Funktion $x \mapsto \frac{1}{x}$ und der x-Achse für $x \geq 1$ keinen endlichen Wert haben (warum?).

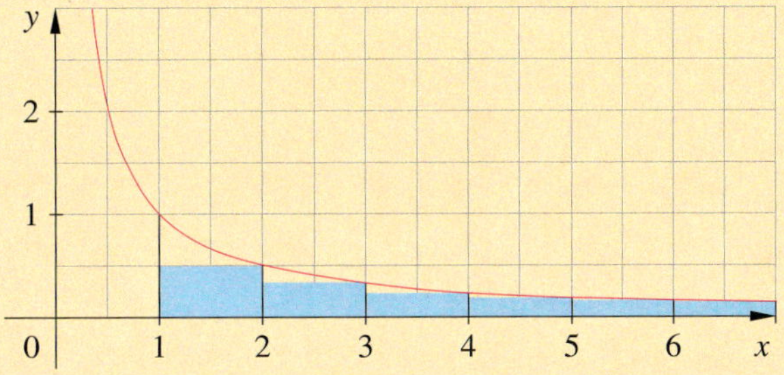

Am Graphen der Funktion $x \mapsto \frac{1}{x}$ lässt sich eines der merkwürdigsten Paradoxa des Unendlichen zeigen:

Das Paradoxon von dem Gefäß mit unendlich großer Oberfläche, aber endlichem Volumen

Dazu lässt man den Graphen dieser Funktion im Intervall $[1; \infty[$ um die x-Achse rotieren. Es entsteht ein trichterförmiger „Schlauch“, der sich nach rechts ins Unendliche erstreckt. Nach den Überlegungen zur harmonischen Reihe verwundert es nicht, dass die Oberfläche dieses „Schlauchs“ unendlich groß ist. Man sollte also vermuten, dass keine noch so große Menge von Farbe ausreichen würde, diesen „Schlauch“ innen mit Farbe zu beschichten. Andererseits kann man aber zeigen, dass das Volumen dieses „Schlauchs“ einen endlichen Wert hat, man ihn also mit einer endlichen Menge Farbe vollständig füllen könnte. Genauer, es genügen etwas mehr als 3 Liter Farbe, wenn der Radius der Grundfläche 1 dm ist. Also müsste doch eine kleine Menge Farbe ausreichen, um eine dünne Farbschicht auf die gesamte Innenfläche aufzutragen…?

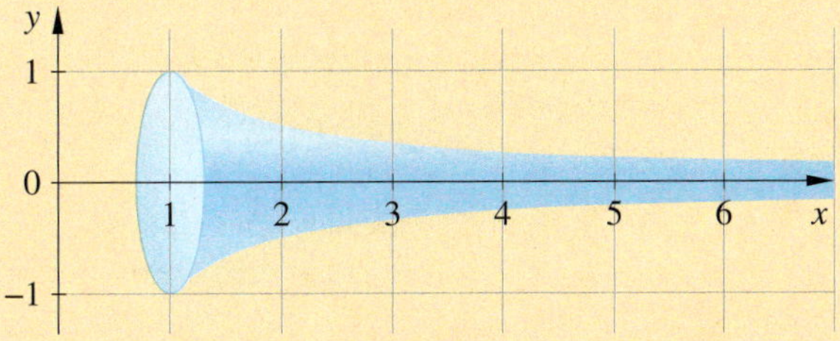

7.1 Überblick über bekannte Funktionstypen

Auftrag 1 **Durcheinandergeratene Funktionenplots**

Zu sechs der folgenden neun Funktionen wurden die Graphen mit einem Funktionsplotter erzeugt.

$f_1\colon x \mapsto -\frac{1}{2}x^2 + x + 1$	$f_4\colon x \mapsto -\frac{2}{3}x - \frac{3}{2}$	$f_7\colon x \mapsto -1{,}5x - \frac{2}{3}$
$f_2\colon x \mapsto -1 + \frac{3}{x+2}$	$f_5\colon x \mapsto \left(\frac{1}{2}\right)^{x+1}$	$f_8\colon x \mapsto 2^{-x}$
$f_3\colon x \mapsto \cos\left(\frac{1}{2}x + \frac{\pi}{2}\right)$	$f_6\colon x \mapsto \frac{3}{2}x^3 - 3x$	$f_9\colon x \mapsto 0{,}5x^4$

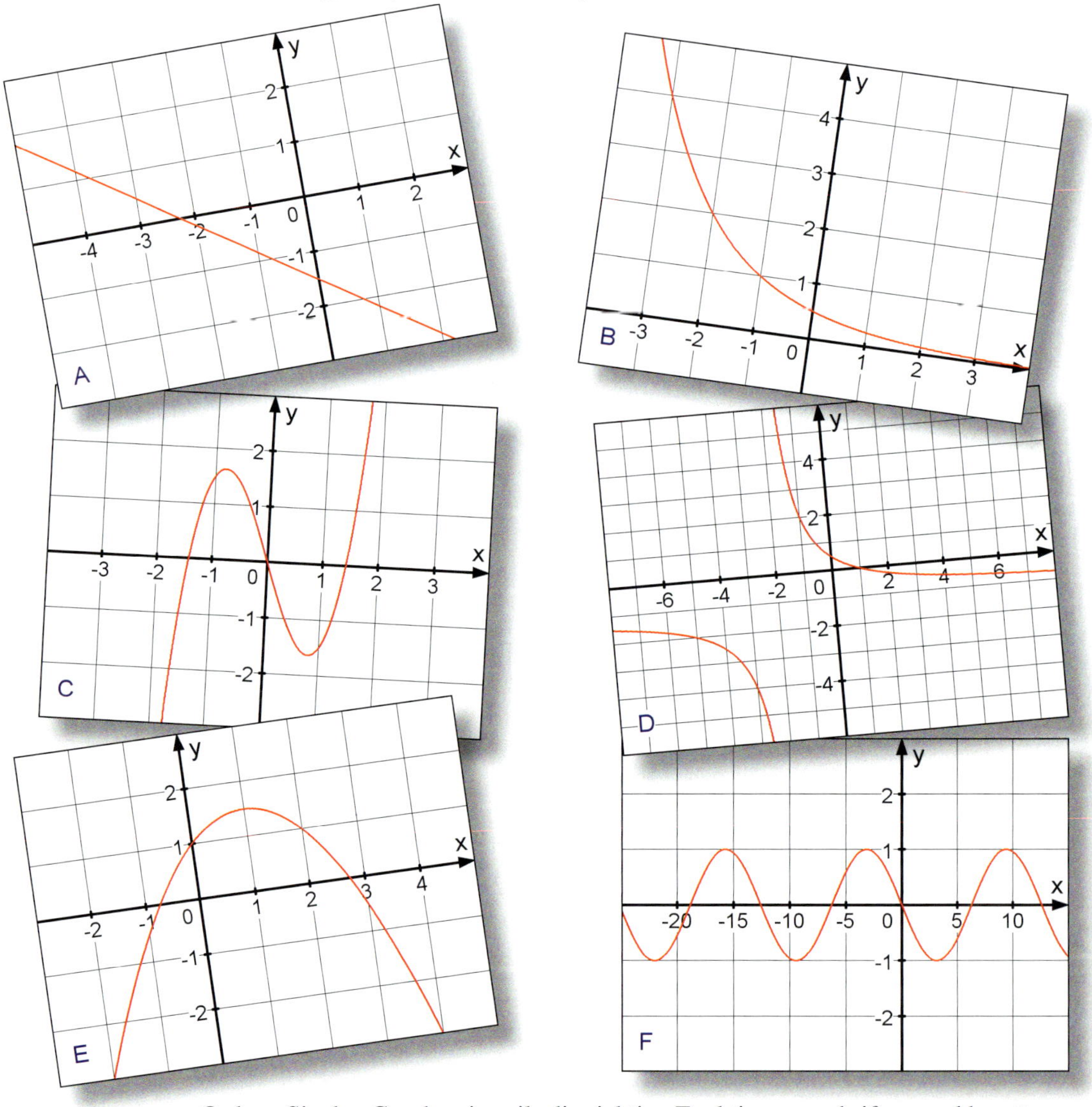

Ordnen Sie den Graphen jeweils die richtige Funktionsvorschrift zu und begründen Sie Ihre Entscheidung.
Beschreiben Sie charakteristische Eigenschaften der einzelnen Graphen mit Worten und überlegen Sie, ob und ggf. wie Sie diese direkt aus der Funktionsvorschrift oder durch Rechnung ermitteln könnten.

Der Darrieusrotor

Auftrag 2

Im Jahr 1925 hat der Franzose Darrieus ein Windrad zur Umwandlung von Windenergie in elektrische Energie konstruiert, dessen Rotoren der Form eines Springseils nachgebildet sind, das man mit beiden Händen um eine vertikale Achse schleudert.
Die Form der Rotoren kann näherungsweise durch die Funktion

$f: x \mapsto 6 - 0{,}044x^2 - 0{,}00045x^4$

beschrieben werden. Dabei liegt der Ursprung des Koordinatensystems in der Mitte des Rotormastes und die x-Achse auf dem Mast.

Um welche Art von Funktion handelt es sich?
Begründen Sie, dass die Rotorform symmetrisch ist.
Welche Mindestlänge muss die vertikale Rotorachse haben und wie groß ist der maximale Abstand eines Rotorpunktes von der Achse?
Skizzieren Sie in einem Koordinatensystem einen Arm des Darrieusrotors.

Zeigen Sie, dass auch die folgenden Funktionen wesentliche Eigenschaften der Rotorblätter richtig beschreiben, dass sie aber nicht alle die Form der Rotorblätter gleich gut wiedergeben.
$g: x \mapsto -0{,}078x^2 + 6$ $\qquad$ $h: x \mapsto 6\cos\left(\frac{\pi}{17{,}5}x\right)$

Nehmen Sie diese Aufgabe zum Anlass, für alle Ihnen bekannten Funktionstypen zu überlegen, was Sie über die charakteristischen Eigenschaften der zugehörigen Graphen wissen und wie Sie diese aus der jeweiligen Funktionsvorschrift ablesen bzw. rechnerisch bestimmen können.

Funktionen-Quiz

Auftrag 3

Sie haben in den vergangenen Jahren eine ganze Reihe von Funktionen mit unterschiedlichen Eigenschaften kennen gelernt. Benützen Sie Ihre Kenntnisse, um jeweils (mindestens) eine Funktion mit den vorgegebenen Eigenschaften anzugeben.

- f_1 hat genau zwei Nullstellen $x_1 = 2$ und $x_2 = -3$ und genau eine Minimumstelle.
- f_2 hat weder Nullstellen noch Extremstellen und nimmt für große x beliebig große Werte an.
- f_3 hat nur die Nullstelle $x = -1$ und hat als Wertemenge ganz $\mathbb{R}$.
- f_4 hat $x = 2$ als Definitionslücke, der Graph ist symmetrisch zur y-Achse.
- f_5 hat unendlich viele Nullstellen, die Wertemenge ist das Intervall $[-1; 2]$.
- f_6 hat genau drei Nullstellen, der Graph ist punktsymmetrisch zum Ursprung.

Überprüfen Sie z. B. mithilfe eines Funktionenplotters, ob die von Ihnen gewählten Funktionen tatsächlich die angegebenen Eigenschaften haben, und versuchen Sie weitere Eigenschaften dieser Funktionen und ihrer Graphen zu bestimmen.

Bearbeitung

Auftrag 1 Durcheinandergeratene Funktionenplots

Die Eigenschaften eines Graphen geben Hinweise auf den Typ der zugehörigen Funktion und damit darauf, welche der vorgegebenen Funktionen für diesen Graphen in Frage kommt. Es bleibt dann nur noch zu überprüfen, ob die ausgewählte Funktionsvorschrift auch tatsächlich auf den dargestellten Graphen führt, das heißt ob z. B. die Schnittpunkte mit den Koordinatenachsen, das Symmetrieverhalten oder auch ausgewählte Funktionswerte stimmen.

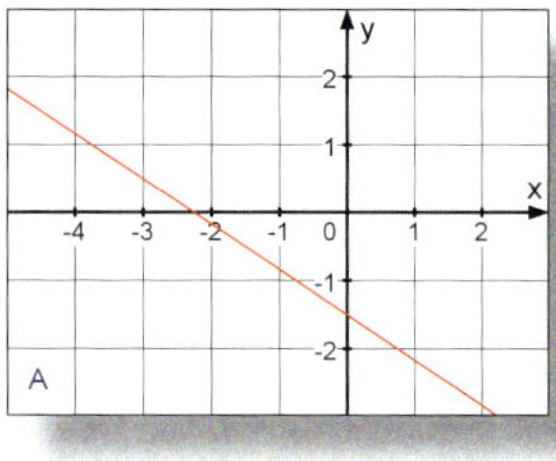

Der Graph A ist eine Gerade mit negativer Steigung, also der Graph einer **linearen Funktion** $x \mapsto mx + t$. Dabei ist m die Steigung der Geraden, $(0|t)$ der Schnittpunkt der Geraden mit der y-Achse.
Damit kommt von den beiden linearen Funktionen f_4 und f_7 nur noch f_4 mit der Steigung $-\frac{2}{3}$ und dem y-Achsenabschnitt $-\frac{3}{2}$ in Frage. Zur Vollständigkeit kann man außerdem den Schnittpunkt mit der x-Achse ausrechnen:

$$f_4(x) = 0 \quad \Leftrightarrow \quad -\tfrac{2}{3}x - \tfrac{3}{2} = 0 \quad \Leftrightarrow \quad x = -\tfrac{9}{4} = -2{,}25$$

Der Schnittpunkt hat also in Übereinstimmung mit dem Graphen A die Koordinaten $(-2{,}25|0)$.

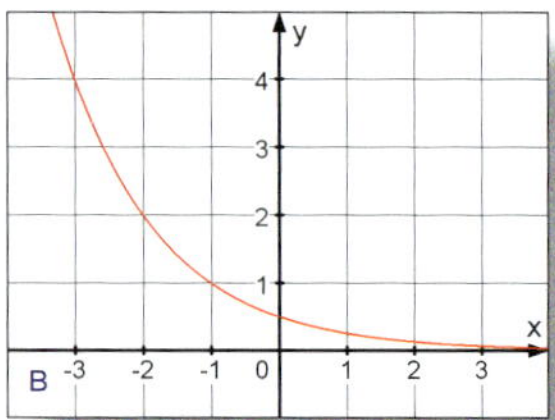

Der Graph B zeigt die typischen Eigenschaften einer **Exponentialfunktion** mit einer positiven Basis kleiner als 1: Die Funktion hat keine Nullstelle, alle Funktionswerte sind positiv, der Graph fällt im ganzen Definitionsbereich, besitzt deshalb keine Extrempunkte und nähert sich mit wachsendem x asymptotisch der x-Achse. Also wird entweder f_5 oder f_8 zu diesem Graphen gehören. Die Entscheidung liefert die Berechnung des Funktionswertes an der Stelle 0, also der Schnittpunkt des Graphen mit der y-Achse.
Wegen $f_8(0) = 2^0 = 1$ ist f_8 nicht die passende Funktion, während $f_5(0) = \left(\frac{1}{2}\right)^{0+1} = \frac{1}{2}$ den richtigen Schnittpunkt $\left(0\middle|\frac{1}{2}\right)$ ergibt. Der Graph der Exponentialfunktion f_8 befindet sich nicht unter den grafischen Darstellungen.

f_9 ist – bis auf den Faktor 0,5 – eine **Potenzfunktion** mit dem geraden Exponenten 4. Ihr Graph ist achsensymmetrisch zur y-Achse. Da außerdem der Koeffizient 0,5 von x^4 positiv ist, sind alle Funktionswerte nichtnegativ. Ein Graph mit diesen Eigenschaften ist nicht dargestellt. Also muss zu jeder der restlichen vier Funktionen f_1, f_2, f_3 und f_6 jeweils einer der noch verbleibenden vier Graphen gehören.

f_1 ist eine **quadratische Funktion**, ihr Graph also eine Parabel, die wegen des Koeffizienten $-\frac{1}{2}$ von x^2 nach unten geöffnet ist. Da der Schnittpunkt $(0|1)$ der Parabel mit der y-Achse oberhalb der x-Achse liegt, gilt dies auch für den Scheitel. Also schneidet der Graph die x-Achse in zwei verschiedenen Punkten. Der Graph steigt für $x < 1$ und fällt für $x > 1$. Damit ist klar, dass für f_1 nur der Graph E in Frage kommt. Zur Kontrolle berechnet man den Scheitel und die Schnittpunkte mit der x-Achse der zu f_1 gehörenden Parabel bzw. die Nullstellen von f_1.

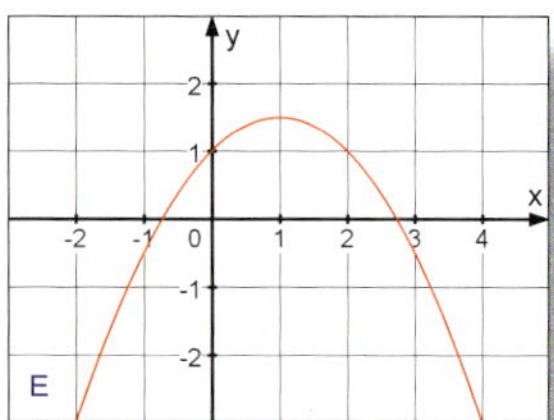

$$f_1(x) = 0 \quad \Leftrightarrow \quad -\tfrac{1}{2}x^2 + x + 1 = 0 \quad \Leftrightarrow \quad x = 1 + \sqrt{3} \text{ oder } x = 1 - \sqrt{3}$$

(Lösungsformel für quadratische Gleichungen)

Da die Parallele zur y-Achse durch den Scheitel Symmetrieachse jeder Parabel ist, muss die x-Koordinate x_S des Scheitels das arithmetische Mittel der Nullstellen sein, also $x_S = 1$ und $y_S = f_1(x_S) = \frac{3}{2}$.
Diese Ergebnisse bestätigen, dass der Graph E zu f_1 gehört.

f_2: $x \mapsto -1 + \frac{3}{x+2}$ ist, wie man anhand der Umformung $-1 + \frac{3}{x+2} = \frac{1-x}{x+2}$ sieht, eine **gebrochen-rationale Funktion** mit dem Nenner $x + 2$.
Da gebrochen-rationale Funktionen an den Nullstellen des Nenners nicht definiert sind, ist f_2 für $x = -2$ nicht definiert. -2 ist eine Polstelle für f_2, der maximale Definitionsbereich von f_2 ist $\mathbb{R} \setminus \{-2\}$.
Aus der 8. Klasse ist bekannt: Der Graph von f_2 ist eine Hyperbel, die aus der Hyperbel zu $x \mapsto \frac{3}{x}$ durch eine Verschiebung um -2 in Richtung der x-Achse und eine Verschiebung um -1 in Richtung der y-Achse hervorgeht.
Wenn sich x dem Wert -2 annähert, dann werden die Funktionswerte betragsmäßig beliebig groß, für große x nähern sich umgekehrt die Funktionswerte beliebig genau dem Wert -1. Die Geraden mit den Gleichungen $x = -2$ bzw. $y = -1$ sind Asymptoten des Graphen, der Graph ist punktsymmetrisch zum Punkt $(-2 \mid -1)$. Für $x < -2$ und für $x > -2$ fällt der Graph streng monoton.
Der Graph D hat genau diese Eigenschaften, gehört also zu f_2.

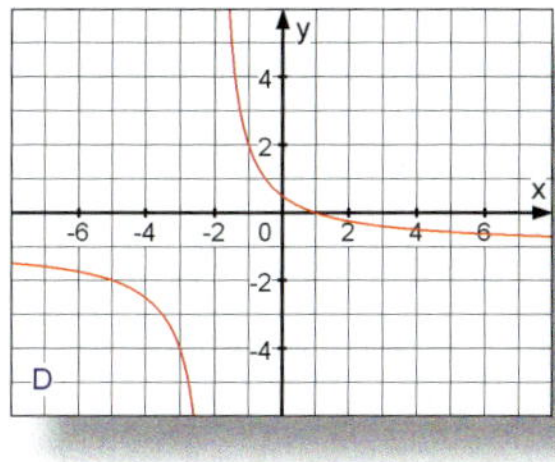

Die Periodizität des Graphen F legt nahe, dass er zu einer **trigonometrischen Funktion** gehört. Also kommt als zugehörige Funktion nur f_3 in Frage. Dass es sich bei dem Graphen tatsächlich um den Graphen der Funktion f_3 handelt, überprüft man z. B. anhand der Nullstellen, der Länge der Periode und der Lage der Extrema (siehe Kapitel 2).

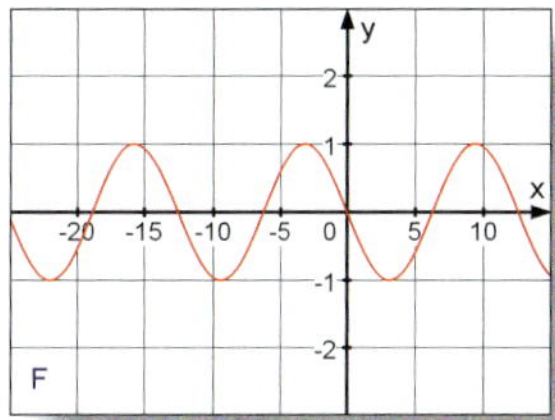

Nullstellen: $f_3(x) = 0 \Leftrightarrow \cos\left(\frac{1}{2}x + \frac{\pi}{2}\right) = 0 \Leftrightarrow \frac{1}{2}x + \frac{\pi}{2} = \frac{2k+1}{2}\pi,\ k \in \mathbb{Z}$
$\Leftrightarrow x = 2k\pi,\ k \in \mathbb{Z}$ (in Übereinstimmung mit dem Graphen in F)

Periodenlänge: $\cos\left(\frac{1}{2}x + \frac{\pi}{2}\right) = \cos\left(\frac{1}{2}(x + \pi)\right)$
Daraus liest man ab (siehe Kapitel 2.2), dass die Periodenlänge 4π ist und dass der Graph von f_3 aus dem Graphen der Kosinusfunktion durch eine Streckung mit dem Faktor 2 in Richtung der x-Achse und eine anschließende Verschiebung um $-\pi$ in x-Richtung entsteht. Ebenso erhält man den Graphen in F aus dem Graphen der Kosinusfunktion.

Extrempunkte: Die Extremstellen berechnet man aus der Gleichung $\frac{1}{2}x + \frac{\pi}{2} = k\pi$, $k \in \mathbb{Z}$. Die Lösungen dieser Gleichung sind alle ungeraden Vielfachen von π, die zugehörigen Funktionswerte sind 1 bzw. -1 in Übereinstimmung mit dem Graphen in F.

Zu beachten
Bereits bei der gegenüber f_6 nur geringfügig veränderten Funktion g: $x \mapsto \frac{3}{2}x^3 - 3x + 1$ könnten Sie die Nullstellen mit den Ihnen bekannten Verfahren nicht mehr exakt berechnen.

Für den Graphen C bleibt nur noch die **ganzrationale Funktion** f_6 dritten Grades. Der vorgegebene Graph hat drei verschiedene Schnittpunkte mit der x-Achse, er ist offensichtlich punktsymmetrisch zum Ursprung des Koordinatensystems. Ein Maximum liegt im Intervall $-1 < x < -0{,}5$, ein Minimum im Intervall $0{,}5 < x < 1$. Zwischen Maximum und Minimum fällt der Graph, in den anderen Intervallen steigt er.
Um zu bestätigen, dass der Graph von f_6 tatsächlich der Graph C ist, kann man wieder versuchen, die Nullstellen zu berechnen. Aufgrund der speziellen Form des Funktionsterms von f_6 ist das nach Ausklammern von x leicht möglich:

$$f_6(x) = 0 \Leftrightarrow \tfrac{3}{2}x^3 - 3x = 0 \Leftrightarrow \tfrac{3}{2}x(x^2 - 2) = 0 \Leftrightarrow x = 0 \text{ oder } x^2 - 2 = 0$$
$$\Leftrightarrow x = 0 \text{ oder } x^2 = 2 \Leftrightarrow x = 0 \text{ oder } x = \sqrt{2} \text{ oder } x = -\sqrt{2}$$

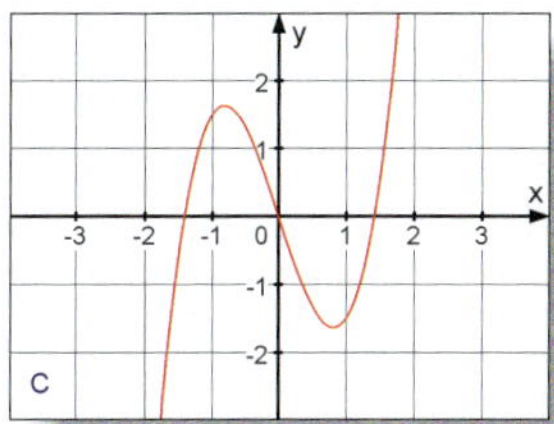

Das Steigungsverhalten und die Lage der Extremstellen lassen sich mit Ihren bisherigen Kenntnissen noch nicht aus dem Funktionsterm bestimmen.
Die spezielle Form des Funktionsterms $f_6(x) = \frac{3}{2}x^3 - 3x = \frac{3}{2}x(x^2 - 2)$ gestattet noch die Überprüfung der Vorzeichen in verschiedenen Intervallen, zum Beispiel: Für $-\sqrt{2} < x < 0$ sind x und $x^2 - 2$ jeweils negativ; $f_6(x)$ ist dann positiv.

Zusammenfassung

Überblick über bisher behandelte Funktionstypen

	Lineare Funktionen $x \mapsto mx + t$	**Quadratische Funktionen** $x \mapsto ax^2 + bx + c, a \neq 0$ **Scheitel** $S(x_S \mid y_S)$	**Potenzfunktionen mit natürlichen Exponenten** $x \mapsto x^n$
Beispiele	$x \mapsto 2x - 5$	$x \mapsto 0{,}5x^2 - 2x + 1$	$x \mapsto x^3$
(An dem mit einem Funktionsplotter erzeugten Graphen lassen sich bereits wesentliche Eigenschaften der Funktion ablesen.)	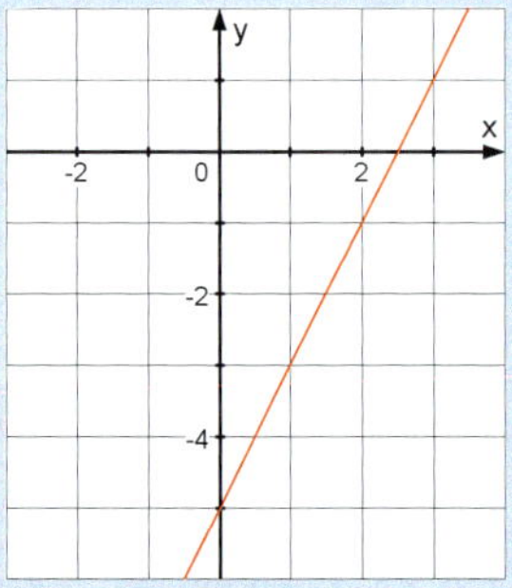	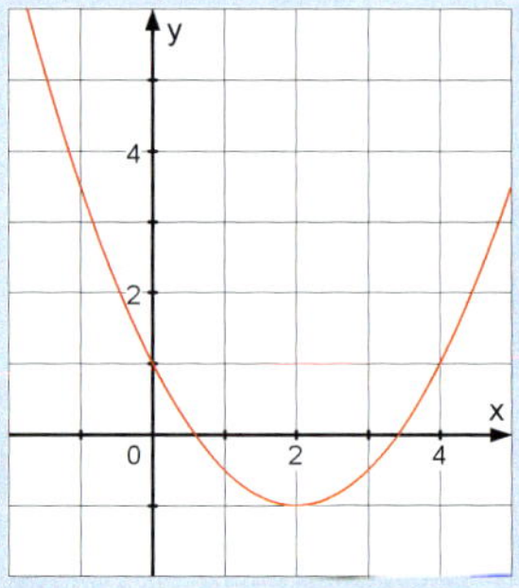	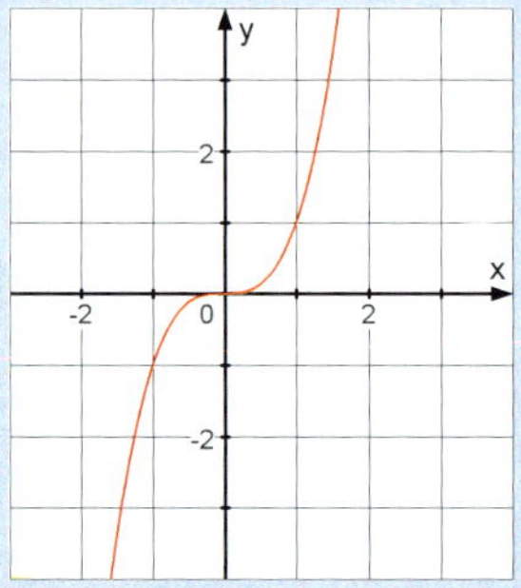
Maximale Definitionsmenge	$\mathbb{R}$	$\mathbb{R}$	$\mathbb{R}$
Symmetrie des Graphen (Zu Kriterien für die Symmetrie von Graphen siehe das noch folgende Teilkapitel 7.3.)	achsensymmetrisch nur für $m = 0$; punktsymmetrisch zu jedem Punkt des Graphen	achsensymmetrisch zur Geraden $x = x_S$	achsensymmetrisch zur y-Achse, wenn der Exponent gerade, punktsymmetrisch zum Ursprung, wenn der Exponent ungerade ist
Nullstellen	genau eine Nullstelle für $m \neq 0$	abhängig von der Diskriminante $D = b^2 - 4ac$ keine ($D < 0$), genau eine ($D = 0$) oder zwei verschiedene Nullstellen ($D > 0$)	jeweils $x = 0$
Extrempunkte	keine Extrempunkte für $m \neq 0$	Scheitel ist Maximum für $a < 0$, Minimum für $a > 0$	für gerades n ist der Scheitel im Koordinatenursprung Minimum
Steigungsverhalten des Graphen	steigend für $m > 0$, fallend für $m < 0$	falls $a > 0$: steigend für $x > x_S$, fallend für $x < x_S$; umgekehrt für $a < 0$	falls n ungerade: steigend; falls n gerade: fallend für $x < 0$, steigend für $x > 0$
Wertemenge	$\mathbb{R}$ für $m \neq 0$	$[y_S; \infty[$ für $a > 0$; $]-\infty; y_S]$ für $a < 0$	$\mathbb{R}$ für n ungerade; $[0; \infty[$ für n gerade

Ganzrationale Funktionen	**Einfache gebrochen-rationale Funktionen**	**Trigonometrische Funktionen** $x \mapsto a\sin(bx + c)$ **bzw.** $x \mapsto a\cos(bx + c)$, $a \neq 0$	**Exponentialfunktionen** $x \mapsto a^x$ **mit Basis** $a > 0$ **und** $a \neq 1$
$x \mapsto 2x^4 + 4x^3 - x - 3$	$x \mapsto \frac{2x+1}{x-1}$	$x \mapsto 4\sin(1{,}5x - \pi)$	$x \mapsto 2{,}5^x$
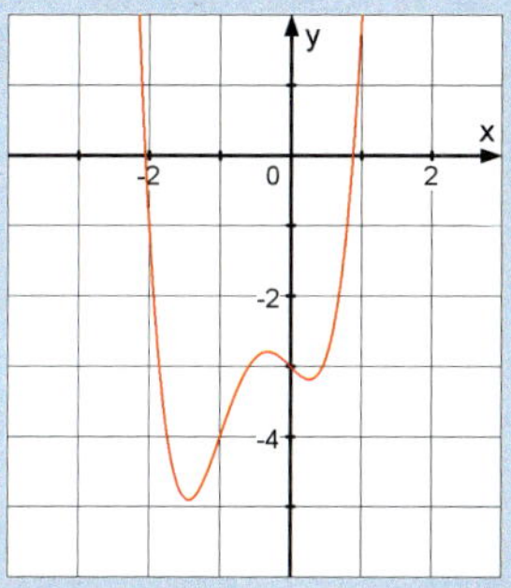	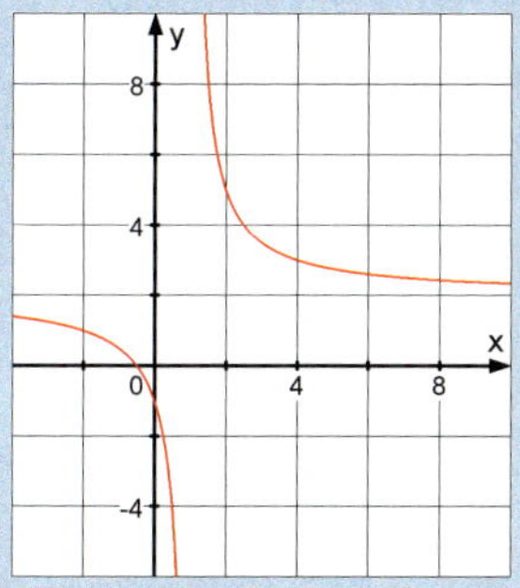	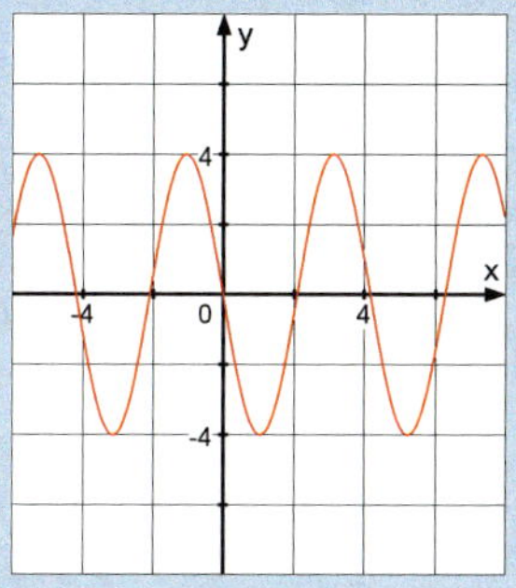	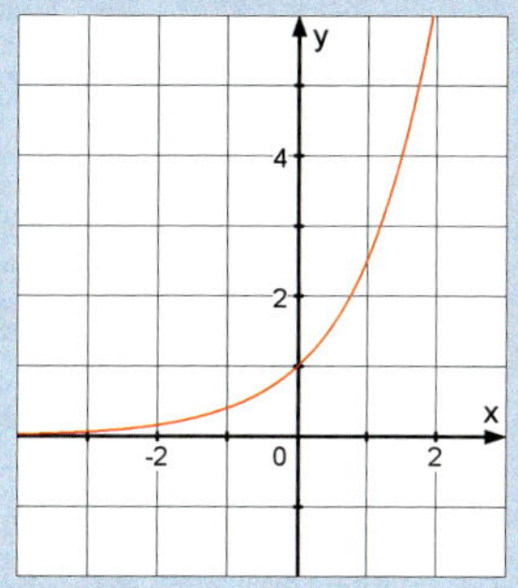
$\mathbb{R}$	$\mathbb{R} \setminus \{$Nullstellen des Nenners$\}$	$\mathbb{R}$	$\mathbb{R}$
achsensymmetrisch zur y-Achse, wenn alle Exponenten gerade sind, punktsymmetrisch zum Ursprung, wenn alle Exponenten ungerade sind und das absolute Glied a_0 null ist	punktsymmetrisch, wenn der Zähler achsen-, der Nenner punktsymmetrisch ist (oder umgekehrt), achsensymmetrisch, wenn beide punkt- bzw. achsensymmetrisch sind	unendlich viele Symmetrieachsen (durch die Extrema), unendlich viele Symmetriepunkte (die Schnittpunkte mit der x-Achse)	weder achsen- noch punktsymmetrisch
maximal so viele Nullstellen wie der Grad, Berechnung der Nullstellen durch Faktorisierung – soweit möglich	Nullstellen des Zählers, soweit diese in der Definitionsmenge liegen	unendlich viele Nullstellen	keine Nullstellen
		unendlich viele Minima und Maxima	keine Extrempunkte
		aus der Lage der Extrema ablesbar	steigend für $a > 1$; fallend für $a < 1$
		$[-a; a]$ für $a > 0$ $[a; -a]$ für $a < 0$	$]0; \infty[$

Aufgaben

Verknüpfen
Anwenden
Trainieren

1 Beschreiben Sie die Graphen der angegebenen Funktionen möglichst genau, ohne jeweils den Graphen selbst zu zeichnen.

a) $f_1\colon x \mapsto \frac{1}{2}x - 3$

b) $f_2\colon x \mapsto 1{,}5x^2 - 3x + 1$

c) $f_3\colon x \mapsto -\frac{1}{3} \cdot x^3$

d) $f_4\colon x \mapsto \sin(2x)$

e) $f_5\colon x \mapsto -\frac{2}{3}\cos x - 1$

f) $f_6\colon x \mapsto 0{,}5^x + 2$

g) $f_7\colon x \mapsto \frac{1}{x^2}$

h) $f_8\colon x \mapsto -\frac{1}{4}x^2 - x + 1$

2 Beschreiben Sie die Eigenschaften der mit einem Funktionsplotter erzeugten Graphen mit Worten. Welche der angegebenen Funktionen passen jeweils zum Graphen?

a)

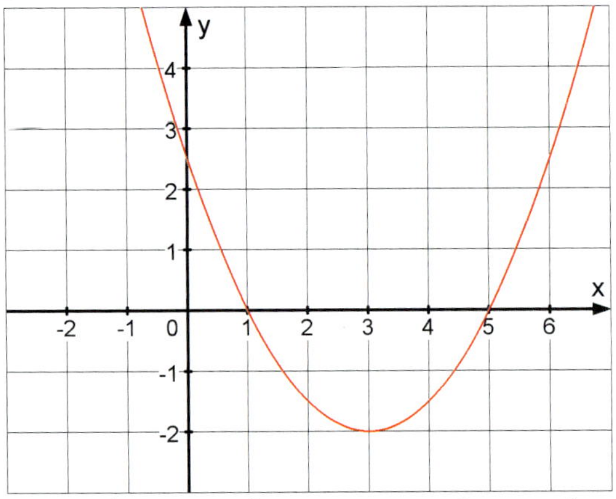

$g_1\colon x \mapsto \frac{1}{2}x^2 - 3x + \frac{5}{2}$ $g_2\colon x \mapsto x^2 - 6x + \frac{5}{2}$

$g_3\colon x \mapsto \frac{1}{2}x^2 - \frac{3}{2}x + 1$

b)

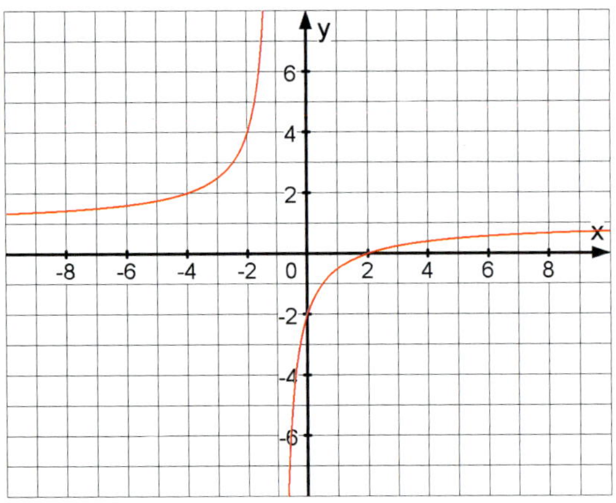

$k_1\colon x \mapsto \frac{x+2}{x-1}$ $k_2\colon x \mapsto \frac{x-2}{x+1}$

$k_3\colon x \mapsto 1 - \frac{2}{x+1}$ $k_4\colon x \mapsto 1 - \frac{3}{x+1}$

c)

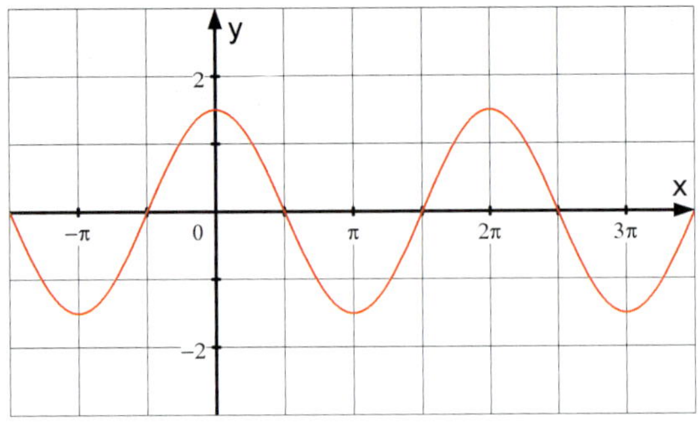

$f_1\colon x \mapsto \frac{3}{2}\sin\left(x - \frac{\pi}{2}\right)$ $f_2\colon x \mapsto \frac{3}{2}\sin\left(x + \frac{\pi}{2}\right)$

$f_3\colon x \mapsto \frac{3}{2}\cos x$

d)

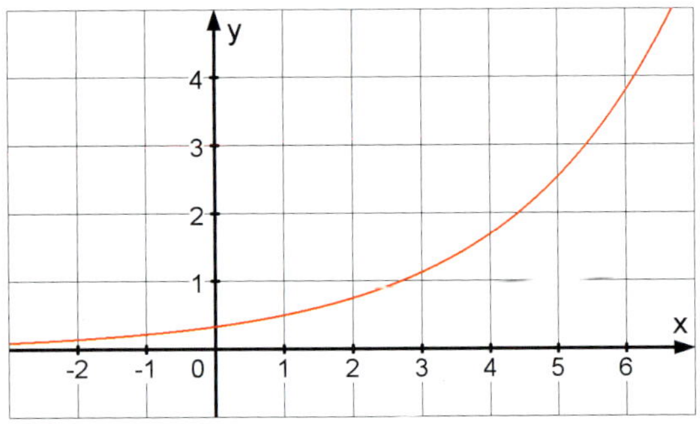

$h_1\colon x \mapsto \frac{1}{3}\left(\frac{2}{3}\right)^x$ $h_2\colon x \mapsto \frac{1}{3}\left(\frac{2}{3}\right)^{-x}$

$h_3\colon x \mapsto \frac{1}{3} \cdot 1{,}5^x$

3 Berechnen Sie für die Graphen der folgenden Funktionen die Schnittpunkte mit den Koordinatenachsen.

a) $f_1\colon x \mapsto \frac{1}{4}x^2 - 2x + 1$

b) $f_2\colon x \mapsto (x-1)(x^2 - x + 2)$

c) $f_3\colon x \mapsto x^4 + 2x^2 + 1$

d) $f_4\colon x \mapsto 2x^3 + x^2 - x$

e) $f_5\colon x \mapsto (x-3)^2 - 4$

f) $f_6\colon x \mapsto (x^3 + 2x) \cdot 3^{-x}$

4 Skizzieren Sie die Graphen der folgenden Funktionen qualitativ richtig, d.h. die wesentlichen Eigenschaften der Graphen (Steigungsverhalten, charakteristische Punkte, Symmetrie) sollten in der Skizze richtig dargestellt werden.

a) $g_1\colon x \mapsto \frac{1}{2}x^3 - 1$

b) $g_2\colon x \mapsto \frac{1}{4} \cdot 2^{-x}$

c) $g_3\colon x \mapsto \frac{1}{3}(x+2)^2$

d) $g_4\colon x \mapsto 0{,}5 \cdot 2^{x-1}$

e) $g_5\colon x \mapsto \frac{1}{4}x^4$

f) $g_6\colon x \mapsto 2 \cdot \cos(x - \pi)$

g) $g_7\colon x \mapsto \frac{2}{x}$

h) $g_8\colon x \mapsto \frac{-1}{(x-2)^2}$

i) $g_9\colon x \mapsto -0{,}25x - 1{,}5$

j) $g_{10}\colon x \mapsto 3 \cdot \sin\left(\frac{x}{4}\right)$

5 Bestimmen Sie für die folgenden Funktionen jeweils die Schnittpunkte ihrer Graphen anhand einer Zeichnung. Bestätigen Sie anschließend Ihre Ergebnisse – wenn möglich – durch Rechnung.

a) $f\colon x \mapsto \frac{1}{2}x^2 - 3x + 2{,}5$
$g\colon x \mapsto 2x + 5$

b) $f\colon x \mapsto \frac{1}{3}x^3 - 3x + 2$
$g\colon x \mapsto \frac{1}{2}x + 2$

c) $f\colon x \mapsto \cos x$
$g\colon x \mapsto -\frac{1}{3}x$

6 Describe in complete sentences the characteristic properties of the functions of which the graphs are shown in the following diagrams. Explain in each case to which class of functions the corresponding function might belong.

a)

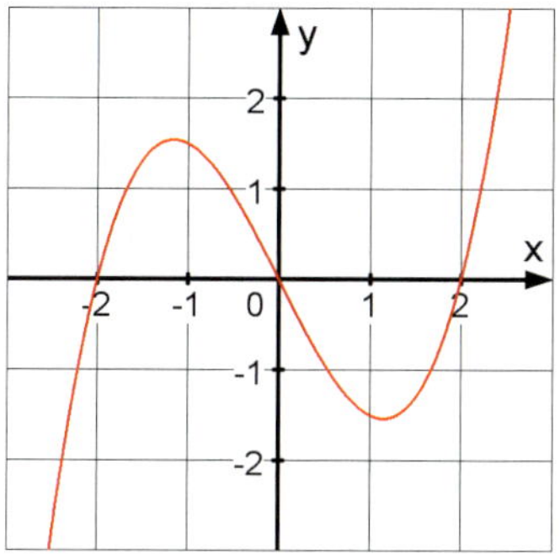

b)

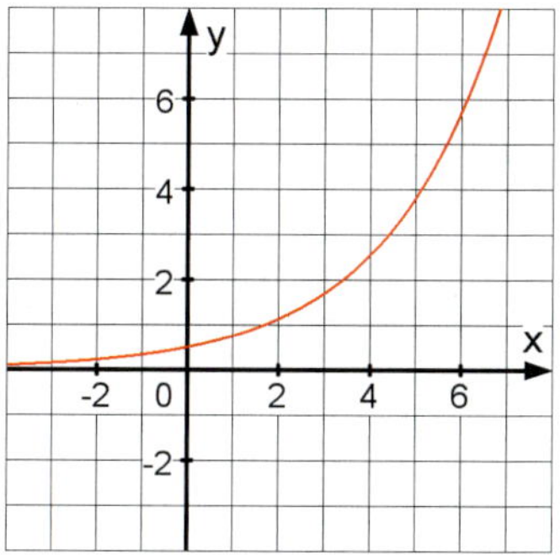

c)

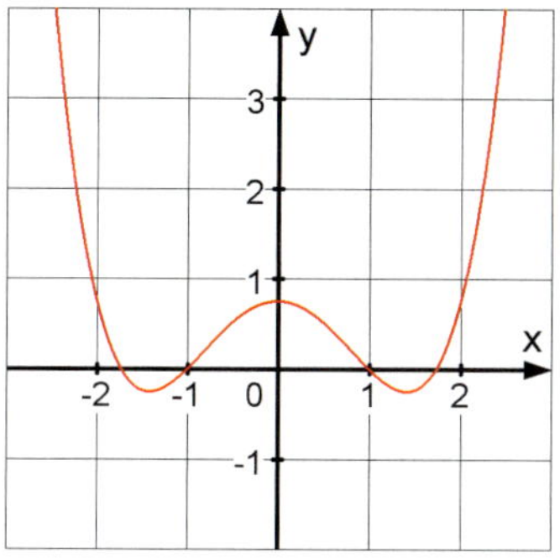

d)

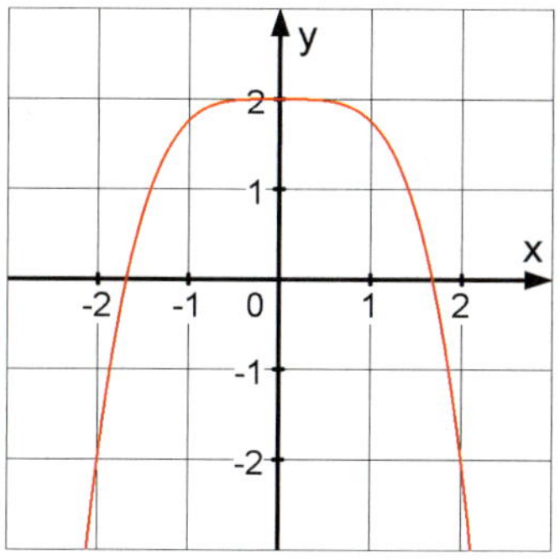

e)

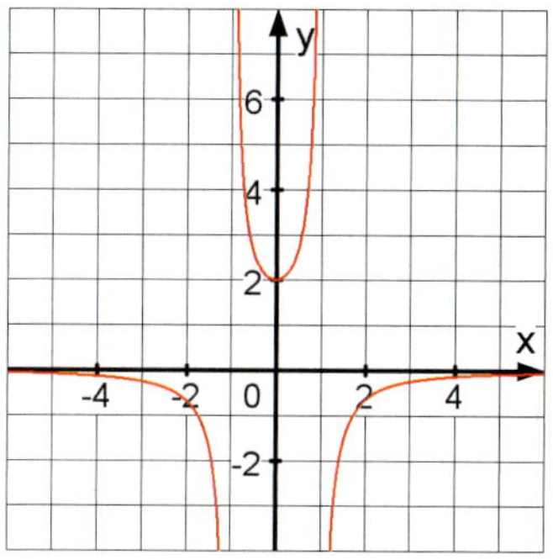

f)

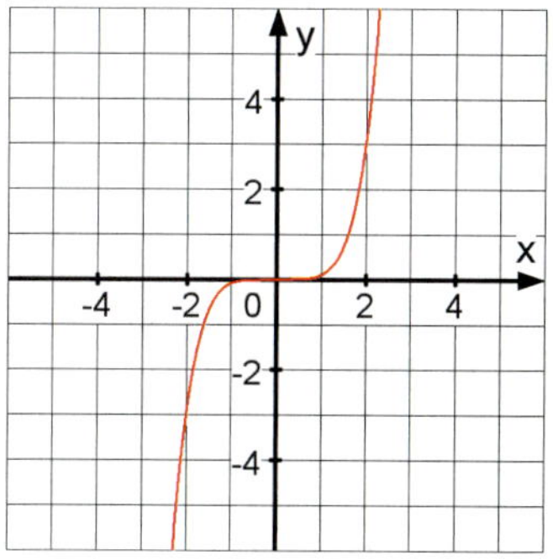

7 Beschreiben Sie den Verlauf des folgenden Graphen im Intervall $[-7; 8]$ mit Worten.

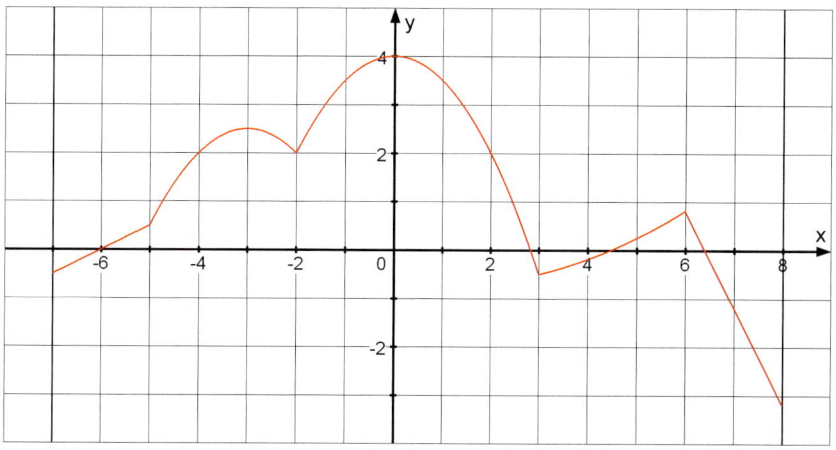

8 Berechnen Sie für die Graphen der folgenden Funktionen – soweit vorhanden – die Schnittpunkte mit den Koordinatenachsen sowie Lage und Art der Extrempunkte.

a) $f_1\colon x \mapsto \frac{1}{2x^2}$ **d)** $f_4\colon x \mapsto \frac{1}{f_3(x)}$

b) $f_2\colon x \mapsto 2 \cdot \sin\left(x - \frac{\pi}{2}\right)$ **e)** $f_5\colon x \mapsto (x+1)^3 - 8$

c) $f_3\colon x \mapsto x^2 + x + 1$ **f)** $f_6\colon x \mapsto -\cos(x + \pi)$

9 Geben Sie jeweils den maximalen Definitionsbereich in $\mathbb{R}$ an, berechnen Sie die Schnittpunkte mit den Koordinatenachsen, und skizzieren Sie dann den Graphen.

a) $h_1\colon x \mapsto 2 - \frac{x-1}{x+2}$ **d)** $h_4\colon x \mapsto \frac{1}{(x-2)^2}$

b) $h_2\colon x \mapsto \frac{4}{x^2+1}$ **e)** $h_5\colon x \mapsto \frac{1}{x^2-2}$

c) $h_3\colon x \mapsto \frac{1}{x-3} + 2$ **f)** $h_6\colon x \mapsto \frac{x}{x^2-4}$

10 Geben Sie – wenn möglich – eine Funktion an, deren Graph die angegebenen Eigenschaften hat.

a) Der Graph ist keine Gerade, besitzt 2 als einzige Nullstelle und steigt in ganz $\mathbb{R}$.

b) Der Graph besitzt die x-Achse als Asymptote und fällt in ganz $\mathbb{R}$.

c) Der Graph schneidet die x-Achse an den Stellen -3 und 4 und die y-Achse im Punkt $(0|5)$.

d) Der Graph hat Nullstellen bei $x = k \cdot \frac{\pi}{4}$, $k \in \mathbb{Z}$ und die Wertemenge $[-2; 2]$.

e) Der Graph ist achsensymmetrisch zur y-Achse, schneidet sie aber nicht.

f) Der Graph der ganzrationalen Funktion 4. Grades schneidet die x-Achse nur an den Stellen -1, 2, 4.

g) Der Graph der ganzrationalen Funktion 4. Grades schneidet die x-Achse nur an den Stellen -1, 2.

11 Geben Sie – wenn möglich – Funktionen (möglichst auch unterschiedlichen Typs) an, deren Graphen die angegebene Eigenschaft haben.

a) Der Graph steigt in ganz $\mathbb{R}$.

b) Der Graph ist achsensymmetrisch zur y-Achse.

c) Der Graph schneidet die x-Achse genau zweimal.

d) Die x-Achse ist Asymptote des Graphen.

e) Der Graph ist punktsymmetrisch zum Ursprung des Koordinatensystems.

f) Der Graph schneidet die y-Achse zweimal.

g) Der Graph schneidet die y-Achse im Punkt $(0|2)$ und ist achsensymmetrisch zur y-Achse.

Noch fit?

I Der Rand der nebenstehenden Figur besteht aus zwei Kreisbögen um den Mittelpunkt M mit den Radien $\overline{MA}$ bzw. $\overline{MC}$ und zwei Kreisbögen um die Punkte B bzw. D mit dem Radius $\overline{AB}$. Dabei ist $\overline{MA} = \overline{AB} = r$. Berechnen Sie Umfang und Flächeninhalt der Figur in Abhängigkeit von r.

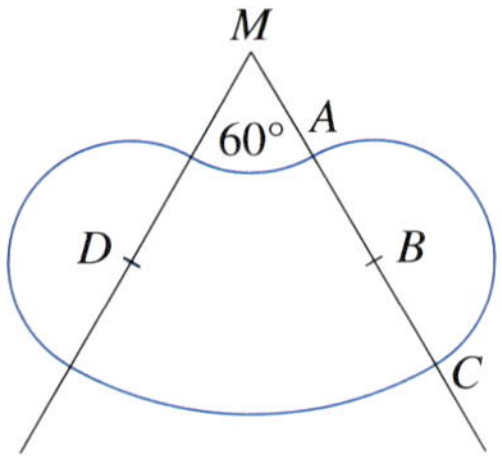

II Berechnen Sie Umfang und Flächeninhalt der gelb gefärbten Figur. Wie viel Prozent des Flächeninhalts des Rechtecks nimmt die Fläche der eingefärbten Figur ein? Die Maße: Länge des Rechtecks 4 cm; Breite des Rechtecks 3 cm; $\overline{AC} = 7$ cm (Begründen Sie: $\overline{AC} = \overline{BD}$.)

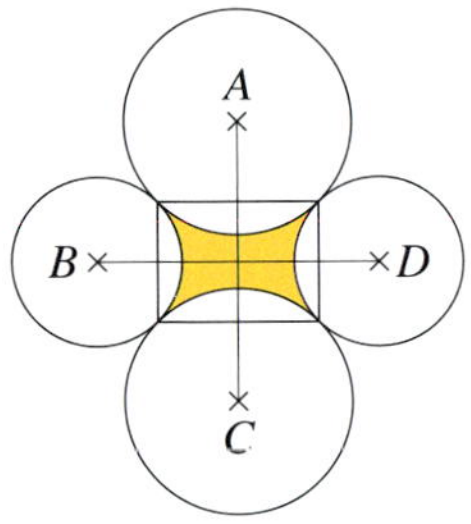

Aufgaben

Verknüpfen
Anwenden
Trainieren

12 Begründen oder widerlegen Sie die folgenden Aussagen.

a) Die Wertemenge einer Potenzfunktion ist stets $\mathbb{R}$.

b) Jede gebrochen-rationale Funktion hat wenigstens eine Definitonslücke.

c) Die Periode der trigonometrischen Funktion $x \mapsto \sin(ax)$ mit $a \in \mathbb{R}$ kann jede positive reelle Zahl sein.

d) Die Graphen der Exponentialfunktionen sind in ihrem ganzen Definitionsbereich entweder stets steigend oder stets fallend.

e) Es gibt gebrochen-rationale Funktionen, deren Graph punktssymmetrisch zum Ursprung des Koordinatensystems ist.

f) Es gibt Funktionen, deren Graph sowohl punktsymmetrisch als auch achsensymmetrisch ist.

g) Zu jeder natürlichen Zahl n kann man eine Funktion angeben, die genau n verschiedene Nullstellen besitzt.

13 Gegeben ist die Funktion $f: x \mapsto x^3 - 3x + 1$.

a) Begründen Sie, dass jede ganzrationale Funktion dritten Grades, also auch die Funktion f, mindestens eine Nullstelle hat.

b) Zeigen Sie, dass die Funktion f sogar drei verschiedene Nullstellen hat, indem Sie drei Intervalle der Länge 1 bestimmen, in denen diese Nullstellen liegen.

c) Berechnen Sie jetzt eine dieser Nullstellen auf drei Dezimalen genau – einmal mithilfe des Intervallhalbierungsverfahrens und einmal mittels Verfahren der Dezimalschachtelung (siehe nebenstehende Info).
Welches der beiden Verfahren erscheint Ihnen günstiger? Warum?

Info

Zwei Möglichkeiten zur näherungsweisen Ermittlung von Nullstellen:
Zuerst sucht man ein Intervall der Länge 1, in dem eine Nullstelle der Funktion liegt.
Dann unterteilt man dieses Intervall in zwei Teile **(Intervallhalbierungsverfahren)** oder in zehn Teile **(Dezimalschachtelung)** und sucht dasjenige Teilintervall heraus, in dem die Nullstelle liegt.
Dann unterteilt man dieses Intervall ebenso und sucht wieder dasjenige heraus, in dem die Nullstelle liegt.
Man fährt auf diese Weise fort, bis man einen Näherungswert mit der gewünschten Genauigkeit erhält.

14 Die Schnittstellen der Graphen der folgenden Funktionen lassen sich nicht nach einem Ihnen bekannten Verfahren exakt berechnen. Wählen Sie eines der Verfahren aus Aufgabe 13, um mithilfe einer Zeichnung, dem Taschenrechner oder einem Computer die Schnittstellen näherungsweise auf zwei Nachkommastellen genau zu bestimmen.

a) $f_1: x \mapsto x^3$ $g_1: x \mapsto x^2 - 1$ **c)** $f_3: x \mapsto \cos x$ $g_3: x \mapsto x^2$

b) $f_2: x \mapsto 2^x$ $g_2: x \mapsto 2x + 1$ **d)** $f_4: x \mapsto \frac{1}{x^2 + 1}$ $g_4: x \mapsto x^3$

15 Find a function f as simple as possible with the following properties:
$f(x)$ is zero for $x = 5$, 15 and 25 and is 75 for $x = 10$.

16 Es soll eine ganzrationale Funktion h bestimmt werden, zu der die folgende Wertetabelle passt.

x	1	3	5	10
$h(x)$	9	7	2	63

Eine Möglichkeit, diese Aufgabe zu lösen, ist die folgende:
Man bestimmt vier Funktionen f_1, f_2, f_3 und f_4, die jeweils an einer der Stellen den vorgegebenen Funktionswert annimmt, an den anderen aber den Wert 0.

a) Begründen Sie, dass dann h mit $h(x) = f_1(x) + f_2(x) + f_3(x) + f_4(x)$ eine passende ganzrationale Funktion ist.

b) Geben Sie die vier Funktionen f_1, f_2, f_3 und f_4 sowie die sich daraus ergebende Funktion h an.

c) Zeichnen Sie den Graphen von h und überprüfen Sie anhand des Graphen, dass h tatsächlich die gewünschten Eigenschaften hat.

17 Simon soll die Graphen der folgenden Funktionen skizzieren.

$f_1: x \mapsto \frac{1}{4}x^4 - x^2$ $f_2: x \mapsto \frac{1}{2}\cos\left(\frac{1}{2}x - \pi\right)$ $f_3: x \mapsto \frac{1}{2}\left(\frac{2}{3}\right)^{x-1}$

Das sind seine Graphen:

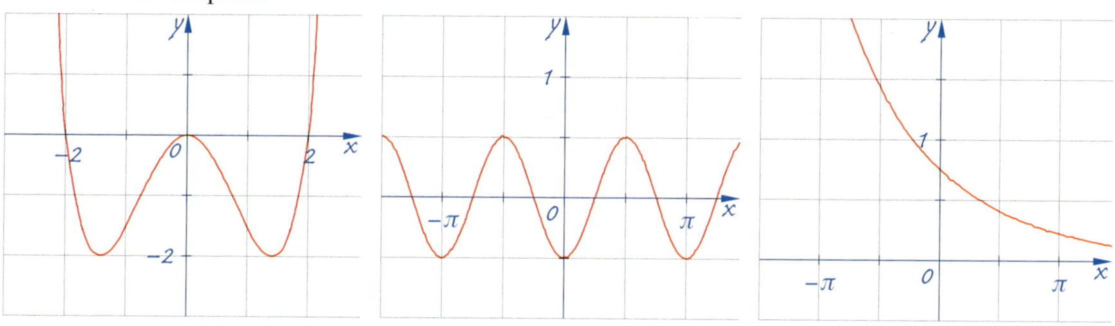

Aufgaben

Verknüpfen
Anwenden
Trainieren

18 Beschreiben Sie zunächst den Verlauf der Graphen der Funktionen f und g in Worten.

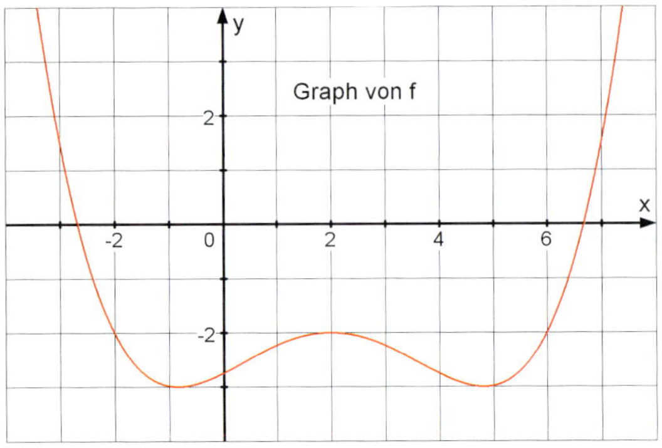

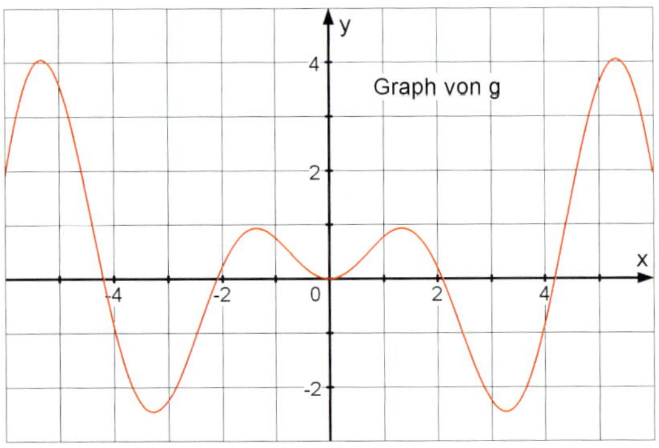

Beschreiben Sie entsprechend den Verlauf der Graphen zu den Funktionen
$x \mapsto -f(x)$, $x \mapsto -g(x)$,
$x \mapsto f(-x)$, $x \mapsto g(-x)$.

19 Eine Kugel wird mit der Anfangsgeschwindigkeit v_0 in der Höhe h über dem Erdboden abgeschossen (horizontaler Wurf). Die Flugbahn der Kugel lässt sich bei Vernachlässigung des Luftwiderstands durch den Graphen der Funktion $x \mapsto -\frac{g}{2v_0^2}x^2 + h$ beschreiben. Dabei steht x für die horizontale Entfernung der Kugel vom Abschussort, g ist die Fallbeschleunigung.

a) Zeichnen Sie die Wurfbahnen für $h = 10\,\text{m}$ sowie für die Anfangsgeschwindigkeiten $5\frac{\text{m}}{\text{s}}$; $15\frac{\text{m}}{\text{s}}$ und $30\frac{\text{m}}{\text{s}}$. Berechnen Sie die jeweilige Wurfweite, wobei Sie der Einfachheit halber den Näherungswert $g \approx 10\frac{\text{m}}{\text{s}^2}$ verwenden.

b) Zeigen Sie allgemein, dass die Wurfweiten proportional zur Anfangsgeschwindigkeit v_0 sind.

20 In einer Firma wird über die Einführung eines neuen Produkts beraten. Eine sorgfältige Kostenanalyse hat ergeben, dass sich bei einem Verkaufspreis von 55 € pro Stück der Gewinn in € durch folgende Gewinnfunktion beschreiben lässt:
$G: x \mapsto -600 - 5x + 1{,}5x^2 - 0{,}02x^3$
Dabei gibt x die Anzahl der produzierten und verkauften Stücke an.

a) Welche Bedeutung hat der konstante Summand −600 im Kontext dieser Aufgabe?

b) Begründen Sie: Bei Produktion einer kleinen Stückzahl entsteht kein Gewinn, sondern Verlust.

c) Zeichnen Sie den Graphen (z. B. mithilfe eines Funktionsplotters) für $0 \le x \le 80$, und beschreiben Sie mit Worten, welche Informationen sich aus dem Graphen über die Gewinnaussichten ablesen lassen.

d) Bestimmen Sie näherungsweise die Stückzahl, bei der erstmalig ein Gewinn zu verzeichnen ist.

e) Der Marketingdirektor der Firma schlägt vor, den Verkaufspreis pro Stück auf 40 € zu senken, um die Marktchancen zu erhöhen. Was halten Sie von dem Vorschlag?

21 Bei der alpinen Kombination, die aus Abfahrtslauf und Slalom besteht, erhält jeder Teilnehmer in jeder der beiden Disziplinen eine Punktzahl, deren Summe über die endgültige Platzierung entscheidet.
Für jeden Teilnehmer wird die Punktzahl N in einem Rennen nach der Formel $N = \left(\frac{t}{t_0} - 1\right) \cdot F$ berechnet. Dabei ist t_0 die Bestzeit, die in dem Rennen erzielt wurde, t die Zeit des Teilnehmers und F ein fester Faktor, der vom Internationalen Skiverband festgelegt wird.
In der Saison 2006/2007 war der Wert für F im Slalom 610.
Beim World Cup Slalom der Frauen in Zwiesel war die Bestzeit 1:36,67 min.

a) Berechnen Sie die Punktzahl für die Läuferin mit der Zeit 1:41,18 min.

b) Stellen Sie die Funktion, die jeder Laufzeit die zugehörige Punktzahl zuordnet, grafisch dar.

c) Nehmen wir an, die Läuferin mit der Zeit 1:41,18 min war die erste Läuferin. Wie verändert sich ihre Punktzahl in Abhängigkeit von der Bestzeit, die in dem Rennen erzielt wird? Stellen Sie auch diese Funktion grafisch dar. Achten Sie jeweils auf geeignete Einheiten und einen sinnvollen Definitionsbereich.

22 Der Luftdruck nimmt mit der Höhe über dem Erdboden ab, und zwar sinkt er unabhängig von der Ausgangshöhe bei derselben Höhendifferenz jeweils auf einen festen Bruchteil des Ausgangswertes ab. Bei einer Höhendifferenz von 1000 m sind das etwa 88 % des Ausgangswertes.
An einem schönen Sommertag misst der Pilot eines Sportflugzeugs beim Start einen Luftdruck von 1020 mbar. Die Startbahn liege etwa 650 m über NN.

a) Geben Sie die Funktion an, die die Werte des Luftdrucks in Abhängigkeit von der Höhe über der Startbahn beschreibt.
b) Welcher Luftdruck würde sich aus diesen Werten auf Meereshöhe ergeben?
c) Geben Sie die Funktion an, die den Luftdruck in Abhängigkeit von der Höhe über NN beschreibt.
d) Welcher Zusammenhang besteht zwischen den beiden Funktionen?

Multifunktionsuhr mit Höhenmessung

23 Ein Fabrikant verkauft von einem Artikel monatlich 10 000 Stück zu je 10 €. Die Gesamtkosten setzten sich zusammen aus den Fixkosten von 50 000 € und 2 € Produktionskosten pro Stück. Aufgrund einer Marktanalyse weiß der Fabrikant, dass er bei Herabsetzung des Verkaufspreises um jeweils 0,20 € je Stück monatlich 500 Stück mehr verkaufen könnte; also 10 500 Stück zu 9,80 €, 11 000 Stück zu 9,60 € und so weiter.

a) Bei welchem Stückpreis ist der Erlös, das Produkt aus Anzahl der verkauften Stücke und Stückpreis, am größten?
b) Vergleichen Sie Erlös und Kosten anhand eines Graphen. In welchem Bereich müssen die Stückzahlen liegen, damit ein Gewinn erzielt wird?
c) Interpretieren Sie das Steigungsverhalten der Gewinnfunktion im Kontext der Aufgabe.

Aufgabe der Woche

Spielereien mit der Eins

Untersuchen Sie mit einer Tabellenkalkulation die Entwicklung der Folgen:

$$1;\ 1+\frac{1}{1};\ 1+\frac{1}{1+\frac{1}{1}};\ 1+\frac{1}{1+\frac{1}{1+\frac{1}{1}}};\ 1+\frac{1}{1+\frac{1}{1+\frac{1}{1+\frac{1}{\cdots}}}};\ \ldots$$

$$1;\ 1+\sqrt{1};\ 1+\sqrt{1+\sqrt{1}};\ 1+\sqrt{1+\sqrt{1+\sqrt{1}}};\ 1+\sqrt{1+\sqrt{1+\sqrt{1+\sqrt{1}}}};\ \ldots$$

$$1;\ 1+\sqrt[3]{1};\ 1+\sqrt[3]{1+\sqrt[3]{1}};\ 1+\sqrt[3]{1+\sqrt[3]{1+\sqrt[3]{1}}};\ 1+\sqrt[3]{1+\sqrt[3]{1+\sqrt[3]{1+\sqrt[3]{1}}}};\ \ldots$$

Formulieren Sie eine Vermutung. Finden Sie einen Zusammenhang mit den folgenden Grafiken und präzisieren und begründen Sie dann Ihre Vermutung.

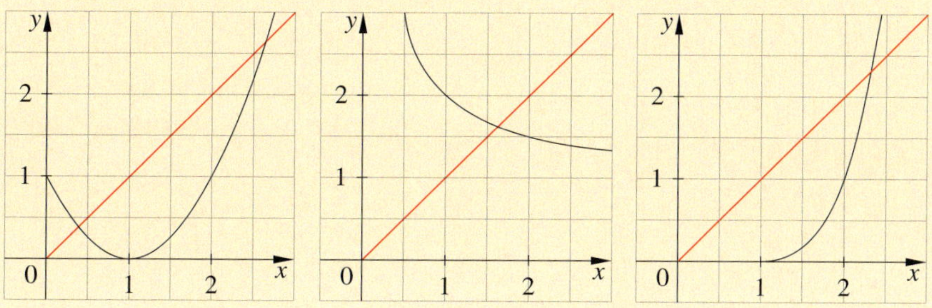

7.2 Grenzwerte

Auftrag 1 Kosten, Kosten, Kosten

Eine Firma stellt in zwei Werken zwei verschiedene Typen von Maschinen her. Bei der Fertigung des einen Typs lassen sich aufgrund langjähriger Erfahrung die Fertigungskosten in 10 000 € pro Stück in Abhängigkeit von der gefertigten Stückzahl durch die folgende Funktion beschreiben:

$k_1\colon x \mapsto \frac{10x + 50}{x + 2},\ x \geq 0$

Skizzieren Sie den Graphen der Funktion k_1 und erläutern Sie, welche Produktionsbedingungen im Verlauf des Graphen deutlich werden. Beschreiben Sie insbesondere das Verhalten von k_1 bei großen Stückzahlen möglichst präzise.

Bei dem anderen Maschinentyp geht man bei der Fertigung von x Einheiten von den folgenden Gesamtkosten K_2 (in 1000 €) aus:

$K_2\colon x \mapsto 0{,}01x^3 - x^2 + 50x + 720,\ x \geq 0$

Aus den Gesamtkosten ergeben sich dann die Durchschnittskosten pro Stück:

$k_2\colon x \mapsto \frac{K_2(x)}{x} = \frac{0{,}01x^3 - x^2 + 50x + 720}{x},\ x > 0$

Wiederum interessiert sich das Management für das Verhalten der Durchschnittskosten bei größeren Stückzahlen.

Auftrag 2 Vermehrung von Mäusen

Scheunen auf Bauernhöfen sind ein idealer Aufenthaltsort für Mäuse. Sie finden dort reichlich Platz und Nahrung und können sich nach Herzenslust vermehren. Mäuse haben eine erstaunliche Vermehrungsrate: Eine Maus kann bereits im Alter von knapp vier Wochen ein erstes Mal Junge bekommen und dann wieder in einem Abstand von jeweils ca. 3 Wochen. Da eine Maus bei jedem Wurf bis zu 12 Junge werfen kann, ist eine explosionsartige Vermehrung möglich.

In eine Scheune ziehen eines Tages 20 Mäuse ein. Geben Sie eine Funktion A_1 an, die die Anzahl der Mäuse nach der Zeit t in Tagen angibt, wenn man annehmen kann, dass sich die Mäuse in jeweils 25 Tagen um den Faktor 6 vermehren. Warum ist diese Funktion A_1 kaum geeignet, die Mäusepopulation in der Scheune über einen längeren Zeitraum vorherzusagen?

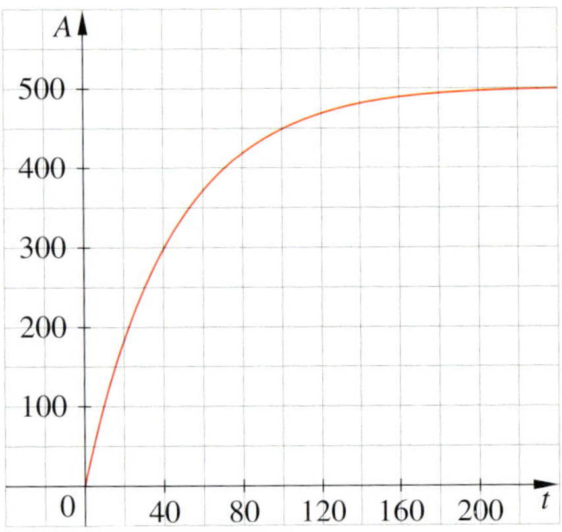

Um die Mäusepopulation mathematisch zu beschreiben, kann man auch andere Funktionen wählen, z. B. die folgende:

$A_2\colon t \mapsto 500 - 480 \cdot \left(\frac{1}{2}\right)^{\frac{t}{30}},\ t \geq 0$

Dabei gibt t die Zeit in Tagen an, die nach dem Einzug der 20 Mäuse vergangen ist. Die nebenstehende Darstellung zeigt den Graphen der Funktion A_2.

Vergleichen Sie die Graphen der Funktionen A_1 und A_2 und erläutern Sie, warum A_2 besser geeignet ist, die Anzahl A der Mäuse in der Scheune wiederzugeben.

Linsengleichung

Auftrag 3

Bei einer sphärischen Linse wird der Zusammenhang zwischen Gegenstandsweite g, Bildweite b und Brennweite f durch die **Linsengleichung** $\frac{1}{f} = \frac{1}{g} + \frac{1}{b}$ beschrieben. Löst man diese Gleichung nach b auf, so erhält man bei fester Brennweite f die Bildweite b als Funktion der Gegenstandsweite g:

$b = \frac{f \cdot g}{g - f}$ oder in Funktionsschreibweise $g \mapsto b = \frac{f \cdot g}{g - f}$.

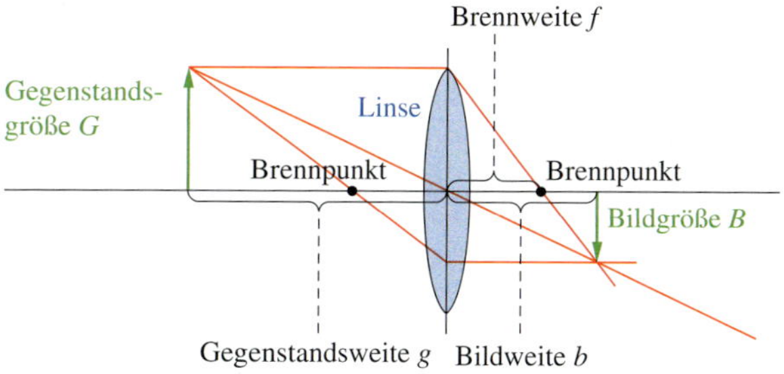

Außerdem liefert eine einfache Anwendung des Strahlensatzes den folgenden Zusammenhang zwischen Bildgröße B, Gegenstandsgröße G und Bild- bzw. Gegenstandsweite:

$\frac{B}{G} = \frac{b}{g}$ oder $B = G \cdot \frac{b}{g}$.

Setzt man hier $b = \frac{f \cdot g}{g - f}$ ein, so erhält man auch die Bildgröße bei fester Gegenstandsgröße und fester Brennweite als Funktion der Gegenstandsweite g:

$B = G \cdot \frac{f}{g - f}$ oder in Funktionsschreibweise $g \mapsto B = G \cdot \frac{f}{g - f}$.

Skizzieren Sie die Bildweite b in Abhängigkeit von der Gegenstandsweite g für eine Sammellinse mit der Brennweite $f = 30\,\text{cm}$.
Wie verändert sich b, wenn die Gegenstandsweite g immer größer wird? Beschreiben Sie Ihre Beobachtung möglichst präzise.
Bearbeiten Sie die gleiche Aufgabenstellung auch für die Bildgröße B, wenn zusätzlich die Gegenstandsgröße durch $G = 25\,\text{cm}$ gegeben ist.

Vermehrung von Mäusen

Auftrag 2

Bearbeitung

Wenn sich die anfänglich 20 Mäuse in der Scheune tatsächlich in jeweils 25 Tagen um den Faktor 6 vermehren, dann wächst die Mäusepopulation exponentiell mit dem Anfangswert 20 und dem Wachstumsfaktor $6^{\frac{t}{25}}$, wobei t die jeweils vergangene Zeit in Tagen angibt. Dieses Wachstum wird also durch die Funktion A_1: $t \mapsto 20 \cdot 6^{\frac{t}{25}}$ mit $t \geq 0$ und ihren Graphen beschrieben.

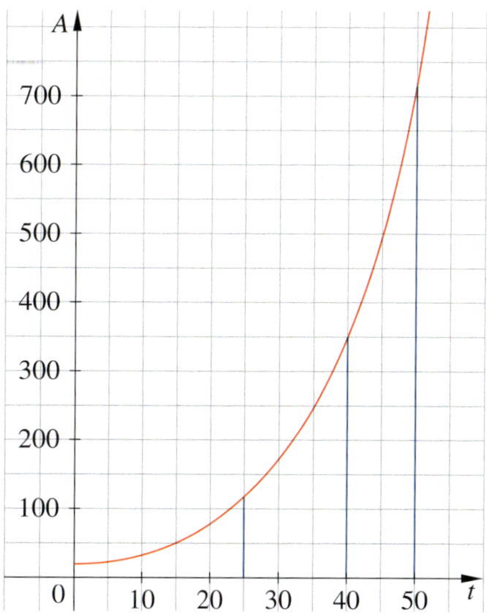

Der Graph zeigt das für Exponentialfunktionen mit einer Basis größer als 1 typische Steigungsverhalten, er steigt monoton, mehr noch, der Graph verläuft umso steiler, je größer das Argument t wird.
Nach 25 Tagen würden bereits 120 Mäuse in der Scheune leben, nach 40 Tagen ca. 350 und nach 50 Tagen gar schon mehr als 700. Über einen längeren Zeitraum betrachtet würde das Wachstum durch folgende Tabelle beschrieben werden:

Zeit in Tagen	100	200	300	500
Anzahl der Mäuse	25920	$3{,}36 \cdot 10^7$	$4{,}35 \cdot 10^{10}$	$7{,}31 \cdot 10^{16}$

Damit ist klar, dass diese Funktion nicht die tatsächliche Entwicklung der Mäusepopulation wiedergeben kann. Schon nach 200 Tagen würden die Mäuse eine Fläche von über 3 ha lückenlos bedecken, wenn man jeder Maus nur $10\,\text{cm}^2$ Fläche zubilligen würde.

Die Anzahl der Mäuse würde mit der Zeit jede vorstellbare Grenze übertreffen, d. h. egal wie groß eine vorgegebene natürliche Zahl S auch immer wäre, nach einer bestimmten Zeit würde die Anzahl der Mäuse stets größer als diese Zahl S sein.

In der Mathematik ist für dieses Verhalten der Funktion A_1: $t \mapsto 20 \cdot 6^{\frac{t}{25}}$ die folgende Sprechweise üblich:
„Für t gegen unendlich strebt die Funktion A_1 gegen unendlich", oder auch „der Grenzwert der Funktion A_1 für t gegen unendlich ist unendlich."

Info

Das nebenstehend beschriebene Verhalten einer Funktion f wird manchmal auch als „bestimmte **Divergenz**"[2] der Funktion f gegen unendlich bezeichnet.

Allgemein definiert man: Der **Grenzwert der Funktion** f: $x \mapsto f(x)$ für x gegen unendlich ist unendlich, wenn jede noch so große vorgegebene (natürliche) Zahl S ab einem genügend großen x von allen Funktionswerten übertroffen wird.
Man schreibt dafür kurz: $\lim\limits_{x \to \infty} f(x) = \infty$[1]

Für die Funktion A_1: $t \mapsto 20 \cdot 6^{\frac{t}{25}}$ lässt sich dieses Verhalten leicht rechnerisch nachweisen (siehe auch Aufgabe 6). Ist z. B. $S = 10^6$ vorgegeben, so muss man nur $t > 152$ (oder $t > 160$ oder $t > 200$ etc.) wählen, damit ab dieser Zeit die Anzahl der Mäuse sicher stets größer als 10^6 ist.
Auch für jede Potenzfunktion p_n: $x \mapsto x^n$, $n \in \mathbb{N}$ kann man ohne Schwierigkeiten rechnerisch nachweisen, dass $\lim\limits_{x \to \infty} p_n(x) = \infty$ ist.

t	$A_2(t)$
80	424,4
120	470,0
160	488,1
200	495,2
240	498,1
280	499,3
320	499,7
360	499,9
400	499,95

Exponentielles Wachstum ist bei jeder Art von Organismen unrealistisch, denn nach einiger Zeit werden mangelndes Nahrungsangebot, fehlender Lebensraum, zunehmende Krankheiten und andere Faktoren das Wachstum beeinträchtigen oder gar stoppen.
Dies wird in der Funktion A_2 berücksichtigt. Zwar steigt auch der Graph dieser Funktion monoton, doch offensichtlich schwächt sich das Wachstum mit der Zeit ab. Während sich in den ersten 40 Tagen die Anzahl der Mäuse noch von 20 auf 310, also etwa um den Faktor 15 vermehrt, erhöht sich diese Anzahl in den nächsten 40 Tagen nur noch von 310 auf ca. 420, also um den Faktor 1,35.
Die mögliche Anzahl der Mäuse ist begrenzt, die Werte von A_2 scheinen sich dem Wert 500 beliebig genau anzunähern (siehe nebenstehende Wertetabelle).
In der Sprache der Mathematik formuliert man dies so:
„Der Grenzwert der Funktion A_2 für t gegen unendlich ist 500", oder auch „die Funktion A_2 strebt (**konvergiert**[3]) für t gegen unendlich gegen 500."

Dieses Verhalten der Funktion A_2 lässt sich anschaulich interpretieren:

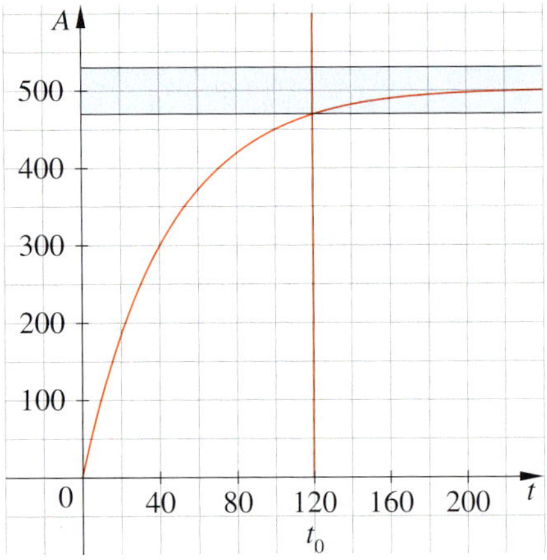

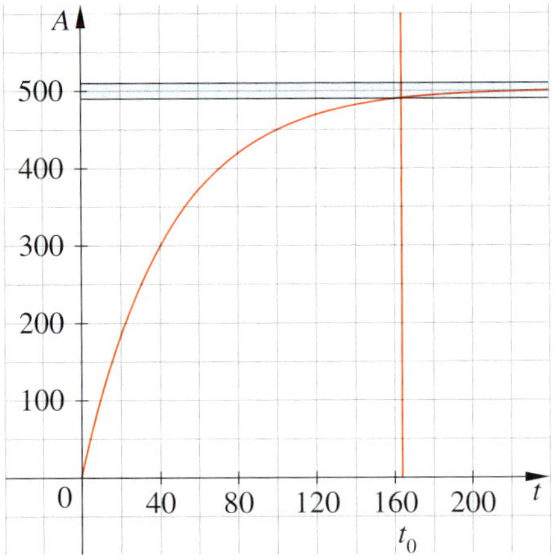

Ein **beliebig** (schmaler) vorgegebener Parallelstreifen um den Wert 500 zeigt an, um wie viel sich die Funktionswerte von A_2 höchstens noch von 500 unterscheiden sollen (in den Bildern blau). Dann kann man einen Wert t_0 finden, sodass für $t > t_0$ **alle** Funktionswerte von A_2 in diesem Parallelstreifen liegen.

[1] lim ist die Abkürzung des Wortes limes (lat.) Grenze; [2] divergere (lat.) auseinanderfließen;
[3] convergere (lat.) zusammenfließen

Allgemein sagt man:
Für x gegen unendlich konvergiert die Funktion f gegen die reelle Zahl a, wenn gilt: Die Funktionswerte $f(x)$ liegen beliebig nahe bei a, wenn man nur x hinreichend groß wählt. (Selbstverständlich muss dazu die Definitionsmenge von f rechtsseitig unbeschränkt sein.)
Man schreibt dafür: $\lim\limits_{x \to \infty} f(x) = a$

Das Konvergieren einer Funktion f kann wie bei der Funktion A_2 veranschaulicht werden. Man beachte aber, dass der Graph der Funktion f den vorgegebenen Parallelstreifen mehrfach auch wieder verlassen darf. Die Bedingung ist lediglich, dass er **ab einem hinreichend großen Argument** „für immer" in diesem Parallelstreifen bleibt.

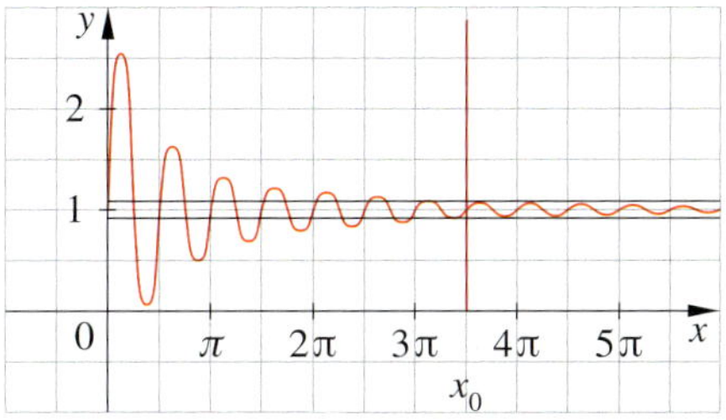

In dem abgebildeten Beispiel ist 1 der Grenzwert der Funktion f für $x \to \infty$. Man sieht, dass der Graph etwa ab $x = 3{,}5\pi$ vollständig innerhalb des vorgegebenen Parallelstreifens der Breite 0,2 LE verläuft.

Zu beachten

Die Graphen der Sinus- und Kosinusfunktion verlassen immer wieder jeden Parallelstreifen, der schmaler als 2 LE ist. Beide Funktionen haben keinen Grenzwert für $x \to \pm\infty$.

Sie kennen bereits Funktionen, die für $x \to \infty$ konvergieren. Jede Exponentialfunktionen $x \mapsto a^x$ mit der Basis $0 < a < 1$ konvergiert für $x \to \infty$ gegen den Grenzwert 0, aber auch jede gebrochen-rationale Funktion $x \mapsto \frac{1}{x^n}$ mit $n \in \mathbb{N}$. Dieses anschaulich offensichtliche Verhalten lässt sich wiederum auch rechnerisch nachweisen. Sollen z. B. alle Werte der Funktion $x \mapsto 0{,}5^x$ ab einem genügend großen Argument näher als 10^{-3} bei 0 liegen, so muss man nur $x > 10$ wählen.

Die Graphen der Potenzfunktionen und der Exponentialfunktionen legen es nahe, analog auch für $x \to -\infty$ bestimmte Divergenz gegen ∞ und Konvergenz gegen einen reellen Grenzwert zu definieren. Ebenso kann man für $x \to \infty$ und für $x \to -\infty$ bestimmte Divergenz gegen $-\infty$ definieren (siehe Aufgabe 4).

Einen Schritt weitergedacht: Um zu entscheiden, wie sich der Graph einer beliebig vorgegebenen Funktion f für $x \to \infty$ bzw. für $x \to -\infty$ verhält, kann man Vergleichsfunktionen (siehe nebenstehende Info) heranziehen. Dies soll im Folgenden beispielhaft demonstriert werden.

$f\colon x \mapsto 0{,}5x^4 - 10x^3 - 12x^2 - 35x - 20$

$$\lim_{x\to\infty} f(x) = \lim_{x\to\infty} (0{,}5x^4 - 10x^3 - 12x^2 - 35x - 20)$$
$$= \lim_{x\to\infty} \left[x^4\left(0{,}5 - \tfrac{10}{x} - \tfrac{12}{x^2} - \tfrac{35}{x^3} - \tfrac{20}{x^4}\right)\right]$$
$$= \lim_{x\to\infty} (0{,}5x^4) = \infty,$$
$$\text{da } \lim_{x\to\infty} \left(0{,}5 - \tfrac{10}{x} - \tfrac{12}{x^2} - \tfrac{35}{x^3} - \tfrac{20}{x^4}\right) = 0{,}5$$

Info

Die folgenden Grenzwerte sollten Sie wissen. Sie lassen sich aus den Graphen ablesen und auch leicht explizit nachweisen:

$\lim\limits_{x\to\infty} x^n = \infty$	für $n \in \mathbb{N}$
$\lim\limits_{x\to-\infty} x^n = \infty$	für $n \in \mathbb{N}$, n gerade
$\lim\limits_{x\to-\infty} x^n = -\infty$	für $n \in \mathbb{N}$, n ungerade
$\lim\limits_{x\to\infty} \frac{1}{x^n} = \lim\limits_{x\to-\infty} \frac{1}{x^n} = 0$	für $n \in \mathbb{N}$
$\lim\limits_{x\to\infty} a^x = \lim\limits_{x\to-\infty} a^{-x} = \infty$	für $a > 1$
$\lim\limits_{x\to-\infty} a^x = \lim\limits_{x\to\infty} a^{-x} = 0$	für $a > 1$

Bei ganzrationalen Funktionen klammert man also die höchste vorkommende Potenz von x aus und sieht, dass das Verhalten für $x \to \pm\infty$ nur von dieser Potenz und dem Vorzeichen des dazu gehörenden Koeffizienten abhängt. Die Funktion f verhält sich für $x \to \pm\infty$ annähernd so wie die Funktion $x \mapsto 0{,}5x^4$.

Ähnlich geht man bei gebrochen-rationalen Funktionen vor:

$h\colon x \mapsto \frac{2x-3}{x+4},\ x \neq -4 \quad \lim\limits_{x\to\infty} h(x) = \lim\limits_{x\to\infty} \frac{2x-3}{x+4} = \lim\limits_{x\to\infty} \frac{x\left(2-\frac{3}{x}\right)}{x\left(1+\frac{4}{x}\right)} = \lim\limits_{x\to\infty} \frac{2-\frac{3}{x}}{1+\frac{4}{x}} = 2$

$k\colon x \mapsto \frac{x^2-3}{x-2},\ x \neq 2 \quad \lim\limits_{x\to-\infty} k(x) = \lim\limits_{x\to-\infty} \frac{x^2-3}{x-2} = \lim\limits_{x\to-\infty} \frac{x^2\left(1-\frac{3}{x^2}\right)}{x\left(1-\frac{2}{x}\right)} = \lim\limits_{x\to-\infty} \left(x\frac{1-\frac{3}{x^2}}{1-\frac{2}{x}}\right) = -\infty$

Man klammert in Zähler und Nenner jeweils die höchste vorkommende Potenz von x aus, kürzt soweit wie möglich und schreibt die verbleibende Potenz von x als Faktor vor den Bruch. Der Grenzwert der Funktion ergibt sich dann aus dem Grenzwert dieser Potenzfunktion und dem reellen Grenzwert des Bruchs.

Zusammenfassung

Grenzwerte

D **Der Grenzwert der Funktion f für $x \to \infty$ ist unendlich,** wenn jede noch so große vorgegebene (natürliche) Zahl S ab einem **genügend großen x** von allen Funktionswerten übertroffen wird.
Schreibweise: $\lim\limits_{x\to\infty} f(x) = \infty$

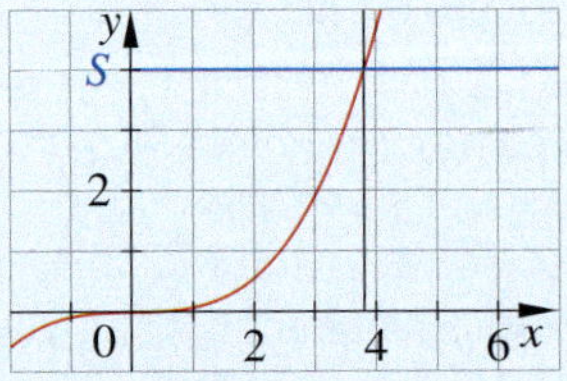

D **Für $x \to \infty$ konvergiert die Funktion f gegen a,** wenn gilt: Die Funktionswerte $f(x)$ liegen beliebig nahe bei a, wenn man nur **x hinreichend groß** wählt.
Schreibweise: $\lim\limits_{x\to\infty} f(x) = a$

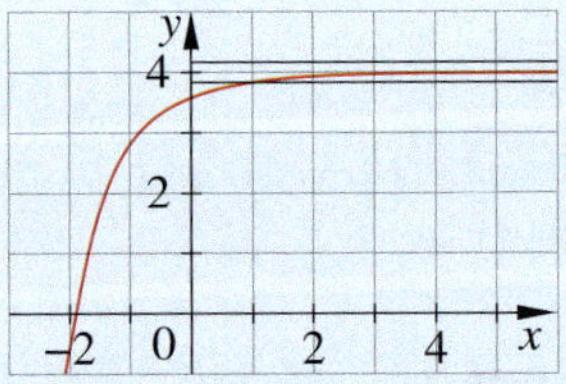

Grenzwert 4, einseitige Annäherung von unten

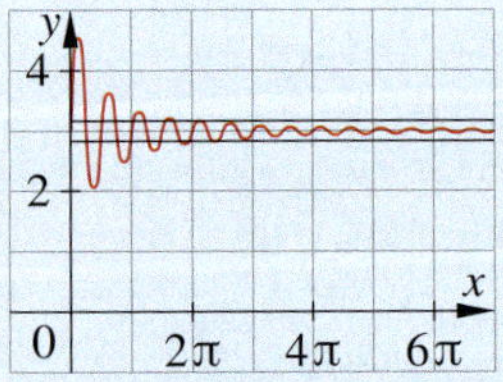

Grenzwert 3, oszillierende Annäherung

Es gibt auch Funktionen wie die Sinusfunktion, die gar keinen Grenzwert für $x \to \infty$ haben.

Berechnung von Grenzwerten von Funktionen für $x \to \pm\infty$:
Bei der Berechnung von Grenzwerten von rationalen Funktionen für $x \to \pm\infty$ greift man auf die bekannten Grenzwerte für Potenzfunktionen zurück (siehe Info auf Seite 163).

Eine ganzrationale Funktion verhält sich für $x \to \pm\infty$ wie der Summand mit dem höchsten Exponenten im Funktionsterm.

$f\colon x \mapsto -2x^3 - 2x^2 - 3x + 10$ verhält sich für $x \to \pm\infty$ wie die Funktion $x \mapsto -2x^3$. Also gilt:
$\lim\limits_{x\to\infty} f(x) = -\infty$ und $\lim\limits_{x\to-\infty} f(x) = \infty$

Bei gebrochen-rationalen Funktionen klammert man in Zähler und Nenner jeweils die höchste vorkommende Potenz von x aus, kürzt soweit wie möglich und schreibt die verbleibende Potenz von x (Exponent kann auch negativ sein) als Faktor vor den Bruch. Der Grenzwert der Funktion ergibt sich dann aus dem Grenzwert dieser Potenzfunktion und dem reellen Grenzwert des Bruchs.

$f\colon x \mapsto \frac{-3x^2+1}{2x^4-10}$

$$\lim_{x\to\infty} \frac{-3x^2+1}{2x^4-10} = \lim_{x\to\infty} \frac{x^2\left(-3+\frac{1}{x^2}\right)}{x^4\left(2-\frac{10}{x^4}\right)}$$

$$= \lim_{x\to\infty} \left[\frac{1}{x^2} \cdot \frac{-3+\frac{1}{x^2}}{2-\frac{10}{x^4}}\right] = 0$$

Aufgaben

Verknüpfen
Anwenden
Trainieren

1 Der in der Abbildung gezeichnete Graph einer Funktion f steigt in $\mathbb{R}^+$.

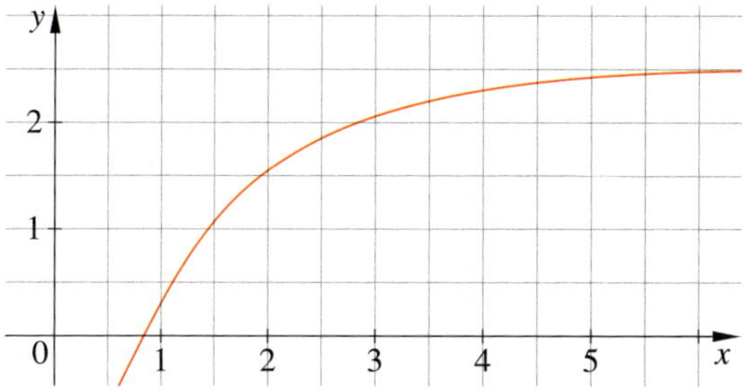

a) Geben Sie ein Intervall an, in dem für alle Funktionswerte gilt $2{,}4 \leq f(x) \leq 2{,}5$.

b) Welches Verhalten kann der Graph von f für $x \to \infty$ zeigen? Begründen Sie Ihre Antwort.

2 Die Potenzfunktionen p_n: $x \mapsto x^{-n}$, $n \in \mathbb{N}$ besitzen für $x \to \pm\infty$ den Grenzwert 0. Veranschaulichen Sie diese Tatsache, indem Sie die Graphen von $x \mapsto x^{-1}$ und $x \mapsto x^{-2}$ in ein gemeinsames Koordinatensystem zeichnen.

a) Bestimmen Sie einen Wert s_0, sodass für alle $x > s_0$ gilt $-0{,}001 < x^{-1} < 0{,}001$, und dann einen Wert t_0, sodass für alle $x > t_0$ gilt $-0{,}001 < x^{-2} < 0{,}001$.

b) Wieso kann man jetzt ohne weitere Rechnung sofort Werte s_1 und t_1 angeben, sodass für alle $x < s_1$ gilt $-0{,}001 < x^{-1} < 0{,}001$ bzw. $-0{,}001 < x^{-2} < 0{,}001$ für alle $x < t_1$?

c) Zeigen Sie jetzt mithilfe der Definition allgemein, dass für alle $n \in \mathbb{N}$ gilt: $\lim\limits_{x \to \pm\infty} \frac{1}{x^n} = 0$.

3 Der Graph der Funktion f steigt in $\mathbb{R}^+$.

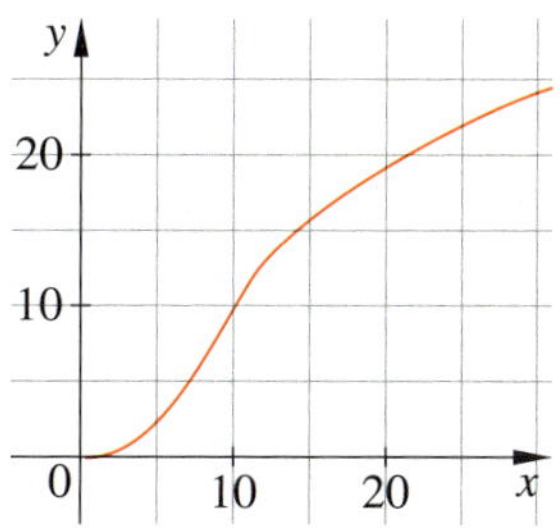

a) Geben Sie einen Wert s an, sodass für alle $x > s$ gilt: $f(x) > 16$.

b) Warum kann man aus den bisherigen Informationen nicht $\lim\limits_{x \to \infty} f(x) = \infty$ folgern?

c) Welches Verhalten kann der Graph von f für $x \to \infty$ zeigen?

d) Formulieren Sie in Worten, unter welchen Voraussetzungen $\lim\limits_{x \to \infty} f(x) = \infty$ gelten würde.

4 Definieren Sie analog zu den Definitionen in der Zusammenfassung, unter welchen Bedingungen eine Funktion f

a) für $x \to \infty$ gegen $-\infty$ divergiert;

b) für $x \to -\infty$ gegen ∞ divergiert;

c) für $x \to -\infty$ gegen $-\infty$ divergiert;

d) für $x \to -\infty$ gegen eine reelle Zahl a konvergiert.

5 Geben Sie zu jeder der folgenden ganzrationalen Funktionen eine Funktion der Form $x \mapsto a \cdot x^n$, $n \in \mathbb{N}$ an, die sich für $x \to \pm\infty$ wie die zugehörige ganzrationale Funktion verhält.

a) $f\colon x \mapsto -\frac{1}{2}x^4 - \frac{2}{3}x^2 + x - 121$

b) $g\colon x \mapsto 3x^5 + 21x^4 + 325x^3 + 28x^2 + 1234$

c) $h\colon x \mapsto -0{,}01x^3 - 40x^2 + 1$

6 Für die Exponentialfunktionen $x \mapsto a^x$ mit $a > 1$ gilt $\lim\limits_{x \to \infty} a^x = \infty$ und $\lim\limits_{x \to -\infty} a^x = 0$.

a) Veranschaulichen Sie dies, indem Sie die Graphen von $x \mapsto \left(\frac{3}{2}\right)^x$, $x \mapsto 2^x$ und $x \mapsto 2{,}5^x$ in ein gemeinsames Koordinatensystem zeichnen.

b) Bestimmen Sie für jede der drei Funktionen einen Wert s, sodass alle Funktionswerte größer als 1000 sind, sofern man nur x größer als s wählt.

c) Bestimmen Sie ebenfalls für alle drei Funktionen einen Wert t, sodass sich alle Funktionswerte um weniger als 0,001 von 0 unterscheiden, sofern man nur $x < t$ wählt.

d) Wieso kann man aus der Kenntnis der Grenzwerte der drei Funktionen sofort auf die entsprechenden Grenzwerte der Funktionen $x \mapsto \left(\frac{3}{2}\right)^{-x}$, $x \mapsto 2^{-x}$ und $x \mapsto 2{,}5^{-x}$ schließen?

7 Geben Sie jeweils mindestens eine Funktion an, die die angegebenen Bedingungen erfüllt, und überprüfen Sie Ihre Bespiele anhand der zugehörigen Graphen.

a) $\lim\limits_{x \to \infty} f(x) = \infty$ und $\lim\limits_{x \to -\infty} f(x) = \infty$

b) $\lim\limits_{x \to \infty} f(x) = 0$ und $\lim\limits_{x \to -\infty} f(x) = 0$

c) $\lim\limits_{x \to \infty} f(x) = -\infty$ und $\lim\limits_{x \to -\infty} f(x) = 0$

d) $\lim\limits_{x \to \infty} f(x) = \infty$ und $\lim\limits_{x \to -\infty} f(x) = 0$

e) $\lim\limits_{x \to \infty} f(x) = 1$ und $\lim\limits_{x \to -\infty} f(x) = \infty$

f) $\lim\limits_{x \to \infty} f(x) = -2$ und $\lim\limits_{x \to -\infty} f(x) = 3$

g) $\lim\limits_{x \to -\infty} f(x) = -2$, $\lim\limits_{x \to \infty} f(x) = -\infty$, alle Funktionswerte von f sind negativ.

h) $\lim\limits_{x \to -\infty} f(x) = 3$, $\lim\limits_{x \to \infty} f(x) = 3$, alle Funktionswerte von f sind positiv.

8 Begründen Sie mit Worten, dass die Funktion $f\colon x \mapsto x \cdot \cos x$ für $x \to \pm\infty$ weder konvergent noch bestimmt divergent ist.

9 Given the function $x \mapsto \sqrt{1 - x^2}$, why doesn't it make sense to ask for the limit as $x \to \pm\infty$?

10 Begründen Sie mithilfe der Definition in Worten, dass die folgenden Aussagen richtig sind.

a) Aus $\lim\limits_{x\to\infty} f(x) = \infty$ und $\lim\limits_{x\to\infty} g(x) = \infty$ folgt $\lim\limits_{x\to\infty} (f(x) + g(x)) = \infty$.

b) Aus $\lim\limits_{x\to\infty} f(x) = 2$ und $\lim\limits_{x\to\infty} g(x) = \infty$ folgt $\lim\limits_{x\to\infty} (f(x) + g(x)) = \infty$.

c) Bestätigen Sie beide Aussagen auch dadurch, dass Sie entsprechende Funktionen angeben und jeweils alle drei Grenzwerte explizit bestimmen.

11 Geben Sie die Grenzwerte für $x \to \pm\infty$ an und begründen Sie Ihre Ergebnisse.

a) $f_1\colon x \mapsto 2 + 3^{-x}$

b) $f_2\colon x \mapsto \frac{1}{x^2} - 4$

c) $f_3\colon x \mapsto \frac{1}{(x-4)^2}$

d) $f_4\colon x \mapsto \frac{2}{x} - 2^{-x}$

e) $f_5\colon x \mapsto 2^x + 2^{-x}$

f) $f_6\colon x \mapsto (x-2)^5 + 1$

g) $f_7\colon x \mapsto 2^{x+3}$

h) $f_8\colon x \mapsto 0{,}5^{2x}$

12 Begründen Sie unter Verwendung der Definition mit Worten: Wenn der Grenzwert einer Funktion f für $x \to \infty$ eine reelle Zahl größer als 0 ist, dann sind ab einem hinreichend großen Wert von x alle Funktionswerte von f größer als 0.

13 Zeichnen Sie den Graphen der Funktion $f\colon x \mapsto 0{,}5x^3 - 2$ und zeigen Sie, dass es einen Wert s gibt, sodass für alle $x > s$ die Funktionswerte von f größer als 100 000 sind. Können Sie mehrere geeignete Werte für s angeben? Wie viele? Wie ist s zu wählen, damit für alle $x > s$ die Funktionswerte von f größer sind als eine beliebig vorgegebene Zahl M?

14 Bestimmen Sie für die folgenden Funktionen – falls möglich – das Verhalten für $x \to \pm\infty$.

a) $f_1\colon x \mapsto \frac{2x-1}{3x+2}$

b) $f_2\colon x \mapsto \frac{-x+100}{x^2+1}$

c) $f_3\colon x \mapsto \frac{3-x^2}{x+5}$

d) $f_4\colon x \mapsto -0{,}5 \cdot 3^{-x}$

e) $f_5\colon x \mapsto \sqrt{x^2+1}$

f) $f_6\colon x \mapsto \frac{1}{10}x^3 - 50x^2$

g) $f_7\colon x \mapsto x^2 \cdot \sin x$

h) $f_8\colon x \mapsto 4 \cdot 0{,}3^x + \frac{1}{x}$

Noch fit?

I Ein Briefbeschwerer aus Messing hat die Form eines Dreiecksprismas mit gleichseitiger Grundfläche, bei dem auf eine Seitenkante eine Kugel mit dem Radius 2,5 cm aufgesetzt ist.

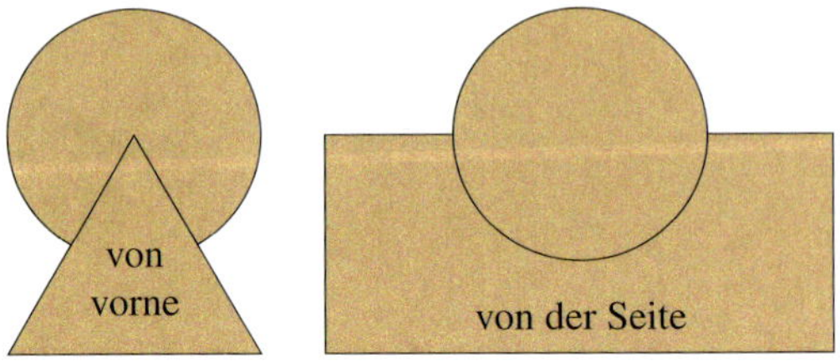

Welche Masse hat der Briefbeschwerer, wenn die Dichte von Messing $8{,}2\,\mathrm{g\,cm^{-3}}$ ist?
Wie groß ist der Inhalt seiner Oberfläche?

II Berechnen Sie in Abhängigkeit von r das Volumen und den Inhalt der (äußeren) Oberfläche des Körpers, der bei Rotation der gefärbten Fläche um die Symmetrieachse a entsteht.

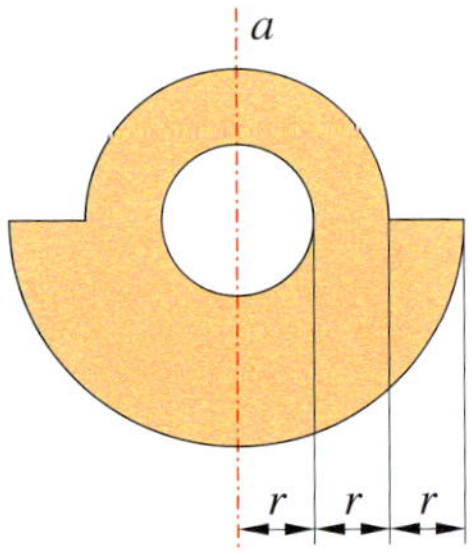

III Kugelmaße

a) Wie verändert sich der Radius einer Kugel, wenn der Inhalt ihrer Oberfläche verdoppelt wird?

b) Wie verändert sich das Volumen einer Kugel, wenn ihr Oberflächeninhalt vervierfacht wird?

c) Wie verändert sich der Oberflächeninhalt einer Kugel, wenn ihr Volumen um den Faktor 27 vergrößert wird?

Aufgaben

Verknüpfen
Anwenden
Trainieren

15 Bestimmen und vergleichen Sie jeweils die Grenzwerte für $x \to \pm\infty$ der Funktionen f, g und $h\colon x \mapsto f(x) \cdot g(x)$.
Welche allgemeine Vermutung ergibt sich aus den Teilaufgaben a) und b)? Überprüfen Sie Ihre Vermutung an weiteren Beispielen.

a) $f\colon x \mapsto \frac{0{,}5x-4}{3x+1}$ $\quad g\colon x \mapsto \frac{3x+7}{0{,}2x-6}$

b) $f\colon x \mapsto \frac{x^2}{x+1}$ $\quad g\colon x \mapsto \frac{2x-1}{x}$

16 Tobias hat verschiedene Definitionen für das Verhalten von Funktionen für $x \to \pm\infty$ nochmals in seinen eigenen Worten aufgeschrieben, um sie besser behalten zu können. Eine gute Idee, nur – sind seine Formulierungen richtig? Begründen Sie jeweils Ihre Antwort.

a) Die Funktion f besitzt für $x \to \infty$ den Grenzwert ∞, wenn folgendes gilt: Für ein hinreichend großes x ist der Funktionswert von f größer als jede noch so große vorgegebene natürliche Zahl.

b) Der Grenzwert der Funktion f für $x \to \infty$ ist die Zahl 2, wenn sich die Funktionswerte von f der Zahl 2 beliebig annähern.

c) $\lim\limits_{x \to -\infty} f(x) = -\infty$, wenn ab einem hinreichend kleinen x der Betrag der Funktionswerte von f beliebig groß wird.

17 Das Verhalten gebrochen-rationaler Funktionen für $x \to \pm\infty$.

a) Bestimmen Sie das Verhalten der folgenden Funktionen für $x \to \pm\infty$.

$f\colon x \mapsto \frac{x^3 - 2}{x^2 + 5}$ $\quad g\colon x \mapsto \frac{0{,}5x^2 + 4}{3x^2 - 2}$ $\quad h\colon x \mapsto \frac{5x + x^2}{x^3 + 1}$

b) Wie hängt allgemein das Verhalten einer gebrochen-rationalen Funktion für $x \to \pm\infty$ vom Grad des Zählers und des Nenners ab? Begründen Sie Ihre Aussagen.

18 Lucy claims that the graph of a function f finally must be strictly increasing if the limit as $x \to \infty$ is ∞. James disagrees and argues that a function which is strictly increasing in the interval $[S; \infty[$ must have the limit ∞ as $x \to \infty$.
Who's right?

19 Für einfache gebrochen-rationale Funktionen kann man den Grenzwert auch durch einfache Termumformungen ermitteln. Berechnen Sie die Grenzwerte entsprechend dem Beispiel.

Beispiel:

$$\lim_{x \to \infty} \frac{2x + 1}{x} = \lim_{x \to \infty} \left(2 + \frac{1}{x}\right) = 2 + \lim_{x \to \infty} \frac{1}{x} = 2$$

a) $\lim\limits_{x \to -\infty} \frac{-3x^2 + 2}{x^2}$ $\qquad$ **c)** $\lim\limits_{x \to -\infty} \frac{-3x^2 + 2}{x}$

b) $\lim\limits_{x \to -\infty} \frac{3x + 4}{x + 1}$ $\qquad$ **d)** $\lim\limits_{x \to -\infty} \frac{2^x + 1}{2^x}$

20 Begründen Sie anhand eines oder mehrerer Beispiele: Aus $\lim\limits_{x \to \infty} f(x) = \infty$ und $\lim\limits_{x \to \infty} g(x) = 0$ kann man nicht schließen, dass $\lim\limits_{x \to \infty} (f(x) \cdot g(x)) = 0$.

21 Der Graph der Funktion $h\colon x \mapsto \frac{2x^2 + 2^{-x}}{x^2 + 1}$ fällt für $x < 0$ und steigt für $x > 2$, für $x \to -\infty$ gehen die Funktionswerte gegen ∞, für $x \to \infty$ gegen 2 (dies brauchen Sie nicht nachzuweisen). Bestimmen Sie z. B. mithilfe eines Taschenrechners

a) einen Wert s für x, sodass sich für $x > s$ alle Funktionswerte von h um weniger als 10^{-6} von 2 unterscheiden;

b) einen Wert t für x, sodass für $x < t$ alle Funktionswerte von h größer als 10^6 sind.

Aufgaben

Verknüpfen
Anwenden
Trainieren

22 Untersuchen Sie z. B. mithilfe eines Programms zur Tabellenkalkulation oder eines Plotters das Verhalten der Funktionen $f\colon x \mapsto 2^{\frac{1}{x}}$ und der Funktion $g\colon x \mapsto 2^{-x^2}$ für $x \to \pm\infty$.
Welches Verhalten vermuten Sie? Versuchen Sie, diese Vermutungen zu begründen.

23 Die Abkühlung einer heißen Tasse Kaffee lässt sich durch die Funktion $T\colon t \mapsto 65 \cdot \left(\frac{3}{4}\right)^t + 23$ beschreiben. Dabei ist t die Zeit in min und $T(t)$ die Temperatur in °C, die der Kaffee zur Zeit t hat.

a) Zeichnen Sie den Graphen der Funktion T.

b) Bestimmen Sie den Grenzwert von T für $t \to \infty$ und interpretieren Sie diesen im Kontext der Aufgabe.

c) Welche Bedeutung haben die Werte 65 und $\frac{3}{4}$ in dieser Aufgabe?

24 In der Elektrotechnik braucht man für verschiedene Anwendungen Parallelschaltungen von Widerständen. Für den Gesamtwiderstand R einer Parallelschaltung (s. Skizze) aus den beiden Widerständen R_1 und R_2 erhält man:

$$R = \frac{R_1 \cdot R_2}{R_1 + R_2}$$

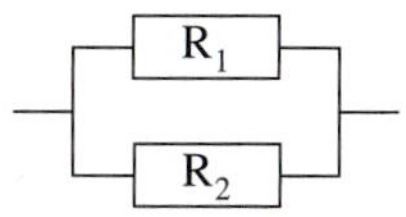

a) Zeigen Sie, dass der Gesamtwiderstand stets kleiner ist als jeder der einzelnen Widerstände.

b) Berechnen Sie den Grenzwert für $R_2 \to \infty$, wenn man den Widerstand R_1 konstant lässt, und interpretieren Sie Ihr Ergebnis.

25 Erläutern Sie, warum es bei der Bestimmung des Verhaltens einer Funktion für $x \to \pm\infty$ hilfreich ist, wenn man weiß, dass der Graph der Funktion achsen- bzw. punktsymmetrisch ist.

26 Sind die folgenden Aussagen richtig oder falsch? Begründen Sie Ihre Antwort.

a) Wenn für eine Funktion f gilt $\lim_{x\to\infty} f(x) = \infty$ und $\lim_{x\to-\infty} f(x) = -\infty$, dann muss f mindestens eine Nullstelle besitzen.

b) Wenn für eine Funktion f gilt $\lim_{x\to\infty} f(x) = \infty$ und $\lim_{x\to-\infty} f(x) = \infty$, dann muss der Graph von f mindestens ein Minimum besitzen.

27 Eine Lichtquelle wirft den Schatten eines kreisrunden Gegenstandes (Durchmesser 1,5 m) an die Wand (siehe Skizze).

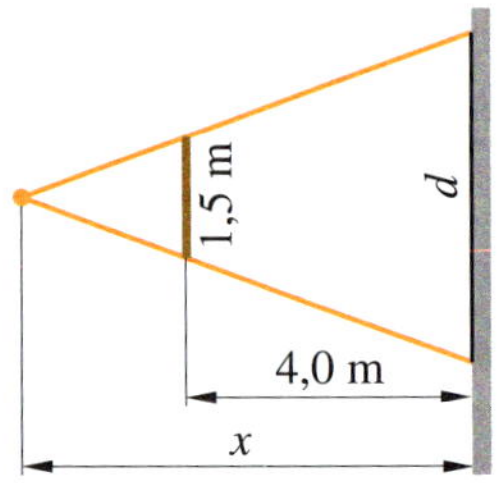

a) Berechnen Sie den Durchmesser d des Schattens in Abhängigkeit vom Abstand x der Lichtquelle von der Wand.

b) Bestimmen Sie den Grenzwert von d für $x \to \infty$.

28 Gegeben ist die Funktion $g: x \mapsto \frac{2x^2 - 1}{x + 3}$ in ihrer maximalen Definitionsmenge.

a) Geben Sie die maximalen Definitionsmenge von g an.

b) Zeigen Sie, dass $g(x) = 2x - 6 + \frac{17}{x + 3}$ ist.

c) Zeigen Sie mithilfe von b), dass $\lim_{x\to\infty} (g(x) - 2x + 6) = 0$ ist.

d) Zeichnen Sie die Graphen der Funktion g und der Funktion $a: x \mapsto 2x - 6$ in ein gemeinsames Koordinatensystem und interpretieren Sie das Ergebnis von Teilaufgabe c) anhand Ihrer Zeichnung.

29 Eine Firma stellt elektronische Bauteile her. Die monatlichen Fixkosten betragen 10 000 €, außerdem werden in der Kalkulation für jedes produzierte Bauteil variable Kosten von 15 € angenommen.

a) Geben Sie die Stückkosten in Abhängigkeit von der Anzahl x der monatlich produzierten Bauteile an.

b) Berechnen Sie den Grenzwert der Stückkosten, wenn man annimmt, dass die Produktion beliebig erhöht werden kann.

Aufgabe der Woche

Auf Seite 147 wurden $1 + \frac{1}{2} + \frac{1}{4} + \frac{1}{8} + \ldots + \frac{1}{2^n} + \ldots$ und $5 + \frac{5}{3} + \frac{5}{9} + \frac{5}{27} + \ldots + \frac{5}{3^n} + \ldots$ als Beispiele für geometrische Reihen genannt, die folgende allgemeine Form haben:

$a + a \cdot q + a \cdot q^2 + a \cdot q^3 + a \cdot q^4 + \ldots + a \cdot q^n + \ldots$

Es wurde behauptet, dass diese unendliche Reihe für $0 < q < 1$ stets einen endlichen Wert hat.
Zeigen Sie anhand des folgenden Bildes, dass im Falle $0 < q < 1$ für die Summe s der geometrischen Reihe gilt: $s = a \cdot \frac{1}{1-q}$.

Berechnen Sie dann die Summe der beiden oben angegebenen unendlichen Reihen.

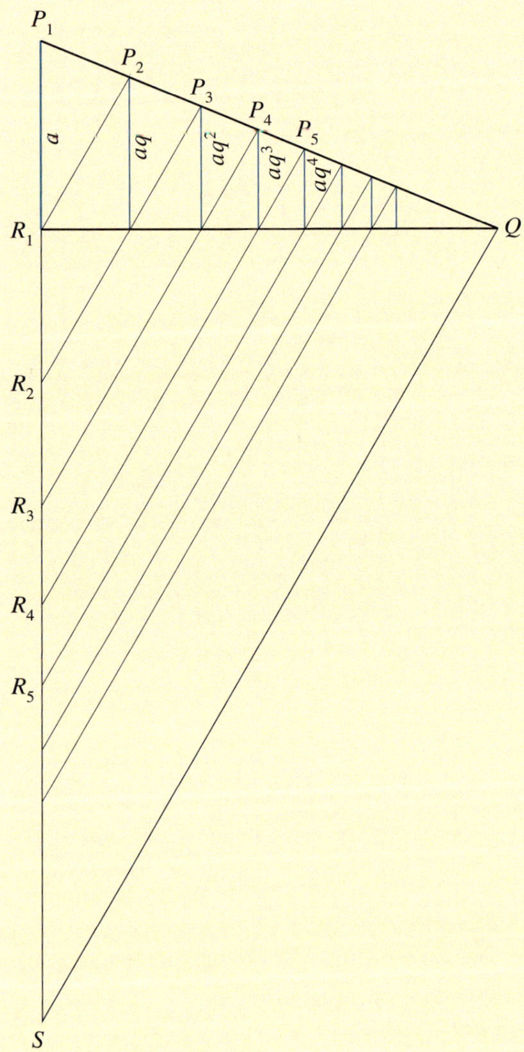

7.3 Untersuchen und Beschreiben weiterer Funktionen und ihrer Graphen

Maximale Verkehrsdichte

Auftrag 1

In der Diskussion über ein generelles Geschwindigkeitslimit auf den deutschen Autobahnen gibt es immer wieder Streit darüber, ob dadurch die Staugefahr vergrößert oder aber im Gegenteil ein Geschwindigkeitslimit den Verkehrsfluss erhöhen würde.
Wenn zwei Pkw mit der Geschwindigkeit v (in km/h) hintereinander herfahren, sollten sie einen Sicherheitsabstand s in m einhalten, der sich aus dem Reaktionsweg und dem tatsächlichen Bremsweg zusammensetzt. In der Fahrschule lernt man für s die Formel $s = 3 \cdot \frac{v}{10} + \left(\frac{v}{10}\right)^2$.
Nimmt man an, dass alle Pkw aufgrund einer Geschwindigkeitsbegrenzung mit der gleichen Geschwindigkeit v fahren und im Durchschnitt selbst etwa 6 m Platz brauchen, so hätten auf einem Kilometer Autobahn n Pkw Platz, wobei

$$n = \frac{1000}{s+6} = \frac{1000}{3 \cdot \frac{v}{10} + \left(\frac{v}{10}\right)^2 + 6}.$$

An einer Messstelle an der Autobahn würden dann pro Stunde $N = n \cdot v$ Pkw gezählt, da jeder Pkw in einer Stunde v km zurücklegt.

$$N = \frac{1000\,v}{s+6} = \frac{1000\,v}{3 \cdot \frac{v}{10} + \left(\frac{v}{10}\right)^2 + 6}$$

N bezeichnet man als maximale Verkehrsdichte, sie ist offensichtlich von der Geschwindigkeit der Pkw abhängig. Die Terme für n und für N lassen sich als Funktionen auffassen, die jeder Geschwindigkeit v die zugehörige Maximalzahl von Pkw pro Kilometer bzw. die zugehörige maximale Verkehrsdichte zuordnen.
Geben Sie diese Funktionen vollständig an. Wählen Sie dabei zunächst jeweils einen für die Ausgangssituation sinnvollen Definitionsbereich, skizzieren Sie den Verlauf der Graphen möglichst genau und interpretieren Sie charakteristische Eigenschaften im Zusammenhang mit der Ausgangssituation. Überprüfen Sie Ihre Ergebnisse mithilfe eines Funktionsplotters.
Was ändert sich, wenn Sie dieselben Funktionsterme, aber den mathematisch maximal möglichen Definitionsbereich wählen?

Vom Term zur Funktion

Auftrag 2

Bestimmen Sie für die folgenden Terme jeweils die maximale Definitionsmenge.

$2^x + 2^{-x}$ $\qquad \sqrt{2x+3}$ $\qquad \frac{\sin(2x)}{x^2+1}$ $\qquad 1 + x - \frac{6}{x+2}$

Jeder dieser Terme lässt sich als Funktion interpretieren, deren maximale Definitionsmenge gerade die maximale Definitionsmenge des Terms ist.
Überlegen Sie, welche Eigenschaften dieser Funktionen Ihnen wichtige Informationen über den Verlauf der Graphen liefern könnten und wie Sie diese aus den Funktionstermen ermitteln könnten.
Überprüfen Sie im Anschluss daran Ihre Ergebnisse anhand einer Zeichnung.

Auftrag 3 Papierkegel

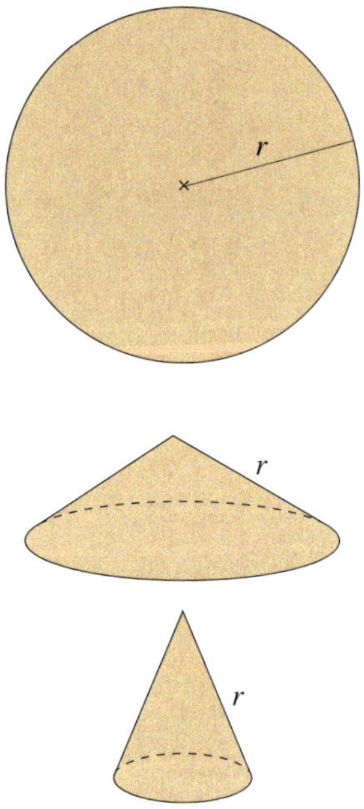

Aus einem kreisrunden Blatt Papier, das längs eines Radius aufgeschnitten ist, kann man Kegel unterschiedlicher Höhe h herstellen. Dabei ist die Mantellinie der Kegel jeweils genauso lang wie der Radius des Blattes Papier.

Berechnen Sie zunächst das Volumen des Kegels, den man für $r = 20\,\text{cm}$ bei der Höhe 8 cm erhält. Geben Sie dann allgemein einen Term $V(h)$ an, der das Volumen des Kegels für $r = 20$ bei der Höhe h beschreibt.
$V(h)$ lässt sich als Wert der Funktion V interpretieren, die jeder geeigneten Höhe h bei vorgegebenem Radius das zugehörige Volumen zuordnet.
Geben Sie diese Funktion vollständig an (dazu gehört insbesondere auch die Definitionsmenge). Beschreiben Sie den Graphen aufgrund der Funktionsvorschrift möglichst genau und skizzieren Sie ihn.
Überprüfen Sie Ihre Ergebnisse, indem Sie den Graphen z. B. mit einem Funktionsplotter zeichnen.

Diese Aufgabe lässt sich auch lösen, indem man die Kegel nicht durch ihre Höhe, sondern jeweils durch den Winkel α charakterisiert, den die Mantellinie mit der Grundfläche einschließt. Geben Sie die Funktion an, die das Volumen der Kegel in Abhängigkeit von α wiedergibt und beschreiben Sie die Eigenschaften dieser Funktion möglichst genau.

Bearbeitung

Auftrag 2 Vom Term zur Funktion

Einschränkungen der Definitionsmenge eines Terms können immer dann erforderlich sein, wenn im Term Nenner, Wurzeln oder Logarithmen vorkommen. Nenner dürfen nie 0 werden, der Radikand einer Wurzel darf nicht negativ sein und das Argument eines Logarithmus muss positiv sein.

Da 2^x und 2^{-x} für alle reellen Zahlen definiert sind, ist die maximale Definitionsmenge für $2^x + 2^{-x}$ die Menge $\mathbb{R}$ der reellen Zahlen.

Die maximale Definitionsmenge für $\sqrt{2x+3}$ ergibt sich aus der Bedingung $2x + 3 \geq 0 \Leftrightarrow x \geq -\frac{3}{2}$. Die maximale Definitionsmenge ist das Intervall $[-\frac{3}{2}; \infty[$.

Die maximale Definitionsmenge von $\frac{\sin(2x)}{x^2+1}$ ist $\mathbb{R}$, da der Nenner $x^2 + 1$ nie gleich 0 wird.

Im Term $1 + x - \frac{6}{x+2}$ darf der Nenner nicht 0 werden. Die maximale Definitionsmenge ist deshalb $\mathbb{R} \setminus \{-2\}$.

Damit sind im Weiteren die folgenden vier Funktionen zu betrachten:

(1) $f_1\colon x \mapsto 2^x + 2^{-x}$ mit $x \in \mathbb{R}$

(2) $f_2\colon x \mapsto \sqrt{2x+3}$ mit $x \in [-\frac{3}{2}; \infty[$

(3) $f_3\colon x \mapsto \frac{\sin(2x)}{x^2+1}$ mit $x \in \mathbb{R}$

(4) $f_4\colon x \mapsto 1 + x - \frac{6}{x+2}$ mit $x \in \mathbb{R} \setminus \{-2\}$

Beachten Sie, dass die Angabe der Definitionsmenge notwendiger Bestandteil der Funktionsvorschrift ist (siehe auch Aufgabe 1). Die Graphen der vier Funktionen werden mit G_1, G_2, G_3 und G_4 bezeichnet.

Der Schnittpunkt des Graphen einer Funktion f mit der y-Achse hat die Koordinaten $(0|f(0))$, vorausgesetzt 0 ist in der Definitionsmenge von f enthalten.
Die x-Koordinaten der Schnittpunkte der Graphen mit der x-Achse sind die Nullstellen der Funktion, also die Lösungen der Gleichung $f(x) = 0$.

Zu beachten

Informationen zu folgenden Punkten können wichtige Hinweise zum Verlauf des Graphen einer Funktion geben:
- Schnittpunkt mit der y-Achse (Funktionswert an der Stelle 0)
- Schnittpunkte mit der x-Achse (Nullstellen der Funktion)
- Symmetrieverhalten
- Steigungsverhalten
- Lage und Art von Extrempunkten
- Verhalten für $x \to \pm\infty$ ($\lim\limits_{x\to\infty} f(x)$ bzw. $\lim\limits_{x\to-\infty} f(x)$)
- Wertemenge

Jedoch ist es mit Ihren Kenntnissen nicht bei jeder Funktion möglich, all diese Punkte zu behandeln.

Zu Funktion (1): $f_1: x \mapsto 2^x + 2^{-x}$ mit $x \in \mathbb{R}$

Der Funktionswert von $f_1: x \mapsto 2^x + 2^{-x}$ an der Stelle 0 ist $2^0 + 2^0 = 2$, also ist $(0|2)$ der Schnittpunkt des Graphen G_1 mit der y-Achse.
Da sowohl 2^x als auch 2^{-x} für alle $x \in \mathbb{R}$ positiv sind, sind alle Funktionswerte positiv. Daher kann die Funktion $f_1: x \mapsto 2^x + 2^{-x}$ keine Nullstelle haben.

Um zu entscheiden, ob G_1 ein Symmetrieverhalten zeigt, überlegt man sich an einer Skizze, was es für die einzelnen Punkte eines Graphen bedeutet, wenn dieser achsensymmetrisch zur y-Achse bzw. punktsymmetrisch zum Ursprung ist.

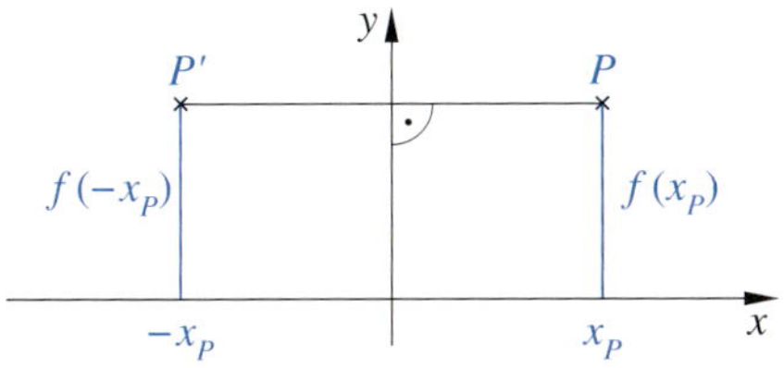

P und P' liegen achsensymmetrisch zur y-Achse

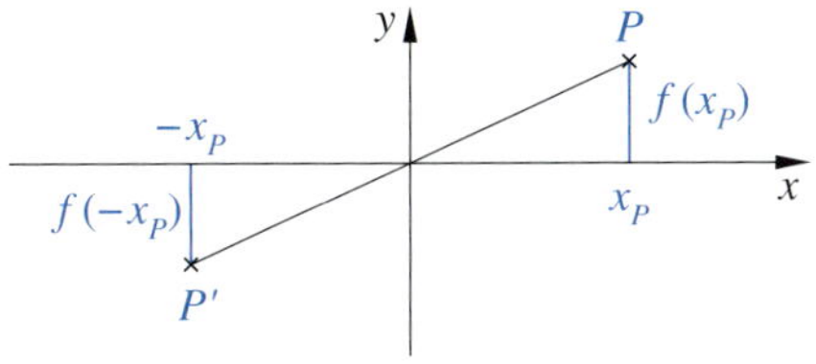

P und P' liegen punktsymmetrisch zur y-Achse

P und P' liegen symmetrisch zur y-Achse, wenn $f(-x_P) = f(x_P)$, symmetrisch zum Ursprung, wenn $f(-x_P) = -f(x_P)$.
Folglich ist der Graph einer Funktion f **achsensymmetrisch zur y-Achse**, wenn **für alle x** aus der Definitionsmenge gilt $\boldsymbol{f(-x) = f(x)}$ und **punktsymmetrisch zum Ursprung**, wenn **für alle x** aus der Definitionsmenge gilt $\boldsymbol{f(-x) = -f(x)}$.
Funktionen mit zur y-Achse symmetrischem Graphen nennt man auch **gerade Funktionen**, Funktionen mit zum Ursprung symmetrischem Graphen bezeichnet man als **ungerade Funktionen**. Den Grund für diese Bezeichnungen macht Aufgabe 12 deutlich.
Wegen $f_1(-x) = 2^{-x} + 2^x = f_1(x)$ für alle $x \in \mathbb{R}$ ist der Graph G_1 achsensymmetrisch zur y-Achse.

Da $\lim\limits_{x\to\pm\infty} f_1(x) = \infty$ (der eine Summand geht jeweils gegen 0, der andere aber gegen ∞) und f_1 in ganz $\mathbb{R}$ definiert ist, ist anzunehmen, dass der Graph wenigstens ein Minimum hat.
Bisher steht kein allgemeines Verfahren zur Verfügung, das es erlaubt, Extremstellen bzw. das Steigungsverhalten zu berechnen. Aufgrund der Eigenschaften von f_1 kann man jedoch vermuten, dass der Schnittpunkt $(0|2)$ von G_1 mit der y-Achse ein Extremum ist. Im Fall der Funktion f_1 ist diese Vermutung richtig – wie der Graph zeigt.
G_1 heißt auch **Kettenlinie**, weil eine an zwei Punkten befestigte, frei hängende Kette die Form dieses Graphen annimmt. Die Kettenlinie sieht ähnlich aus wie eine Parabel. In der Skizze ist der Unterschied zwischen Kettenlinie (rot) und der Parabel durch die gemeinsamen „Aufhängepunkte" $(2|4{,}25)$ und $(-2|4{,}25)$ (schwarz) deutlich zu sehen.

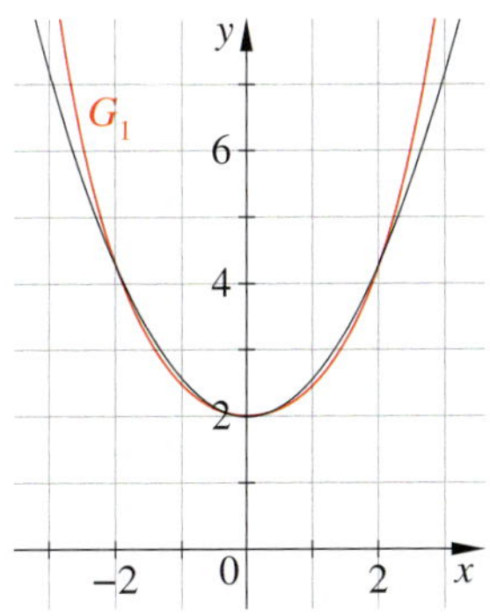

Zu Funktion (2): $f_2\colon x \mapsto \sqrt{2x+3}$ mit $x \in [-\frac{3}{2}; \infty[$

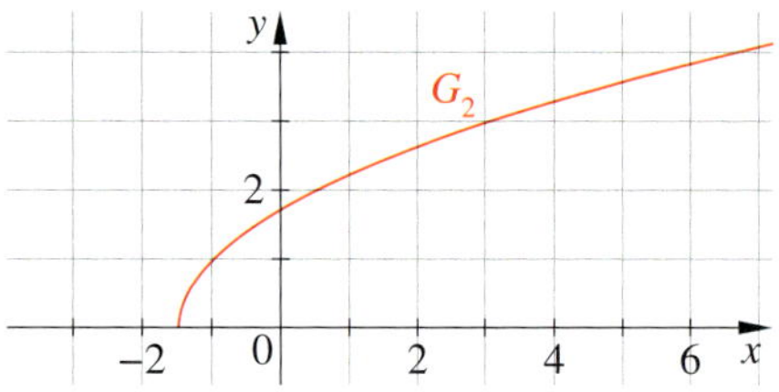

Die einzige Nullstelle der Funktion $f_2\colon x \mapsto \sqrt{2x+3}$ ist die Lösung der Gleichung $2x + 3 = 0$, also $x = -\frac{3}{2}$.
Der Schnittpunkt mit der y-Achse ist $(0|\sqrt{3})$.
Da die lineare Funktion $x \mapsto 2x + 3$ in ganz $\mathbb{R}$ wächst und für $x \to \infty$ gegen unendlich geht, steigt auch G_2 in der ganzen Definitionsmenge, und es gilt $\lim\limits_{x \to \infty} f_2(x) = \infty$.
Die Wertemenge von f_2 ist deshalb $[0; \infty[$.

Zu Funktion (3): $f_3\colon x \mapsto \frac{\sin(2x)}{x^2+1}$ mit $x \in \mathbb{R}$

$f_3(0) = 0$, der Schnittpunkt des Graphen G_3 mit der y-Achse ist demnach $(0|0)$. Die Nullstellen von f_3 sind die Lösungen der Gleichung $\sin(2x) = 0$. Aus Kapitel 2 ist bekannt, dass $\sin(2x)$ genau dann gleich 0 wird, wenn $2x$ ein Vielfaches von π und x demnach ein Vielfaches von $\frac{\pi}{2}$ ist.
Wegen $f_3(-x) = \frac{\sin(-2x)}{(-x)^2+1} = \frac{-\sin(2x)}{x^2+1} = -f_3(x)$ für alle $x \in \mathbb{R}$, ist der Graph von f_3 punktsymmetrisch zum Ursprung.

Das Steigungsverhalten sowie die Lage und ggf. die Art von Extrempunkten kann man mit den bisherigen Kenntnissen nicht berechnen. Allerdings lassen sich mithilfe einer Vorzeichentabelle für die Funktionswerte einige Hinweise gewinnen. Da $\sin(2x)$ an den Nullstellen jeweils das Vorzeichen wechselt und der Nenner $x^2 + 1$ nie negativ wird, ändert sich an den Nullstellen von f_3 jeweils das Vorzeichen der Funktionswerte, das Vorzeichen selbst wird von $\sin(2x)$ bestimmt.

Intervall	…	$-\pi < x < -\frac{\pi}{2}$	$-\frac{\pi}{2} < x < 0$	$0 < x < \frac{\pi}{2}$	$\frac{\pi}{2} < x < \pi$	…
Vorzeichen von $f_3(x)$	…	+	−	+	−	…

Da f_3 keine Definitionslücke hat, ist anzunehmen, dass in den Intervallen zwischen den Nullstellen jeweils eine Extremstelle liegt, und zwar bei negativem Vorzeichen eine Minimumstelle, bei positivem Vorzeichen eine Maximumstelle. Zwischen den Extrempunkten wird der Graph jeweils entweder fallen oder steigen.
Im Gegensatz dazu lässt sich das Verhalten für $x \to \pm\infty$ genau angeben:
$f_3(x)$ ist das Produkt der beiden Faktoren $\sin(2x)$ und $\frac{1}{x^2+1}$. Die Sinusfunktion hat für $x \to \pm\infty$ keinen Grenzwert, da ihre Funktionswerte stets zwischen den Grenzen -1 und $+1$ oszillieren. Da aber $\lim\limits_{x \to \infty}\left(\frac{1}{x^2+1}\right) = \lim\limits_{x \to -\infty}\left(\frac{1}{x^2+1}\right) = 0$ ist und die Werte der Sinusfunktion wegen $|\sin x| \le 1$ beschränkt sind, muss gelten:

$$\lim_{x \to \pm\infty} f_3(x) = \lim_{x \to \pm\infty}\left(\frac{\sin(2x)}{x^2+1}\right) = 0.$$

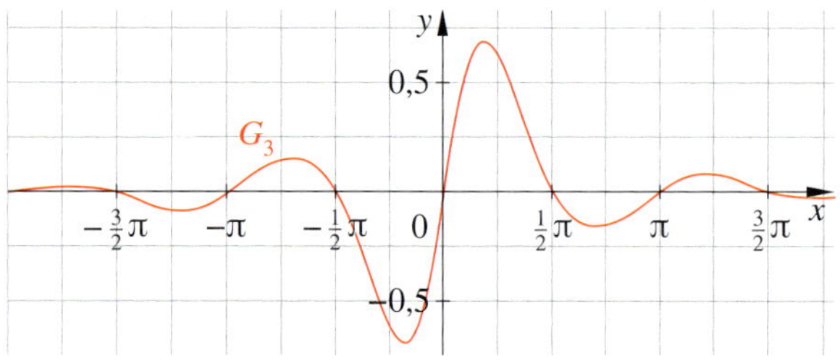

Die Wertemenge lässt sich wiederum nicht ohne Weiteres bestimmen. Mit den bisherigen Kenntnissen lässt sich nur sagen: Der größte Wert von f_3 ist kleiner als 1 und der kleinste größer als -1. Es ist nämlich $|\sin(2x)| \le 1$ und $x^2 + 1 > 1$ für $x \neq 0$.
Der Graph von f_3 bestätigt alle Überlegungen.

Zu Funktion (4): $f_4\colon x \mapsto 1 + x - \frac{6}{x+2}$ mit $x \in \mathbb{R}\setminus\{-2\}$

Der Graph von f_4 schneidet die y-Achse im Punkt $(0|-2)$, denn $f_4(0) = -2$.
Zur Berechnung der Nullstellen der Funktion $f_4\colon x \mapsto 1 + x - \frac{6}{x+2}$ ist wieder die Gleichung $f_4(x) = 0$ zu lösen.

$$f_4(x) = 0 \Leftrightarrow 1 + x - \frac{6}{x+2} = 0 \Leftrightarrow \frac{(1+x)(x+2)-6}{x+2} = 0 \Leftrightarrow \frac{x^2+3x-4}{x+2} = 0$$

$$\Leftrightarrow x^2 + 3x - 4 = 0 \text{ und } x \neq 2 \Leftrightarrow x = 1 \text{ oder } x = -4$$

Die Schnittpunkte von G_4 mit der x-Achse sind also $(1|0)$ bzw. $(-4|0)$.

Symmetrieverhalten, Monotonie und Extrema des Graphen G_4 lassen sich am Funktionsterm von f_4 nicht unmittelbar ablesen.
Dagegen kann man das Verhalten für $x \to \pm\infty$ leicht bestimmen:
$\lim\limits_{x\to\infty} f_4(x) = \infty$, da $\lim\limits_{x\to\infty} (1+x) = \infty$ und $\lim\limits_{x\to\infty} \frac{6}{x+2} = 0$.
Analog erhält man $\lim\limits_{x\to-\infty} f_4(x) = -\infty$.
Der Funktionsplotter zeichnet das nebenstehende Bild des Graphen von f_4.
Aus der Zeichnung kann man weitere Eigenschaften des Graphen ablesen. Insbesondere kann man vermuten, dass er punktsymmetrisch zum Punkt $(-2|-1)$ ist.

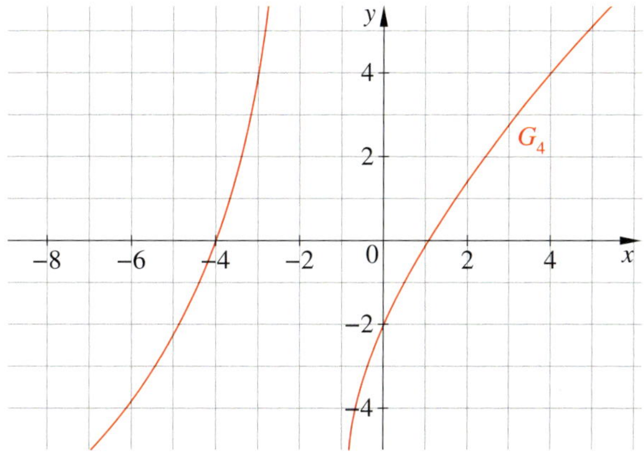

Zusammenfassung

Untersuchen und Beschreiben weiterer Funktionen und ihrer Graphen

Jeder Term mit einer Variablen kann als Funktionsvorschrift einer Funktion f mit Definitionsmenge D_f interpretiert werden.

Die **maximale Definitionsmenge** der Funktion f ist die maximale Definitionsmenge des Terms. Einschränkungen der Definitionsmenge ergeben sich z. B. daraus, dass
Nenner nicht 0 werden dürfen;
Radikanden nicht kleiner als 0 werden dürfen.

Die folgenden Eigenschaften beschreiben den Graphen von f genauer:

Schnittpunkte mit den Koordinatenachsen
Die Schnittstellen mit der x-Achse sind die Lösungen der Gleichung $f(x) = 0$, soweit diese in D_f liegen.
Für $0 \in D_f$ hat der Schnittpunkt mit der y-Achse die Koordinaten $(0|f(0))$.

Symmetrieverhalten
Achsensymmetrie zur y-Achse, falls $f(-x) = f(x)$ für alle $x \in D_f$,
Punktsymmetrie zum Ursprung des Koordinatensystems, falls $f(-x) = -f(x)$ für alle $x \in D_f$.

Verhalten an den Rändern der Definitionsmenge
Dieses beschreiben für $x \to \pm\infty$ die Grenzwerte $\lim\limits_{x\to\infty} f(x)$ bzw. $\lim\limits_{x\to-\infty} f(x)$, sofern sie existieren.

Steigungsverhalten und Extrempunkte
Steigungsverhalten und Extrempunkte lassen sich bisher nur in Ausnahmefällen aus besonderen Eigenschaften des Funktionsterms bestimmen.

Wertemenge
Da die Wertemenge vom Verhalten an den Rändern von D_f und von möglichen Extrema abhängt, lässt sich diese bisher ebenfalls nur in Ausnahmefällen bestimmen.

Aufgaben

Verknüpfen
Anwenden
Trainieren

Wenn in den Aufgaben bei einer Funktion keine Definitionsmenge angegeben ist, dann ist stets die größtmögliche Definitionsmenge zu wählen.

1 Ermitteln Sie die maximale Definitionsmenge – außer bei c) und g) – sowie die Schnittpunkte des Graphen mit den Koordinatenachsen.

a) $f_1: x \mapsto \frac{2x-3}{3x+2}$
b) $f_2: x \mapsto \frac{x^2-1}{2^x-1}$
c) $f_3: x \mapsto 2^x \cdot \cos x$, $D_4 = [-\pi; \pi]$
d) $f_4: x \mapsto \frac{x^2-3x+2}{2x^2-x+1}$
e) $f_5: x \mapsto \sqrt{0{,}5x-3}$
f) $f_6: x \mapsto \frac{\sqrt{3-x^2}}{x}$
g) $f_7: x \mapsto \frac{2x-2}{x^2-4}$, $D_7 = [3; \infty[$

2 Von einer Funktion f ist folgendes bekannt:
- Der Graph ist punktsymmetrisch zum Ursprung
- $\lim\limits_{x \to \infty} f(x) = -\infty$
- 2 ist Nullstelle von f

a) Welche weiteren Aussagen über den Graphen von f können Sie machen?
b) Zeichnen Sie in einem Koordinatensystem wenigstens zwei verschiedene passende Graphen.
c) Geben Sie die Funktionsvorschrift für eine passende Funktion an.

3 Untersuchen Sie das Symmetrieverhalten der Graphen der folgenden Funktionen.

a) $f_1: x \mapsto x^4 - 2x^2 + 1$
b) $f_2: x \mapsto x \cdot \sin x$
c) $f_3: x \mapsto \frac{2x^3-3}{x}$
d) $f_4: x \mapsto x \cdot \sqrt{x^2+1}$
e) $f_5: x \mapsto x^2 + \cos x$
f) $f_6: x \mapsto x^5 - x^3 + x$
g) $f_7: x \mapsto x^2 + \frac{1}{x}$
h) $f_8: x \mapsto (x^3 - \sin x)^2$
i) $f_9: x \mapsto \frac{1}{x^2}$, $x > 0$
j) $f_{10}: x \mapsto 3^x \cdot (x^2 - 1)$
k) $f_{11}: x \mapsto |x|$
l) $f_{12}: x \mapsto \frac{10^x - 10^{-x}}{2}$

4 Geben Sie eine Funktion mit der Definitionsmenge $\mathbb{R} \setminus \{-2; 2\}$ an, deren Graph achsensymmetrisch zur y-Achse ist, die bei 1 eine Nullstelle hat und für $x \to \infty$ gegen 1 geht.

5 Gegeben ist die Funktion $f: x \mapsto 2 - \frac{2}{1+x^2}$.
a) Geben Sie die maximale Definitionsmenge von f an.
b) Bestimmen Sie das Symmetrieverhalten des Graphen von f.
c) Berechnen Sie die Schnittpunkte des Graphen von f mit den Koordinatenachsen.
d) Welches Verhalten zeigt der Graph von f für $x \to \pm\infty$?
e) Bestimmen Sie das Steigungsverhalten sowie die Extremstellen aus dem Funktionsterm, und skizzieren Sie anschließend den Graphen von f.

6 Verschaffen Sie sich aus dem Funktionstermen möglichst viele Informationen über den Verlauf der Graphen, um sie dann zu skizzieren.

a) $f(x) = \sqrt{x^2 - 4}$
b) $g(x) = x^2 \cdot \sin x$, $x \in [0; 2\pi]$
c) $h(x) = \sqrt{\frac{4}{1+x^2}} - 1$

7 Welcher der von einem Funktionsplotter gezeichneten Graphen gehört zur Funktion $f: x \mapsto x + \frac{1}{x}$ und welcher zu $g: x \mapsto \frac{x^2-x-2}{x+1}$? Begründen Sie.

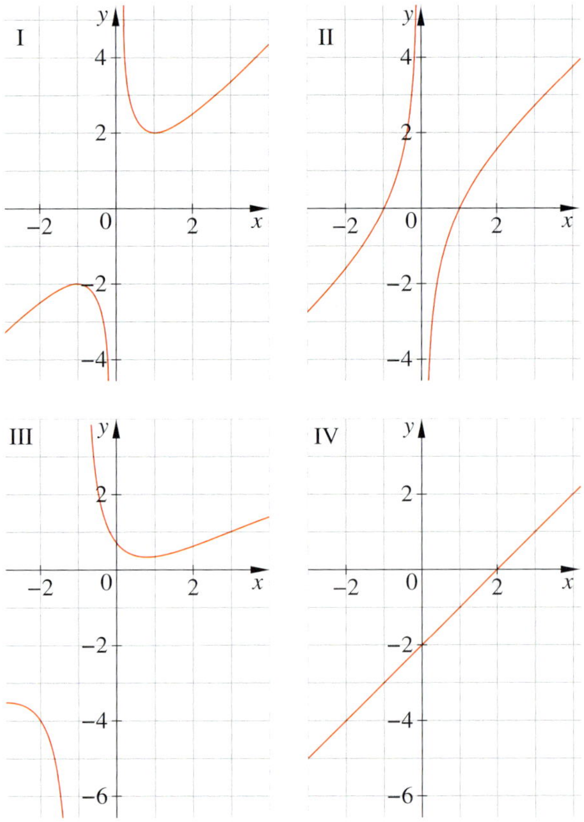

8 Gegeben ist die Funktion $g: x \mapsto \sqrt{x^2 + 4x}$.

a) Geben Sie die maximale Definitionsmenge von g an.

b) Begründen Sie, dass die Funktion für $x \geq 0$ monoton wachsend ist.

c) Welches Verhalten zeigt der Graph von g für $x \to \infty$?

d) Geben Sie ohne weitere Rechnung alle Nullstellen, Extremstellen, das Steigungsverhalten und die Wertemenge von g an. Begründen Sie Ihre Ergebnisse.

e) Skizzieren Sie den Graphen von g.

9 Geben Sie möglichst viele Eigenschaften des Graphen der Funktion $h: x \mapsto 3 \cdot 1{,}5^{-x^2}$ an und skizzieren Sie anschließend den Graphen.

10 Bestimmen Sie das Verhalten der folgenden Funktionen für $x \to \pm\infty$.

a) $f: x \mapsto \left(\frac{1}{2}\right)^x \cdot \sin x$ **b)** $g: x \mapsto \frac{\sin(2x - \pi)}{x^2}$

Noch fit?

I Auf einer Baustelle ist vorgeschrieben, dass alle Arbeiter Schutzhelme und Sicherheitsschuhe mit verstärkten Kappen tragen müssen. Die Einhaltung dieser Vorschrift wird regelmäßig kontrolliert. Eine längerfristige Statistik zeigt: Wenn ein Arbeiter einen Schutzhelm trägt, dann mit einer Wahrscheinlichkeit von 90% auch Sicherheitsschuhe. 90% aller Arbeiter tragen vorschriftsmäßig Sicherheitsschuhe, aber 20% der Arbeiter tragen keinen Schutzhelm.
Bei der Kontrolle wird ein Arbeiter angetroffen, der keine Sicherheitsschuhe trägt. Mit welcher Wahrscheinlichkeit trägt er keinen Helm?

II Vervollständigen Sie das Baumdiagramm für $P(\overline{B}) = 0{,}6$ und formulieren Sie anschließend mit Worten die Ereignisse, deren Wahrscheinlichkeitswerte an den rot eingezeichneten Ästen und Pfaden angegeben sind.

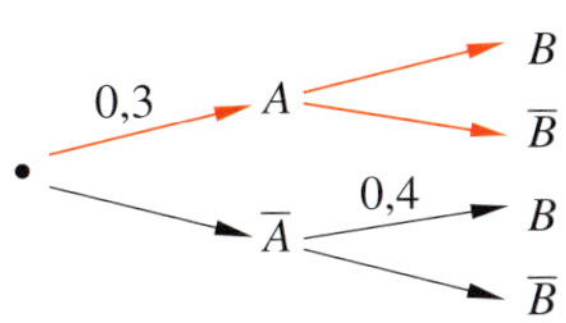

Stellen Sie die Situation auch in einer Vierfeldertafel dar und formulieren Sie mit Worten die Bedeutung der Wahrscheinlichkeiten, die in den inneren vier Feldern der Vierfeldertafel auftreten.

Aufgaben

Verknüpfen
Anwenden
Trainieren

11 Gegeben ist die Funktion $k: x \mapsto (x^2 - 1) \cdot 2^{-x}$.

a) Geben Sie die maximale Definitionsmenge von k an und berechnen Sie die Nullstellen von k.

b) In welchen Intervallen sind die Funktionswerte von k positiv, in welchen negativ? Begründen Sie.

c) Welches Verhalten zeigt der Graph von k für $x \to -\infty$?

d) Verwenden Sie z. B. den Taschenrechner, um das Verhalten für $x \to \infty$ zu beschreiben.

e) Welche Vermutungen über Lage und Art möglicher Extremstellen ergeben sich aus den bisherigen Ergebnissen? Versuchen Sie diese Vermutungen durch systematisches Probieren zu bestätigen und zu präzisieren.

f) Überprüfen sie alle Ihre Ergebnisse anhand des Graphen, den Sie z. B. mit einem Funktionsplotter erstellen.

12 Die Bezeichnungen „gerade“ bzw. „ungerade“ Funktion haben ihren Grund im Verhalten ganzrationaler Funktionen (Definitionsmenge $\mathbb{R}$).

a) Begründen Sie, dass der Graph einer ganzrationalen Funktion genau dann achsensymmetrisch zur y-Achse ist, wenn im Funktionsterm nur gerade Exponenten auftreten.

b) Formulieren und beweisen Sie eine Aussage über ganzrationale Funktionen mit zum Ursprung punktsymmetrischem Graphen.

13 Welche der folgenden Aussagen sind richtig, welche falsch? Begründen Sie richtige Aussagen und widerlegen Sie falsche Aussagen. Als Gegenbeispiel genügt auch die Zeichnung eines entsprechenden Graphen.

a) Gerade Funktionen haben keine Nullstellen.

b) Jede ungerade Funktion hat $\mathbb{R}$ als Wertemenge.

c) Es gibt eine Funktion, die sowohl gerade als auch ungerade ist.

d) Eine ungerade Funktion hat immer eine ungerade Anzahl von Nullstellen.

e) Gerade Funktionen haben an der Stelle 0 stets ein Minimum oder Maximum.

14 Zeigen Sie: Ist f eine Funktion, deren Graph punktsymmetrisch zum Ursprung ist, und ist $0 \in D_f$, so gilt: $f(0) = 0$. Vergleichen Sie diese Aussage mit Aufgabe 13 d).

15 Zwei Funktionen f und g kann man addieren, subtrahieren und multiplizieren, d. h. man kann die Funktionen $f+g: x \mapsto f(x)+g(x)$, $f-g: x \mapsto f(x)-g(x)$ und $f \cdot g: x \mapsto f(x) \cdot g(x)$ betrachten. Wenn die Funktion g keine Nullstelle hat, kann man auch ohne weitere Einschränkung den Quotienten $\frac{f}{g}$ der beiden Funktionen bilden. Manche Eigenschaften der Funktionen bleiben bei diesen Operationen erhalten, andere nicht.

a) Geben Sie für die Funktionen $f: x \mapsto \frac{1}{x}$ und $g: x \mapsto 2+\cos x$ Summe, Differenz, Produkt und die Quotienten $\frac{f}{g}$ und $\frac{g}{f}$ an.

b) Zeigen Sie zunächst an Beispielen, dann allgemein: Die Summe zweier gerader Funktionen ist wieder gerade, die Summe zweier ungerader Funktionen wieder ungerade.

c) Formulieren und beweisen Sie entsprechende Aussagen über Produkte (Quotienten) von geraden/ungeraden Funktionen.

16 Die Funktion f besitze einen zu 0 symmetrischen Definitionsbereich D_f.

a) Welches Symmetrieverhalten zeigen die Graphen der Funktionen $f_1: x \mapsto \frac{1}{2}(f(x)+f(-x))$ und $f_2: x \mapsto \frac{1}{2}(f(x)-f(-x))$, $x \in D_f$?

b) Zeigen Sie: $f = f_1 + f_2$.

c) Verwenden Sie a) und b), um die Funktion $f: x \mapsto x+\sin(x-1)$ als Summe einer geraden und einer ungeraden Funktion darzustellen.

17 Gegeben ist die Funktion $f: x \mapsto \frac{(x-2)(x+4)}{(x-1)^2}$ mit dem Definitionsbereich $\mathbb{R}\setminus\{1\}$ und den Nullstellen 2 bzw. -4.

	$-\infty < x < -4$	$-4 < x < 1$	$1 < x < 2$	$2 < x < \infty$
Vorz. von $f(x)$				

a) Übertragen Sie die Vorzeichentabelle in Ihr Heft und vervollständigen Sie diese.

b) Verwenden Sie die Tabelle, um in einem Koordinatensystem die Bereiche zu schraffieren, in denen der Graph von f nicht verlaufen kann.

c) Welche Vermutungen ergeben sich aus den bisherigen Ergebnissen über Lage und Art von Extremstellen?

d) Bestimmen Sie das Verhalten des Graphen von f für $x \to \pm\infty$.

e) Berechnen Sie noch einige Funktionswerte (insbesondere in der Nähe von 1) und skizzieren Sie den Verlauf des Graphen von f.

18 Gehen Sie ähnlich vor wie in Aufgabe 17, um den Graphen der ganzrationalen Funktion $f: x \mapsto 0{,}5(x+4)(x+1)^2(x-2)$ zu skizzieren.

19 Begründen oder widerlegen Sie die folgenden Aussagen. Versuchen Sie im Fall einer falschen Aussage die Voraussetzungen so zu verschärfen, dass eine richtige Aussage entsteht.

a) Wenn die Graphen der Funktion f und g in einem Intervall I steigen, so steigt auch der Graph der Summe $f+g: x \mapsto f(x)+g(x)$ in I.

b) Wenn die Graphen der Funktionen f und g in einem Intervall I steigen, so steigt auch der Graph des Produkts $f \cdot g: x \mapsto f(x) \cdot g(x)$ in I.

c) Wenn der Graph der Funktion f in einem Intervall I steigt und die Funktion $\frac{1}{f}: x \mapsto \frac{1}{f(x)}$ in I definiert ist, dann fällt der Graph von $\frac{1}{f}$ in I.

Aufgaben

Verknüpfen
Anwenden
Trainieren

20 Von einem quadratischen Stück Karton mit der Kantenlänge 20 cm wird an einer Ecke ein gleichschenkliges Dreieck mit der Schenkellänge x senkrecht nach oben gefaltet.

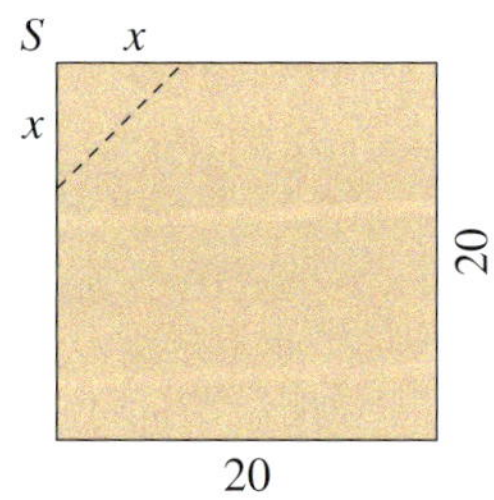

Die nach oben gefaltete Ecke S des Quadrats kann als Spitze einer fünfseitigen Pyramide aufgefasst werden, deren Grundfläche das von dem Quadrat übrig gebliebene Fünfeck ist.

a) Geben Sie das Volumen V dieser Pyramide als Funktion von x an. Achten Sie dabei auch auf die Definitionsmenge.

b) Beschreiben Sie die Eigenschaften des Graphen von $V: x \mapsto V(x)$ möglichst genau.

c) Skizzieren Sie den Graphen von V.

21 Gegeben ist die Funktion $H: x \mapsto \sqrt{4-x^2}$

a) Beschreiben Sie den Graphen der Funktion möglichst vollständig (maximale Definitionsmenge, Symmetrie, Steigungsverhalten und Extrema).

b) Skizzieren Sie den Graphen von H.

c) Zeigen Sie den Zusammenhang mit dem Satz des Pythagoras auf.

22 Auf Seite 149 wurden im Auftrag 2 verschiedene Funktionen betrachtet, deren Graphen die Form eines Darrieusrotors näherungsweise beschreiben. Zeigen Sie, dass auch die Funktion

$k: x \mapsto \sqrt{9{,}38^2 - x^2} - 3{,}38$ die Form dieser Rotoren gut annähert. Bestimmen Sie dazu

a) den maximalen Definitionsbereich von k;
b) das Symmetrieverhalten des Graphen von k;
c) das Extremum des Graphen von k.
d) Zeichnen Sie anschließend (z. B. mithilfe eines Funktionenplotters) die Graphen der Funktion $f: x \mapsto 6 - 0{,}044x^2 - 0{,}00045x^4$ und der Funktion k in ein gemeinsames Koordinatensystem.

23 Eine ungedämpfte Schwingung, bei der die Amplitude zeitlich konstant bleibt, wird durch die Funktion $f_0: t \mapsto 20 \cdot \cos(\pi t)$ beschrieben (t in s). Wegen der unvermeidlichen Reibung wird die Schwingung aber in der Realität gedämpft verlaufen, die Amplitude also mit der Zeit abnehmen. $f_1: t \mapsto 2^{-0{,}5t} \cdot 20 \cdot \cos(\pi t)$ beschreibt eine gedämpfte Schwingung.

a) Welche Bedeutung haben die Werte 20 und 0,5 in den beiden Funktionsvorschriften? Wie groß ist die Schwingungsdauer des Pendels?
b) Wie verhalten sich die Graphen von f_0 bzw. f_1 für $t \to \infty$?
c) Begründen Sie, dass die Zeiten, in denen das Pendel durch die Ruhelage schwingt, von der Dämpfung nicht beeinflusst werden.
d) Zeichnen Sie die Graphen beider Funktionen mithilfe eines Funktionenplotters und überprüfen Sie (auch unter Verwendung der Zoomfunktion), ob die gleiche Aussage auch für die Umkehrpunkte der Schwingungen gilt.

24 Wird ein Stein mit der Anfangsgeschwindigkeit v_0 vom Erdboden unter dem Winkel α gegen die Horizontale weggeschleudert, so wird die momentane Höhe des Steins über dem Erdboden durch den Term

$T(x;\, \alpha;\, v_0) = \frac{x \cdot \sin\alpha}{\cos\alpha} - \frac{g \cdot x^2}{2v_0^2 \cdot (\cos\alpha)^2}$

beschrieben. Dabei sind g die Fallbeschleunigung und x die horizontale Entfernung des Steins vom Ort des Abwurfs.

Dieser Term lässt sich in verschiedener Form als Funktion interpretieren, je nachdem welche der Variablen x, α und v_0 man als Funktionsvariable betrachtet (während man für die anderen Variablen feste Werte vorgibt). (Weiter rechts oben.)

a) Welche Bedeutungen haben die folgenden Funktionen im Kontext der Aufgabe?

$h_1: x \mapsto \frac{x \cdot \sin 30°}{\cos 30°} - \frac{g \cdot x^2}{2 \cdot \left(15\,\frac{\text{m}}{\text{s}}\right)^2 \cdot (\cos 30°)^2}$

$h_2: \alpha \mapsto \frac{10\,\text{m} \cdot \sin\alpha}{\cos\alpha} - \frac{g \cdot (10\,\text{m})^2}{2 \cdot \left(15\,\frac{\text{m}}{\text{s}}\right)^2 \cdot (\cos\alpha)^2}$

$h_3: v_0 \mapsto \frac{10\,\text{m} \cdot \sin 30°}{\cos 30°} - \frac{g \cdot (10\,\text{m})^2}{2v_0^2 \cdot (\cos 30°)^2}$

b) Zeichnen Sie alle drei Funktionen mit einem Funktionsplotter und interpretieren Sie die Graphen. Achten Sie dabei auch auf sinnvolle Definitionsmengen.

25 Das Volumen V eines geraden Kreiskegels lässt sich in Abhängigkeit vom Radius r des Grundkreises und dem Neigungswinkel α einer Mantellinie gegen die Grundfläche angeben.

a) Zeigen Sie dass gilt: $V(r;\, \alpha) = \frac{1}{3}r^3 \cdot \pi \cdot \frac{\sin\alpha}{\cos\alpha}$.
b) Wählt man den Radius als Parameter, so erhält man das Volumen als Funktion des Neigungswinkels α. Wählt man dagegen den Neigungswinkel als Parameter, so erhält man das Volumen als Funktion des Radius. Machen Sie sich zunächst anschaulich klar, welche Eigenschaften diese beiden Funktionen haben müssen und zeichnen Sie dann einige der Funktionen für konkrete Werte des jeweiligen Parameters.

Aufgabe der Woche

Auf Bens Sparkonto sind 190 €. Da er mit seinem Taschengeld von monatlich 50 € nicht auskommt, beschließt er, sein Guthaben auf dem Sparkonto einzusetzen, um seine monatlichen Ausgaben bestreiten zu können. Als systematischer Mensch denkt er sich folgendes Vorgehen aus:
Am Anfang eines jeden Monats hebt er die Hälfte des Guthabens ab und zahlt dann am 15. des Monats, wenn er sein Taschengeld bekommt, dieses auf sein Konto ein. Ben meint, dass er damit doch immer etwas mehr Geld zum Ausgeben habe als sein Taschengeld.
Zeigen Sie, dass sich der Kontostand am Ende des n-ten Monats ($n \in \mathbb{N}$) durch die Formel $x_n = \frac{1}{2}x_{n-1} + 50$ beschreiben lässt. Was fällt Ihnen auf? Beobachten Sie die Kontostände über mehrere Monate und formulieren Sie Vermutungen. Versuchen Sie, Ihre Vermutungen zu begründen.

7.4 Parameter verändern Funktionsgraphen

Auftrag 1 Funktionsterme verändern sich

Info

$g_2(x) = f(x+1)$ bedeutet z. B. $g_2(4) = f(5)$
Ist $f(x) = x^2 + 3$, dann ist $g_2(x) = (x+1)^2 + 3$.

Zeichnen Sie, z. B. mithilfe eines Funktionsplotters, den Graphen der Funktion mit dem Term $f(x) = -\frac{3}{8}x^4 + x^3 + 1$.

Untersuchen Sie nun die Funktionen mit den Termen $g_1(x) = f(x) + 3$, $g_2(x) = f(x+1)$, $g_3(x) = \frac{1}{3} \cdot f(x)$, $g_4(x) = -2 \cdot f(x)$ und $g_5(x) = f\left(\frac{1}{2}x\right)$ und beschreiben Sie, wie sich solche Veränderungen am Term einer Funktion auf den Funktionsgraphen auswirken.

Sagen Sie nun den Verlauf der Graphen der Funktionen mit den Termen $h_1(x) = f(-2x) - 2$ und $h_2(x) = 5 \cdot f(x-3) + 4$ vorher.

Stellen Sie Ihre Beobachtungen in einer Tabelle übersichtlich zusammen.

Auftrag 2 Was wäre, wenn ...

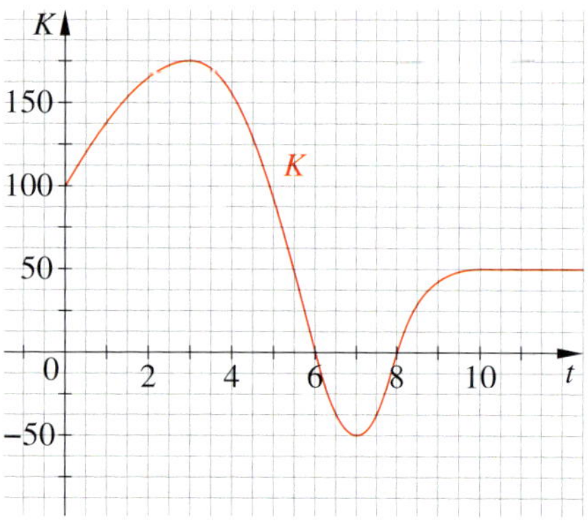

Der nebenstehende Graph zeigt den Verlauf von Fabians Kontostand über die Monate hinweg.
Yannick hat zu jedem Zeitpunkt genau 50 € weniger auf dem Konto als Fabian, Leons Kontostand ist immer doppelt so hoch wie der Fabians. Julian hat immer genau das an Schulden, was Fabian an Guthaben hat, und umgekehrt.
Hermines Kontostand verläuft genauso wie Fabians, aber immer zwei Monate früher. Chiaras Konto startet auf dem gleichen Stand wie Fabians. Es macht auch die gleichen Entwicklungen durch wie Fabians, aber alles nur halb so schnell.
Zeichnen Sie die entsprechenden Graphen für die fünf Kontostände.

Wie müssen Sie den Funktionsterm $K(t)$, der die Entwicklung von Fabians Konto angibt, verändern, um die anderen fünf Zusammenhänge mathematisch zu beschreiben?

Erklären Sie nun umgekehrt, wie sich solche einfachen Veränderungen am Funktionsterm auf den Funktionsgraphen auswirken und stellen Sie Ihre Beobachtungen übersichtlich in einer Tabelle zusammen.

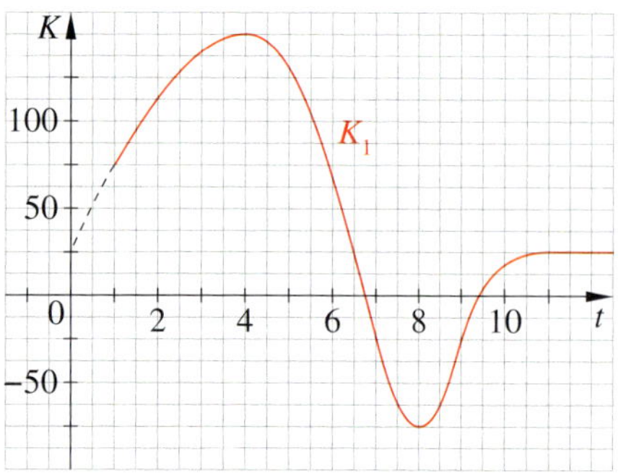

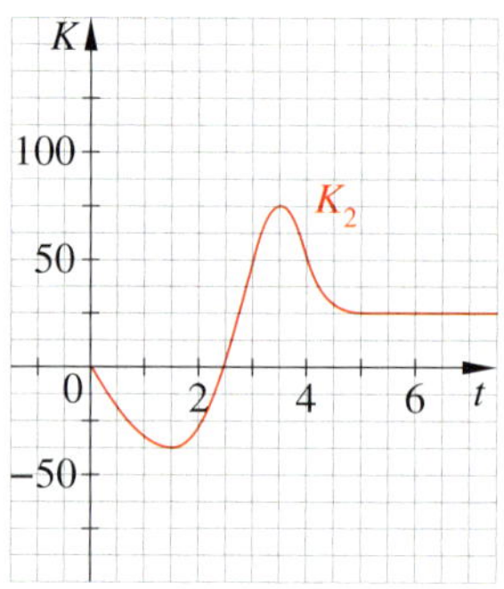

Beschreiben Sie ausgehend von Fabians Kontoverlauf $K(t)$ die nebenstehenden beiden Graphen mit Worten und durch Funktionsterme.

Puzzle für Funktionsexperten

Auftrag 3

Bei diesem Expertenpuzzle untersuchen Sie allgemeine Zusammenhänge zwischen Veränderungen an einem Funktionsterm und den Auswirkungen dieser Veränderungen auf den Funktionsgraphen – wie Sie sie zum Beispiel für den Fall der Sinusfunktion schon im Abschnitt 2.2 betrachtet haben.
Das Material hierfür finden Sie im Internet unter 179 – 1.

Runde 1: Das Bild zeigt den Graph einer Funktion mit dem Funktionsterm $f(x)$. Skizzieren Sie daraus den Graph der Funktion mit dem Funktionsterm …
Runde 2: Skizzieren Sie, ausgehend vom vorgegebenen Graph, die Graphen mit den bezüglich zwei Parametern geänderten Funktionstermen …
Runde 3: Drücken Sie die Funktionsterme zu den beiden abgebildeten Graphen mithilfe von $f(x)$ aus.

Altbekanntes verallgemeinern

Auftrag 4

Sie haben bisher für mehrere Typen von Funktionen untersucht, wie sich Veränderungen am Funktionsterm auf den Funktionsgraphen auswirken. Stellen Sie dieses Grundwissen in einer Wandzeitung zusammen – dabei kann sich eine Gruppe jeweils um einen Typ von Funktionen kümmern.
Fragen, die Sie dabei untersuchen können, sind unter anderem: Wie entsteht der Graph der Funktion mit dem Term $f(x) = \sin(2x) + 1$ aus dem Graphen der Sinusfunktion? Wie entsteht der Graph von $g(x) = -\frac{1}{2}(x-2)^2$ aus der Normalparabel?

Info

$f(x+2)$ hat z. B. für $x = 3$ den Wert $f(5)$. Ist $f(x) = x^3 + 2x$, dann ist $f(x+2) = (x+2)^3 + 2(x+2)$.

Suchen Sie nach Gemeinsamkeiten und finden Sie allgemeine Regeln dafür, welche Auswirkungen Veränderungen an einem Funktionsterm auf den Funktionsgraphen haben.

In der Abbildung unten links sehen Sie den Graphen einer Funktion mit dem Funktionsterm $f(x)$. Skizzieren Sie daraus die Graphen der Funktionen mit den Termen $f(x) + 2$, $f(2x)$, $-2 \cdot f\left(\frac{1}{2}x\right)$, $f(-x)$ und $f(x+2) - 2$.

Geben Sie in ähnlicher Weise einen Funktionsterm zum rechts unten dargestellten Funktionsgraphen an.

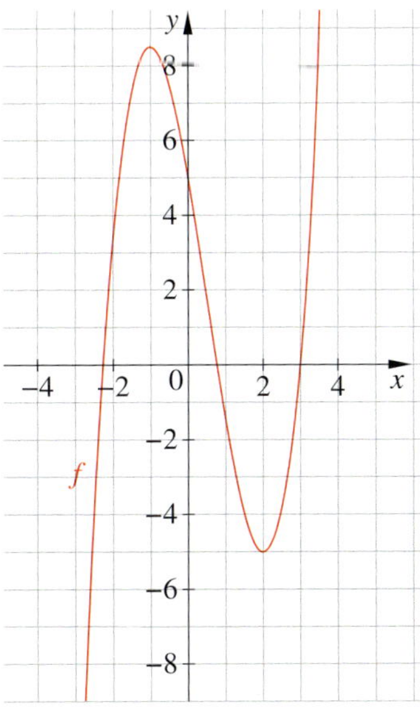

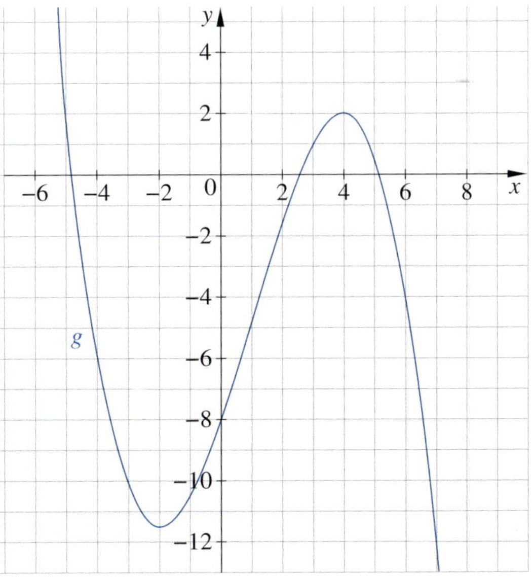

Bearbeitung Auftrag 2 Was wäre, wenn …

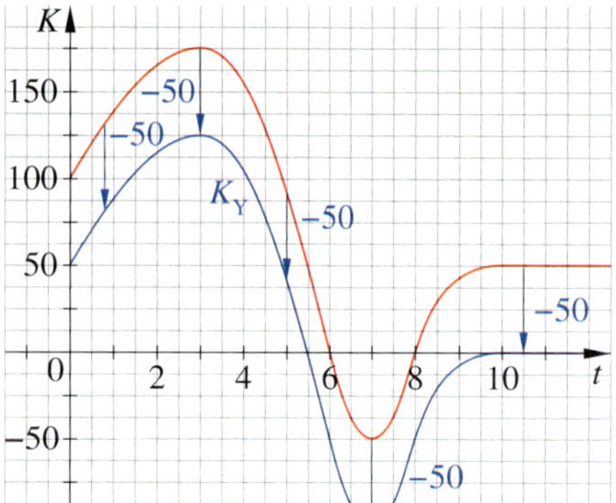

Bild 1

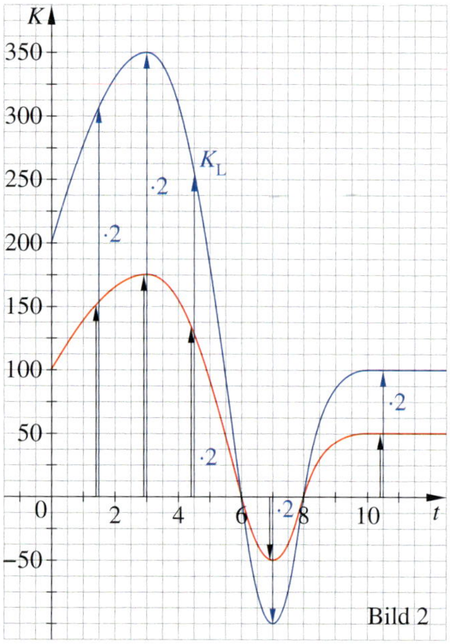

Bild 2

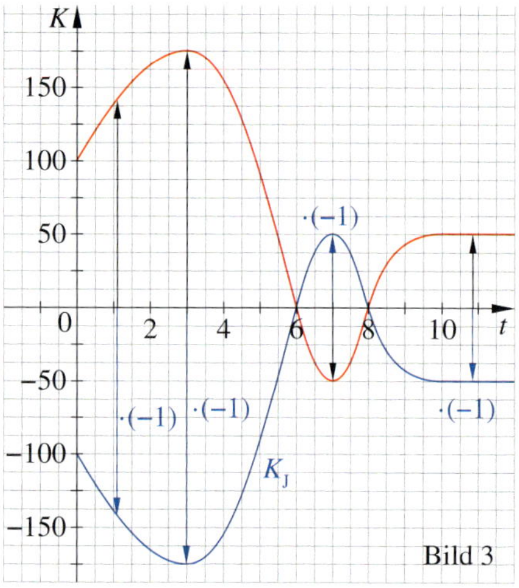

Bild 3

Yannick hat zu jedem Zeitpunkt genau 50 € weniger auf dem Konto als Fabian, …
Im Fall von Yannick ist zu jedem Zeitpunkt der Wert $K_Y(t)$ um 50 kleiner als $K(t)$, also $\boldsymbol{K_Y(t) = K(t) - 50}$.
Geometrisch bedeutet das (s. Bild 1), dass jeder Punkt des Graphen von $K_Y(t)$ um den Betrag 50 unter dem entsprechenden des Graphen von $K(t)$ liegt: Der gesamte Graph ist um den Wert -50 **in Richtung der *K*-Achse verschoben**.
Damit verschiebt sich z. B. auch die Wertemenge um den Betrag 50 in Richtung negativer Werte, ebenso die *K*-Werte der Extrema. Die Nullstellen ändern nicht nur ihre Lage, sondern möglicherweise auch ihre Anzahl. Am Steigungsverhalten des Graphen ändert sich durch die Verschiebung nichts. Eine Symmetrie zur *K*-Achse würde ebenfalls erhalten bleiben.

… Leons Kontostand ist immer doppelt so hoch wie der Fabians.
Für Leon wird eine Multiplikation der Funktionswerte beschrieben (und das auch für negative Funktionswerte, also wenn er sein Konto überzogen hat): $\boldsymbol{K_L(t) = 2 \cdot K(t)}$.
Das entspricht einer **Streckung des Graphen** mit diesem Faktor 2 **in Richtung der *K*-Achse** (s. Bild 2).

Julian hat immer genau das an Schulden, was Fabian an Guthaben hat, und umgekehrt.
Die Vorzeichenänderung, durch die Julians „Kontofunktion" aus der von Fabian hervorgeht, ist ein Spezialfall dieser Multiplikation: $\boldsymbol{K_J(t) = -K(t)} = -1 \cdot K(t)$. Geometrisch bewirkt diese Vorzeichenänderung eine **Spiegelung an der *t*-Achse** (s. Bild 3).
Anders als bei der Addition oder Subtraktion einer Konstanten (wie in Yannicks Fall) ändert sich hier an der Lage und der Zahl der Nullstellen (außer bei einer Multiplikation mit Null) nichts. Ein neuer Aspekt ist, dass sich die Art der Extrema ändern kann, nämlich genau dann, wenn der Funktionsterm wie in Julians Fall mit einem negativen Faktor multipliziert wird. In diesem Fall kehrt sich auch das Steigungsverhalten des Graphen um, während sich die Multiplikation mit einem positiven Wert nur auf die „Steilheit" des Graphen auswirkt.

Hermines Kontostand verläuft genauso wie Fabians, aber immer zwei Monate früher.
Hermines „Kontograph" ist also gegenüber Fabians um zwei Einheiten **nach links verschoben** (s. Bild 4 auf Seite 181).
Anders ausgedrückt:
Um Hermines Kontostand zu einem bestimmten Zeitpunkt *t* zu erfahren, muss man den Graphen für Fabians Kontostand zwei Monate später, also bei $t + 2$, ablesen: $\boldsymbol{K_H(t) = K(t + 2)}$.
An vorhandenen Extrema ändert sich durch diese Verschiebung ebenso wie z. B. an Nullstellen nur die *t*-Koordinate.

Wertemenge und Steigungsverhalten sind zwei Beispiele für Eigenschaften, die bei dieser Verschiebung unverändert bleiben (s. Bild 4).

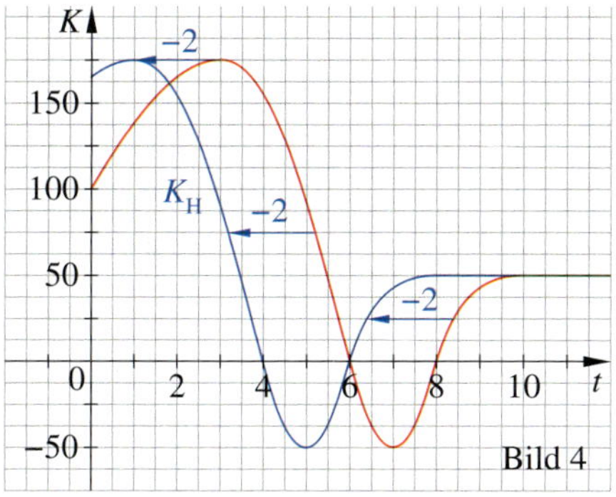

Bild 4

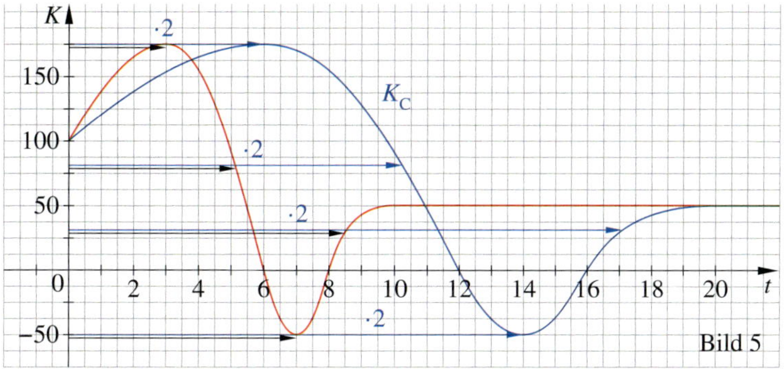

Bild 5

Chiaras Konto startet auf dem gleichen Stand wie Fabians. Es macht auch die gleichen Entwicklungen durch wie Fabians, aber alles nur halb so schnell.
Chiaras Konto erreicht z. B. erst im sechsten Monat den Stand, den Fabians im dritten Monat hat. Diese **Streckung des Graphen** von K mit dem Faktor 2 **in Richtung der t-Achse** (s. Bild 5) bedeutet, dass man den Graphen von K an der Stelle $\frac{1}{2}t$ ablesen muss, um den Stand von Chiaras Konto zum Zeitpunkt t zu erfahren: $\boldsymbol{K_C(t) = K\left(\frac{1}{2}t\right)}$.
Die Auswirkungen auf die Eigenschaften der Funktion sind ähnlich denen bei Hermine. Hinsichtlich des Steigungsverhaltens ändert sich aber wieder die „Steilheit" des Graphen, und bei der Multiplikation des Arguments der Funktion mit einem negativen Faktor, die mit einer Spiegelung an der K-Achse einhergeht, werden steigende Bereiche des Funktionsgraphen zu fallenden und umgekehrt. Die Multiplikation mit −1 würde auch hier zu einem Sonderfall führen: Diese Vertauschung von negativen und positiven Argumenten resultiert in einer Spiegelung des Graphen an der K-Achse.

Zur Erinnerung

Für $f(x) = x^2$ ist $f(x+2) = (x+2)^2$. Dies führt zu einer Verschiebung der Normalparabel um 2 Einheiten entgegen der Richtung der x-Achse.
Verglichen mit $f(x) = \sin x$ hat die Funktion mit dem Term $f(2x) = \sin(2x)$ die halbe Periodenlänge.

Bei der **„Entschlüsselung" des Graphen zur Funktion K_1** (siehe Seite 178 unten, linkes Bild) hilft beispielsweise die Betrachtung besonderer Punkte. Der Abstand zwischen den beiden Extrempunkten ist im Vergleich zum Graphen von K unverändert, beide sind aber um 1 nach rechts verschoben. Betrachtet man ihre y-Koordinaten, so erkennt man eine zusätzliche Verschiebung um 25 nach unten. Diese Verschiebungen spiegeln sich z. B. auch im Verlauf des Graphen am rechten Rand des dargestellten Ausschnitts wider. Aus beiden zusammen ergibt sich der gesuchte Funktionsterm: $K_1(t) = K(t-1) - 25$.
Die Betrachtung der Nullstellen hätte hier in die Irre geführt. Sie ist nur dann sinnvoll, wenn keine Verschiebung in K-Richtung vorliegt.

Beim **Graphen zur Funktion K_2** (siehe Seite 178 unten, rechtes Bild) hat sich der horizontale Abstand der beiden Extrema gegenüber dem Graphen von K halbiert. Die Funktion mit dem Term $K(2t)$ hat ihre Extrema wie benötigt bei $t = 1{,}5$ und $t = 3{,}5$. Zudem hat sich die Art der Extrema jeweils verändert, und der Unterschied ihrer K-Koordinaten hat sich halbiert. Diesen Anforderungen genügt der Funktionsterm $-\frac{1}{2}K(2t)$. Betrachtet man nun noch die Werte der K-Koordinaten, so erkennt man, dass nach dieser Multiplikation der Funktionswerte mit dem Faktor $-\frac{1}{2}$ noch eine Verschiebung um 50 nach oben, entsprechend der Addition des Wertes 50, hinzukommt. Der Funktionsterm lautet also $K_2(t) = -\frac{1}{2}K(2t) + 50$.

Zu beachten

$K(t + \mathbf{2})$ entspricht einer Verschiebung in t-Richtung um $\mathbf{-2}$; $K\left(\frac{1}{2}t\right)$ einer Streckung in t-Richtung um den Faktor **2**.
Das entspricht dem, was Sie bei der Sinusfunktion kennengelernt haben.

Zusammenfassung

Parameter verändern Funktionsgraphen

Veränderungen im Funktionsterm[1]	Auswirkung auf den Funktionsgraphen	Beispiele
$g(x) = f(x) + b$	Verschiebung um den Wert b in Richtung der y-Achse.	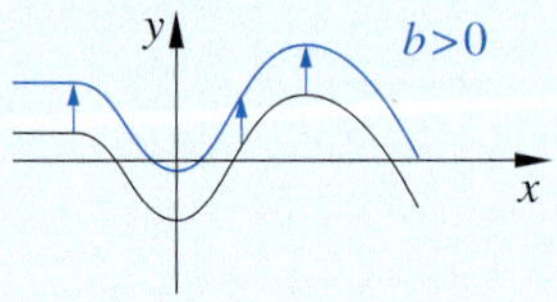 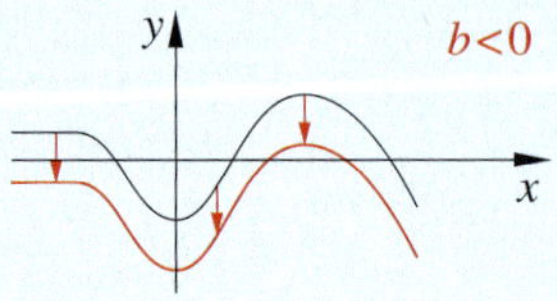
$g(x) = a \cdot f(x)$ $(a \neq 0)$	Streckung mit dem Faktor a in Richtung der y-Achse. Für $\lvert a \rvert < 1$ bedeutet das eine Stauchung, für $a < 0$ zusätzlich eine Spiegelung an der x-Achse.	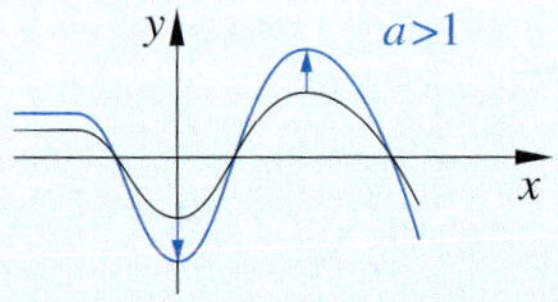 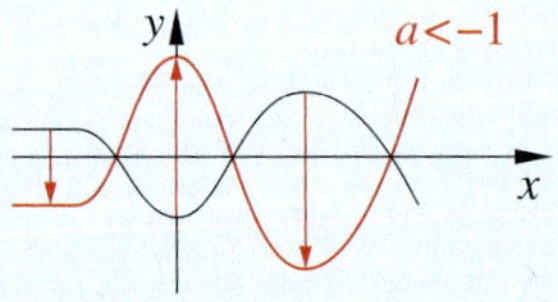 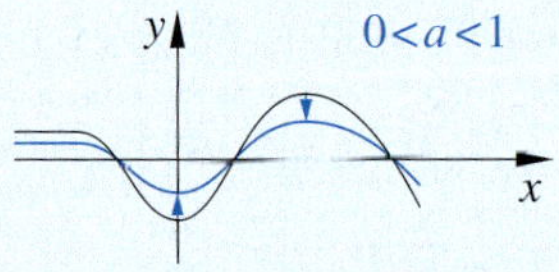 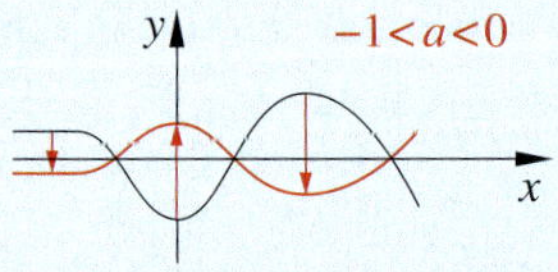
Spezialfall: $g(x) = -f(x)$	Spiegelung an der x-Achse.	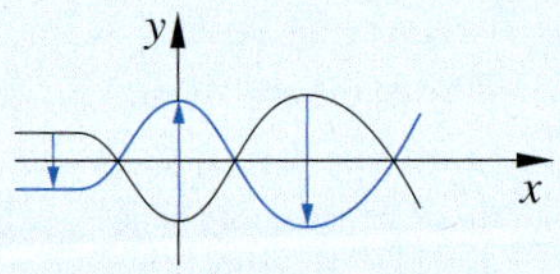
$g(x) = f(x + d)$	Verschiebung um den Wert $-d$ in Richtung der x-Achse.	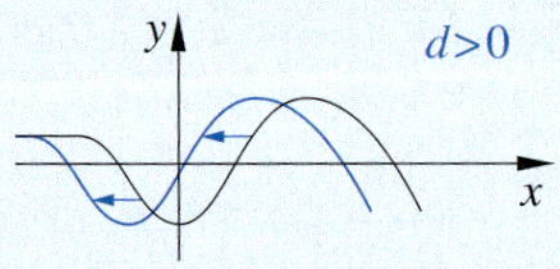 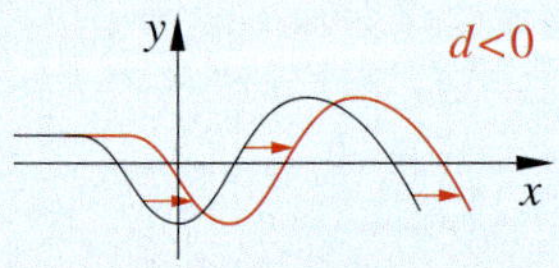
$g(x) = f(c \cdot x)$ $(c \neq 0)$	Streckung mit dem Faktor $\frac{1}{c}$ in Richtung der x-Achse (Stauchung für $\lvert c \rvert > 1$). Für $c < 0$ bedeutet das zusätzlich eine Spiegelung an der y-Achse.	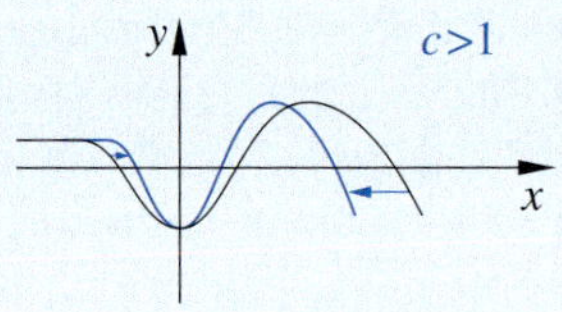 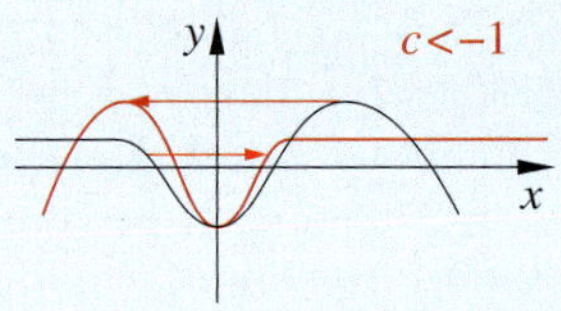 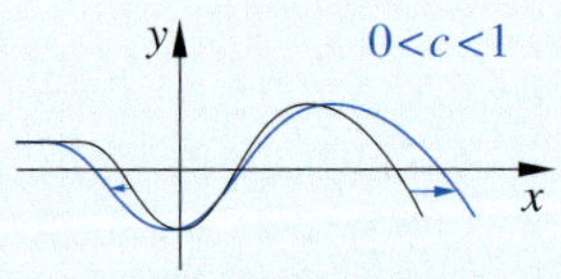 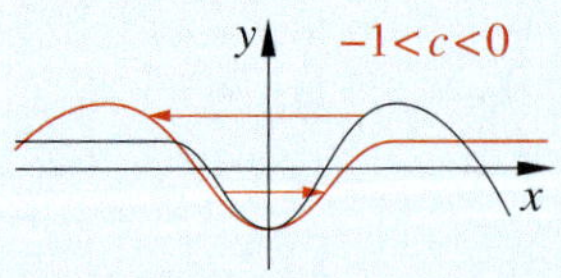
Spezialfall: $g(x) = f(-x)$	Spiegelung an der y-Achse.	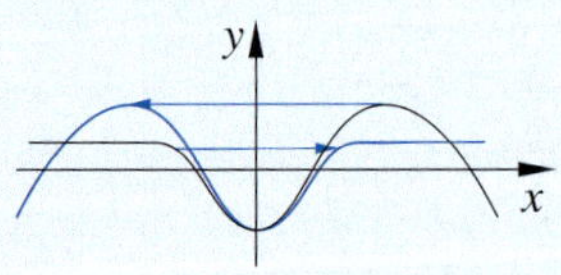

[1] Wirken mehrere solcher Parameter zusammen, ist es entscheidend, die richtige Reihenfolge zu berücksichtigen (siehe Aufgaben 17 bis 20).

Aufgaben

Verknüpfen
Anwenden
Trainieren

1 Simplify the terms of the different transformations of the original function term.

a) $f(x) = x^2 - 3$ $\quad f(3x);\quad 3f(x);\quad f(x-3)$

b) $h(x) = \cos\left(x + \frac{\pi}{8}\right)$ $\quad h(x) + 4;\quad h(x-1);\quad 2h(3x)$

c) $k(x) = \frac{2}{x-3} + 5$ $\quad k\left(\frac{1}{2}x\right);\quad k(x+3) - 3;\quad \frac{1}{2}k(-x) + 1$

d) $f(x) = 2x^2 + x - 1$ $\quad -2f(x);\quad f(-2x);\quad f(x+2);\quad \frac{1}{2}f(x) + \frac{1}{2}$

e) $g(x) = 5 \cdot 2^x$ $\quad 2g(x) - 5;\quad g(-2x);\quad \frac{1}{2}g(x-1)$

f) $h(x) = 2x^3 - \frac{1}{2} \cdot 4^x$ $\quad \frac{1}{2}h(2x);\quad h(x-1) - 1;\quad 4h\left(\frac{1}{2}x\right) + 2$

2 Rewrite the term $g(x)$, using $f(x)$.

a) $f(x) = \cos(2x)$ $\quad g(x) = -3\cos(3x)$

b) $f(x) = \frac{1}{x} + 1$ $\quad g(x) = \frac{2}{x+1} - 1$

c) $f(x) = -2x + 3$ $\quad g(x) = 8x + 8$

d) $f(x) = 4x^2 + 3$ $\quad g(x) = x^2$

e) $f(x) = (x-1)^2$ $\quad g(x) = x^2 + 4x + 7$

f) $f(x) = 4 \cdot 9^x + 2$ $\quad g(x) = -2 \cdot 3^x$

3 Skizzieren Sie in geeigneten Koordinatensystemen zu den gezeigten Graphen jeweils die Graphen der Funktionen mit den angegebenen Funktionstermen.

a)

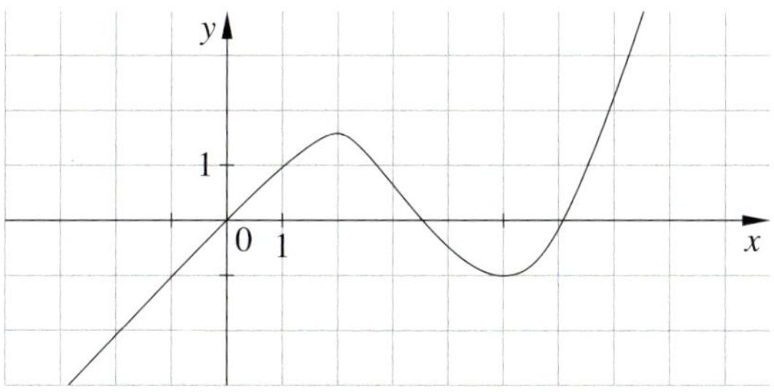

$3f(x);\ -\frac{1}{2}f(x);\ f\left(\frac{1}{3}x\right);\ f(x) + 3;\ f(x+3)$

b)

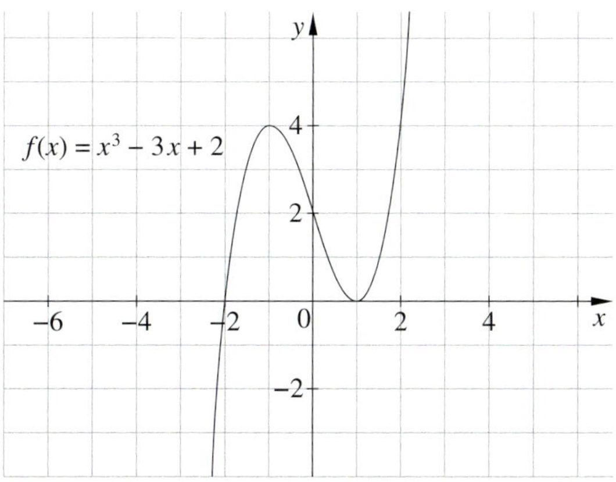

$f(x-2);\ -f(x);\ f\left(\frac{1}{4}x\right);\ 3x^3 - 9x + 6;\ 8x^3 - 6x + 2$

c)

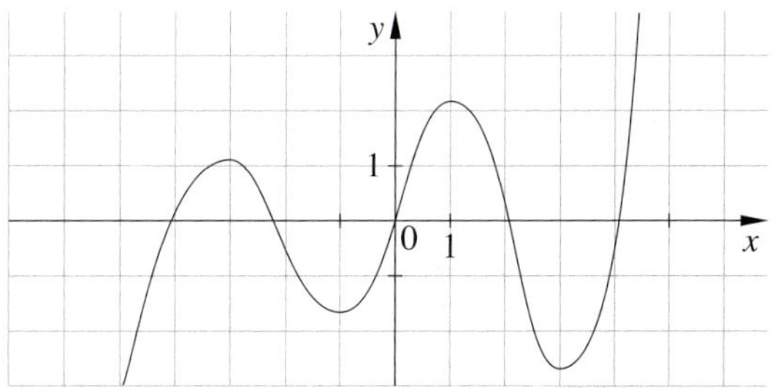

$-2f(x);\ f(2x);\ f\left(-\frac{1}{2}x\right);\ f(x) - 2;\ f(x-2)$

d)

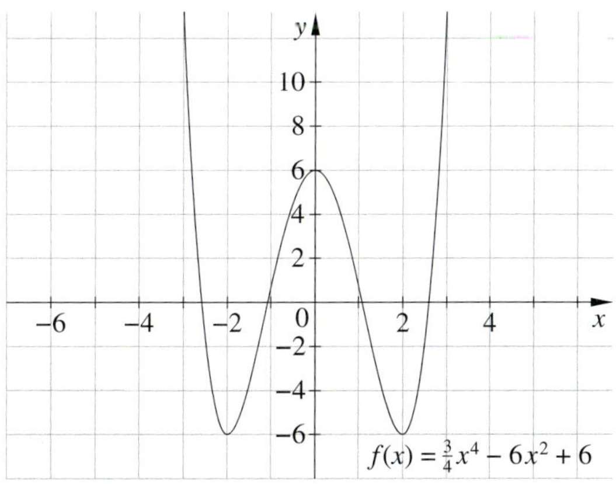

$f(x) - 6;\ f\left(-\frac{2}{3}x\right);\ -\frac{2}{3}f(x);\ -1{,}5x^4 + 12x^2 - 12;\ \frac{3}{64}x^4 - \frac{3}{2}x^2 + 6$

4 In den Bildern sehen Sie verschiedene Graphen, von denen jeweils der rot gefärbte Graph zum gegebenen Funktionsterm gehört.
Bestimmen Sie die Funktionsterme zu den übrigen Graphen.

a) $f(x) = -x^2 + 6x - 5$

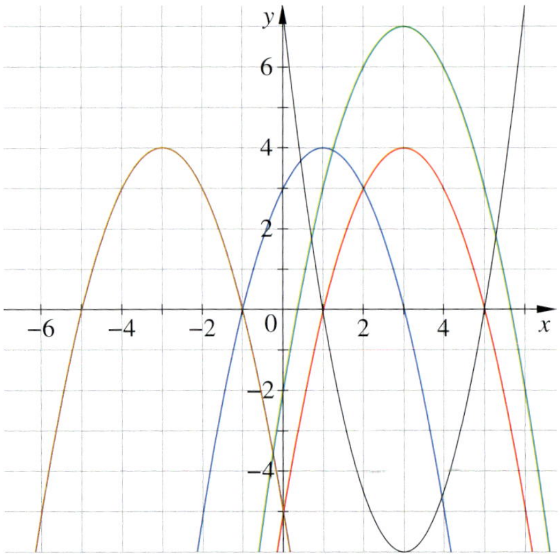

b) $f(x) = \frac{3}{4}x^4 - 2x^3$

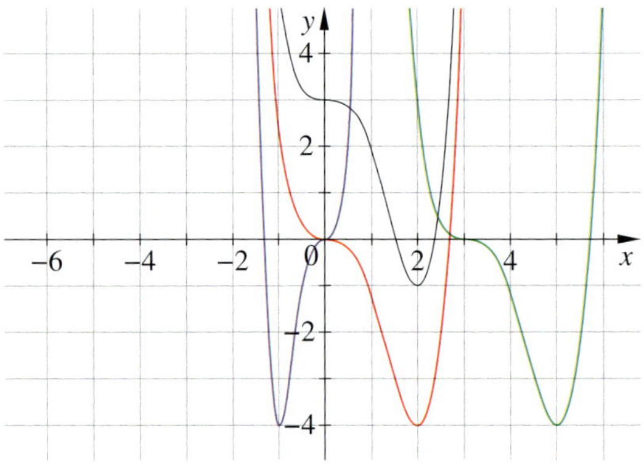

c) $f(x) = -\frac{3}{4}x^4 + 5x^3 + 4$

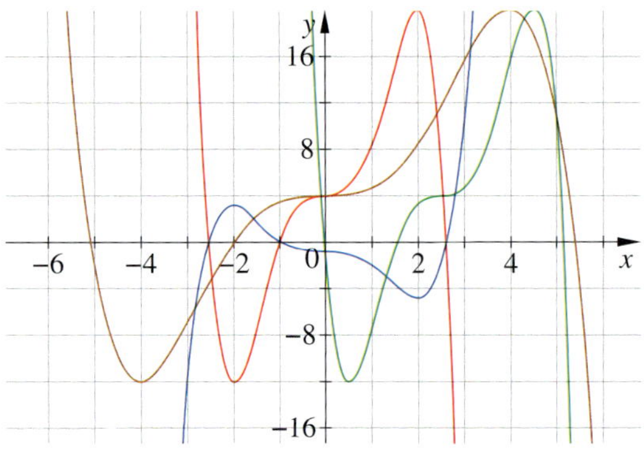

5 Bearbeiten Sie diese Aufgabe wie Aufgabe 3.

a)

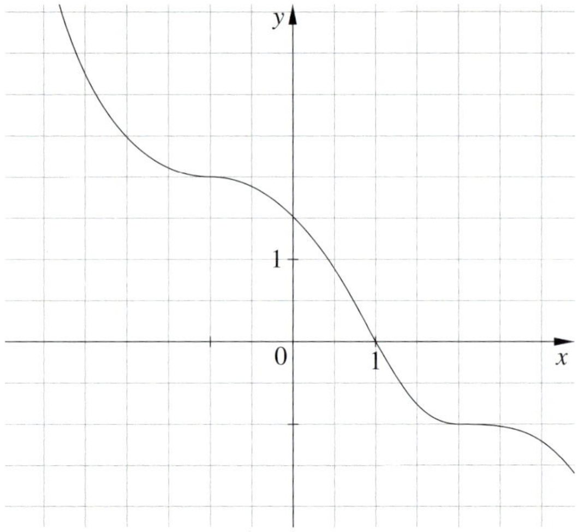

$3f(x) + 2$; $f(2x) + 3$; $-2f(x+2)$; $\frac{3}{2}f\left(\frac{2}{3}x\right)$; $-f(-x) + 3$

b)

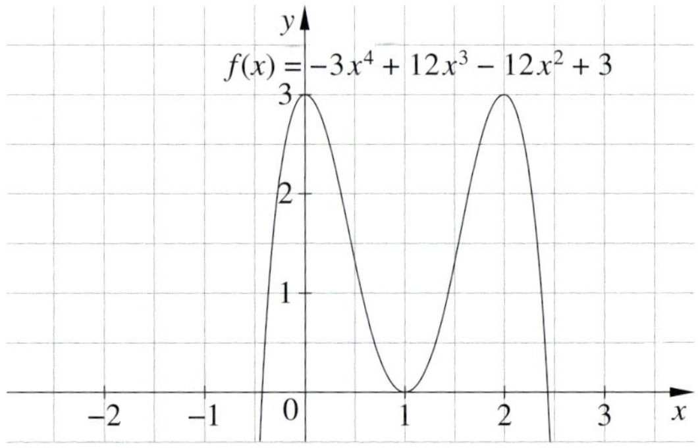

$6x^4 - 24x^3 + 24x^2 + 6$;
$-3x^4 - 12x^3 - 12x^2 - 3$;
$-\frac{1}{2}f\left(\frac{1}{3}x\right) - 3$; $2f(x+1) - 6$

c)

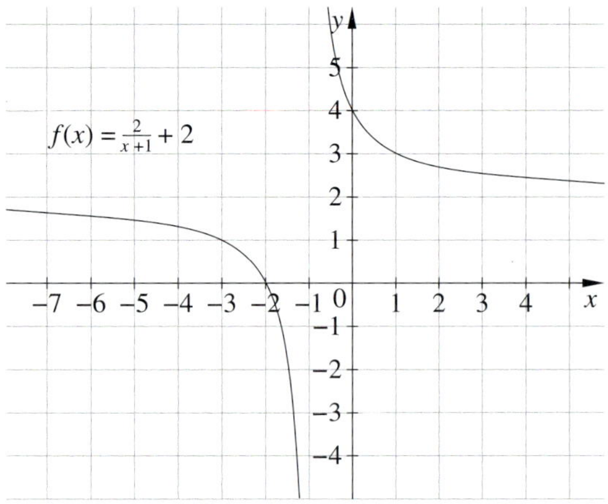

$-\frac{4}{x-1} + 2$; $\frac{2}{2x+1} - 2$; $\frac{1}{2}f(x-1) - 1$;
$-3f\left(\frac{1}{3}x\right) + 3$

6 Bearbeiten Sie diese Aufgabe wie Aufgabe 4.

a) $f(x) = 2\cos\left(x \cdot \frac{\pi}{2}\right)$

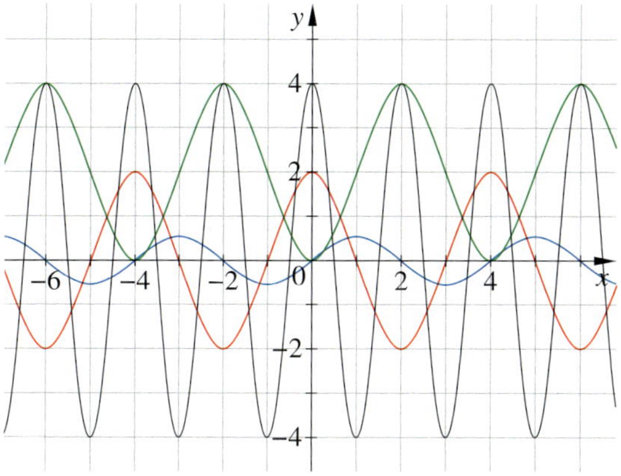

b) $f(x) = \frac{1}{2}x^3 + 3x^2 - 16$

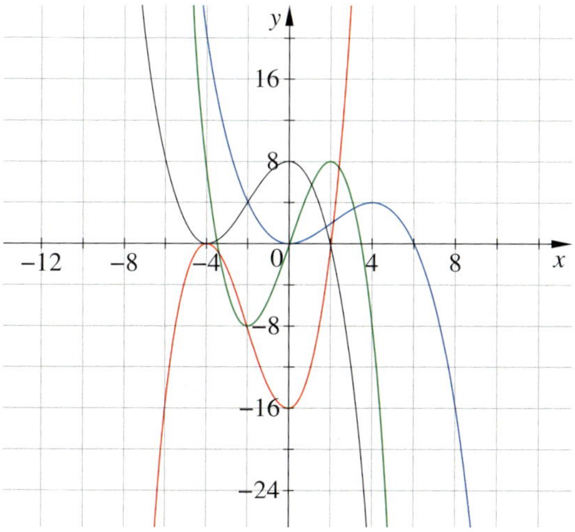

c) $f(x) = -\frac{x^4}{2(x^2-4)} + 2$

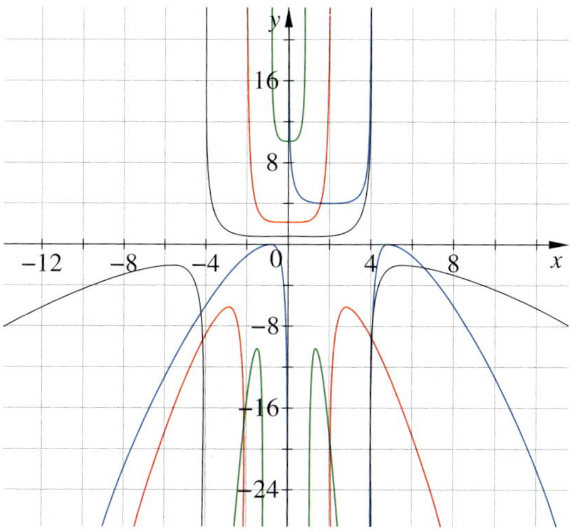

7 What transformations of the term $f(x)$ of a function f are necessary to cause a point reflection of the graph at the origin?

8 In Jahrgangsstufe 8 haben Sie untersucht, wie mithilfe der Asymptoten die Funktionsterme zu Hyperbeln bestimmt werden können. Erläutern Sie, wie die damals benutzten Regeln mit den Inhalten dieses Abschnitts zusammenhängen.

9 The vertex form of the term of a quadratic function is a function with three parameters. Discuss the effect of these parameters on the graph.

10 Finden Sie möglichst viele Arten, wie der Funktionsterm $g(x) = 4x + 4$ aus $f(x) = 2x + 4$ hervorgehen kann.

11 Überprüfen Sie die Ergebnisse dieses Abschnitts für den Fall der Sinusfunktion mithilfe des Applets zu Auftrag 2 von Seite 41 – auch für mehrere Veränderungen am Funktionsterm.

Noch fit?

I Berechnen Sie die folgenden Logarithmen ohne Verwendung des Taschenrechners. Füllen Sie auftretende Lücken so, dass Sie den Logarithmus im Kopf berechnen können.

a) $\log_4 64$ **e)** $\log_5 1$
b) $\log_{10} 10\,000$ **f)** $\log_2 0{,}125$
c) $\log_3 \frac{1}{9}$ **g)** $\log_7 \ldots$
d) $\log_{\ldots} 0{,}01$ **h)** $\log_{\ldots} 121$

II Schätzen Sie den Wert der folgenden Logarithmen und berechnen Sie sie anschließend mithilfe des Taschenrechners.

a) $\log_2 3$ **c)** $\log_3 40$ **e)** $\log_2 0{,}1$
b) $\log_{10} 4$ **d)** $\log_5 5$ **f)** $\log_{10} 2009$

III Im Folgenden sehen Sie verschiedene – auch fehlerhafte – Anwendungen von Rechenregeln. Finden Sie die fehlerhaften und zeigen Sie Paare, deren Begründungen miteinander in Zusammenhang stehen.

a) $\log_2 10 = \log_2 3 + \log_2 7$ **e)** $\left(\frac{1}{3}\right)^4 = \frac{1}{81}$
b) $\log_3 18 = 2 + \log_3 2$ **f)** $3^7 = 9 \cdot 3^5$
c) $4^3 = 2^6$ **g)** $\log_2 \frac{3}{4} = \log_2 3 - 2$
d) $\log_5 400 = 2\log_5 20$ **h)** $17^2 = 10^2 + 7^2$

Aufgaben

Verknüpfen
Anwenden
Trainieren

12 Stellen Sie übersichtlich in einer Tabelle zusammen, wie sich einfache Veränderungen am Funktionsterm auf Eigenschaften wie Definitionsmenge, Wertemenge, Lage und Anzahl der Nullstellen, Steigungsverhalten, Lage von Extrempunkten, Symmetrie und Grenzwerte auswirken.

13 Sehr viele alltägliche Zusammenhänge lassen sich als Funktionen beschreiben, auch wenn die zugrundeliegenden Terme oft unbekannt sind. Erläutern Sie für mehrere solcher Zusammenhänge, welche der in diesem Abschnitt betrachteten Veränderungen am Funktionsterm eine sinnvolle Bedeutung haben können, welche nicht.

14 Der Graph der Funktion f hat die angegebene Symmetrie. Was kann jeweils über die Symmetrie der Graphen der Funktionen gesagt werden, die aus f durch die in diesem Abschnitt besprochenen Veränderungen am Funktionsterm hervorgehen?

a) Symmetrie zur y-Achse
b) Symmetrie zum Ursprung
c) Achsensymmetrie zur Geraden mit der Gleichung $x = a$
d) Punktsymmetrie zum Punkt $S(a|b)$

15 Der Graph der Funktion g geht aus dem Graphen der Funktion f mit dem Term $f(x) = x^3 - 3x$ durch Spiegelung an der Achse $x = 1$ hervor. Wie lautet der Term $g(x)$?
(Tipp: Gehen Sie schrittweise vor. Eine Spiegelung an der y-Achse ist einfach zu beschreiben.)

16 **Verallgemeinerung der Symmetriekriterien**

a) Der Graph einer Funktion f ist achsensymmetrisch zur Geraden mit der Gleichung $x = a$. Wie müssen Sie den Funktionsterm $f(x)$ verändern, um daraus eine Funktion g zu erhalten, deren Graph symmetrisch zur y-Achse ist?
b) Benutzen Sie das Kriterium, mithilfe dessen die Symmetrie des Graphen von g zur y-Achse überprüft werden kann, um ein entsprechendes Kriterium für die Achsensymmetrie zu einer beliebigen Parallelen zur y-Achse zu formulieren.
c) Formulieren Sie ein entsprechendes Kriterium für die Punktsymmetrie zum Punkt $S(a|b)$.

Zur Reihenfolge bei mehreren Parametern

17 Begründen Sie die folgenden Aussagen.

a) Aus dem Graphen der Funktion f erhält man den der Funktion g mit dem Term $g(x) = a \cdot f(x) + b$ nach der Regel „Punkt vor Strich", bzw. „Erst strecken, dann verschieben".
b) Für die vier Parameter a, b, c und d im Funktionsterm $a \cdot f(c(x+d)) + b$ ist es egal, ob zuerst a und b oder zuerst c und d berücksichtigt werden.

18 **Die richtige Reihenfolge im Fall $f(c(x+d))$**

a) Entwickeln Sie aus dem Graphen der Sinusfunktion den Graphen der Funktion mit dem Term $\sin\left(2\left(x + \frac{\pi}{4}\right)\right)$.
Finden Sie unter den denkbaren Möglichkeiten die richtige, indem Sie z. B. die Lage der Nullstellen überprüfen.
b) Zeichnen Sie, z. B. mithilfe eines Funktionsplotters, den Graphen der Funktion f mit dem Term $f(x) = x^3 - 3x^2 + 4$. Entwickeln Sie daraus den Graphen der Funktion mit dem Term $f\left(\frac{1}{2}(x-3)\right)$, und überprüfen Sie Ihre Lösung.
c) Um aus dem Graphen einer Funktion f den Graphen der Funktion g mit dem Term $g(x) = f(c(x+d))$ zu entwickeln, ist die entscheidende Frage: „An welcher Stelle x_g nimmt die Funktion g den Wert an, den f bei x_f annimmt: $g(x_g) = f(c(x_g + d)) = f(x_f)$?"
Erklären Sie damit, dass der Graph von f zuerst mit dem Faktor $\frac{1}{c}$ in x-Richtung gestreckt und dann um $-d$ in x-Richtung verschoben wird.
d) Erklären Sie die Bedeutung der folgenden **Merkregel.**

> Parameter, die auf den Funktions**wert** wirken: „Alles normal".
> Parameter, die auf das Funktions**argument** wirken: „Alles verkehrt".

19 Nachschlag zu voranstehenden Aufgaben

a) Zu Aufgabe 3 a):
$f\left(\frac{1}{3}(x-1)\right)$; $2f(2(x+3))$; $f\left(-\frac{1}{2}(x+2)\right) + 1$
b) Zu Aufgabe 3 c):
$f(-2(x-5))$; $f(-x+1)$; $-f\left(\frac{1}{4}(x+6)\right) + 2$
c) Zu Aufgabe 4 b):
$-\frac{1}{2}f\left(\frac{1}{2}(x-2)\right)$; $2f\left(-\frac{1}{3}(x+4)\right) + 5$; $f(2x+3) - 4$

20 Noch zu den Aufträgen von Seiten 178 f.

a) Zum Auftrag 2: Finden Sie den Funktionsterm zum abgebildeten Graphen.

b) Zum Auftrag 4: Geben Sie zwei verschiedene Lösungen an, wie der Graph von g aus dem Graphen von f hervorgegangen sein kann.

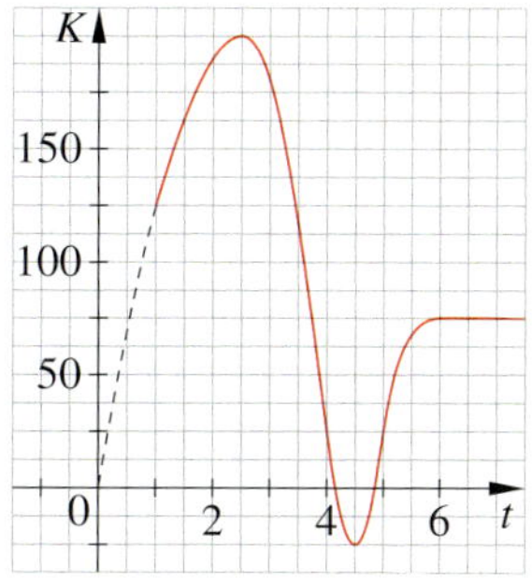

Aufgaben

Verknüpfen
Anwenden
Trainieren

21 Stellen Sie übersichtlich alle Klassen von Funktionen zusammen, bei denen sie schon früher den Einfluss von Parametern im Funktionsterm systematisch untersucht haben.
Stellen Sie jeweils die Zusammenhänge mit den Ergebnissen dieses Abschnitts heraus.

22

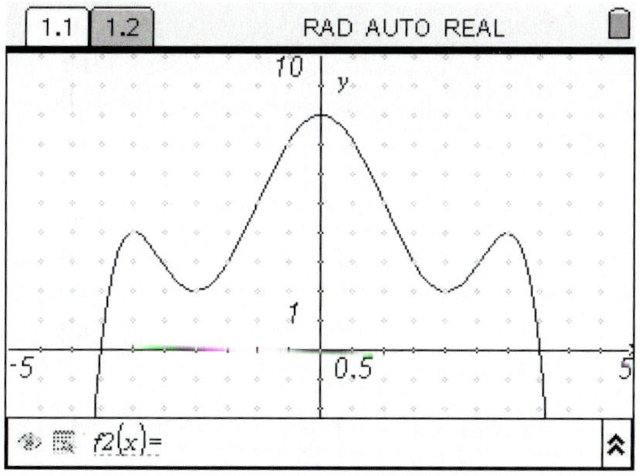

Das Bild zeigt den Graphen der Funktion mit dem Funktionsterm $geist(x)$.
Welchen Einfluss hat der Parameter a auf den Graphen der Funktion mit dem Term $geist(x) + a \cdot x$, welchen auf die Funktion mit dem Term $geist(x) + a \cdot x^2$?

23 Untersuchen Sie, z. B. mithilfe eines Funktionsplotters, den Einfluss des Parameters a auf den Graphen der Funktion mit dem Term $f(x) = -2x^2 + 4ax - 2a^2 + 4$.
Begründen Sie Ihre Beobachtung.

24 Für welche Werte des Parameters a ist die Gleichung $x^2 - ax + 4 = 0$ lösbar?
Suchen Sie die Lösung auf folgenden Wegen:

a) Benutzen Sie das bekannte rechnerische Kriterium.

b) Untersuchen Sie die Graphen der Funktionen f und g mit den Termen $f(x) = x^2$ und $g(x) = ax - 4$.

25

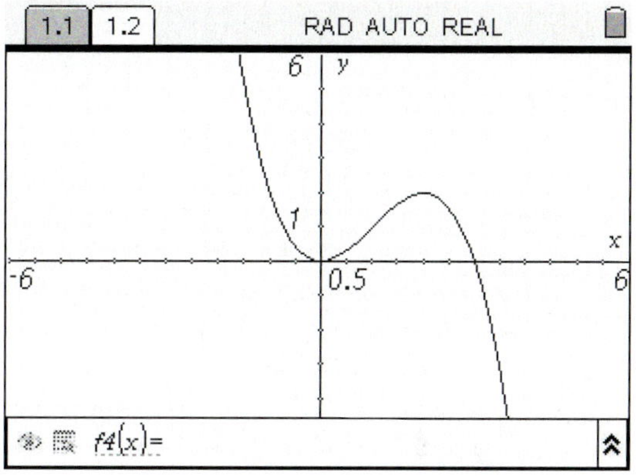

Das Bild zeigt den Graphen einer Funktion mit dem Term $f(x)$. Skizzieren Sie jeweils den Graphen der Funktion mit dem gegebenen Term.

a) $(f(x))^2$ **b)** $f(x^2)$

26 Finden Sie Beispiele für Terme von Funktionen, bei denen man einige der in diesem Abschnitt besprochenen Änderungen am Funktionsterm nicht eindeutig an der Wirkung auf den Graphen erkennen kann. Um welche Änderungen handelt es sich?

27 Zeigen Sie, dass $x = 2$ eine Nullstelle der Funktion mit dem Term $f(x) = x^3 - 5x + 2$ ist. Benutzen Sie dies, um den Term $f(x)$ so zu verändern, dass die resultierende Funktion g eine Nullstelle bei $x = 0$ besitzt. Berechnen Sie nun die restlichen Nullstellen der Funktion f.

Aufgabe der Woche

Untersuchen Sie, welche Auswirkung die Variation des Werts des Parameters a im Funktionsterm $f(x) = x^2 + a \cdot x + 1$ auf den Graphen dieser Funktion hat.
Formulieren Sie eine Vermutung und finden Sie eine Begründung.

Zeigen Sie, was Sie können!

1 Bestimmen Sie, wenn möglich, die Grenzwerte der Funktionen für $x \to \pm\infty$.

$f_1\colon x \mapsto \frac{2x}{x^2-1}$ $\quad f_2\colon x \mapsto 1 - \left(\frac{1}{2}\right)^x$ $\quad f_3\colon x \mapsto \sqrt{\frac{60}{x^2} + 4}$ $\quad f_4\colon x \mapsto 0{,}9^x \cdot \cos(2x)$

2 Skizzieren Sie die Graphen der folgenden Funktionen qualitativ richtig (eventuelle Nullstellen, das Symmetrieverhalten und das Vorzeichen der Funktionswerte sollten stimmen, das Verhalten an den Rändern des Definitionsbereichs sollte erkennbar sein).

$f\colon x \mapsto x^3 - x$ $\quad g\colon x \mapsto \frac{3}{x^2} - 1$ $\quad h\colon x \mapsto 1 - \frac{3}{(x+1)^2}$

3 Gesucht ist eine Funktion f mit folgenden zwei Eigenschaften:

$\lim\limits_{x \to \infty} f(x) = \infty$ und $\lim\limits_{x \to -\infty} f(x) = -1$.

a) Begründen Sie, dass f weder ganz- noch gebrochen-rational sein kann.
b) Geben Sie eine Funktion mit den gewünschten Eigenschaften an.

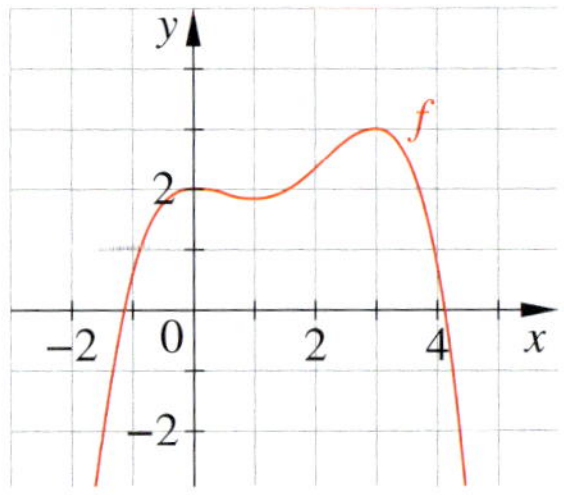

4 Die Abbildung rechts zeigt den Graphen einer Funktion f. Begründen Sie, welche der im Folgenden abgebildeten Graphen zu Funktionen gehören, die aus f durch die besprochenen Veränderungen am Funktionsterm hervorgegangen sind, und ordnen Sie diesen jeweils den richtigen Funktionsterm zu.

$-2f(x) + 3;\quad -f(x+1) + 3;\quad f(x+2) - 1;\quad \frac{1}{2}f(-x);\quad f(x+1) - 1;\quad \frac{3}{2}f(2x)$

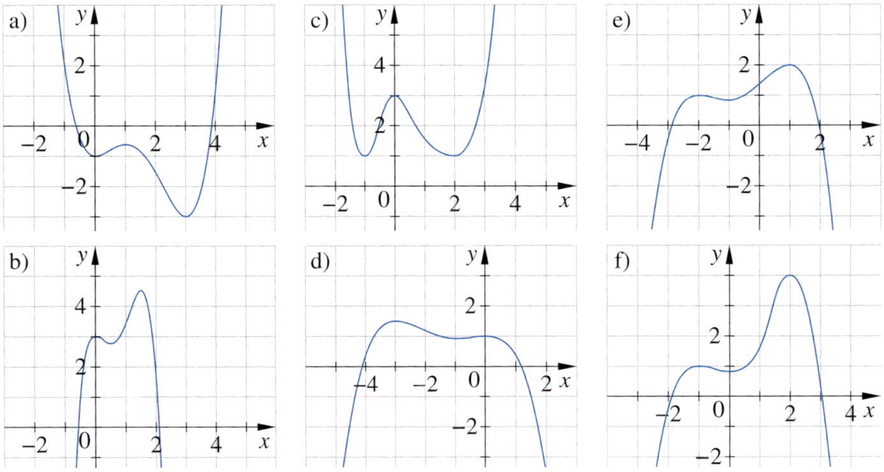

Aufg.-Nr.	Punkte	Lösungshinweis	Lösungen Seite 209
1	4P	Beachten Sie Seite 164, Zusammenfassung, und vgl. Sie Seiten 174 f., Aufgabe 5 und 10	26–30 Punkte
2	12P	Vgl. Sie Seiten 171–173	
3	4P	Beachten Sie Seite 164, Zusammenfassung, und vgl. Sie Seite 165, Aufgabe 7	21–25 Punkte
4	12P	Beachten Sie Seite 182, Zusammenfassung, und vgl. Sie Seiten 183 ff., Aufgabe 3 bis 6	15–20 Punkte

8 Vertiefung und Vernetzung

In diesem Kapitel können Sie anhand vielfältiger Aufgaben überprüfen, wie sicher und anwendbar ihr mathematisches Wissen ist.

Sie lernen aber auch neue mathematische Verfahren sowie das Arbeiten mit einem Computeralgebrasystem (CAS) kennen, die Ihnen helfen werden, grundlegende Aufgabenstellungen effektiver zu lösen.

8.1 Lösen von Gleichungen und Polynomdivision

Seit der 7. Jahrgangsstufe haben Sie mit der Entwicklung von Lösungsstrategien zu vielfältigen Gleichungstypen ein mächtiges Instrument der Mathematik aufgebaut, mit dem Sie aus zahlreichen gegebenen Sachsituationen unbekannte Größen ermitteln können. Die folgende Übersicht veranschaulicht die wichtigsten Stationen des Aufbaus dieses Instruments, der in der 10. Klasse mit der Bestimmung der Nullstellen ganzrationaler Funktionen (siehe Seiten 192 f.) zu einem gewissen Abschluss kommt.
Bestimmen Sie bei den Aufgaben 1 bis 4 die Lösungen auf zwei Dezimalen genau. Zur Kontrolle steht die Quersumme in Klammern [ ] dahinter.

Klasse 7

Lineare Gleichungen

Beispiel: $0{,}92 \cdot x - 2{,}5 = 0 \quad (x \in \mathbb{R})$

Grafische Veranschaulichung:

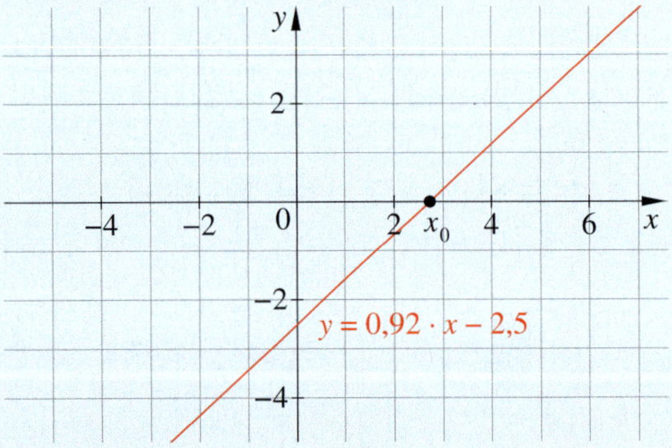

Suche nach der Schnittstelle x_0 der Geraden mit der x-Achse

Lösung
(z. B. über den allgemeinen Kalkül):

$$0{,}92 \cdot x - 2{,}5 = 0 \quad | +2{,}5$$
$$0{,}92 \cdot x = 2{,}5 \quad | :0{,}92$$
$$x \approx 2{,}72$$

Klasse 8

Einfache Bruchgleichungen

Beispiel: $\frac{3}{x-2} = \frac{1}{x+1} \quad (x \in \mathbb{R} \setminus \{-1; 2\})$

Grafische Veranschaulichung:

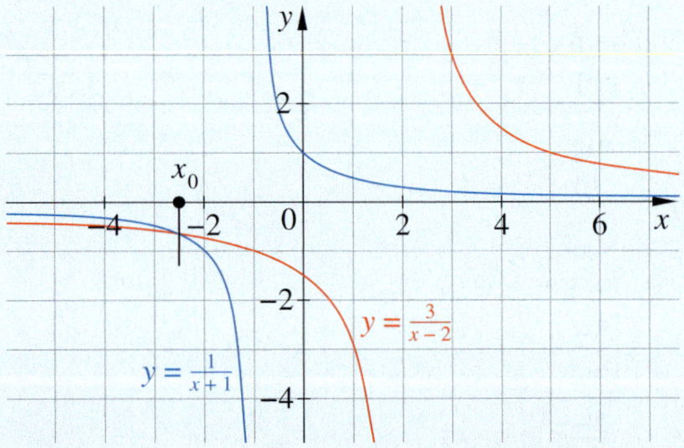

Suche nach der Schnittstelle x_0 der beiden Hyperbeln

Lösung
(z. B. mittels Über-Kreuz-Multiplizieren oder Multiplizieren mit dem Hauptnenner):

$$\frac{3}{x-2} = \frac{1}{x+1} \quad | \cdot (x-2) \cdot (x+1)$$
$$3x + 3 = x - 2 \quad | -x - 3$$
$$2x = -5 \quad | :2$$
$$x = -2{,}5$$

1 Bestimmen Sie die Lösung (s. Vorbemerkung).

a) $4x - 6 = 7$ [10]
b) $3{,}5 + 2{,}8x = 11{,}9$ [3]
c) $27b + 8{,}07 = 15{,}6 - 13{,}9b$ [9]
d) $-10{,}8(3{,}2x - 0{,}82) = (4x + 36) : 2{,}5$ [6; neg.]
e) $0{,}2x(7 + 17{,}5x) = 3{,}5x^2 - 10{,}5$ [12; neg.]
f) $\left(\frac{2}{3}x - 1{,}25\right) : \frac{5}{27} = 7{,}52x - 1{,}52 \cdot (4^3 - 1{,}5x)$ [11]

2 Bestimmen Sie die Lösung (s. Vorbemerkung).

a) $\frac{2}{x-3} = \frac{7}{3x+2}$ [7]
b) $\frac{5}{2x} = \frac{7}{8x} + 2$ [9]
c) $\frac{2c+7}{2c} = \frac{c+3}{c+1}$ [8; neg.]
d) $\frac{0{,}5}{x^2-1} = \frac{1}{2x-2}$ [0]

Klasse 9

Quadratische Gleichungen

Beispiel: $0{,}75 \cdot x^2 - 2x - 1 = 0 \quad (x \in \mathbb{R})$

Grafische Veranschaulichung:

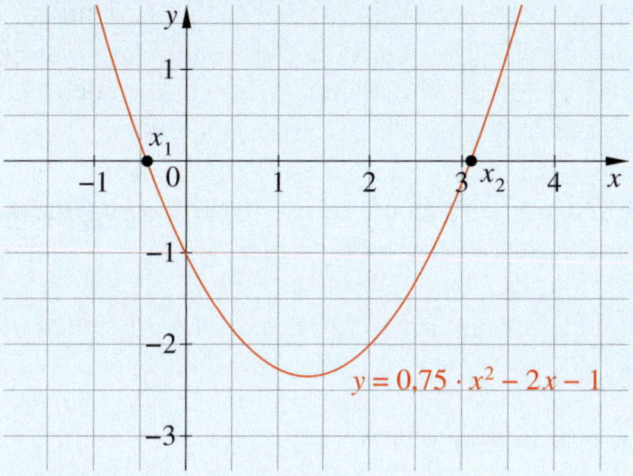

Suche nach den Schnittstellen x_1 und x_2 der Parabel mit der x-Achse

Lösung
(z. B. über die Lösungsformel):

$0{,}75 \cdot x^2 - 2x - 1 = 0$
Da die Diskriminante
$D = 4 - 4 \cdot 0{,}75 \cdot (-1) = 7$
positiv ist, gibt es zwei Lösungen:

$x_1 = \frac{2-\sqrt{7}}{2 \cdot 0{,}75} = \frac{2-\sqrt{7}}{1{,}5} = \frac{4}{3} - \frac{2}{3}\sqrt{7} \approx -0{,}43$

$x_2 = \frac{2+\sqrt{7}}{2 \cdot 0{,}75} = \frac{2+\sqrt{7}}{1{,}5} = \frac{4}{3} + \frac{2}{3}\sqrt{7} \approx 3{,}10$

Klasse 10

Einfache Exponentialgleichungen

Beispiel: $0{,}4 \cdot 3{,}3^x = 0{,}9 \cdot 2{,}1^x \quad (x \in \mathbb{R})$

Grafische Veranschaulichung:

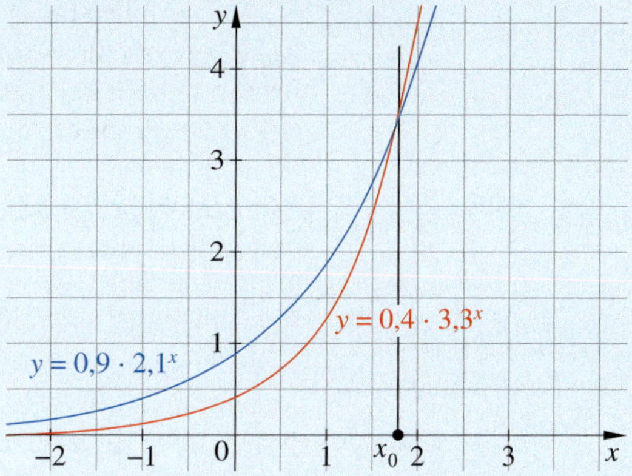

Suche nach der Schnittstelle x_0 der Graphen beider Exponentialfunktionen

Lösung
(z. B. mittels beidseitigem Logarithmieren):

$0{,}4 \cdot 3{,}3^x = 0{,}9 \cdot 2{,}1^x \quad |\lg(\ldots)$

$\lg 0{,}4 + x \cdot \lg 3{,}3 = \lg 0{,}9 + x \cdot \lg 2{,}1$
$\quad | -\lg 0{,}4 - x \lg 2{,}1$

$x \cdot (\lg 3{,}3 - \lg 2{,}1) = \lg 0{,}9 - \lg 0{,}4$
$\quad | : (\lg 3{,}3 - \lg 2{,}1)$

$x = \frac{\lg 0{,}9 - \lg 0{,}4}{\lg 3{,}3 - \lg 2{,}1} \approx 1{,}79$

3 Bestimmen Sie die Lösung (s. Vorbemerkung).

a) $2x^2 - 3x - 2 = 0$ [5; neg. | 2; pos.]

b) $0{,}4a^2 - 3{,}2a + 17 = 0$ [–]

c) $-5x^2 + 3x = 0$ [0 | 6]
(Hinweis: Keine Lösungsformel nötig!)

d) $(x - 3{,}4)^2 - 1{,}44 = 0$ [4 | 10]
(Hinweis: Keine Lösungsformel nötig!)

e) $0{,}09x^2 + 3{,}61 = 1{,}44x$ [5 | 20]

f) $-3{,}7x^2 + 25{,}9 = 0$ [13; neg. | 13; pos.]

g) $\frac{2x}{1-x} = \frac{6x-4}{x}$ [2 | 5]

h) $\sqrt{2x+6} = 9 - 4x$ [6]
(Mögliche Strategie: Beide Seiten quadrieren)

4 Bestimmen Sie die Lösung (s. Vorbemerkung).

a) $1{,}5 \cdot 7^x = 73{,}5$ [2]

b) $-0{,}27 \cdot 6^x = 10{,}5$ [–]

c) $8 \cdot 2^{x+1} = 4^{3x}$ [8]
(Mögliche Strategie: Auf dieselbe Basis bringen)

d) $3^{x+2} \cdot 5^x = 11 \cdot 2^{3x}$ [5]

e) $0{,}8 \cdot 1{,}2^{2x+1} = 5{,}2^{x+2} : 7{,}2$ [7; neg.]

f) $2{,}5 \cdot 8{,}25^t = 12 \cdot 2{,}75^t$ [8]
(Mögliche Strategie: Auf die Form $a^x = b$ bringen)

g) $3^{x+4} + 81 = 9^{2x}$ [13]
(Strategieempfehlung: Systematisches Einsetzen von Zahlen)

Bei einer ganzrationalen Funktion f lässt sich der Funktionsterm $f(x)$ als sogenanntes Polynom vom Grad n aufschreiben:

$f(x) = a_n x^n + a_{n-1} a^{n-1} + \ldots + a_2 x^2 + a_1 x + a_0$ mit $a_n \neq 0$

Sie wissen bereits (allerdings ohne Beweis):

F Jede ganzrationale Funktion vom Grad n hat höchstens n Nullstellen.

Bei ganzrationalen Funktionen 1. oder 2. Grades, also bei linearen oder quadratischen Funktionen, können Sie die eventuell vorhandenen Nullstellen berechnen. Bei ganzrationalen Funktionen 3. oder höheren Grades können sie jedoch eventuell vorhandene Nullstellen nur noch in speziellen Fällen exakt berechnen. (Näherungswerte für die Nullstellen können Sie allerdings mithilfe eines Funktionsplotters oder eines anderen geeigneten Programms finden.)

Zur Erinnerung

Lässt sich der Funktionsterm einer ganzrationalen Funktion als Produkt schreiben, dann sucht man die Nullstellen der Funktion, indem man jeden Faktor null setzt.
Faktoren der Form $(x + a)$ bzw. $(x - a)$ nennt man **Linearfaktoren**. Aus ihnen kann man unmittelbar Nullstellen der Funktion ablesen ($-a$ bzw. a).

Beispielsweise steht Ihnen noch kein Verfahren zur Verfügung, um die Nullstellen einer Funktion 3. Grades k mit $k(x) = x^3 - 6x^2 - x + 30$ zu berechnen.
Von der Funktion 3. Grades h mit $h(x) = (x^2 - x - 6)(x - 5)$ könnten Sie dagegen ohne Schwierigkeiten die Nullstellen ermitteln:

Aus dem Linearfaktor $(x - 5)$ lesen Sie unmittelbar eine Nullstelle $x_1 = 5$ ab, und über die Gleichung $x^2 - x - 6 = 0$ berechnen Sie mithilfe der Lösungsformel zwei weitere Nullstellen $x_2 = 3$ sowie $x_3 = -2$.

Multiplizieren Sie den Funktionsterm $h(x)$ aus, so sehen Sie, dass die Funktionsterme $h(x)$ und $k(x)$ äquivalent sind und damit die Funktion k dieselben Nullstellen wie die Funktion h hat.
Nullstellen könnten demnach auch im Falle von Funktionstermen wie $k(x)$ exakt berechnet werden, wenn es gelänge, sie in Funktionsterme wie $h(x)$ umzuformen.

Im Folgenden wird am **Beispiel** der Funktion f mit $f(x) = x^3 + 2x^2 - 5x - 6$ gezeigt, dass dies manchmal tatsächlich möglich ist, wenn es gelingt, eine Nullstelle durch Probieren zu finden.

Durch Probieren findet man z. B. $x_1 = 2$ als eine Nullstelle der Funktion f:
$f(0) = -6 \neq 0$ $\quad f(1) = -8 \neq 0$ $\quad f(2) = 0$

Für das weitere Vorgehen wird folgender Satz (hier ohne Beweis) verwendet:

Zu beachten

Für den Linearfaktor $(x - 0)$ wird kurz x geschrieben.

F **Reduktionssatz**
Ist der Funktionsterm $f(x)$ einer Funktion f ein Polynom vom Grad n und ist x_1 eine Nullstelle der Funktion f, dann ist der Funktionsterm $f(x)$ durch den Linearfaktor $(x - x_1)$ teilbar. Das heißt, es gibt ein Polynom $g(x)$ vom Grad $n - 1$ mit $f(x) = g(x) \cdot (x - x_1)$.

Angewandt auf die betrachtete Funktion f folgt daraus:
Der Funktionsterm $f(x) = x^3 + 2x^2 - 5x - 6$ lässt sich unter Verwendung der durch Probieren gefundenen Nullstelle $x_1 = 2$ wie folgt darstellen:
$f(x) = x^3 + 2x^2 - 5x - 6 = g(x) \cdot (x - 2)$ und $g(x)$ Polynom vom Grad 2.

Das Polynom $g(x)$ findet man durch die sogenannte **Polynomdivision**:
$g(x) = (x^3 + 2x^2 - 5x - 6) : (x - 2)$

Die Polynomdivision führt man ähnlich der Division natürlicher Zahlen durch; man betrachtet beim Teilen dabei nur die Potenzen von x:

$(x^3 + 2x^2 - 5x - 6) : (x - 2) = x^2 + 4x + 3$	1. Schritt: $x^3 : x = x^2$
$-(x^3 - 2x^2)$	2. Schritt: $x^2 \cdot (x - 2) = x^3 - 2x^2$
$4x^2 - 5x$	3./4. Schritt: Subtrahieren und nächsten Term herunterholen
$-(4x^2 - 8x)$	5./6. Schritt: $4x^2 : x = 4x$ sowie $4x \cdot (x - 2) = 4x^2 - 8x$
$3x - 6$	7./8. Schritt: Subtrahieren und nächsten Term herunterholen
$-(3x - 6)$	9./10. Schritt: $3x : x = 3$ sowie $3 \cdot (x - 2) = 3x - 6$
0	11. Schritt: Subtrahieren – die Polynomdivision geht auf!

Das Ergebnis $x^2 + 4x + 3$ ist das gesuchte Polynom 2. Grades $g(x)$, es ist also:
$f(x) = x^3 + 2x^2 - 5x - 6 = (x^2 + 4x + 3) \cdot (x - 2)$
Aus $x^2 + 4x + 3 = 0$ lassen sich die beiden restlichen Nullstellen von f berechnen:
$x_2 = -1$ und $x_3 = -3$.

Einen Schritt weitergedacht: Nach dem Reduktionssatz lassen sich für den Funktionsterm $f(x) = x^3 + 2x^2 - 5x - 6$ neben $(x - 2)$ nun auch noch weitere Linearfaktoren angeben: $(x + 1)$ und $(x + 3)$.
Da die Funktion f die maximal mögliche Anzahl von Nullstellen hat, lässt sich der Funktionsterm vollständig **in Linearfaktoren zerlegen**:
$f(x) = x^3 + 2x^2 - 5x - 6 = (x - 2)(x + 1)(x + 3)$.

Allgemein gilt: Ist der Funktionsterm $f(x)$ ein Polynom vom Grad n, dann lässt sich dieser in ein Produkt mit so vielen Linearfaktoren zerlegen, wie die Funktion f Nullstellen hat; höchstens können das n Linearfaktoren sein.
Bei einer zweifachen Nullstelle x_k tritt der Linearfaktor $(x - x_k)$ zweimal in der Zerlegung in Linearfaktoren auf, also in der zweiten Potenz: $(x - x_k)^2$. Bei mehr als zweifachen Nullstellen tritt der zugehörige Linearfaktor in der entsprechenden Potenz auf.

Zu beachten

Die Division zweier beliebiger Polynome muss nicht zwangsläufig aufgehen! Wird allerdings der Funktionsterm einer ganzrationalen Funktion f durch einen Linearfaktor $(x - x_1)$ dividiert (x_1 ist eine Nullstelle von f), dann muss die Division aufgehen.

5 Führen Sie die Polynomdivision aus.

a) $(x^3 - 2x^2 - x + 2) : (x - 2)$
b) $(4x^3 + 20x^2 - 36x - 180) : (x + 5)$
c) $(x^3 - 67x - 126) : (x - 9)$
d) $(x^4 + x^3 - 61x^2 - 49x + 588) : (x + 4)$

Tipp

Sie können durch Ausmultiplizieren kontrollieren, ob Sie die Polynomdivision richtig ausgeführt haben.

6 Berechnen Sie die Nullstellen der Funktion f, und faktorisieren Sie den Funktionsterm $f(x)$. Ermitteln Sie, falls notwendig, erst eine Nullstelle durch Probieren. Skizzieren Sie den Graphen von f.

a) $f(x) = x^3 + 10x^2 + 11x - 70$
b) $f(x) = x^3 + 4x^2 - 20x - 48$ $\quad x_1 = -6$ ist eine Nullstelle.
c) $f(x) = x^3 - 4{,}5x^2 - x + 12$
d) $f(x) = x^3 - \frac{1}{2}x^2 - x + \frac{1}{2}$
e) $f(x) = 3x^3 - 21x^2 - 150x + 1008$ $\quad x_1 = 6$ ist eine Nullstelle.
f) $f(x) = x^4 - 2{,}5x^3 + 2{,}5x - 1$ $\quad x_1 = 2$ ist eine Nullstelle.
g) $f(x) = -2x^3 + 4x^2 + 50x - 100$

8.2 Arbeiten mit Computeralgebrasystemen (CAS)*

exakte Berechnungen

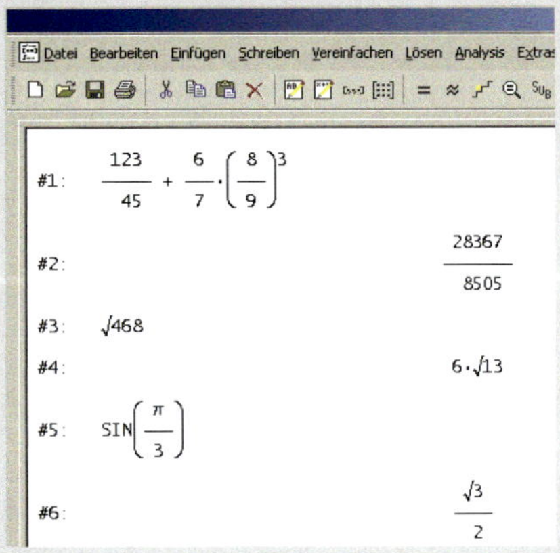

Rechnen mit Variablen

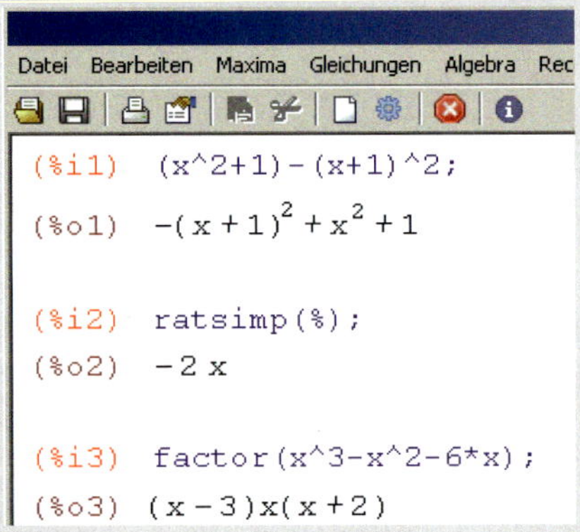

Graphen zeichnen

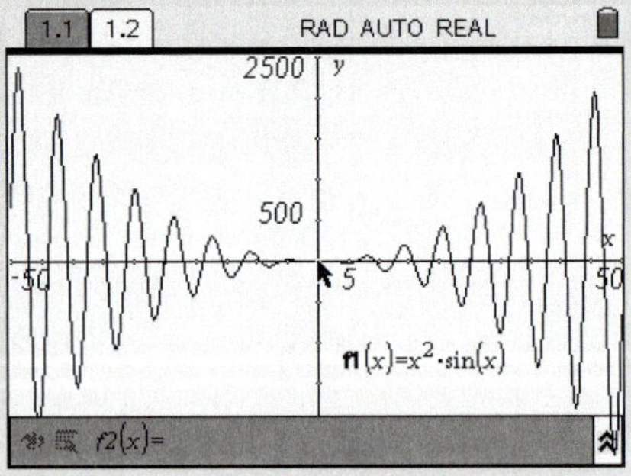

Computeralgebrasysteme sind Programme, die beim Arbeiten mit Termen, Gleichungen und Funktionen das leisten, was ein Taschenrechner beim Arbeiten mit Zahlen leistet. Beispielsweise können sie Gleichungen und Gleichungssysteme lösen oder die Terme ganzrationaler Funktionen faktorisieren – und allgemein alle Routineaufgaben übernehmen, für die es „Rezepte" gibt. Die Screenshots auf den Seiten 194–196 verdeutlichen einige typische Fähigkeiten eines CAS.

Solange die Aufgabe prinzipiell lösbar ist (und die Rechenleistung des verwendeten Computers ausreicht), dürfen die dabei auftretenden Terme beliebig kompliziert sein.
Damit sind Computeralgebrasysteme nicht nur ein wertvolles Hilfsmittel zur Kontrolle von Lösungen, sondern machen es auch möglich, Anwendungsaufgaben zu lösen, für die man die Lösungsstrategie zwar kennt, die nötigen Rechnungen aber nicht „von Hand" schaffen würde. Realistische Anwendungen führen oft zu genau diesem Problem. Zudem ist die Möglichkeit, sich die untersuchten Zusammenhänge ohne Aufwand grafisch darstellen zu lassen, oft eine wertvolle Unterstützung der Vorstellung und bei der Suche nach Lösungswegen.

Genauso wie es bei der Verwendung eines Taschenrechners zum Erkennen von Bedienungsfehlern wichtig ist, einfache Aufgaben auch im Kopf zu beherrschen und bei schwierigeren Überschlagsrechnungen anstellen zu können, ist es bei der Arbeit mit einem CAS unverzichtbar, die an den Computer delegierten Aufgaben selbst genau zu verstehen. Nur dann kann man sicher sein, die Ausgaben des CAS richtig zu interpretieren und auch Fehlermeldungen zu verstehen.

beliebig genaue dezimale Näherungen

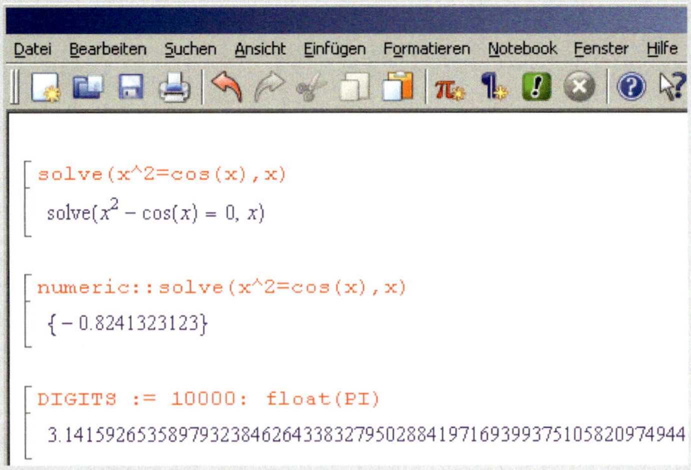

* fakultativ

Viele Computeralgebrasysteme sind sogar auch gleichzeitig eine Programmiersprache.

Es gibt eine große Zahl von Computeralgebrasystemen. Darunter sind weit verbreitete professionelle Systeme, die oft in der Wissenschaft verwendet werden, aber auch günstigere und dennoch sehr leistungsstarke Programme. Unter www 195 – 1 finden Sie kostenlose Computeralgebrasysteme.
Um vom Computer unabhängig zu sein, bieten mehrere Hersteller von Taschenrechnern komfortable Geräte an, die ein CAS beinhalten.

Die Screenshots auf dieser und auf der folgenden Seite zeigen Beispiele für Aufgaben aus dem bisherigen Mathematikunterricht, bei deren Bearbeitung ein CAS gute Dienste leistet. Dabei wurden unterschiedliche Systeme benutzt. Es ist zu erkennen, dass sich zwar die Syntax der Systeme unterscheidet, die dahinter liegenden Konzepte aber bei allen sehr ähnlich sind. Wenn man den Umgang mit einem CAS gelernt hat, wird man auch mit jedem anderen System sehr schnell zurecht kommen.

Umformen von Termen

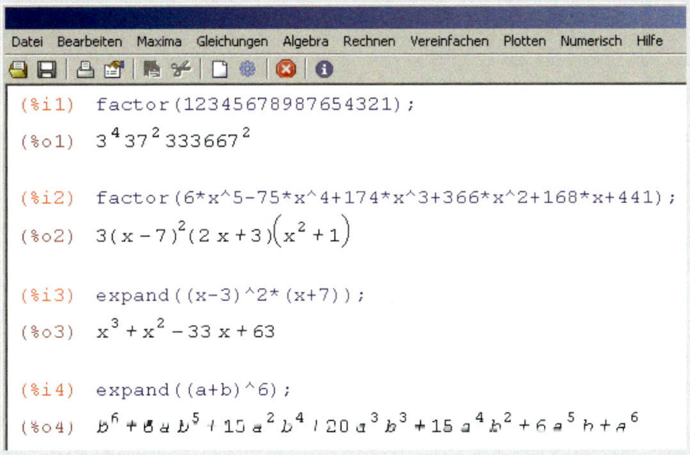

Lösen von Gleichungen

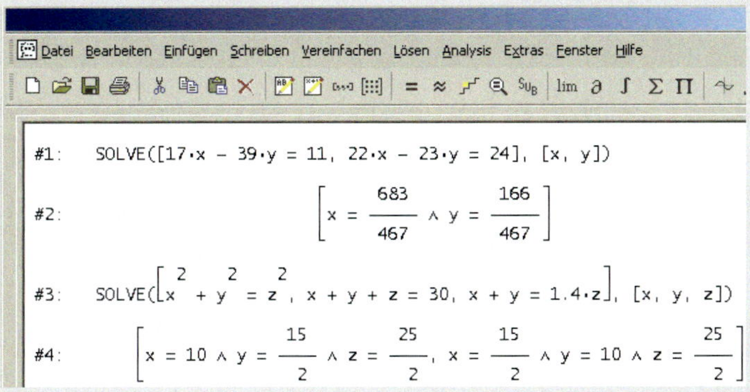

Umformen von Termen

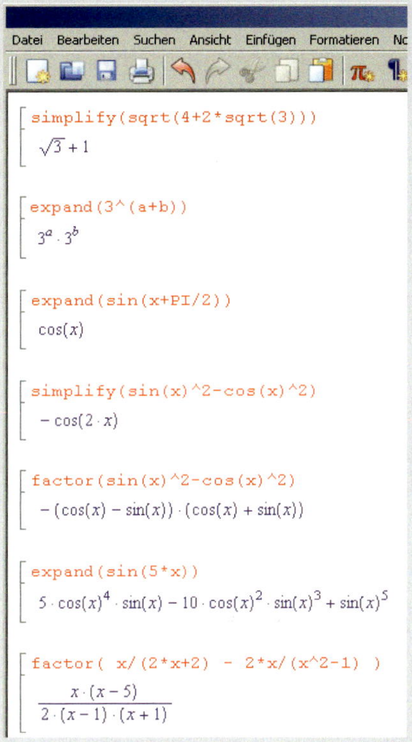

Lösen von Gleichungen

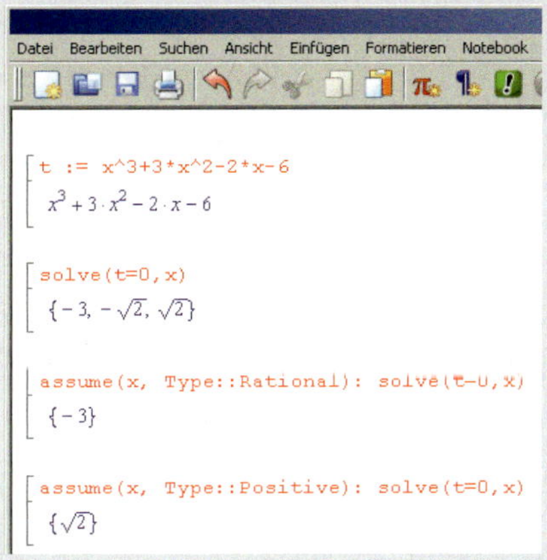

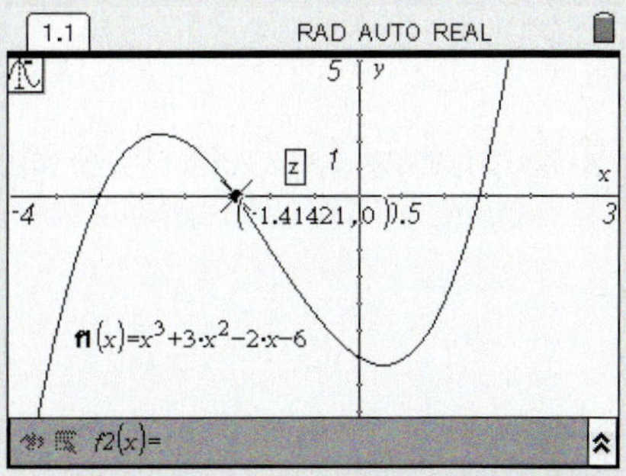

Arbeiten mit Funktionen

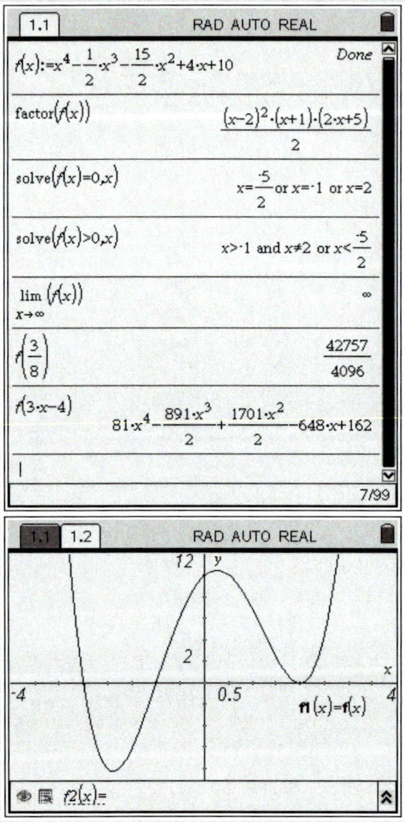

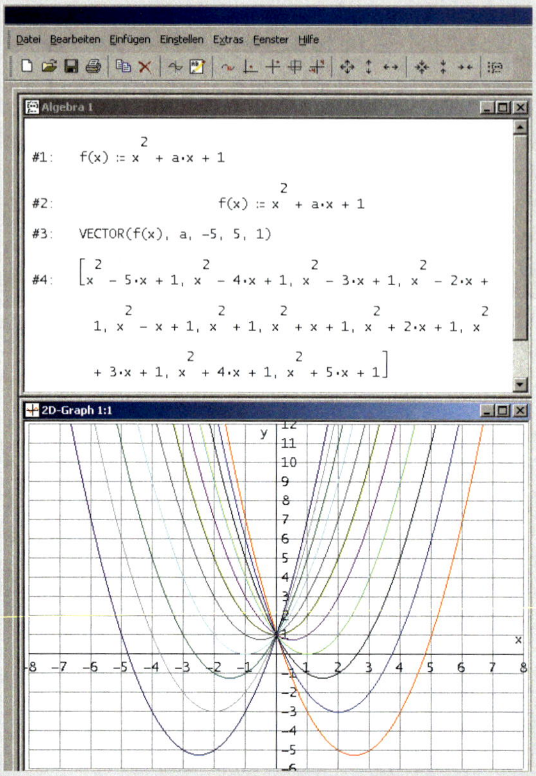

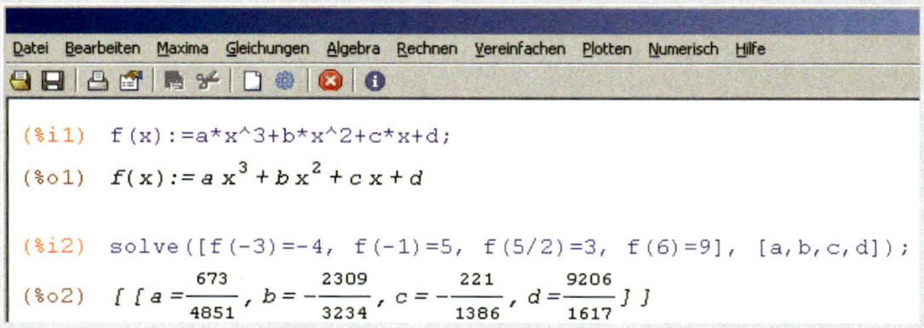

1 Geben Sie den Term ein, und berechnen Sie seinen Wert für die angegebene Ersetzung.

a) $\frac{1}{2}\sin(3\pi x)-2$ $\quad x=\frac{5}{6}$

b) $\frac{\sqrt{x^2+1}-2x}{2x^2+1}$ $\quad x=-3$

c) $3^{\frac{x}{2}+1}-3x$ $\quad x=5$

d) $\frac{a^2+ab+b^2}{a^2-b^2}$ $\quad a=-3;\ b=4$

2 Setzen Sie jeweils in den Term ein, und formulieren Sie abschließend eine Regel.

a) $\frac{3}{x^2}-\frac{(2x+1)^2}{x}$ $\quad x=13$

b) $\frac{3}{x^2}-\frac{(2x+1)^2}{x}$ $\quad x=13{,}1$

c) $\sqrt{6x}$ $\quad x=3$

d) $\sqrt{6x}$ $\quad x=3{,}0$

3 Testen Sie die Wirkungen der Befehle zur Termumformung mit folgenden Beispielen.

a) $(a+b-c)^2$

b) $\frac{x^2-x+2}{x^4-1}$

c) $\frac{x^2+2}{x^3+1}+1$

d) x^2-2

e) $\frac{x+y}{y}-\frac{x-y}{x}-\frac{4xy}{x^2+y^2}$

f) $\sin(2x)$

g) $\cos(x+y)$

h) $\left(\sin\left(\frac{x}{2}\right)\right)^2$

4 Bestimmen Sie die Lösungen. Verschaffen Sie sich ggf. zunächst grafisch einen Überblick.

a) $x^3+x^2-x-1=0$

b) $x^3+x^2-x-1=-1$

c) $x^7-3x^5+2=0$

d) $\frac{1}{\sin x}=x$

e) $5\sin x=2^x$

f) $3^x+3^{x+1}+3^{x+2}=3$

g) $3^{x+1}=4^{x-1}$

h) $5^x+15=6^x$

i) $\frac{1}{2}x^2+4\geq 2x^2-1$

j) $x^3-3x+1\leq 2-x^2$

5 Lösen Sie die Gleichung nach den in eckigen Klammern angegebenen Variablen auf.

a) $ax^2 + bx + c = 0$ [x]; [a]

b) $x = x_0 + v_0 t + \frac{1}{2} a t^2$ [t]

c) $E = \frac{m_0 c^2}{\sqrt{1 - \frac{v^2}{c^2}}}$ [v]

6 Faktorisieren Sie den Funktionsterm $f(x)$, und bestimmen Sie die Nullstellen sowie die Vorzeichenbereiche der Funktion f.
Schlagen Sie nach, ob sich bei Ihrem CAS die Art der Faktorisierung beeinflussen lässt.

a) $f(x) = x^3 + 7x^2 + 15x + 9$
b) $f(x) = x^3 - 6x^2 + 12x - 8$
c) $f(x) = x^4 - 7x^2 + 12$
d) $f(x) = -2x^4 + 10x^3 - 18x^2 + 30x - 36$
e) $f(x) = x^5 + x^4 + x^3 + x^2 + x + 1$
f) $f(x) = \frac{2}{3}x^4 - 8x^3 + 22x^2 + 24x - 72$
g) $f(x) = 2x^6 + 5x^5 - 5x^4 - 5x^3 - x^2 - 10x + 6$
h) $f(x) = x^6 + 3x^5 + 13x^3 + 12x - 18$

7 Untersuchen Sie die Funktion $x \mapsto f(x)$ auf Symmetrie zum Koordinatensystem.

a) $f(x) = \sin(x^2)$
b) $f(x) = \cos(x^3) - 2$
c) $f(x) = 2^{x^3 - x}$
d) $f(x) = 5x^5 - 3x + 2$
e) $f(x) = \sin(x^3) - a$
f) $f(x) = \frac{5}{x^2} \cdot (\sin x)^2$

8 Überprüfen Sie mithilfe Ihres CAS Ihre Ergebnisse zu den Aufgaben 1 bis 10 auf den Seiten 174 und 175.

9

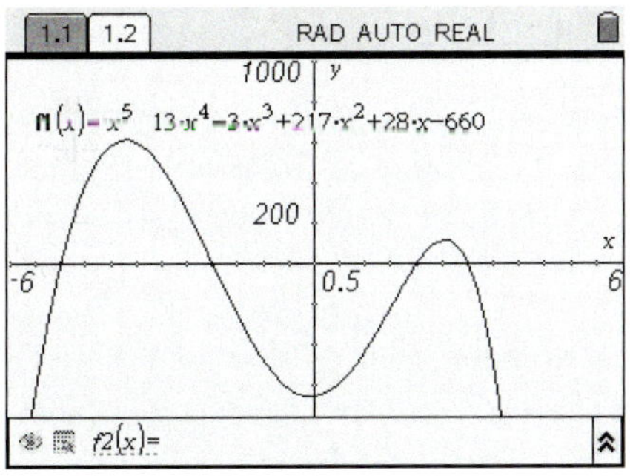

Das Bild zeigt eine Darstellung des Graphen der Funktion mit dem Term
$f(x) = -x^5 - 13x^4 - 3x^3 + 217x^2 + 28x - 660$
im Bereich $x \in [-6; 6]$.
Sind dabei alle Nullstellen der Funktion dargestellt? Geben Sie, ohne die Nullstellen zu berechnen, zwei wesentlich unterschiedliche Begründungen.

10

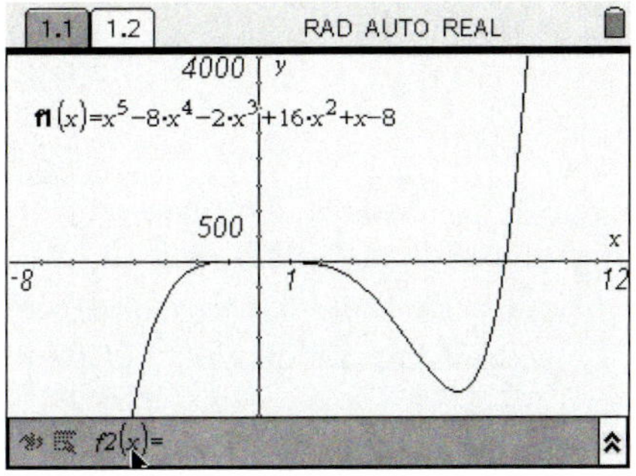

Das Bild zeigt eine Darstellung des Graphen der Funktion mit dem Term
$f(x) = x^5 - 8x^4 - 2x^3 + 16x^2 + x - 8$
im Bereich $x \in [-8; 12]$.

a) Untersuchen Sie, ohne den Graphen zu zeichnen, das Verhalten dieser Funktion, und beurteilen Sie dann die gezeigte Darstellung.

b) Geben Sie einen möglichst einfachen Term einer Funktion an, deren Graph im Wesentlichen den im Bild dargestellten Verlauf zeigt.

11 **Variationen einer Funktion**

a) Skizzieren Sie den Graphen der Funktion f mit dem Funktionsterm $f(x) = x^4 - 6x^2 + 8$.

b) Begründen Sie, wieso der Term
$(x + 2)(x - 2)(x^2 - 6)$
nicht eine Faktorisierung von $f(x)$ sein kann.

c) Bestimmen Sie alle Nullstellen von f, und geben Sie die Zerlegung des Funktionsterms in Linearfaktoren an.

d) Verändern Sie den Funktionsterm so, dass die entstehende Funktion keine Nullstelle besitzt.

e) Verändern Sie den Funktionsterm möglichst so, dass die entstehende Funktion genau zwei Nullstellen besitzt.

f) Begründen Sie, wie viele Lösungen die Gleichung $x^4 - 6x^2 + 8 = -2x + 1$ hat.
Was kann über die Lösungen vorhergesagt werden?

g) Bestimmen Sie die Lösungsmenge der Gleichung aus Teilaufgabe f).

h) Geben Sie einen Wert für den Parameter a an, für den die Gleichung $x^4 - 6x^2 + 8 = ax + 1$ keine Lösung besitzt.

i) Erläutern Sie, wie der Graph der Funktion mit dem Term $g(x) = -(x + 1)^4 + 6(x + 1)^2$ aus dem Graphen von f hervorgeht.

j) Erläutern Sie, wie der Graph der Funktion mit dem Term $g(x) = f(x) + x + 2$ aus dem Graphen von f hervorgeht.

12 Versuchen Sie, möglichst gut den Graphen der Funktion $geist(x)$ aus Aufgabe 22 auf Seite 187 zu reproduzieren.

13 Schlagen Sie nach, wie Sie mit Ihrem CAS effizient eine Funktionenschar, d. h. die Graphen einer Funktion, die außer der Variablen x noch einen weiteren Parameter enthält, darstellen können.
Führen Sie dies für die folgenden Funktionsterme durch.

a) $f(x) = x^3 + ax^2 - x + 3$
b) $f(x) = 2^{ax^2}$
c) $f(x) = \frac{1}{x-a} + a$
d) $f(x) = \sin(ax) + 2a$

14 Bevölkerungsentwicklung Afrikas:

Jahr	1750	1950	2000
Bevölkerungszahl in Mio.	110	220	820

Überprüfen Sie, ob die Annahme eines exponentiellen Wachstums mathematisch sinnvoll ist.

15 Der Zusammenhang zwischen der Fehlerquote eines Mathematiklehrers beim Korrigieren von Schulaufgaben und seinem Alter kann versuchsweise als quadratische Funktion modelliert werden. Versuchen Sie, diese Behauptung zu begründen.
Lehrer Lämpel hat im Verlauf seiner bisherigen Karriere Buch geführt, hier ein Auszug:

Alter in Jahren	32	34	36
Fehlerquote in %	4,6	2,6	1,4

Bestimmen Sie den Term dieser quadratischen Funktion, und finden Sie heraus, wann Herr Lämpel seine Höchstform erreicht hat.
Diskutieren Sie, innerhalb welcher Grenzen dieses Modell höchstens sinnvoll ist.

16 Bestimmen Sie die Gleichung einer Parabel sowie die einer verschobenen Hyperbel, die jeweils durch die Punkte
$A(-1|7)$, $B(2|5{,}5)$ und $C(3{,}5|2)$
verlaufen.
Berechnen Sie die Koordinaten des Mittelpunkts eines Kreises, der durch A, B und C verläuft, und anschließend seinen Radius.
Wie lautet eine Gleichung, die diese Kreislinie beschreibt?

17 In einer Bakterienkultur vermehren sich zwei Sorten von Keimen unabhängig voneinander exponentiell. Von Sorte A existieren zu Beginn 10 000 Keime, sie vermehren sich pro Stunde um 12 %. Von Sorte B sind anfangs 4500 Keime vorhanden, nach 3 Stunden 7200.

a) Wie lange dauert es, bis von beiden Sorten gleich viele Keime vorhanden sind?
b) Ändern Sie eine der Angaben so ab, dass Teilaufgabe a) nicht lösbar wird, und überprüfen Sie Ihr Ergebnis grafisch.

18

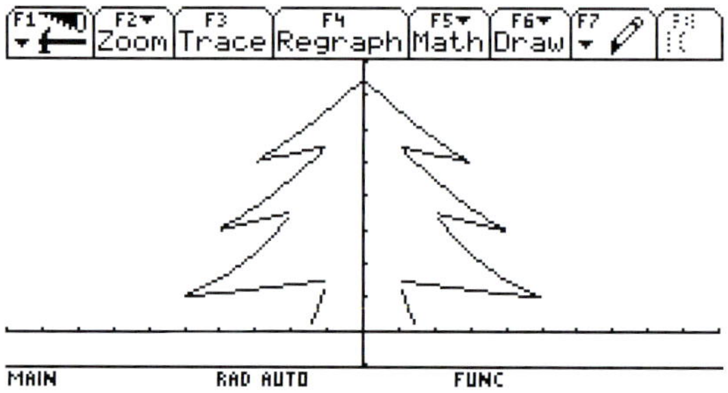

Erzeugen Sie das Bild aus Stücken der Graphen von Exponentialfunktionen und linearen Funktionen.

19

Tage	1	2	3	4	5	6
Anzahl	35	80	180	440	940	2250

Die Tabelle zeigt das Wachstum einer Heuschreckenpopulation, die sich ungebremst vermehren kann.

a) Überprüfen Sie, ob sich die angegebenen Werte durch eine Exponentialfunktion reproduzieren lassen.
b) Als **Regressionsfunktion** wird eine Funktion bezeichnet, die optimal an einen gegebenen, mit Abweichungen behafteten Datensatz angepasst ist. Schlagen Sie nach, wie sich mit ihrem CAS die Berechnung einer exponentiellen Regressionsfunktion durchführen lässt, und führen Sie die Rechnung für die angegebenen Daten durch.

20

F in N	0,5	1,0	2,0	4,0	6,0	8,0
l in cm	0,21	0,28	0,31	0,47	0,57	0,74

Für eine ideale Feder wurde die Gesamtlänge der Feder in Abhängigkeit von der Kraft, mit der sie belastet wird, bestimmt. Ermitteln Sie aus diesen Messwerten die Federkonstante dieser Feder (vgl. Aufgabe 19).

21 Berechnen Sie für ein Viereck $ABCD$ mit $\overline{AB} = 5{,}7\,\text{cm}$, $\overline{BC} = 6{,}6\,\text{cm}$, $\overline{AD} = 4{,}8\,\text{cm}$, $\alpha = 82°$ und $\gamma = 58°$ die übrigen Seitenlängen und Größen der Winkel.

22 **Positionsbestimmung durch Rückwärtseinschneiden**

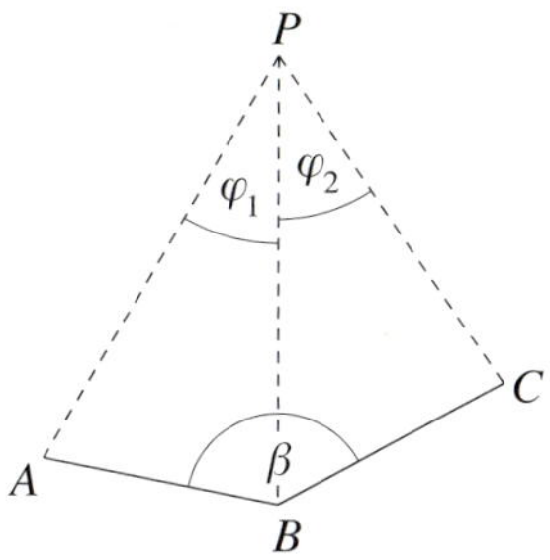

Vom Punkt P aus sind die Punkte A, B und C, deren Lage man auf der Landkarte kennt, sichtbar. Berechnen Sie aus den bekannten Größen $\overline{AB} = 2{,}2\,\text{km}$, $\overline{BC} = 2{,}8\,\text{km}$, $\beta = 142°$, $\varphi_1 = 26°$ und $\varphi_2 = 31°$ die Entfernungen $\overline{PA}$ und $\overline{PC}$.

23 **Zufallsgenerator**

a) Erzeugen Sie mit Ihrem CAS zehn Zufallszahlen aus dem Intervall $[0; 1[$.

b) Simulieren Sie mithilfe Ihres CAS 1000 Würfelwürfe.

Nutzen Sie zur Bearbeitung der Aufgaben 24 bis 26 auch die Plot-Funktion Ihres CAS.

24 Die Form eines Torbogens wird in guter Näherung durch den Funktionsterm
$f(x) = -x^4 + 2{,}15$
beschrieben (x und y in Metern, am Boden ist $y = 0$).

a) Kann eine Glasplatte von 3,00 m Länge und 2,65 m Breite durch den Bogen transportiert werden?

b) Wie groß ist die maximale Breite, die durch diesen Querschnitt passt?

25 Ein Maßkrug ist näherungsweise ein oben offener Zylinder. Seine Abmessungen sollen so gewählt werden, dass der Materialverbrauch bei seiner Herstellung möglichst klein ist. Wenn man die Dicke des Glases vernachlässigt, entspricht das der Forderung nach einer möglichst geringen Oberfläche.

a) Gehen Sie zunächst davon aus, dass der Maßkrug bis zum Rand gefüllt wird.

b) Berücksichtigen Sie, dass zur Steigerung des Trinkkomforts oberhalb der Eichmarke ein Rand von 4 cm bleiben soll.

26 Eine Pommestüte in der Form eines geraden Kreiskegels soll ein Volumen von $1{,}80\,\text{dm}^3$ haben.

a) Ermitteln Sie, wie das Papier zur Herstellung geschnitten werden muss, damit der Papierverbrauch möglichst gering ist. Vernachlässigen Sie zunächst, dass ein Klebefalz nötig ist.

b) Erweitern Sie Ihr Modell unter Berücksichtigung eines 1,5 cm breiten Klebefalzes.

27 **Runde Sachen**

a) Schlagen Sie nach, wie Sie mit ihrem CAS den Graphen erzeugen können, der durch die Vorschrift
$x = \sin(t),\ y = \sin(2t),\ t \in [0; 2\pi]$
beschrieben wird.

b) Experimentieren Sie nun mit der Vorschrift
$x = \sin(m \cdot t),\ y = \sin(n \cdot t)$.

c) Ein Rad (Radius 1) rollt auf der x-Achse. Finden Sie die Vorschrift, durch die Sie die Bewegung des Punktes auf dem Rad beschreiben können, der gerade die x-Achse berührt, wenn der Mittelpunkt des Rades die y-Achse passiert. Experimentieren Sie mit ähnlichen Vorschriften.

28 **Noch mehr runde Sachen**

a) Welche Figur wird in Polarkoordinaten (vgl. Seite 16, Auftrag 1) durch die Vorschrift
$r(\varphi) = \sin(2\varphi),\ \varphi \in [0; 2\pi]$
beschrieben?
Schlagen Sie nach, wie Sie mit Ihrem CAS diesen Graphen erzeugen können.

b) Erzeugen Sie den abgebildeten Graphen.

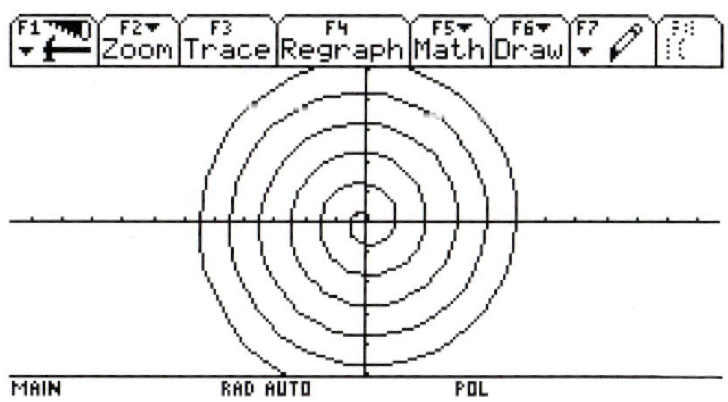

29 Erforschen Sie das Verhalten der folgenden Terme.

$$\frac{1}{1+x} \qquad \frac{1}{1+\frac{1}{1+x}} \qquad \frac{1}{1+\frac{1}{1+\frac{1}{1+x}}} \qquad \ldots$$

Begründen Sie Ihre Beobachtung.

8.3 Aufgaben zum Wiederholen und Vernetzen

1 *Aus „Besondere Prüfung 2007“:*
Das Dreieck ABC ist gleichschenklig-rechtwinklig, die Schenkel sind 5 cm lang, M ist der Mittelpunkt der Basis $[AB]$.

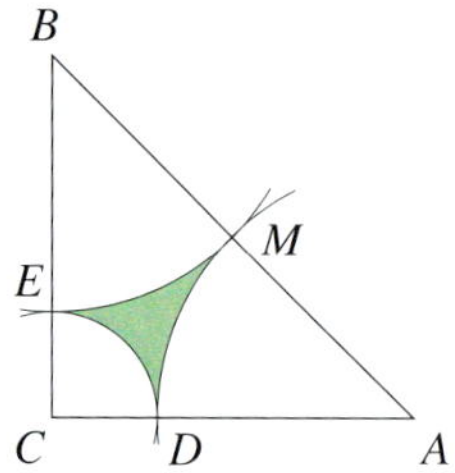

Die drei Kreisbögen haben die Mittelpunkte A, B und C und berühren sich auf den Dreiecksseiten in den Punkten D, E und M. Berechnen Sie den Flächeninhalt des gefärbten Flächenstücks DEM, das von den Kreisbögen begrenzt wird.

2 *Nach „Besondere Prüfung 2006“:*

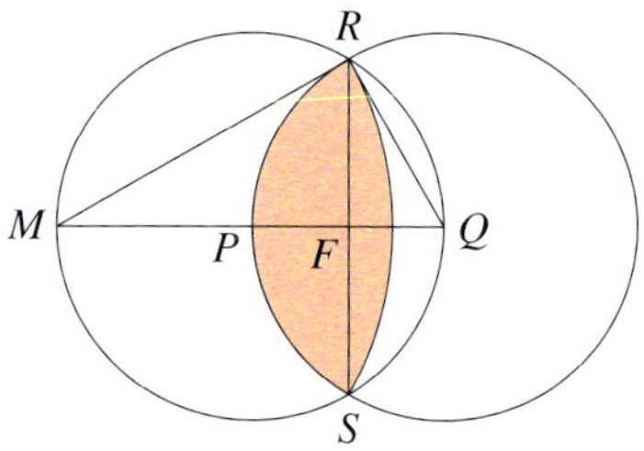

In der Figur haben die beiden Kreise um P und Q den gleichen Radius r und verlaufen jeweils durch den Mittelpunkt des anderen Kreises. Die Kreise schneiden sich in den Punkten R und S. F ist der Fußpunkt des Lotes von R auf die Strecke $[PQ]$. PQ schneidet den linken Kreis in M. M ist der Mittelpunkt eines der Kreisbögen, welche die gefärbte Figur begrenzen.

a) Berechnen Sie $\overline{FQ}$ und $\overline{MR}$ in Abhängigkeit von r.

b) Berechnen Sie den Umfang und den Flächeninhalt der gefärbten Figur, und vereinfachen Sie die resultierenden Terme so weit wie möglich.

3 *Aus „Besondere Prüfung 2005“:*
Einem Halbkreis ist ein Dreieck wie nebenstehend einbeschrieben.

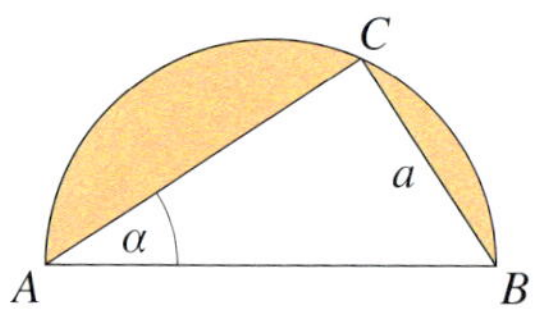

a) Berechnen Sie die gefärbte Fläche in Abhängigkeit von der Seite a und dem Winkel α.

b) Nun rotiert die gefärbte Fläche um die Achse AB. Beschreiben Sie die entstehende Rotationsfigur in Worten.

4 *Aus „Besondere Prüfung 2006“:*
Um den Standort S seines Schiffes auf dem Meer zu bestimmen, peilt der Kapitän die Leuchttürme A und B an (siehe unten stehende, nicht maßstabsgetreue Skizze).
Die Winkel sind dabei gegen die Nord-Süd-Richtung (Pfeile) gemessen. Aus der Karte entnimmt er die Entfernung der beiden Leuchttürme $\overline{AB} = 14$ km und den Neigungswinkel 85° gegen die Nord-Süd-Richtung.

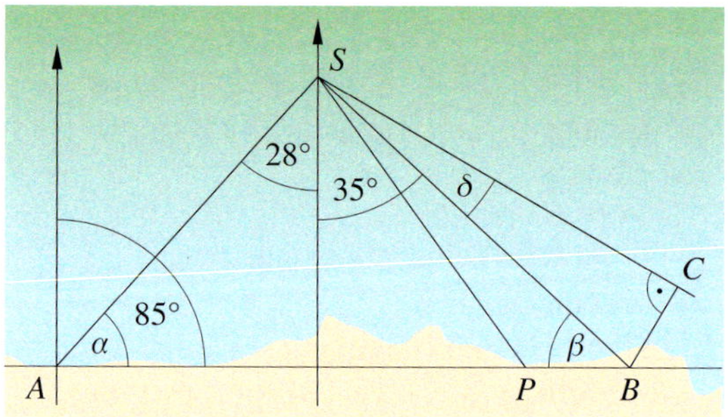

a) Zeigen Sie, dass der Winkel $\alpha = 57°$ beträgt.

b) Berechnen Sie, wie groß die Entfernung des Schiffes vom Leuchtturm B ist.

c) Eine Person beobachtet vom Punkt P aus, der 3,0 km vom Leuchtturm B entfernt auf $[AB]$ liegt, das Schiff. Berechnen Sie, wie weit das Schiff von P entfernt ist.

d) Berechnen Sie, unter welchem Winkel δ zur Geraden BS das Schiff weiterfahren muss, damit es im Abstand $\overline{BC} = 2$ km am Leuchtturm B vorbeikommt.

5 *Aus „Besondere Prüfung 2007“:*

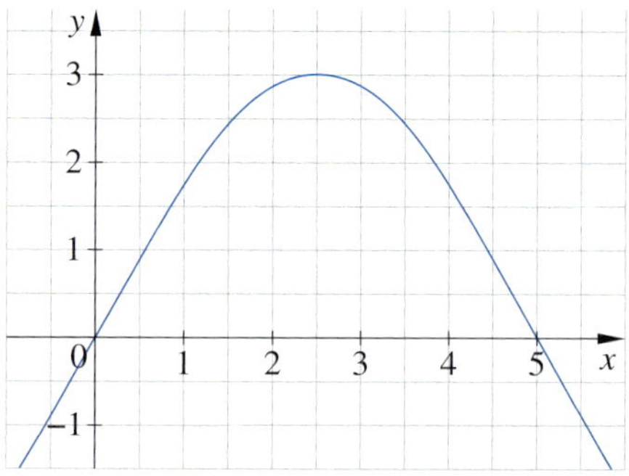

Das Bild zeigt einen Ausschnitt des Graphen einer Funktion $f\colon x \mapsto a \cdot \sin(bx)$ mit $D_f = \mathbb{R}$. Bestimmen Sie, jeweils mit kurzer Begründung, a und b.

6 *Nach Abschlussprüfung an Realschulen 2005:*
Nach der Verabreichung eines Medikaments wird dieses im menschlichen Körper abgebaut. Nach x Stunden beträgt die Masse des Medikaments im Körper y mg. Messungen zeigen, dass der Abbau von Medikamenten im Körper durch die Funktion f mit der Gleichung $y = y_0 \cdot 10^{n \cdot x}$ beschrieben werden kann. Dabei bedeutet y_0 die Anfangsmasse des verabreichten Medikaments und n die Abklingrate der Konzentration des Medikaments im Körper.
Um 8:00 Uhr werden einem Patienten 5,0 mg eines Medikaments verabreicht. Für dieses Medikament gilt $n = -0{,}075\,72$.

a) Zeichnen Sie mithilfe einer Wertetabelle den Graphen der Funktion
f: $y = 5{,}0 \cdot 10^{-0{,}075\,72 \cdot x}$ für $x \in [0; 8]$.

b) Berechnen Sie, wie viel Prozent des Medikaments der Körper stündlich abbaut.

c) Um die optimale Wirksamkeit des Medikaments zu erreichen, darf die Masse des Medikaments im Körper 1,5 mg nicht unterschreiten und 8,0 mg nicht überschreiten. Berechnen Sie die Uhrzeiten auf Minuten genau, zu denen die nächste Verabreichung von ebenfalls 5,0 mg frühestens bzw. spätestens erfolgen muss.

d) Die zweite Verabreichung von 5,0 mg des Medikaments erfolgt um 12:30 Uhr. Berechnen Sie die um 16:00 Uhr im Körper befindliche Masse (auf zwei Stellen nach dem Komma).

e) Ein anderes Medikament wird im Körper nach vier Stunden zur Hälfte abgebaut. Berechnen Sie für dieses Medikament den Wert für n auf fünf Stellen nach dem Komma gerundet.

f) Ein Patient nimmt dreimal hintereinander die gleiche Masse des Medikaments aus Teilaufgabe e) im Abstand von 6 Stunden ein. Einer der Graphen in den drei unten stehenden Diagrammen stellt die Masse des Medikaments im Körper des Patienten qualitativ in Abhängigkeit von der Zeit dar. Geben sie das zugehörige Diagramm an und begründen Sie ihre Auswahl.

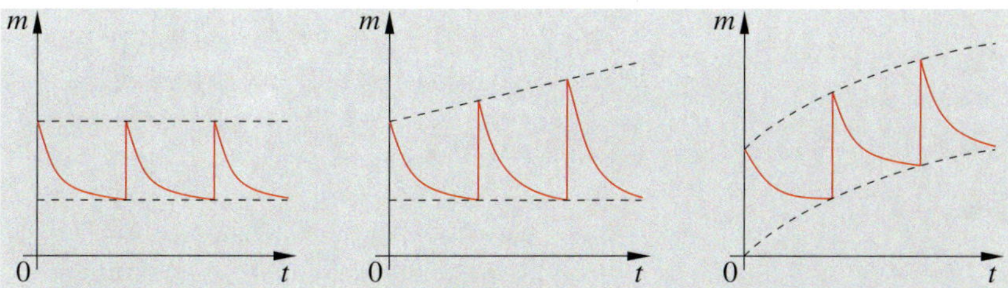

Diagramm 1 Diagramm 2 Diagramm 3

7 *Nach Abschlussprüfung an Realschulen 2007:*
Um die Funktion der Bauchspeicheldrüse zu prüfen, wird ein bestimmter Farbstoff verabreicht und dessen Ausscheiden gemessen. Werden einem Menschen a Gramm Farbstoff verabreicht, so sind nach x Minuten noch y Gramm des Farbstoffs in seiner Bauchspeicheldrüse vorhanden. Die Abnahme des Farbstoffs wird durch die Funktion f mit der Gleichung
$y = a \cdot \left(1 - \frac{p}{100}\right)^x$, $p \in\,]0; 100[$ beschrieben,
wobei p % die Ausscheidungsrate pro Minute ist.

a) Um die minütliche Ausscheidungsrate p % zu ermitteln, werden einem gesunden Menschen 0,50 g Farbstoff verabreicht. Nach 40 Minuten hat seine Bauchspeicheldrüse 0,40 g des Farbstoffs ausgeschieden.
Ermitteln Sie rechnerisch die Gleichung der zugehörigen Funktion f_1, welche den Ausscheidungsvorgang der Bauchspeicheldrüse eines gesunden Menschen bei einer Verabreichung von 0,50 g Farbstoff beschreibt.

b) Zeichnen Sie mithilfe einer Wertetabelle den Graphen der Funktion f_1 für $x \in [0; 80]$.

c) Um die in Teilaufgabe a) ermittelte Ausscheidungsrate zu überprüfen, werden einem weiteren gesunden Menschen 0,80 g des Farbstoffs verabreicht. Welche Masse an Farbstoff sollte nach 50 Minuten ausgeschieden sein?

d) Berechnen Sie die Zeit auf ganze Minuten gerundet, nach der 75 % des verabreichten Farbstoffs bei einem gesunden Menschen ausgeschieden sein sollten (Ausscheidungsrate aus Teilaufgabe a).

e) Einem Menschen werden 0,30 g des Farbstoffs verabreicht. Nach Ablauf von 25 Minuten sind in seiner Bauchspeicheldrüse noch 0,18 g des Farbstoffs vorhanden.
Geben Sie für diesen Fall die Gleichung der Funktion f_2 an und zeichnen Sie Ihren Graph in das Koordinatensystem von Teilaufgabe b) ein.

f) 0,50 g des Farbstoffs werden der Person aus Teilaufgabe a) und gleichzeitig 0,30 g der Person aus Teilaufgabe e) verabreicht. Berechnen Sie, nach welcher Zeit auf ganze Minuten gerundet beide die gleiche Masse Farbstoff in der Bauchspeicheldrüse haben.

8 *Nach Abschlussprüfung an Realschulen 2005:*
Das gleichschenklige Dreieck ABC mit der Basis $\overline{BC} = 12\,\text{cm}$ und der Höhe $\overline{AD} = 9\,\text{cm}$ ist die Grundfläche der Pyramide $ABCS$. Die Spitze S liegt senkrecht über dem Mittelpunkt D der Strecke $[BC]$ mit $\overline{DS} = 8\,\text{cm}$.

a) Zeichnen Sie ein Schrägbild der Pyramide $ABCS$. Berechnen Sie das Maß ε des Winkels DAS auf zwei Stellen nach dem Komma gerundet.

b) Die Strecken $[P_nQ_n]$ mit $P_n \in [BS]$ und $Q_n \in [CS]$ verlaufen parallel zur Strecke $[BC]$. Der Punkt R liegt auf der Strecke $[AS]$ mit $\overline{AR} = 4\,\text{cm}$. Die Punkte P_n, Q_n und R sind die Eckpunkte von gleichschenkligen Dreiecken P_nQ_nR mit der Basis $[P_nQ_n]$ und dem Mittelpunkt M_n der Seite $[P_nQ_n]$. Die Dreiecke P_nQ_nR schließen mit der Seitenfläche BCS die Winkel SM_nR mit dem Maß φ ein.
Für das Dreieck P_1Q_1R ist $\varphi = 105°$. Zeichnen Sie dieses Dreieck in das Schrägbild ein.

c) Zeigen Sie, dass für die Streckenlängen $\overline{M_nS}$ und $\overline{P_nQ_n}$ in Abhängigkeit von φ auf zwei Stellen nach dem Komma gerundet gilt:

$$\overline{M_nS}\,(\varphi) = \frac{8{,}04 \cdot \sin(48{,}37° + \varphi)}{\sin\varphi}\ \text{cm} \quad \text{und}$$

$$\overline{P_nQ_n}\,(\varphi) = \frac{12{,}06 \cdot \sin(48{,}37° + \varphi)}{\sin\varphi}\ \text{cm}.$$

d) Das Dreieck P_1Q_1S ist die Grundfläche der Pyramide P_1Q_1SR mit der Spitze R und der Pyramidenhöhe h. Zeichnen Sie die Pyramidenhöhe h in das Schrägbild ein und berechnen Sie das Volumen der Pyramide P_1Q_1SR auf zwei Stellen nach dem Komma genau.

e) Zeigen Sie, dass für die Dreieckshöhe $\overline{M_nR}$ der Dreiecke P_nQ_nR in Abhängigkeit von φ gilt:

$$\overline{M_nR}\,(\varphi) = \frac{6{,}01}{\sin\varphi}\ \text{cm}.$$

Berechnen Sie den Wert für φ auf zwei Stellen nach dem Komma gerundet, sodass das Dreieck P_2Q_2R gleichseitig ist.

9 *Nach „Besondere Prüfung 2007“:*
Vereinfachen Sie so weit wie möglich.

a) $\dfrac{b}{c^{-2}\sqrt{b^4}} : \dfrac{b^{-7}}{(c^3)^2}$ $\quad (b, c \in \mathbb{R}, b \neq 0, c \neq 0)$

b) $\left(-\frac{d^5}{d^2} \cdot d^{-3}\right)^{n+1} + (-1)^n$ $\quad (d \in \mathbb{R}, d \neq 0, n \in \mathbb{N})$

c) $\dfrac{3^a \cdot 6^b}{3^{a+b}} \cdot 2^{2-b}$ $\quad (a, b \in \mathbb{R})$

d) $\frac{1}{2}(\log_3 2 + \log_3 18 - 2)$

10 Welchen Einfluss haben die Werte des Parameters $a \in \mathbb{R}$ in den folgenden Funktionstermen auf die Funktionsgraphen? Geben Sie – wo möglich – mehrere Erklärungen.

a) $f(x) = 10^{x+a}$

b) $f(x) = a \cdot 3^x$

c) $f(x) = \left(\left(\frac{1}{2}\right)^x\right)^a$

d) $f(x) = 2^x + a$

11 Luise spielt am Glücksrad. Die Wahrscheinlichkeit für einen Gewinn beträgt 12%.

a) Welchen Mittelpunktswinkel hat der „Gewinn-Sektor“?

b) Luise spielt fünfmal. Wie groß ist die Wahrscheinlichkeit, dass sie jedes Mal gewinnt, wie groß, dass sie kein einziges Mal gewinnt?

c) Wie oft darf sie höchstens spielen, damit die Wahrscheinlichkeit, dass sie jedes Mal gewinnt, größer als 0,1% bleibt?

d) Wie oft muss sie mindestens spielen, damit die Wahrscheinlichkeit, dass sie wenigstens einmal gewinnt, größer als 80% wird?

e) Wie groß müsste der Mittelpunktswinkel des „Gewinn-Sektors“ sein, damit dafür schon zehn Spiele genügen?

f) Welche Funktionstypen treten in d) und e) auf?

12 *Aus „Besondere Prüfung 2007“:*
Aus einem kugelförmigen, mit Gas gefüllten Ballon wird so viel Gas abgelassen, dass sich das Volumen des Ballons um 20% verkleinert. Dabei bleibt die Kugelform des Ballons erhalten. Berechnen Sie, um wie viel Prozent der Radius des Ballons kleiner wird.

13 *Nach „Besondere Prüfung 2007“:*
Eine Styroporkugel, die ein Volumen von $1{,}2\,\text{dm}^3$ besitzt, wird durch einen ebenen Schnitt zerlegt. Auf die Schnittfläche soll ein Papierkegel gesetzt werden.

a) Der Abstand der Schnittfläche zum Kugelmittelpunkt beträgt 4,3 cm. Berechnen Sie den Radius und den Flächeninhalt der Schnittfläche.

b) Aus einem Stück Papier wird ein Sektor mit dem Mittelpunktswinkel 120° und dem Radius 20 cm ausgeschnitten und zu einem Kegel zusammengerollt. Zeigen Sie durch Rechnung, dass die Grundfläche dieses Papierkegels nicht auf die Schnittfläche passt.

c) Finden Sie möglichst viele Möglichkeiten, wie die beiden Flächen aneinander angepasst werden können.

14 *Aus „Besondere Prüfung 2005":*
Der Psychologe Ebbinghaus hat sich mit dem Vergessen in Abhängigkeit von der Zeit beschäftigt; er sprach in diesem Zusammenhang von der „Vergessenskurve". Beispielsweise kann man sich von 10 willkürlich gewählten Wörtern am folgenden Tag im Durchschnitt an nur mehr 8 Wörter erinnern. Den Zusammenhang zwischen der vergangenen Zeit und der Zahl der Wörter, an die man sich dann (im Durchschnitt) noch erinnern kann, gibt die folgende Tabelle wieder, deren Wertepaare auf der Vergessenskurve liegen.

vergangene Zeit x in Tagen	0	1	2	5	10	20	30
Anzahl der Wörter	10	8	6	3,2	1,1	0,11	0,012

Hermann Ebbinghaus (1850–1909), deutscher Psychologe

a) Bestimmen Sie $a, b \in \mathbb{R}$ und $n \in \mathbb{N}$ für die Funktion f mit $f(x) = a \cdot x^n + b$, $D = \mathbb{R}_0^+$, so, dass die ersten drei Wertepaare auf der Kurve liegen.
b) Zeichnen Sie in ein Koordinatensystem die obigen Wertepaare bis zum 10. Tag und den Graphen der in Teilaufgabe a) berechneten Funktion ein. Ist die Funktion aus Teilaufgabe a) eine gute Näherung für die Vergessenskurve? Begründen Sie Ihre Antwort.
c) Bestimmen Sie für die Funktion g mit $g(x) = c \cdot d^x$, $D = \mathbb{R}_0^+$, die Variablen $c \in \mathbb{R}$ und $d \in \mathbb{R}^+$ so, dass die ersten zwei Wertepaare auf der Kurve liegen.
d) Zeichnen Sie den Graphen der in Teilaufgabe c) bestimmten Funktion in das obige Koordinatensystem ein. Vergleichen Sie seine Qualität als Näherung für die Vergessenskurve mit Teilaufgabe b).
e) Berechnen Sie, welche prozentuale Abweichung vom wahren Wert die Werte der oben berechneten Funktionen f und g am zehnten Tag haben.

15 *Nach Abschlussprüfung an Realschulen 2007:*
Nebenstehende Skizze zeigt den Axialschnitt eines kegelförmigen Eisbechers und einer Eiscremekugel. AM ist die Symmetrieachse und es gilt: $\overline{AB} = \overline{AC}$, $\overline{CM} = 4{,}0\,\text{cm}$, $\sphericalangle BAC = 40{,}0°$ und $\sphericalangle ACM = 90{,}0°$.
Die Eiscremekugel schmilzt vollständig. Das Volumen der geschmolzenen Eiscreme beträgt 42% des Volumens der Eiscremekugel.
Überprüfen Sie durch Rechnung, ob die geschmolzene Eiscreme in den Eisbecher passen würde. Falls die geschmolzene Eiscreme in den Eisbecher passt, berechnen Sie, wie hoch dieser gefüllt wird. Falls nicht, berechnen Sie, welcher Anteil der geschmolzenen Eiscreme überläuft.

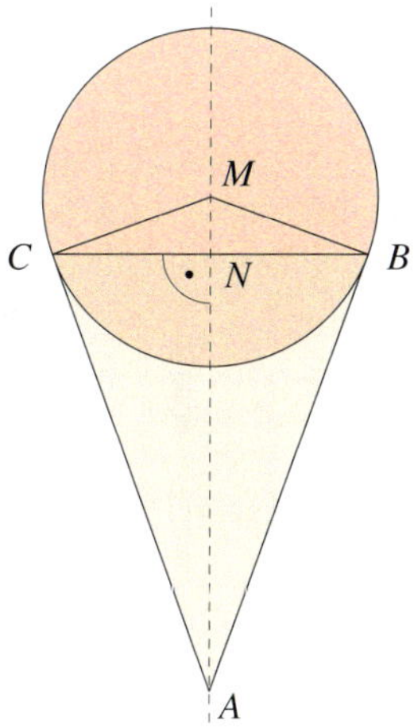

16 **Trickreiche Koordinatensysteme**
a) Stellen Sie die Graphen der Funktionen $f\colon x \mapsto 5 \cdot 2^x$ und $g\colon x \mapsto \frac{1}{2} \cdot 4^x$ in einem Koordinatensystem dar, in dem nach rechts x aufgetragen ist und nach oben $\log_2(y)$. Erklären Sie das Ergebnis. Wie lassen sich an den Graphen die Parameter der jeweiligen Exponentialfunktion ablesen?
b) Untersuchen Sie ähnlich wie in Teilaufgabe a) die Graphen der Funktionen $f\colon x \mapsto 10 \cdot x^2$ und $g\colon x \mapsto 5 \cdot x^6$ in einem Koordinatensystem, in dem nach rechts $\log_{10}(x)$ und nach oben $\log_{10}(y)$ aufgetragen ist.

17 Geben Sie jeweils den Term einer ganzrationalen Funktion mit den folgenden Eigenschaften an.
a) Grad 4, Nullstellen nur bei $x = -2$ und $x = 3$, jeweils mit Vorzeichenwechsel
b) Grad 3, Nullstellen nur bei $x = -1$ und $x = 4$, $A(1|5)$ liegt auf dem Graphen.
c) Grad 4, Nullstellen nur bei $x = -1$, $x = 2$ und $x = -3$, $\lim\limits_{x \to \infty} f(x) = -\infty$.

Lösungen: Zeigen Sie, was Sie können!

Kapitel 1 • Seite 30

1 a), b) je 1 P

a) $\alpha_{\text{RAD}} = \frac{4}{9}\pi \approx 1{,}396$ **b)** $\beta_{\text{DEG}} = 165°$

2 a), b) je 2 P

a) $b = \frac{37°}{360°} \cdot 2 \cdot 2{,}3\,\text{dm} \cdot \pi \approx 1{,}5\,\text{dm}$

$A_S = \frac{37°}{360°} \cdot (2{,}3\,\text{dm})^2 \cdot \pi \approx 1{,}7\,\text{dm}^2$

b) $\varphi = \frac{A_S \cdot 360}{r^2\pi} = \frac{5{,}3\,\text{cm}^2 \cdot 360°}{\pi \cdot (1{,}7\,\text{cm})^2} \approx 210°$

$b = \frac{A_S \cdot 360°}{r^2\pi \cdot 360°} \cdot 2r\pi = \frac{2A_S}{r} = \frac{2 \cdot 5{,}3\,\text{cm}^2}{1{,}7\,\text{cm}} \approx 6{,}2\,\text{cm}$

3 4 P

Die vier Kreismittelpunkte bilden ein Quadrat mit der Diagonalenlänge $8a$ und dem Flächeninhalt $A_{Qu} = 32a^2$.
Die vier Kreisbögen haben alle einen Mittelpunktswinkel von 90° und einen Radius von $\sqrt{8} \cdot a$, bilden also zusammen einen Vollkreis mit dem Umfang $u = 2 \cdot \sqrt{8} \cdot a \cdot \pi = 4\sqrt{2} \cdot \pi \cdot a$.
Der Flächeninhalt der gefärbten Figur ergibt sich als Differenz der Flächeninhalte von Quadrat und Vollkreis:
$A = 32a^2 - 8a^2\pi = (32 - 8\pi)a^2$.

4 a), b), c), d) je 1 P

a) $\sin 240° = -\sin 60° = -\frac{1}{2}\sqrt{3}$

b) $\cos(-225°) = \cos 225° = -\cos 45° = -\frac{1}{2}\sqrt{2}$

c) $\tan 330° = \frac{\sin 330°}{\cos 330°} = \frac{-\sin 30°}{\cos 30°} = \frac{-\frac{1}{2}}{\frac{1}{2}\sqrt{3}}$
$= -\frac{1}{\sqrt{3}} = -\frac{1}{3}\sqrt{3}$

d) $\cos\left(\frac{7}{6}\pi\right) = \cos\left(\pi + \frac{\pi}{6}\right) = -\cos\left(\frac{\pi}{6}\right) = -\frac{1}{2}\sqrt{3}$

5 a), b) je 2 P

a) $\alpha_1 \approx 25°$; $\alpha_2 = 180° - \alpha_1 \approx 155°$;
$\alpha_3 = \alpha_1 + 360° \approx 385°$; $\alpha_4 = \alpha_1 - 360° \approx -335°$;
$\alpha_5 = \alpha_2 + 360° \approx 515°$; $\alpha_6 = \alpha_2 - 360° \approx -205°$

b) $\alpha_1 \approx 149°$; $\alpha_2 = 180° + (180° - \alpha_1) \approx 211°$;
$\alpha_3 = \alpha_1 + 360° \approx 509°$; $\alpha_4 = \alpha_1 - 360° \approx -211°$;
$\alpha_5 = \alpha_2 + 360° \approx 571°$; $\alpha_6 = \alpha_2 - 360° \approx -149°$

6 a) 6 P, b) 8 P

a) $c = b \cdot \frac{\sin\gamma}{\sin\beta} \approx 18{,}1\,\text{cm}$
$\alpha = 180° - \beta - \gamma = 72{,}8°$
$a = \sqrt{b^2 + c^2 - 2bc\cos\alpha} \approx 18{,}7\,\text{cm}$
$h_b = a\sin\gamma \approx 17{,}3\,\text{cm}$
$A = \frac{1}{2}bh_b \approx 107\,\text{cm}^2$

b)

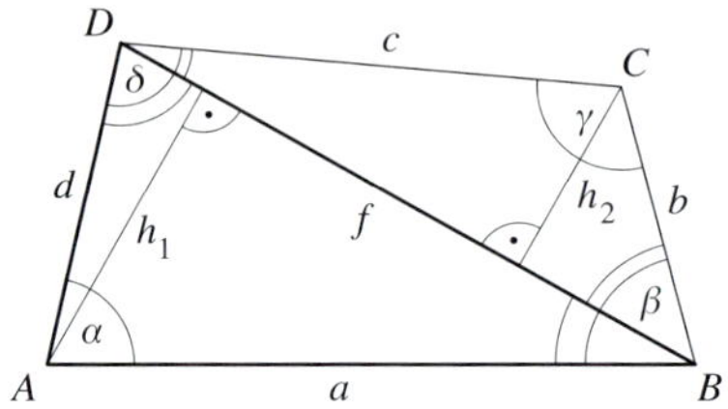

Kosinussätze im Teildreieck ABD: $\alpha \approx 107{,}1°$;
$\sphericalangle DBA \approx 44{,}1°$; $\sphericalangle ADB \approx 28{,}8°$;
$\Rightarrow \sphericalangle CBD = \beta - \sphericalangle DBA \approx 77{,}1°$.
Im Teildreieck DBC: Sinussatz: $c \approx 21{,}7\,\text{cm}$;
Innenwinkelsumme: $\sphericalangle BDC \approx 68{,}8°$;
Kosinussatz: $b \approx 20{,}8\,\text{cm}$;
$\delta = \sphericalangle ADB + \sphericalangle BDC \approx 97{,}6°$.
Flächeninhalt: $h_1 = d \cdot \sin(\sphericalangle ADB) \approx 4{,}4\,\text{cm}$;
$h_2 = b \cdot \sin(\sphericalangle CBD) \approx 20{,}3\,\text{cm}$;
$A = \frac{1}{2}f(h_1 + h_2) \approx 154\,\text{cm}^2$.

7 8 P

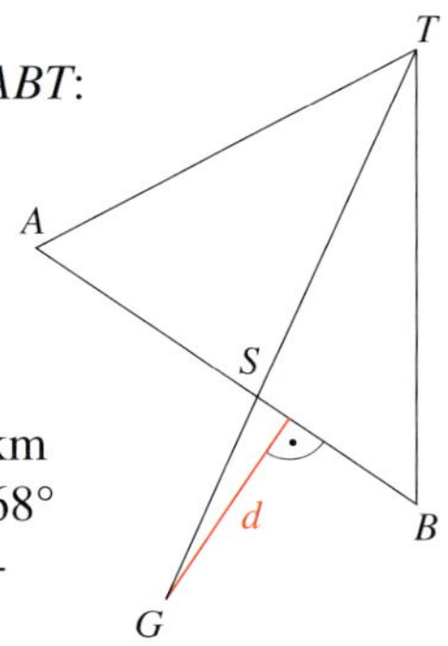

Kosinussätze im Dreieck ABT:
$\overline{AB} \approx 87{,}8\,\text{km}$
$\sphericalangle TBA \approx 46{,}0°$
Im Dreieck SBT:
$\sphericalangle BST \approx 112°$
Sinussatz: $\overline{ST} \approx 55{,}1\,\text{km}$
$\Rightarrow \overline{SG} = \overline{TG} - \overline{TS} \approx 18{,}9\,\text{km}$
$\sphericalangle GSB = 180° - \sphericalangle BST \approx 68°$
Damit ist der gesuchte Abstand: $d \approx 18{,}4\,\text{km}$

8 a), b) je 2 P

a) Nicht lösbar: Verstoß gegen Dreiecksungleichung, Innenwinkelsumme oder Seiten-Winkel-Beziehung (z. B. $a = 6\,\text{cm}$, $c = 8\,\text{cm}$, $\alpha = 95°$: Wegen der Seiten-Winkel-Beziehung müsste die Innenwinkelsumme größer als 180° sein.)
Nicht eindeutig lösbar: Bei Situation sSW.

b) Nicht oder nicht eindeutig lösbar: Fälle von Teilaufgabe a) treffen auf ein Teildreieck zu.
Alternative für „nicht lösbar“: Wahl von fünf Stücken so, dass eindeutig ein Viereck entsteht; Wahl der sechsten Forderung so, dass sie nicht diesem Viereck entspricht.

Kapitel 2 • Seite 48

1 a) 2 P, b) 3 P, c) 3 P

a)

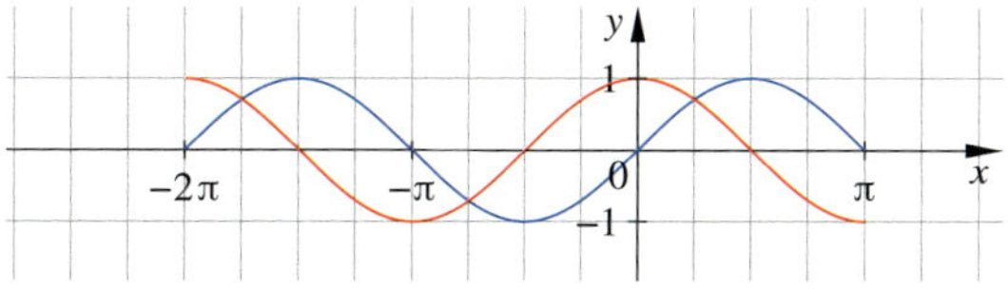

b) Beide Funktionen sind periodisch mit Periode 2π und haben die Wertemenge $[-1; 1]$.

c) Man erhält die Sinuskurve aus der Kosinuskurve durch eine Verschiebung um $\frac{\pi}{2}$ in x-Richtung.
Es gilt: $\sin x = \cos\left(x - \frac{\pi}{2}\right)$, $x \in \mathbb{R}$.

2 a) 3 P, b) 4 P

a) Nullstellen der Sinusfunktion in $[-\pi; 2\pi]$:
$-\pi; 0; \pi; 2\pi$
Nullstellen der Kosinusfunktion in $[-\pi; 2\pi]$:
$-0{,}5\pi; 0{,}5\pi; 1{,}5\pi$

b)

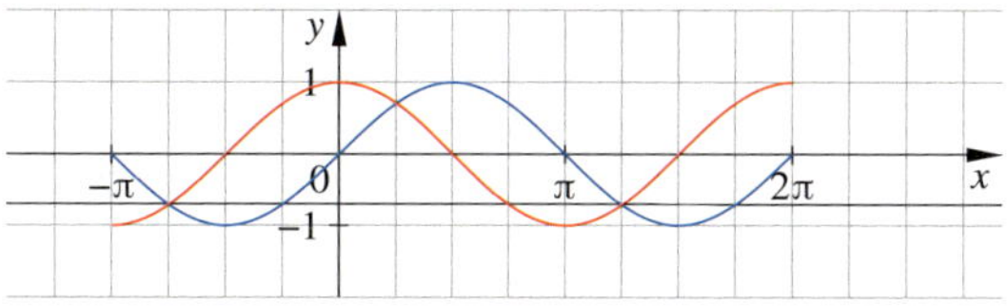

Die Sinusfunktion nimmt den Funktionswert $-0{,}7$ im Intervall $[-\pi; 2\pi]$ etwa an den Stellen $-\frac{3}{4}\pi$, $-\frac{1}{4}\pi$, $\frac{5}{4}\pi$ und $\frac{7}{4}\pi$ an.
Die Kosinusfunktion nimmt den Funktionswert $-0{,}7$ im Intervall $[-\pi; 2\pi]$ etwa an den Stellen $-\frac{3}{4}\pi$, $\frac{3}{4}\pi$ und $\frac{5}{4}\pi$ an.

3 a), b) je 2 P

Die allgemeine Sinusfunktion hat einen Funktionsterm der Form $f(x) = a \cdot \sin(b(x + c)) + d$, $x \in \mathbb{R}$.

a) Eine Stauchung in y-Richtung mit dem Faktor 0,5 wird durch den Faktor $a = 0{,}5$ erreicht, eine Verschiebung um π in x-Richtung durch $c = -\pi$.
Ein zugehöriger Funktionsterm ist also:
$f(x) = 0{,}5 \cdot \sin(x - \pi)$, $x \in \mathbb{R}$.
Weitere mögliche Funktionsterme:
$f(x) = 0{,}5 \cdot \sin(x + \pi)$, $x \in \mathbb{R}$ oder
$f(x) = -0{,}5 \cdot \sin x$, $x \in \mathbb{R}$.

b) Eine Stauchung in x-Richtung, sodass die Periode halbiert wird, erreicht man durch den Faktor $b = 2$, eine Verschiebung um 1,5 in y-Richtung durch $d = 1{,}5$.
Ein zugehöriger Funktionsterm ist also:
$f(x) = \sin(2x) + 1{,}5$, $x \in \mathbb{R}$.

4 rote Kurve 3 P, blaue und grüne je 4 P

Es handelt sich um Graphen der allgemeinen Sinusfunktion. Der Funktionsterm hat die Form $f(x) = a \cdot \sin(b(x + c)) + d$, $x \in \mathbb{R}$.
Der rote Graph hat eine Periode $\frac{4}{3}\pi = 2\pi : 1{,}5$, also ist $b = 1{,}5$. Die Amplitude beträgt 1,5 und die Kurve geht vom Ursprung in den vierten Quadranten. Dies entspricht $a = -1{,}5$.
Ein zugehöriger Funktionsterm ist also:
$f(x) = -1{,}5 \cdot \sin(1{,}5x)$, $x \in \mathbb{R}$.
Weitere mögliche Funktionsterme:

$$f(x) = 1{,}5 \cdot \sin\left(1{,}5\left(x + \tfrac{2}{3}\pi\right)\right),\ x \in \mathbb{R},$$

$$f(x) = 1{,}5 \cdot \sin\left(1{,}5\left(x - \tfrac{2}{3}\pi\right)\right),\ x \in \mathbb{R}.$$

Der blaue Graph hat eine Periode $\frac{2}{3}\pi = 2\pi : 3$, also ist $b = 3$. Die Amplitude beträgt 0,5, dies entspricht $a = 0{,}5$. Die Kurve ist dann noch um 0,5 in y-Richtung verschoben, d. h. $d = 0{,}5$.
Ein zugehöriger Funktionsterm ist also:
$f(x) = 0{,}5 \cdot \sin(3x) + 0{,}5$, $x \in \mathbb{R}$.
Der grüne Graph hat eine Periode $\frac{8}{3}\pi = 2\pi : \frac{3}{4}$, also ist $b = 0{,}75$. Die Amplitude beträgt 1 und die Kurve geht vom Ursprung in den vierten Quadranten. Dies entspricht $a = -1$. Die Kurve ist dann noch um -1 in y-Richtung verschoben, d. h. $d = -1$. Ein zugehöriger Funktionsterm ist also: $f(x) = -\sin(0{,}75x) - 1$, $x \in \mathbb{R}$.
Weitere mögliche Funktionsterme:

$$f(x) = \sin\left(0{,}75\left(x + \tfrac{4}{3}\pi\right)\right) - 1,\ x \in \mathbb{R},$$

$$f(x) = \sin\left(0{,}75\left(x - \tfrac{4}{3}\pi\right)\right) - 1,\ x \in \mathbb{R}.$$

Kapitel 3 • Seite 86

1 4 P

Die Bakterienmasse m in g nach der vergangenen Zeit t in h, kann mit der Gleichung $m = 3 \cdot 2^{\frac{t}{8}}$ berechnet werden. Nach 40 Stunden beträgt die Bakterienmasse demnach 96 Gramm, nach 3 Tagen (72 Stunden) sind es 1536 Gramm und nach einer Woche (168 Stunden) bereits etwa 6,3 Tonnen (falls der Behälter groß genug ist und die Nährlösung ausreicht).

2 3 P

Gleichung der Exponentialfunktion:
$y = c \cdot a^x$ mit $c \neq 0$
Aus $P(2|-25{,}2)$ folgt (I) $-25{,}2 = c \cdot a^2$ und
aus $Q(5|-680{,}4)$ folgt (II) $-680{,}4 = c \cdot a^5$.

(II : I) $\frac{-680{,}4}{-25{,}2} = \frac{c \cdot a^5}{c \cdot a^2} \Rightarrow 27 = a^3$

$\Rightarrow (*)\ a = \sqrt[3]{27} = 3$

$(* \rightarrow \text{I})\quad -25{,}2 = c \cdot 3^2 \Rightarrow c = -\frac{25{,}2}{9} = -2{,}8$

$y = -2{,}8 \cdot 3^x$

3 Jeder Graph 2 P

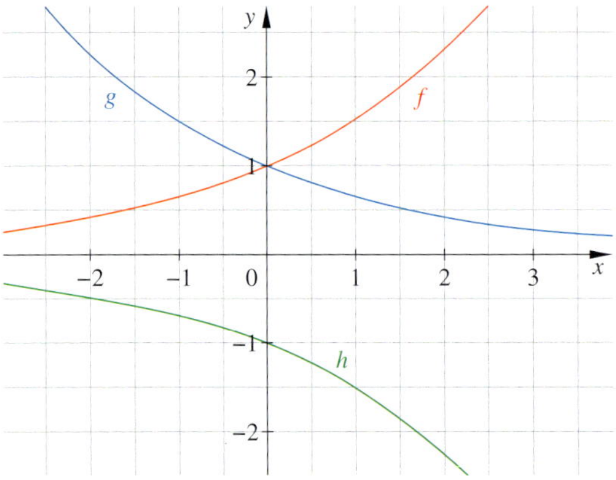

4 a), b), c) je 1 P

a) $\log_5 125 = x \Leftrightarrow 5^x = 125 \Leftrightarrow x = 3$

b) $\log_7 (49^{-3}) = x \Leftrightarrow 7^x = 49^{-3} = 7^{-6} \Leftrightarrow x = -6$

c) $\lg 0{,}01 = x \Leftrightarrow 10^x = 0{,}01 \Leftrightarrow x = -2$

5 a), b) je 3 P

a) $\log_{0,5} 6{,}4 + \log_{12} \sqrt{12} + \log_{\frac{1}{2}} 5$

$= \log_{\frac{1}{2}} 6{,}4 + \frac{1}{2}\log_{12} 12 + \log_{\frac{1}{2}} 5 = \log_{\frac{1}{2}} (6{,}4 \cdot 5) + \frac{1}{2}$

$= \log_{\frac{1}{2}} 32 + \frac{1}{2} = \log_{\frac{1}{2}} \left(\frac{1}{2}\right)^{-5} + \frac{1}{2} = -5 + \frac{1}{2} = -4{,}5$

b) $\log_{0,25} \frac{7}{16} + \log_3 \frac{1}{27} - \log_{\frac{1}{4}} 7$

$= \log_{\frac{1}{4}} 7 - \log_{\frac{1}{4}} 16 + \log_3 (3^{-3}) - \log_{\frac{1}{4}} 7$

$= -\log_{\frac{1}{4}} \left(\frac{1}{4}\right)^{-2} - 3 = -(-2) - 3 = -1$

6 a), b) je 2 P, c) 3 P

a) $5^{x-1} = 125 \Leftrightarrow 5^{x-1} = 5^3 \Leftrightarrow x - 1 = 3$

$\Leftrightarrow x = 4$

b) Eine Möglichkeit ist:

$3^{2x} = 7^{x+1} \Leftrightarrow 9^x = 7 \cdot 7^x \Leftrightarrow \left(\frac{9}{7}\right)^x = 7$

$\Leftrightarrow x \cdot (\lg 9 - \lg 7) = \lg 7$

$\Leftrightarrow x = \frac{\lg 7}{\lg 9 - \lg 7} \approx 7{,}74$

c) Eine Möglichkeit ist:

$2 \cdot 3^{x-1} = 1{,}6^{2x} \cdot 2^x \Leftrightarrow 3^{x-1} = 1{,}6^{2x} \cdot 2^{x-1}$

$\Leftrightarrow 1{,}5^{x-1} = 1{,}6^{2x}$

$\Leftrightarrow (x-1)\lg 1{,}5 = 2x \lg 1{,}6$

$\Leftrightarrow x \cdot (\lg 1{,}5 - 2\lg 1{,}6) = \lg 1{,}5$

$\Leftrightarrow x = \frac{\lg 1{,}5}{\lg 1{,}5 - 2\lg 1{,}6} \approx -0{,}759$

7 a) 3 P, b) 2 P

a) Die Intensität I des Lichts in x Meter Wassertiefe beträgt $I = I_0 \cdot 0{,}92^x$, wobei I_0 die Intensität des Lichts an der Wasseroberfläche ist.
Prozentuale Intensität in 4 Meter Tiefe:

$\frac{I_0 \cdot 0{,}92^4}{I_0} = 0{,}92^4 \approx 0{,}72 = 72\,\%$

In x Meter Tiefe ist der noch vorhandene Anteil an der ursprünglichen Intensität $0{,}92^x$.

b) $0{,}92^x = 0{,}5 \Leftrightarrow x = \frac{\lg 0{,}5}{\lg 0{,}92} \approx 8{,}3$

In etwa 8,3 Meter Tiefe ist die Lichtintensität auf die Hälfte abgesunken.

8 3 P

Nach t Jahren beträgt die Intensität I der radioaktiven Strahlung $I = I_0 \cdot 0{,}5^{\frac{t}{30,2}}$, wobei I_0 die ursprüngliche Intensität ist.

$\frac{I_0 \cdot 0{,}5^{\frac{t}{30,2}}}{I_0} = 0{,}1$ bzw. $0{,}5^{\frac{t}{30,2}} = 0{,}1$

$\Leftrightarrow \frac{t}{30{,}2} \cdot \lg 0{,}5 = \lg 0{,}1 = -1$

$\Leftrightarrow t = -\frac{30{,}2}{\lg 0{,}5} \approx 100$

Nach etwa 100 Jahren ist die Radioaktivität auf 10 % des ursprünglichen Werts abgesunken.

Kapitel 4 • Seite 110

1 Tabelle 2 P, a), b), c) je 1 P, d) 2 P

	Fahrschüler	Nicht-Fahrsch.	
Mädchen	15	5	20
Buben	6	6	12
	21	11	32

a) Fahrschüler: $\frac{21}{32} \approx 65{,}6\,\%$

b) Männlicher Fahrschüler: $\frac{6}{32} \approx 18{,}8\,\%$

c) Ausgewählter Fahrschüler ist ein Mädchen:
$\frac{15}{21} \approx 71{,}4\,\%$

d) Zum Beispiel 16 Mädchen, davon 6 Fahrschülerinnen, 16 Buben, davon 4 Fahrschüler.

2 a) 2 P, b), c) je 3 P

a) $|\{15; 30; 45; 60; 75; 90\}| = 6 \Rightarrow \pi = 6\,\%$

b) 20 der Zahlen sind durch 5 teilbar.

$\Rightarrow p = \frac{6}{20} = 30\,\%$

c) 33 Zahlen sind durch 3 teilbar, 16 davon sind durch 6 teilbar. $\Rightarrow p = \frac{16}{33} \approx 48{,}5\,\%$

3 a), b) je 4P

B: „Säckchen 2 gewählt."

a) A: „Kugel ist grün."

$P(A) = \frac{1}{2} \cdot \frac{1}{3} + \frac{1}{2} \cdot \frac{3}{5} = \frac{7}{15}$

$P(A \cap B) = \frac{1}{2} \cdot \frac{3}{5} = \frac{3}{10}$

$P_A(B) = \frac{3}{10} : \frac{7}{15} = \frac{9}{14} \approx 64{,}3\,\%$

b) A: „Beide Kugeln sind grün."

$P(A) = \frac{1}{2} \cdot \frac{1}{3} \cdot \frac{1}{5} + \frac{1}{2} \cdot \frac{3}{5} \cdot \frac{1}{2} = \frac{11}{60}$

$P(A \cap B) = \frac{1}{2} \cdot \frac{3}{5} \cdot \frac{1}{2} = \frac{3}{20}$

$P_A(B) = \frac{3}{20} : \frac{11}{60} = \frac{9}{11} \approx 81{,}8\,\%$

4 7P

A: „vom Hersteller A"
B: „vom Hersteller B"
D: „Ball defekt"

	D	$\overline{D}$	
A	0,000425		0,85
B	0,0003		0,15
	0,000725		

$P_D(B) = \frac{0{,}0003}{0{,}000725} \approx 41{,}4\,\%$

Kapitel 5 • Seite 126

1 6P

Individuelle Lösung

2 5P

$r_{\text{Zylinder}} = r_{\text{Halbkugel}} = h_{\text{Zylinder}} = 21{,}60\,\text{m} = r$

$V = V_{\text{Zylinder}} + V_{\text{Halbkugel}}$
$= \pi r^3 + \frac{2}{3}\pi r^3 = \frac{5}{3}\pi r^3 \approx 52\,766\,\text{m}^3$

Das Volumen des Innenraumes beträgt etwa $52\,770\,\text{m}^3$.

3 5P

Die Ausgangswerte werden mit 1 und die Werte nach Vergrößerung des Radius um 10 % mit 2 gekennzeichnet.

$r_2 = 1{,}1 \cdot r_1$

$\frac{O_2}{O_1} = \frac{4\pi \cdot r_2^2}{4\pi \cdot r_1^2} = \frac{4\pi \cdot (1{,}1 \cdot r_1)^2}{4\pi \cdot r_1^2} = 1{,}1^2 = 1{,}21 = 121\,\%$

Der Oberflächeninhalt des Ballons nimmt also um 21 % zu.
In analoger Weise ergibt sich eine Vergrößerung des Volumens auf $1{,}1^3 = 1{,}331 = 133{,}1\,\%$.
Das Volumen nimmt also um 33,1 % zu.

4 4P

Bekannt sind die Masse m der Kugel und die Dichte ϱ des verwendeten Materials. Gesucht ist der Kugeldurchmesser.

Aus $V = \frac{4}{3}\pi r^3$ und $\varrho = \frac{m}{V}$ folgt $\frac{m}{\varrho} = \frac{4}{3}\pi r^3$.

Daraus folgt:

$r = \sqrt[3]{\frac{3m}{4\pi\varrho}} = \sqrt[3]{\frac{3 \cdot 7257\,\text{g}}{4 \cdot \pi \cdot 7{,}874\,\text{g}\,\text{cm}^{-3}}} \approx 6{,}037\,\text{cm}.$

Der Kugeldurchmesser beträgt 12,07 cm und entspricht damit den internationalen Wettkampfnormen, nach denen er zwischen 110 mm und 130 mm liegen darf.

5 4P

$A_{\text{Kreis}} = \pi r_{\text{Kreis}}^2$ $\qquad O_{\text{Kugel}} = 4\pi r^2$

$\pi r_{\text{Kreis}}^2 = 4\pi r^2$

$r_{\text{Kreis}} = \sqrt{\frac{4\pi r^2}{\pi}} = 2r$

Der Radius des Kreises ist doppelt so groß wie der Radius der Kugel.

6 6P

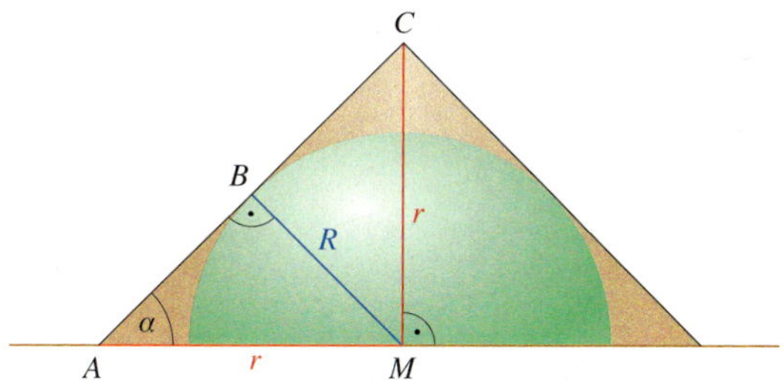

Das Bild zeigt die Situation, wenn der Radius r und der verbleibende Raum minimal sein sollen. Die Dreiecke AMC und AMB stimmen im rechten Winkel und im Winkel α überein und sind demnach ähnlich zueinander. Das Dreieck AMC ist ein gleichschenklig-rechtwinkliges Dreieck und damit auch das dazu ähnliche Dreieck AMB.
Im Dreieck AMB gilt deshalb nach Satz des Pythagoras $r^2 = 2R^2$ und damit $r = \sqrt{2} \cdot R$.

$V = V_{\text{Kegel}} - V_{\text{Halbkugel}}$
$= \frac{1}{3}\pi r^3 - \frac{2}{3}\pi R^3$
$= \frac{1}{3}\pi(\sqrt{2} \cdot R)^3 - \frac{2}{3}\pi R^3$
$= (\sqrt{2} - 1) \cdot \frac{2}{3}\pi R^3 = (\sqrt{2} - 1) \cdot V_{\text{Halbkugel}}$

Der verbleibende Raum ist immer größer als 41,4 % des Halbkugelvolumens.

Kapitel 6 • Seite 144

1 6 P

Der grüne und der schwarze Graph sind achsensymmetrisch zur y-Achse und gehören daher zu Potenzfunktionen mit geraden Exponenten.
Der schwarze Graph gehört dabei zur Potenzfunktion mit dem größeren Exponenten, weil er für $-1 < x < 1$ näher an der x-Achse verläuft.
Der grüne Graph gehört zu $x \mapsto x^4$ und der schwarze zu $x \mapsto x^8$.
Der rote und der blaue Graph sind punktsymmetrisch zum Ursprung und gehören daher zu Potenzfunktionen mit ungeraden Exponenten.
Der rote Graph gehört dabei zur Potenzfunktion mit dem größeren Exponenten, weil er für $-1 < x < 1$ näher an der x-Achse verläuft.
Der blaue Graph gehört zu $x \mapsto x^3$ und der rote zu $x \mapsto x^{11}$.

2 4 P

$(-0{,}2)^5 = -0{,}2^5 < 0 \quad (-0{,}2)^6 = 0{,}2^6 > 0$
Eine Potenz a^n mit $0 < a < 1$ wird mit wachsendem n immer kleiner.
$(-0{,}2)^5 < (-0{,}2)^6 < (0{,}2)^4 < (0{,}2)^3$

3 a) 1 P, b) 2 P

a) $x \mapsto x^{123}$: $x \in \mathbb{R}$; $y \in \mathbb{R}$
Der zugehörige Graph ist punktsymmetrisch zum Ursprung und überall monoton steigend.

b) $x \mapsto x^{100n}$ $(n \in \mathbb{N})$: $x \in \mathbb{R}$
Für alle natürlichen Zahlen n ist der Exponent $100n$ gerade. Der zugehörige Graph ist demnach immer achsensymmetrisch zur y-Achse und streng monoton fallend für $x < 0$ sowie streng monoton steigend für $x > 0$. $y \in \mathbb{R}_0^+$.

4 a) 1 P, b) 2 P

a) $x^2(x-3{,}4)(x+4{,}2)^2 = 0$

$x_1 = 0$ doppelte Nullstelle
$x_2 = 3{,}4$ einfache Nullstelle
$x_3 = -4{,}2$ doppelte Nullstelle

b) $3x(x^2 + x - 12)(x-3) = 0$

$x_1 = 0$ einfache Nullstelle

$x^2 + x - 12 = 0 \quad D = 1 - 4 \cdot 1 \cdot (-12) = 49$

$x_2 = \frac{-1-7}{2} = -4$ einfache Nullstelle

$x_3 = \frac{-1+7}{2} = 3$ x_3 ist doppelte Nullstelle, da aus dem Faktor $(x-3)$ ebenfalls 3 als Nullstelle folgt.

5 a), b) je 4 P

a) $f(x) = x^3 - 3x^2 = x^2(x-3)$
$x_1 = 0$ ist doppelte und $x_2 = 3$ einfache Nullstelle.
Aus einer Vorzeichentabelle folgt:
Für $x < 0$ ist $f(x) < 0$, für $0 < x < 3$ ist $f(x) < 0$ und für $x > 3$ ist $f(x) > 0$.
Für x gegen ∞ geht $f(x)$ gegen ∞ und für x gegen $-\infty$ geht $f(x)$ gegen $-\infty$.

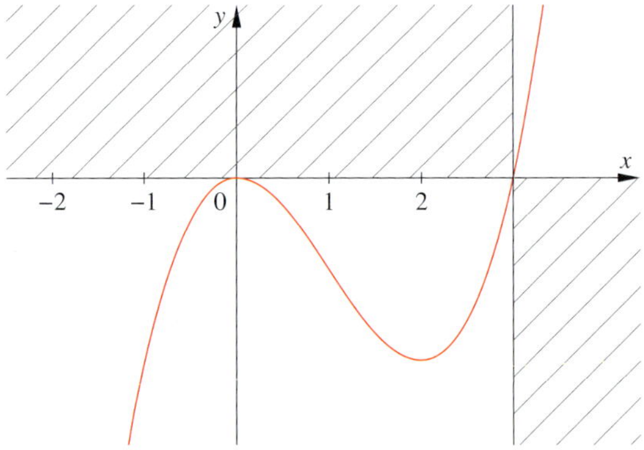

b) $g(x) = x^3 + 4x^2 + 4x = x(x^2 + 4x + 4) = x(x+2)^2$
$x_1 = 0$ ist einfache und $x_2 = -2$ doppelte Nullstelle. Aus einer Vorzeichentabelle folgt:
Für $x < -2$ ist $g(x) < 0$, für $-2 < x < 0$ ist $g(x) < 0$ und für $x > 0$ ist $g(x) > 0$.
Für x gegen ∞ geht $g(x)$ gegen ∞ und für x gegen $-\infty$ geht $g(x)$ gegen $-\infty$.

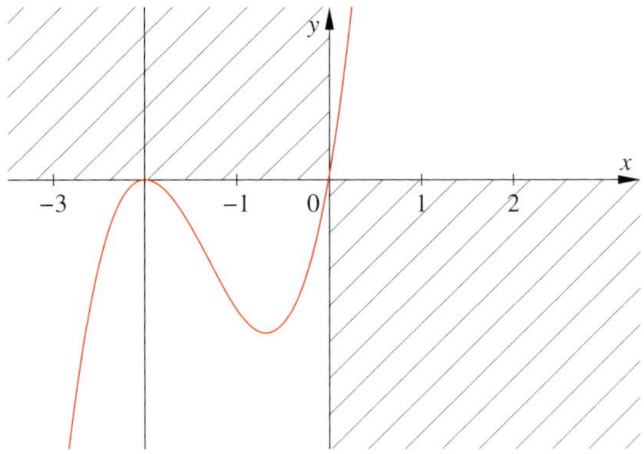

6 a), b) je 3 P

a) Aufgrund der Nullstellen und des Grades folgt:
$f(x) = a(x+1)(x-3)^2$
Da P ein Punkt des Graphen ist, muss gelten:
$6 = a(2+1)(2-3)^2 \Rightarrow a = 2$
$f(x) = 2(x+1)(x-3)^2$

b) Analoges Vorgehen wie bei a):
$g(x) = ax^2(x+3)^2$
$4 = a(-2)^2(-2+3)^2 \Rightarrow a = 1$
$g(x) = x^2(x+3)^2$

Kapitel 7 • Seite 188

1 pro Funktion 1 P

$\lim\limits_{x \to \pm\infty} f_1(x) = \lim\limits_{x \to \pm\infty} \frac{2x}{x^2\left(1 - \frac{1}{x^2}\right)} = \lim\limits_{x \to \pm\infty} \frac{2}{x\left(1 - \frac{1}{x^2}\right)} = 0$

$\lim\limits_{x \to \infty} f_2(x) = 1 \qquad \lim\limits_{x \to -\infty} f_2(x) = -\infty$

$\lim\limits_{x \to \pm\infty} f_3(x) = 2$

f_4: Der Faktor $0{,}9^x$ hat für x gegen ∞ den Grenzwert 0 und für x gegen $-\infty$ den Grenzwert ∞, $\cos(2x)$ hat keinen Grenzwert, ist aber beschränkt: $|\cos(2x)| \le 1$. Aus beiden folgt, dass f_4 nur für x gegen ∞ einen Grenzwert hat: $\lim\limits_{x \to \infty} f_4(x) = 0$.

2 pro Funktion 4 P

Graph der Funktion f:

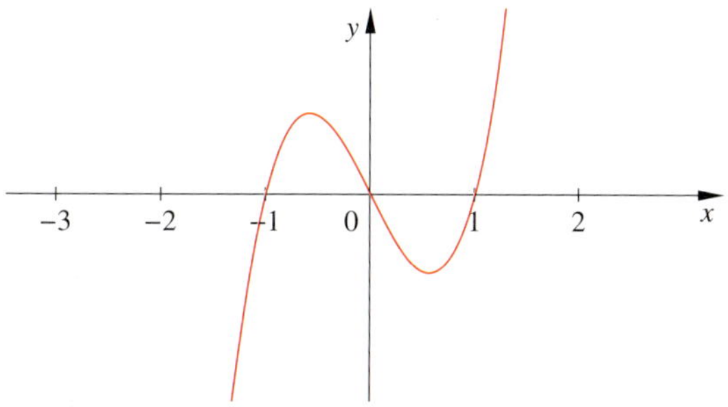

Graph der Funktion g:

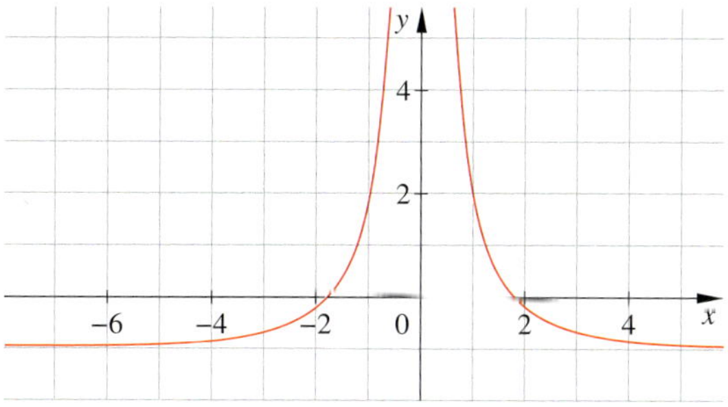

Graph der Funktion h:

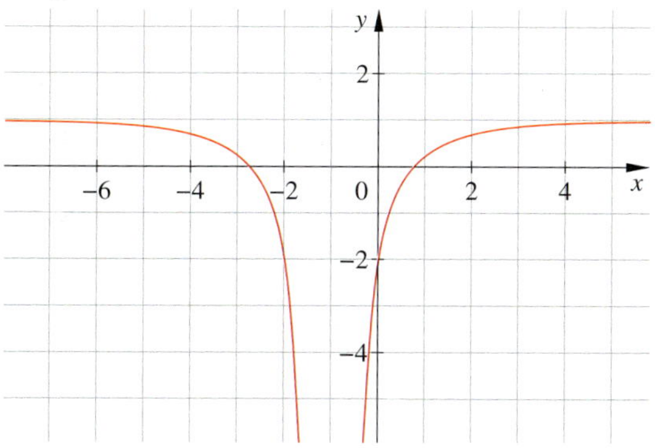

3 a), b) je 2 P

a) Bei einer ganzrationalen Funktion kommen nur ∞ und $-\infty$ als Grenzwerte infrage, aber nicht -1. Bei einer gebrochen-rationalen Funktion sind entweder beide Grenzwerte endlich oder beide Grenzwerte ($\pm$) unendlich (in Abhängigkeit von den Graden der Funktionsterme in Zähler und Nenner), aber nicht einer ∞ und einer -1.

b) Exponentialfunktionen haben einen endlichen und einen unendlichen Grenzwert.
Alle Funktionen f mit $f(x) = a^x - 1$ mit $a > 1$ erfüllen die beiden Grenzwertbedingungen.
Man kann aber auch geeignete Funktionen stückweise zusammensetzen – beispielsweise:

$$f(x) = \begin{cases} -1 & \text{für } x < 0 \\ x - 1 & \text{für } x \ge 0 \end{cases}$$

4 a) bis f) je 2 P

a) Der Graph entsteht aus dem Graphen von f z. B. durch Spiegelung an der x-Achse, anschließender Streckung mit dem Faktor 2 in Richtung der y-Achse und abschließender Verschiebung um den Wert 3 in Richtung der y-Achse:
$-2f(x) + 3$

b) Der Graph entsteht aus dem Graphen von f z. B. durch Streckung mit dem Faktor $\frac{3}{2}$ in Richtung der y-Achse und anschließender Stauchung mit dem Faktor $\frac{1}{2}$ in Richtung der x-Achse:
$\frac{3}{2}f(2x)$

c) Der Graph kann nicht aus dem Graphen von f entstanden sein, denn keine der besprochenen Veränderungen würde dazu führen, dass die beiden Hochpunkte anschließend auf derselben Höhe liegen (nun als Tiefpunkte).

d) Der Graph entsteht aus dem Graphen von f z. B. durch Spiegelung an der y-Achse und anschließender Stauchung mit dem Faktor $\frac{1}{2}$ in Richtung der y-Achse:
$\frac{1}{2}f(-x)$

e) Der Graph entsteht aus dem Graphen von f z. B. durch Verschiebung in Richtung der x-Achse um den Wert -2 und anschließender Verschiebung in Richtung der y-Achse um den Wert -1:
$f(x + 2) - 1$

f) Der Graph kann nicht aus dem Graphen von f entstanden sein, denn keine der besprochenen Veränderungen würde dazu führen, dass der Graph nur bei einem der beiden Hochpunkte in Richtung der y-Achse gestreckt wird.

Grundwissen – Überblick

Volumen und Oberflächeninhalt von Kugeln

Eine Kugel mit dem Radius r hat das Volumen

$$V_{\text{Kugel}} = \frac{4}{3}\pi \cdot r^3$$

und den Oberflächeninhalt

$$O_{\text{Kugel}} = 4\pi \cdot r^2.$$

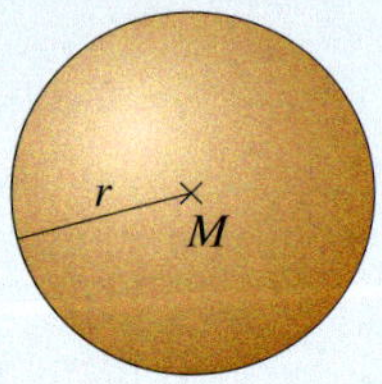

Kugel von 51,0 cm Durchmesser

$r = \frac{d}{2} = 25{,}5\,\text{cm}$

$V_{\text{Kugel}} = \frac{4}{3}\pi \cdot (25{,}5\,\text{cm})^3 \approx 69\,500\,\text{cm}^3 = 69{,}5\,\text{dm}^3$

$O_{\text{Kugel}} = 4\pi \cdot (25{,}5\,\text{cm})^2 \approx 8170\,\text{cm}^2 = 81{,}7\,\text{dm}^2$

Sinus und Kosinus für beliebige Winkel

D Ein Punkt $P(x|y)$ auf dem Einheitskreis hat die Koordinaten $x = \cos\alpha$; $y = \sin\alpha$.
Für Winkel α mit $\cos\alpha \neq 0$ gilt: $\tan\alpha = \frac{\sin\alpha}{\cos\alpha}$
α ist dabei der Winkel zwischen der positiven x-Achse (1. Schenkel) und der Halbgeraden vom Ursprung durch P (2. Schenkel).

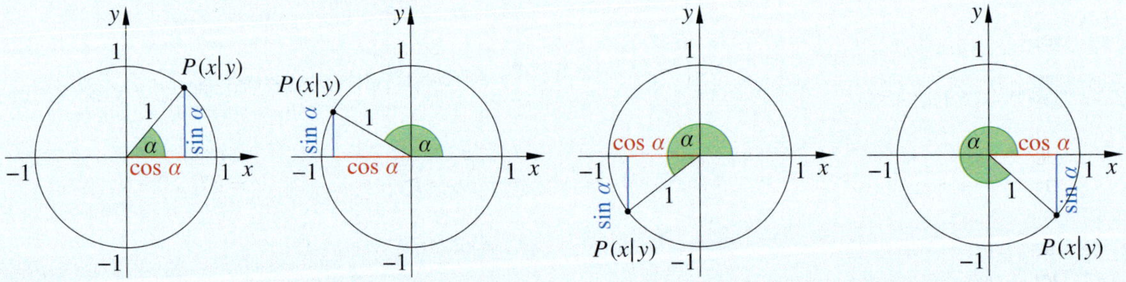

Für die Definition ist es gleichgültig, ob die Winkel im Gradmaß oder im Bogenmaß (am Einheitskreis die Maßzahl der Länge des zum Winkel gehörenden Kreisbogens) gemessen werden. Und sie erfasst auch Winkel, die größer als 360° bzw. größer als 2π sind (Drehung weiter als eine Volldrehung) und negative Winkel (Drehung im Uhrzeigersinn).

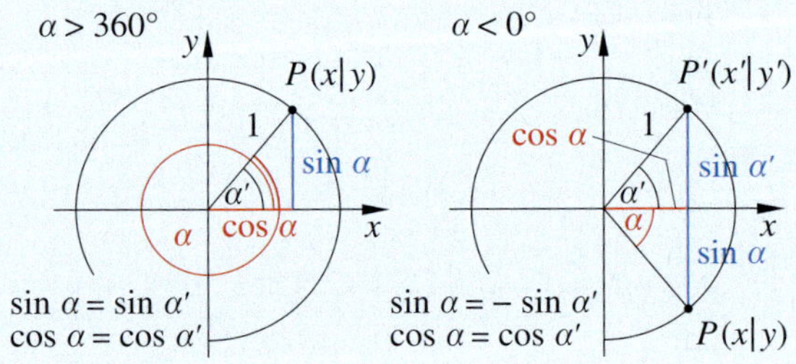

Werden Winkel mithilfe des Taschenrechners ermittelt, bietet der Taschenrechner jeweils nur eine der möglichen Lösungen an. Weitere zur Situation passende Lösungen müssen dann noch mithilfe der Definition von Sinus bzw. Kosinus erschlossen werden.

Achten Sie immer auf die richtige Einstellung des Winkelmaßes auf dem Taschenrechner: Gradmaß (meistens mit DEG oder D angezeigt) oder Bogenmaß (meistens mit RAD oder R angezeigt)!

Gesucht sind alle Winkel α zwischen $-360°$ und $360°$ mit $\cos\alpha = -0{,}367$.

Entsprechend der Definition von $\cos\alpha$ kann der Punkt P nur im 2. oder 3. Quadranten liegen (siehe Bilder zur Definition).

Ein Taschenrechner (eingestellt auf Gradmaß) liefert den Winkel im 2. Quadranten: $\alpha_1 \approx 112°$.
Der Winkel α_2 im 3. Quadranten muss um denselben Betrag größer als 180° sein, wie α_1 kleiner als 180° ist: $\alpha_2 \approx 180° + 68° = 248°$.
Die übrigen Lösungen sind $\alpha_3 = -\alpha_1 \approx -112°$ und $\alpha_4 = -\alpha_2 \approx -248°$.

Berechnungen an beliebigen Dreiecken*

Ist ein Dreieck durch die gegebenen Stücke entsprechend einem Kongruenzsatz eindeutig festgelegt, dann lassen sich mithilfe der folgenden Sätze die restlichen Stücke des Dreiecks eindeutig berechnen.

S **Sinussatz:**
In jedem Dreieck verhalten sich die Längen zweier Seiten wie die Sinuswerte der den Seiten gegenüberliegenden Winkel.

$\frac{\sin\alpha}{\sin\beta} = \frac{a}{b}$ $\frac{\sin\alpha}{\sin\gamma} = \frac{a}{c}$ $\frac{\sin\beta}{\sin\gamma} = \frac{b}{c}$

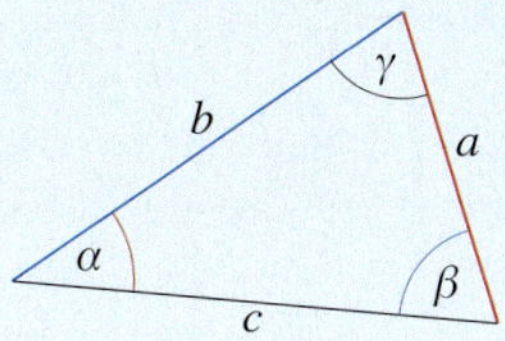

S **Kosinussatz:**
In jedem Dreieck ist das Quadrat einer Seitenlänge gleich der Summe der Quadrate der beiden anderen Seitenlängen vermindert um das Doppelte des Produkts aus diesen beiden Seitenlängen und dem Kosinus des von ihnen eingeschlossenen Winkels.

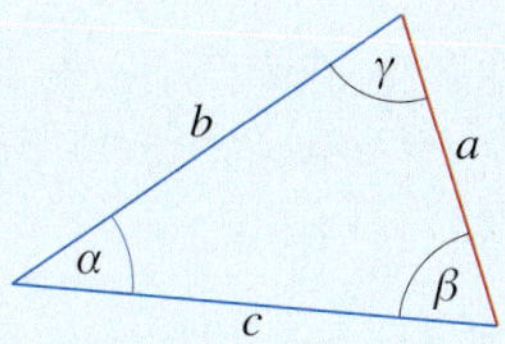

Beispielsweise: $\mathbf{a^2 = b^2 + c^2 - 2bc\cos\alpha}$

Im Dreieck ABC sind $\alpha = 37°$, $b = 4{,}7\,\text{cm}$ und $c = 6{,}2\,\text{cm}$.
Das Dreieck ist nach Kongruenzsatz SWS eindeutig festgelegt.
Zu bedrechnen sind a, β und γ.

$a = \sqrt{b^2 + c^2 - 2bc\cos\alpha}$
$a \approx 3{,}7\,\text{cm}$

β muss nach der Seiten-Winkel-Beziehung ein spitzer Winkel sein.

$\frac{\sin\beta}{\sin\alpha} = \frac{b}{a} \Rightarrow \sin\beta = \frac{b\sin\alpha}{a}$

$\beta \approx 49°$

$\gamma = 180° - \alpha - \beta \approx 94°$

Logarithmus und einfache Exponentialgleichungen

Das Logarithmieren ist eine Umkehrung des Potenzierens (siehe auch Seite 72):

D Für $a, b \in \mathbb{R}^+$ und $a \neq 1$ gilt:
Der **Logarithmus von b zur Basis a** ist diejenige Zahl, mit der man a potenzieren muss, um b zu erhalten.
Man schreibt für diese Zahl $\log_a b$.

$\log_a b$ zu berechnen, bedeutet $a^x = b$ zu lösen.

Für das **Rechnen mit Logarithmen** gelten die folgenden in Kurzform formulierten Regeln ($b > 0$; $c > 0$):

$\mathbf{\log_a(b \cdot c) = \log_a b + \log_a c}$
$\mathbf{\log_a(b : c) = \log_a b - \log_a c}$
$\mathbf{\log_a(b^c) = c \cdot \log_a b}$

D Gleichungen, bei denen die Unbekannte nur im Exponenten auftritt, heißen **Exponentialgleichungen**.

Um eine einfache Exponentialgleichung zu lösen, versucht man sie möglichst nach der Unbekannten aufzulösen, wobei oft die Definition des Logarithmus und die Rechenregeln für Logarithmen genutzt werden können (siehe auch Seite 81).

Gesucht ist die Zahl x mit der man 3 potenzieren muss, um 81 zu erhalten: $3^x = 81$.
Die gesuchte Zahl x ist der Logarithmus $\log_3 81$.
Die gesuchte Zahl x ist 4:

$\log_3 81 = 4$, da $3^4 = 81$

$\log_2\left(\frac{1}{8}\right) = -3$, da $2^{-3} = \frac{1}{2^3} = \frac{1}{8}$

Taschenrechner geben u. a. die Werte des **dekadischen Logarithmus $\log_{10} b$**, kurz **$\lg b$**, aus.

Die folgende Exponentialgleichung lässt sich mithilfe des Logarithmus und der Rechenregeln für Logarithmen lösen.

$7 \cdot 3^x = \frac{5}{4^{2x}}$	| logarithmieren
$\lg(7 \cdot 3^x) = \lg\left(\frac{5}{4^{2x}}\right)$	| 1. und 2. Regel
$\lg 7 + \lg(3^x) = \lg 5 - \lg(4^{2x})$	| 3. Regel
$\lg 7 + x\lg 3 = \lg 5 - 2x\lg 4$	| ordnen
$x\lg 3 + 2x\lg 4 = \lg 5 - \lg 7$	| x ausklammern
$x(\lg 3 + 2\lg 4) = \lg 5 - \lg 7$	| : Klammer
$x = \frac{\lg 5 - \lg 7}{\lg 3 + 2\lg 4}$	| berechnen
$x \approx -0{,}0867$	

* fakultativ

Funktionen

In den Jahrgangsstufen 8 und 9 haben Sie **lineare**, **quadratische** und **gebrochen-rationale Funktion** sowie deren Eigenschaften kennengelernt (bei gebrochen-rationalen Funktionen allerdings nur für einige einfache Fälle).
In diesem Schuljahr sind weitere Funktionen hinzugekommen:
Sinusfunktion und **Kosinusfunktion**, zwei periodische Funktionen (siehe Seiten 36 und 45),
(allgemeine) Exponentialfunktion (siehe Seite 65),
Potenzfunktion mit natürlichem Exponenten (siehe Seite 131) und
ganzrationale Funktion n-ten Grades (siehe Seite 139).
Einen vergleichenden Überblick über wesentliche Eigenschaften aller bisher behandelten Funktionstypen finden Sie auf den Seiten 152 und 153.

Sie werden aber auch immer wieder auf Funktionen stoßen, die sich nicht einem Ihnen bekannten Typ zuordnen lassen. Im Prinzip kann jeder Term mit einer Variablen als Funktionsvorschrift einer Funktion f mit der Definitionsmenge D_f interpretiert werden.
Mit den Methoden, die Sie bisher kennengelernt haben, können Sie oft auch von solchen Funktionen einige wesentliche Eigenschaften finden. Wichtige Eigenschaften könnten sein (nähere Einzelheiten siehe Seite 173):

- Maximale Definitionsmenge der Funktion f
- Nullstellen der Funktion f
- Schnittpunkt des Graphen mit der y-Achse
- Symmetrieverhalten des Graphen
- Verhalten der Funktionswerte für dem Betrage nach beliebig groß werdende x-Werte (die Grenzwerte $\lim\limits_{x \to \infty} f(x)$ bzw. $\lim\limits_{x \to -\infty} f(x)$, sofern sie existieren) sowie bei Annäherung an nicht definierte Stellen
- Steigungsverhalten und Extrempunkte des Graphen
- Wertemenge der Funktion f

Verschiebungen und Streckungen von Funktionsgraphen lassen sich durch Parameter im Funktionsterm beschreiben (siehe Seite 182).

Grenzwert

D **Der Grenzwert der Funktion f für $x \to \infty$ ist unendlich**, wenn jede noch so große vorgegebene (natürliche) Zahl S ab einem **genügend großen x** von allen Funktionswerten übertroffen wird.
Schreibweise: $\lim\limits_{x \to \infty} f(x) = \infty$

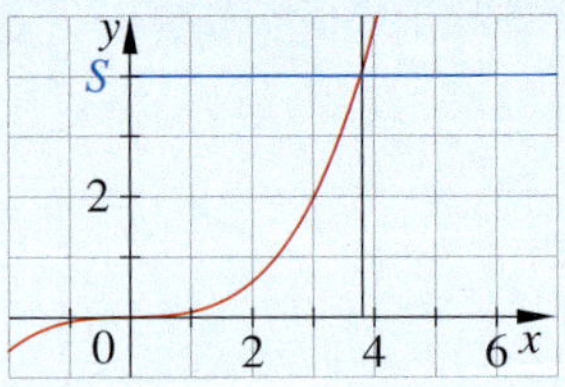

D **Für $x \to \infty$ konvergiert die Funktion f gegen a**, wenn gilt: Alle Funktionswerte $f(x)$ liegen beliebig nahe bei a, wenn man nur **x hinreichend groß** wählt.
Schreibweise: $\lim\limits_{x \to \infty} f(x) = a$

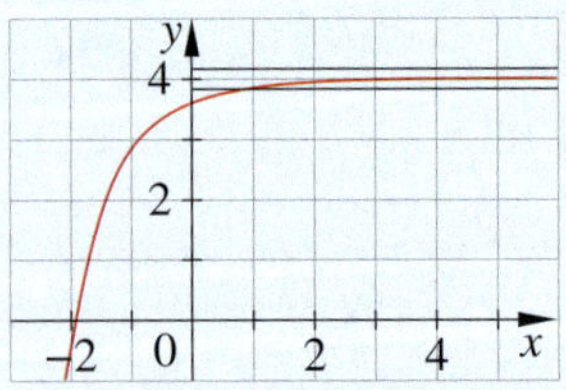

Grenzwert 4, einseitige Annäherung von unten

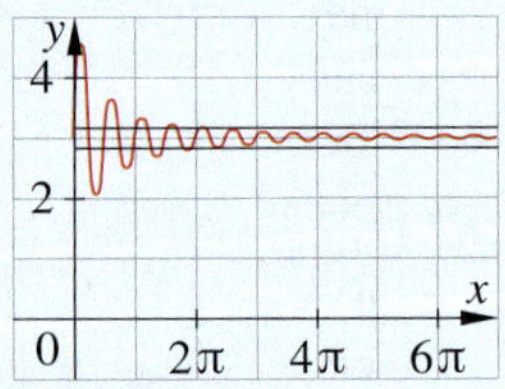

Grenzwert 3, oszillierende Annäherung

Es gibt auch Funktionen wie die Sinusfunktion, die gar keinen Grenzwert für $x \to \infty$ haben.

Betrachtungen am Kreis

Zur näherungsweisen Berechnung von π kann man z. B. den Kreisumfang durch den Umfang von dem Kreis ein- oder umbeschriebener regelmäßiger n-Ecke annähern.
Diesem Vorgehen liegen Grenzwertüberlegungen zugrunde: Es wird davon ausgegangen, dass der Umfang eines n-Ecks dem Kreisumfang beliebig nahe kommt, wenn man nur die Eckenzahl n hinreichend groß wählt.

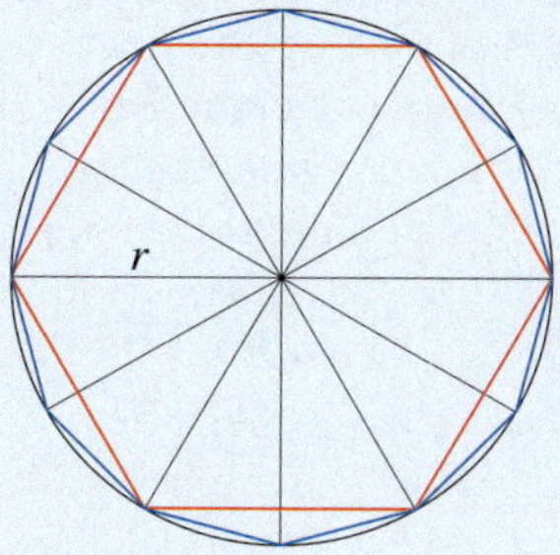

$u = 2r\pi$ Kreisumfang
u_n Umfang der dem Kreis einbeschriebenen regelmäßigen n-Ecke
n Eckenzahl

$$\lim_{n \to \infty} u_n = u = 2r\pi$$

Jeder Mittelpunktswinkel φ eines Kreises mit Radius r bestimmt einen **Kreisbogen** der Länge b sowie einen **Kreissektor** mit dem Flächeninhalt A_S.
Die Länge b des Kreisbogens und der Flächeninhalt A_S sind proportional zum Mittelpunktswinkel φ, daher gilt:

$$\frac{b}{2r\pi} = \frac{\varphi}{360°} \text{ bzw. } b = \frac{\varphi}{360°} \cdot 2r\pi = \frac{\varphi}{180°} \cdot r\pi \qquad \frac{A_S}{r^2\pi} = \frac{\varphi}{360°} \text{ bzw. } A_S = \frac{\varphi}{360°} \cdot r^2\pi$$

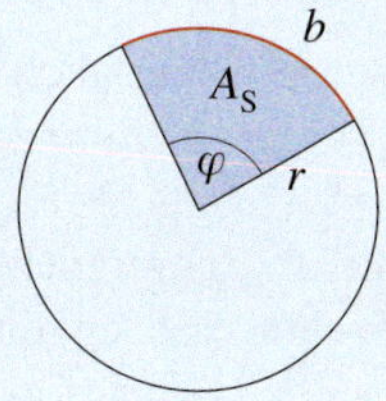

Das Verhältnis $\frac{b}{r}$ aus Bogenlänge b und Radius r ist für einen festen Mittelpunktswinkel φ konstant. Daher eignet sich dieses Verhältnis auch als Winkelmaß. Es wird als **Bogenmaß** φ_{RAD} des Winkels φ bezeichnet: $\boldsymbol{\varphi_{RAD} = \frac{b}{r}}$

Zusammenhang mit dem **Gradmaß** φ_{DEG}: $\boldsymbol{\varphi_{RAD} = \frac{\varphi_{DEG}}{180°} \cdot \pi}$

Exponentielles Wachstum

Viele Wachstumsvorgänge in Natur, Technik und Wirtschaft lassen sich – zumindest in bestimmten Grenzen – mithilfe einer Exponentialfunktion beschreiben:
$\boldsymbol{x \mapsto y = c \cdot a^x}$ $(x \in \mathbb{R};\ a, c \in \mathbb{R}^+;\ a \neq 1)$.

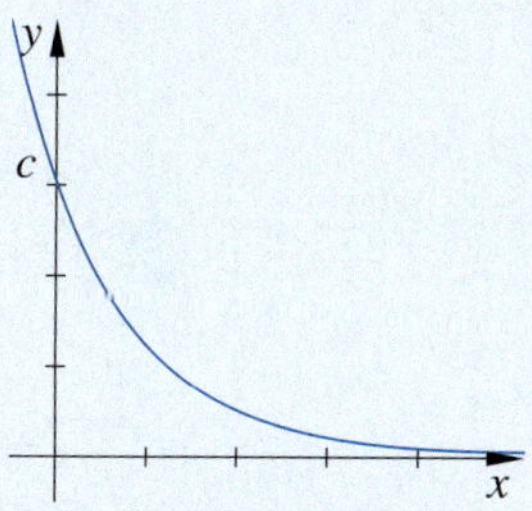

exponentielle Abnahme

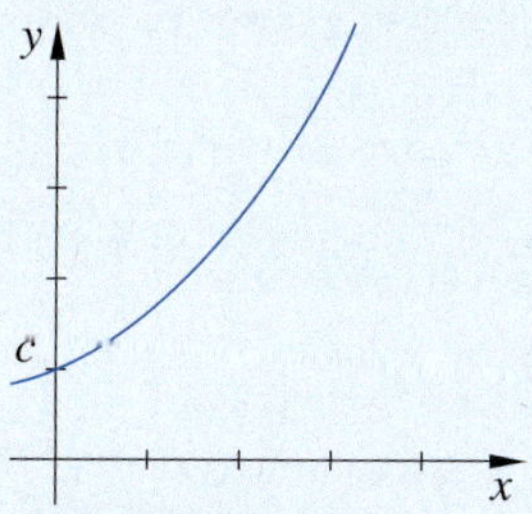

exponentielle Zunahme

Ausgehend von einem **Anfangswert *c*** verkleinern bzw. vergrößern sich die Funktionswerte y jeweils um einen **konstanten Wachstumsfaktor *a***, wenn x jeweils um 1 größer wird.
Im Falle exponentieller Abnahme ist $0 < a < 1$, und bei exponentieller Zunahme ist $a > 1$.

Der zu einem beliebigen Funktionswert $b > 0$ gehörende x-Wert ist eindeutig bestimmt und ergibt sich als Lösung der Exponentialgleichung $c \cdot a^x = b$.

Wird ein Medikament in Normaldosis eingenommen, so hat es anfangs eine Konzentration von 0,8 mg je Liter Blut. Die Konzentration sinkt dann alle drei Stunden auf jeweils die Hälfte ab.
Dieser Vorgang wird im nebenstehenden Bild dargestellt. Dabei ist x die Zahl der vergangenen Halbwertzeiten, t die seit Einnahme vergangene Zeit in Stunden und y die Konzentration in Milligramm pro Liter Blut.

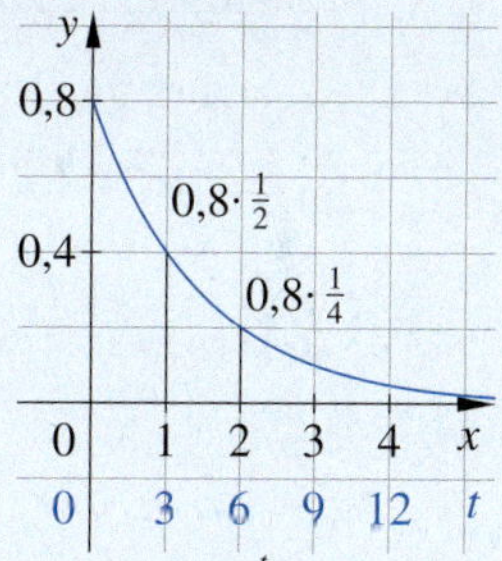

Es gilt: $y = 0{,}8 \cdot 0{,}5^x$ bzw. $y = 0{,}8 \cdot 0{,}5^{\frac{t}{3}}$
Das Medikament ist nur bei einer Konzentration von mindestens 0,3 mg pro Liter wirksam. Nach welcher Zeit muss deshalb die nächste Dosis eingenommen werden?

$$0{,}8 \cdot 0{,}5^{\frac{t}{3}} = 0{,}3 \iff 0{,}5^{\frac{t}{3}} = 0{,}3 : 0{,}8 = 0{,}375 \iff$$

$$\frac{t}{3} \cdot \lg 0{,}5 = \lg 0{,}375 \iff$$

$$t = \frac{3 \cdot \lg 0{,}375}{\lg 0{,}5} \approx 4{,}25$$

Spätestens nach $4\frac{1}{4}$ Stunden muss das Medikament erneut eingenommen werden.

Zusammengesetzte Zufallsexperimente

Sind A und B zwei Ereignisse, die bei einem zusammengesetzten Zufallsexperiment auftreten können, dann sind u. a. folgende Wahrscheinlichkeiten zu unterscheiden:

$\boldsymbol{P(A)}$ ist die Wahrscheinlichkeit für das Eintreten des Ereignisses A.
$\boldsymbol{P(B)}$ ist die Wahrscheinlichkeit für das Eintreten des Ereignisses B.
$\boldsymbol{P(A \cap B)}$ ist die Wahrscheinlichkeit dafür, dass sowohl das Ereignis A als auch das Ereignis B eintritt.
$\boldsymbol{P_A(B)}$ ist die Wahrscheinlichkeit für das Eintreten des Ereignisses B, wenn das Ereignis A eingetreten ist.
$\boldsymbol{P_B(A)}$ ist die Wahrscheinlichkeit für das Eintreten des Ereignisses A, wenn das Ereignis B eingetreten ist.
(Das kann man auch als die Wahrscheinlichkeit dafür interpretieren, dass das Ereignis A eingetreten ist, wenn das Ereignis B beobachtet wird.)

Die Wahrscheinlichkeiten $P_A(B)$ und $P_B(A)$ werden als **bedingte Wahrscheinlichkeit** bezeichnet.

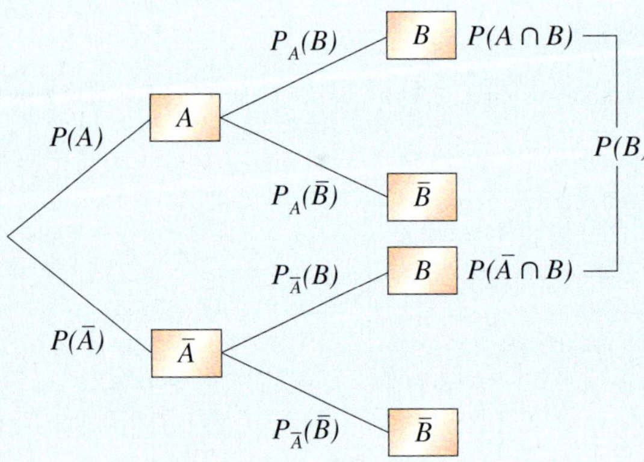

Nach den beiden bekannten **Pfadregeln** gilt:
(I) $\boldsymbol{P(A \cap B) = P(A) \cdot P_A(B)}$
(II) $\boldsymbol{P(B) = P(A \cap B) + P(\bar{A} \cap B)}$

Aus der Pfadregel (I) folgt für $P(A) \neq 0$:

$$\boldsymbol{P_A(B) = \frac{P(A \cap B)}{P(A)}}$$

Analog gilt für die bedingte Wahrscheinlichkeit $P_B(A)$:

$$\boldsymbol{P_B(A) = \frac{P(A \cap B)}{P(B)}} \qquad \text{für } P(B) \neq 0$$

Beispiel für eine Realsituation
Im Durchschnitt leidet von 10 000 Neugeborenen eines an einer Stoffwechselkrankheit, die schlimme Folgen hat, wenn sie nicht früh genug erkannt wird. Bei rechtzeitiger Behandlung treten jedoch keine Folgeschäden auf.
Ein zur Früherkennung dieser Stoffwechselkrankheit verwendeter Test zeigt in 0,05 % der Fälle ein negatives Ergebnis trotz Vorliegens der Stoffwechselerkrankung, und in 0,4 % der Fälle zeigt er ein positives Ergebnis, obwohl die Stoffwechselerkrankung nicht vorliegt.
Wie hoch ist im Falle eines positiven Testergebnisses die Wahrscheinlichkeit für das Vorliegen der Stoffwechselerkrankung?

Systematisches Vorgehen bei der Lösung des Problems
Für ein erfolgreiches Lösen von Problemen, bei denen bedingte Wahrscheinlichkeiten auftreten, können die auf Seite 104 ausführlich erläuterten Schritte hilfreich sein.

Modellierung und Veranschaulichung
Verwendet man nebenstehendes Baumdiagramm, dann bedeuten:
A: „Neugeborenes leidet an der Stoffwechselkrankheit."
$\bar{A}$: „Neugeborenes leidet nicht an der Stoffwechselkrankheit."
B: „Test zeigt positives Ergebnis"
$\bar{B}$: „Test zeigt negatives Ergebnis"
Gesucht ist $P_B(A)$.

Berechnungen
$P(A) = 0{,}0001 \qquad P(\bar{A}) = 0{,}9999$
$P_A(B) = 0{,}9995 \qquad P_A(\bar{B}) = 0{,}0005$
$P_{\bar{A}}(B) = 0{,}004 \qquad P_{\bar{A}}(\bar{B}) = 0{,}996$
$P(A \cap B) = 0{,}0001 \cdot 0{,}9995 = 0{,}000\,099\,95$
$P(\bar{A} \cap B) = 0{,}9999 \cdot 0{,}004 = 0{,}003\,999\,6$
$P(B) = 0{,}000\,099\,95 + 0{,}003\,999\,6 = 0{,}004\,099\,55$

$$P_B(A) = \frac{P(A \cap B)}{P(B)} = \frac{0{,}000\,099\,95}{0{,}004\,099\,55} \approx 0{,}024$$

Interpretation
Auch bei einem positiven Testergebnis, ist die Wahrscheinlichkeit für das Vorliegen der Stoffwechselkrankheit nur relativ gering, nämlich 2,4 %.

Stichworte

Bildnachweis: Agricultural Research Service/U. S. States Dept. of Agriculture: 59. akg images: 50/1. alimdi.net/Anton Luhr: 49. AP/Kalim A. Bhatti: 89/1. CargoLifter AG: 123/1. Ciclosport HAC: 159. Corbis/Peter Poby: 145. Cornelsen Verlagsarchiv: 9/1, 9/2, 47/1, 47/2, 113, 126, 134/1, 134/2, 149. Cornelsen Verlagsarchiv/Red. Biologie: 79/1, 79/2. Deutsches Museum München: 124. Volker Döring, Hohen-Neuendorf: 33/1, 33/2, 60/1, 78. Peter Hartmann, Potsdam: 14, 134/3. Andreas Herz, Kempten: 71, 85. images.de/Matthias Kulka: 32/3. Anton Koler, Sölden (A): 51/2. LIGNUM Dachverband der Holzwirtschaft(CH): 125/3. Mauritius, Hamburg: Cover. Mauritius, Hamburg/Lawrence: 8. NASA.JPL.Gov: 125/2. picture-alliance/Bildagentur Huber/ Dutton Colin: 5. picture-alliance/dpa: 60/2. picture-alliance/dpa/epa ansa De Renzis: 16. picture-allaince/dpa/Keystone USA g01: 87. picture-alliance/dap/Frank Leonhardt: 90/1. picture-alliance/dpa/Roland Scheidemann: 89/2. picture-alliance/KPA/Ludwig Werle: 53/1. picture-alliance/Stay Still/Photoshot/Chris Morris: 100. picture-alliance/Sven Simon: 133. picture-alliance/Sven Simon/Frank Hoermann: 90/2. picture-alliance/ZB/Patrick Pleul:169. pictureNEWS/Mario Vedder: 127. pixelio.de/JPW.Peters: 119. Roland Elektronische Musikinstrumente, Norderstadt: 31. Dr. Michael Sinzinger, Regensburg: 6/1, 6/2, 7/1, 7/2, 7/3. Technische Universität München/Institut für Maschinenbau: 160. Textilmusuem Neumünster: 53/2. Daniel Tietze, Berlin: 189. University of Berkley/Press-Office: 101. University of Central Missouri: 77. University of York/Dept. of Mathematics: 203. vario images, Bonn: 128. Wolfgang Volk, Berlin: 111. Wikipedia/GNU/Anton: 84. Wikipedia/GNU/Klaus Beul: 6/3. Wikipedia/GNU/ Stefan Kühn: 123/3. Wikipedia/GNU/Luna 4: 51/1. Wikipedia/GNU/PINPIN: 123/2. www.science-house.de: 32/1.

Graphen von bisher behandelten Funktionstypen

Lineare Funktionen

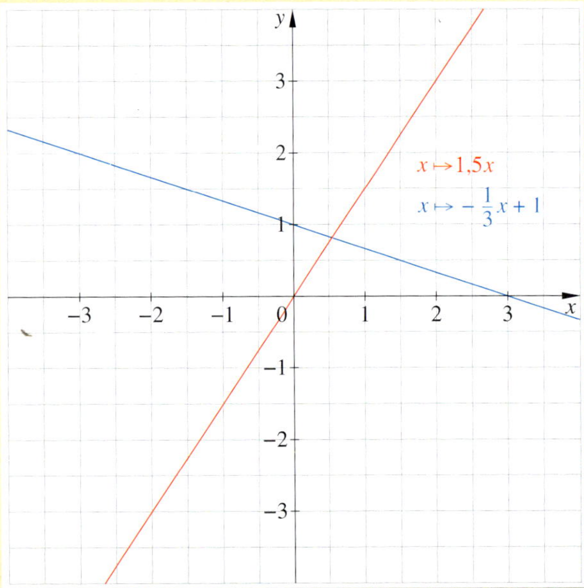

Quadratische Funktionen

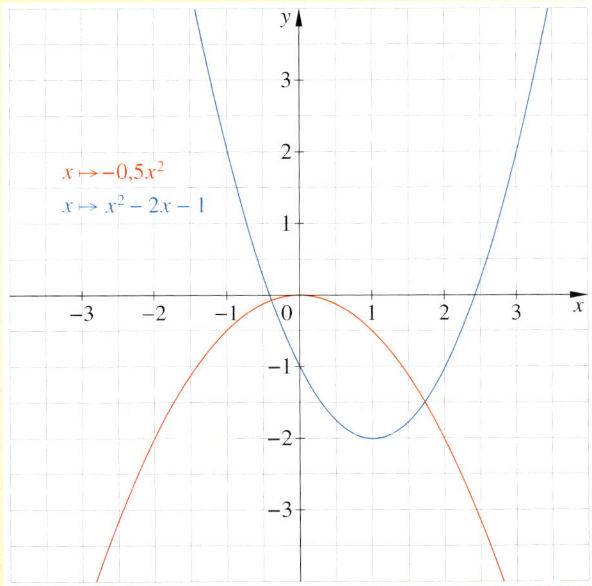

Potenzfunktionen mit natürlichen Exponenten

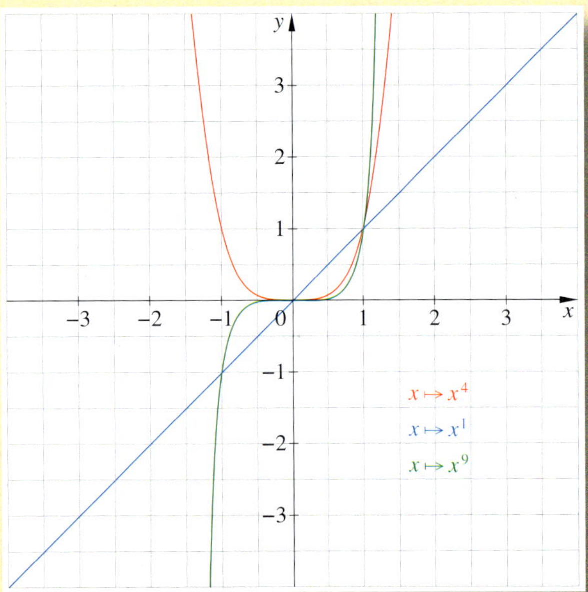

Ganzrationale Funktionen

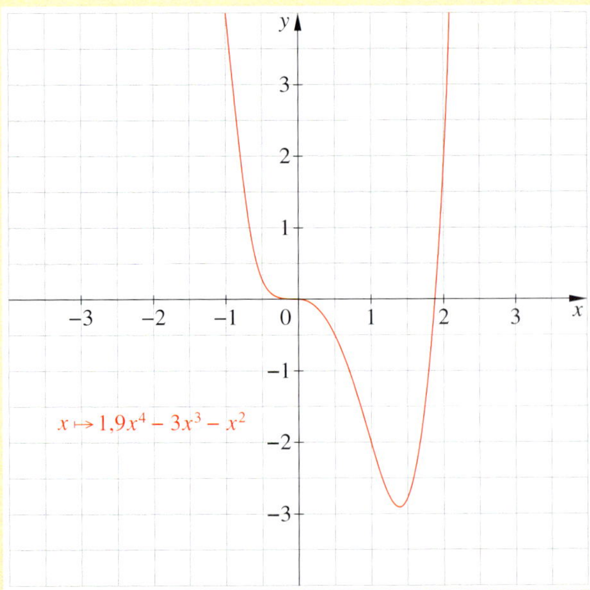